智能制造关键技术
与工业应用丛书

面向增材制造的智能设计

Intelligent Design for Additive Manufacturing

王坤　著

化学工业出版社
·北京·

内容简介

本书全面、系统地阐述了面向增材制造的智能设计基本方法和关键技术，并配合相关的工程案例进行了解析。全书内容共9章，包括三大部分。第一部分为方法基础，包括第1～3章，介绍智能设计的内涵和实施情况；智能设计基础理论、设计方法、数理基础；面向智能设计的增材制造基础，包括增材制造的技术原理、工艺、方法等，为后续的内容奠定基础。第二部分为关键技术及应用，包括第4～8章，其中第4～6章属于智能设计关键技术应用层，介绍面向增材制造的数字化设计、网络化设计和智能化设计，包括AIGC的智能产品设计，数据驱动智能分析和数值模拟，基于物联网的协同设计和制造，基于遗传算法、粒子群优化、人工神经网络的智能优化，协同3D打印等关键技术及应用实例；第7、8章属于智能制造关键技术应用层，介绍面向增材制造的数字孪生与虚拟现实、智能检测系统与智慧工厂相关方面的技术及应用，应用案例包括数字孪生工厂、虚拟数字人、智慧工厂智能检测、数字化博物馆，以及智能识别和工业机器人等。第三部分为智创未来，包括第9章，介绍了智能设计与增材制造的未来。

本书既可作为工程设计领域和智能制造领域从业人员的技术参考书，又可作为机械工程、设计学、数据工程、信息科学等专业师生的参考书。

图书在版编目（CIP）数据

面向增材制造的智能设计 / 王坤著. -- 北京 : 化学工业出版社, 2025. 12. -- （智能制造关键技术与工业应用丛书）. -- ISBN 978-7-122-49112-1

Ⅰ. TB4; TB21

中国国家版本馆 CIP 数据核字第 2025XN3637 号

责任编辑：金林茹　　文字编辑：张　琳

责任校对：宋　夏　　装帧设计：王晓宇

出版发行：化学工业出版社（北京市东城区青年湖南街13号　邮政编码100011）

印　　装：北京云浩印刷有限责任公司

710mm×1000mm　1/16　印张21　字数396千字　2026年1月北京第1版第1次印刷

购书咨询：010-64518888　　售后服务：010-64518899

网　　址：http://www.cip.com.cn

凡购买本书，如有缺损质量问题，本社销售中心负责调换。

定　　价：**109.00元**

序

人类社会正在经历人工智能时代，智能设计与制造技术正以颠覆性创新的方式重塑着制造业的未来图景。智能设计作为现代制造业的核心驱动力，正在重新定义设计流程和技术创新的方式。在这种背景下，增材制造作为一种革命性的制造技术，不仅改变了传统的制造理念，也为智能设计的应用提供了新的可能。处在百年未有之大变局的背景下，我们不禁要问：一个国家、一个民族，该如何在全球 AI 竞争中占据一席之地？ 特别是在智能设计和制造领域中，如何突破传统制造方式的局限，创造未来智人世界的生活方式？

智能设计与制造技术的重要性不言而喻。正如欧盟工业 5.0 战略所指出的，“工业 5.0”的核心是“智能化工厂”，而这背后的基础正是智能设计与制造技术。浙江大学谭建荣院士提出，中国要实现从“制造大国”到“制造强国”的转变，必须以创新驱动为引领，让设计先行。这不仅是国家战略的要求，更是企业竞争力的源泉。

近年来，智能设计正在构建一个全新的设计与制造范式。数据分析、机器学习、动态优化、AIGC 生成式设计、工业物联网以及虚拟样机技术，使整个制造业生态系统升级。我国智能设计与制造技术取得了可喜的进步，高速列车、盾构掘进机、深海探测装备等高附加值产品的成功研制，都离不开智能设计与制造技术的支持。从高端装备制造到新材料研发、设备研制、关键零部件制造等环节，增材制造技术展现出强大的生命力和应用潜力。特别是在解决传统制造业中高精度、高尖端复杂零部件制造难题方面，增材制造展现出独特的优势。在这一过程中，我们享受了智能设计时代的红利，却很难弄清楚到底什么是智能设计与制造、未来制造将“智能”到何种程度。对以上问题，人们解读纷纷，莫衷一是。所以，本书作者以增材制造的视角，以小见大，探赜索隐。

本书作者经过多年来的技术研究和教学实践积累，系统地整理了智能设计与制造的核心理念、方法论和技术应用。书中以“教书育人—科学研究—社会服务”为路径，构建了从基础理论到前沿探索的立体化知识体系。每一章都力求做到重点突出、层次分明、条理清晰，既有深入的技术分析，又有通俗易懂的应用案例；既重视学术创新，又关注产业实践。将 AI 大模型应用在智能设计中，结合虚拟样机技术和工业物联网、数字孪生工厂等关键技术，实现了智能设计到智能制造的闭环。

在智能设计与制造技术日新月异的时代背景下，帮助读者掌握这一领域的基础知识，同时激发读者探索未知、追求卓越的热情，正是本书的目的。本书不仅适合高校相关专业师生参考，也可为从事增材制造技术研究和工程应用的科技工作者提供理论指导。对于那些渴望提升职业竞争力、实现个人价值的读者来说，这更是一本不可多得的学习指南。

教育部长江学者特聘教授

国家重点研发计划首席科学家

闫春泽

前言

智能设计与增材制造作为现代工业技术的前沿领域，正深刻改变着传统制造业的面貌。从工业化到信息化、网络化，再到智能化革命，每一次技术变革都在重塑着人类社会的生产方式和生活方式。在智能化革命中，智能设计与增材制造不仅是技术创新的核心驱动力，更是推动经济高质量发展的重要引擎。

智能设计与增材制造的发展历程体现了智慧与挑战的交织。从最早的数字化设计到网络化设计，再到数据驱动的智能化设计系统的不断迭代完善，每一次技术突破都伴随着对传统制造方式的重新思考和创新尝试。近年来，随着 3D 打印技术的飞速发展、智能化算法的进步以及数据驱动的分析方法的应用，智能设计与增材制造已经成为工业 4.0 的核心组成部分。在这一过程中，智能设计不仅改变了设计流程，更深刻地影响了整个生产链。从产品设计到制造，再到质量控制和后市场服务，每一环节都融入了智能化的元素。这种技术变革不仅仅是工具的进步，更是思维方式和方法论的革新。

在国家战略层面，智能设计与增材制造已经成为推动产业升级的重要抓手。随着我国“十四五”规划对高质量发展的强调、创新驱动发展战略的深入推进，以及数字化转型整体要求的提出，智能设计与增材制造成为国家战略性技术的核心领域。在这一背景下，本书的出版不仅反映了学术界对智能设计与增材制造前沿领域的深入研究，也体现了产业界对技术发展需求的关注。通过系统地梳理这一领域的理论基础、技术创新和应用实践，本书试图为读者提供一个全面而深入的理解媒介。

从教育维度上看，培养具有创新能力和国际视野的未来设计师是高校教育工作者的责任。智能设计与增材制造不仅要求学生掌握专业知识和技术技能，更需要他们具备跨学科思维和解决复杂问题的能力。在这一背景下，本书强调了智能设计教育的系统性、创新性和实用性。通过技术基础理论、智能设计方法和实践综合案例相结合的方式，帮助学生构建完整的知识体系，并提升其解决实际问题的能力。

智能设计与增材制造不仅是技术进步的体现，更是人类文明发展的象征。从历史的维度来看，这一领域已经走过了从探索到应用再到创新的重要阶段。面向未来，我们需要以更开放的心态拥抱技术变革，以更高的站位思考教育意义，并通过系统化、专业化的研究来推动这一领域的持续发展。

本书正是在这样的背景下应运而生。笔者希望它能够成为学术界、产业界和教育界的共同参考，为智能设计与增材制造的发展提供理论支持和实践指导。同时，也希望它能够激发读者对这一领域的好奇心和探索欲，为未来的技术创新和人才培养做出贡献。

总之，智能设计与增材制造正在书写人类工业发展的新篇章。愿本书成为推动这一进步的重要力量，并在实现中华民族伟大复兴的道路上发挥重要作用。

本书基于笔者多年的研究成果和国内外相关文献资料编写而成，编写过程中，部分成果得到了内蒙古自治区重点研发和成果转化项目（2025YFHH0148）的资助，并有幸得到团队成员闫超伟、李一凡、黄亚宁、朱伟光、江艳林的帮助和大力支持，在此，一并表示由衷的感谢！

由于笔者的水平有限，书中不足之处在所难免，敬请读者批评指正。

扫码查看本书彩图文件

目录

第 7 章 面向增材制造的数字孪生与虚拟现实 252

第 8 章 面向增材制造的智能检测系统与智慧工厂 287

第 9 章 面向增材制造的智能设计未来

第1章

绪论

1.1 智能设计基本概念

智能设计（intelligence design）是以现代信息技术为支撑，通过人工智能（AI）、机器学习、大数据分析等技术模拟人类设计思维，实现设计过程自动化、协同化与创新化的系统性方法。其核心目标是构建“人机共智”的集成化设计系统，覆盖从概念生成到方案优化的全生命周期。智能设计不仅依赖于算法和算力，更强调知识处理自动化与决策智能化，借助专家系统、神经网络、进化算法等技术，实现设计知识的动态获取与创造性应用。

（1）智能设计系统三大特性

如图1-1所示的智能设计系统三大特性，首先是知识驱动的智能设计，以设计方法学为基础，构建多维度知识图谱，支持复杂设计问题的推理与决策；然后是技术融合的智能设计，整合人工智能、虚拟现实（VR）、物联网（IoT）等技术，形成“数据感知-分析-决策”闭环；最后是人机协同的智能设计，通

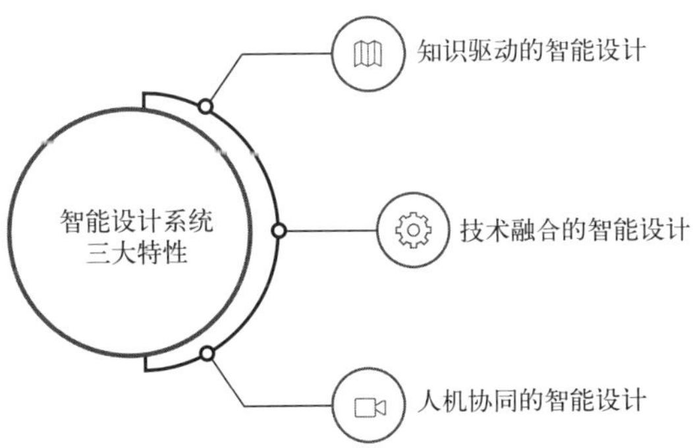

图1-1　智能设计系统三大特性

过智能化人机接口，实现设计师与 AI 的深度交互，平衡自动化效率与人类创造力。

（2）智能设计的技术架构

智能设计的技术架构分为三层：基础层、应用层和协同层。基础层是以机器学习、深度学习为核心，通过生成对抗网络（GAN）实现创造性设计输出。如 Altair 的生成设计平台，通过强化学习将航空支架重量减轻 45%。应用层是融合虚拟样机、数字孪生技术，如西门子 Simcenter 平台，通过多物理场仿真实现 92%的缺陷预测准确率，压缩传统测试周期至小时级。协同层是基于区块链的分布式设计网络与意图框架技术，促进跨学科数据共享，如宝马集团采用“智能设计三元结构”（人类＋AI＋制造系统），实现 3D 打印参数的动态调整。

（3）智能设计对现代工业体系的作用

智能设计是效率革命者，通过自动化流程减少 70%重复劳动，设计迭代速度提升 300%。智能设计是创新的催化剂，生成式设计打破传统设计边界，如阿迪达斯 4D 打印跑鞋通过算法生成独特晶格结构，开辟百亿级新市场，印证“破坏性创新”理论。智能设计是可持续发展引擎，材料优化算法与全生命周期管理显著降低资源消耗。在联合国 2030 议程框架下，智能设计成为实现碳中和目标的关键技术路径。在产业生态中，智能设计已从单一工具升级为智能制造的核心枢纽。中国《“十四五”智能制造发展规划》明确要求建立“设计-制造-服务”数据闭环，推动制造业从规模经济向范围经济转型。

智能设计作为第四次工业革命的核心技术之一，已从工具革新演变为驱动产业升级的生态系统。其价值不仅在于效率提升，更在于重构人机关系、释放创新潜能。在技术加速迭代的背景下，唯有坚持“以人为本”的协同理念，才能实现智能设计的可持续发展，为全球制造业注入新质生产力。

（4）智能设计的哲学思辨

当 Alpha Fold 破解蛋白质折叠难题、GPT-4 通过图灵测试，智能设计系统正逼近“技术奇点”。英国学者 Nick Bostrom 警告的“超级智能”风险，在制造业领域表现为设计权责的伦理困境。中国《新一代人工智能伦理规范》提出的“可控可信”原则，为智能设计发展划定安全边界。未来十年，智能设计将呈现三大趋势：首先是具身智能，如脑机接口技术实现设计思维的直连映射；然后是云制造系统，即基于区块链的分布式设计制造网络；最后是生物融合设计，即 DNA 存储技术与生成式算法的结合。

1.2 智能设计的历史演进及技术背景

(1) 智能设计的历史演进

在第四次工业革命浪潮中，智能设计作为连接数字世界与物理世界的核心纽带，经历了从工具辅助到系统进化的三大发展阶段：数字化设计（1.0）→网络化设计（2.0）→智能化设计（3.0）。这一演进过程与增材制造技术的突破形成历史性交汇，彻底改变了传统制造的设计逻辑。

数字化设计阶段（1980—2000 年），以 CAD（计算机辅助设计）技术普及为标志，将设计过程从图板迁移至计算机。美国学者尼古拉斯·尼葛洛庞帝在《数字化生存》中预言的“从原子到比特”的转变，在此阶段得到初步验证。中国工程院李培根院士指出：“数字化不仅是工具的革新，更是设计思维从经验驱动向数据驱动的初次觉醒。”

网络化设计阶段（2000—2015 年），伴随互联网技术崛起，实现了跨地域协同设计。德国工业 4.0 战略提出的“网络物理系统（CPS）”概念，推动设计活动突破组织边界。美国国家标准与技术研究院（NIST）的研究显示，基于云平台的协同设计使产品开发周期缩短 40%，这一阶段为智能设计的生态化发展奠定了基础。

智能化设计阶段（2015 年至今），以人工智能技术突破为分水岭，标志着设计系统具备自主进化能力。图灵奖得主 Yann LeCun 提出的“世界模型”理论，为智能设计系统构建认知框架提供了理论支撑，该阶段的特征为设计知识图谱构建、多目标动态优化和生成式设计创新。

智能制造诞生于制造技术和智能设计的深度融合，其演变发展与数字化、网络化、智能化的特征密不可分，根据这些技术特征，可总结归纳为 3 种基本范式（如图 1-2 所示）：传统制造系统——“人-物理”的数字化系统；第一代和第二代智能制造系统——“人-信息-物理”的数字化、网络化系统；新一代智能制造系统——“人-信息-物理”的数字化、网络化、智能化系统。数字化设计是智能制造的基础环节。

(2) 智能设计技术背景

智能设计作为制造业数字化转型的核心驱动力，其技术背景根植于信息技术革命与工业需求的深度融合，其核心技术架构是一个融合人工智能、大数据、模块化系统与跨领域协同的复杂体系，其目的在于通过智能化手段优化设计流程、提升创新效率并实现全生命周期管理，智能设计技术背景框架如图 1-3 所示。

① 现有成熟的支撑技术：

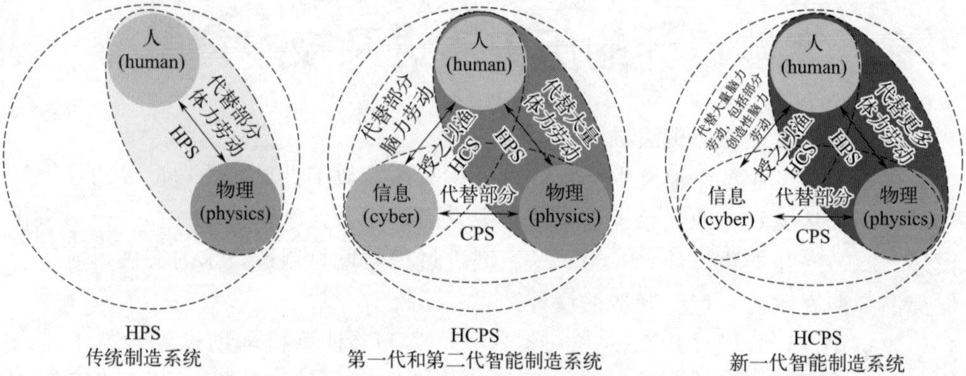

图 1-2　智能制造的范式演进

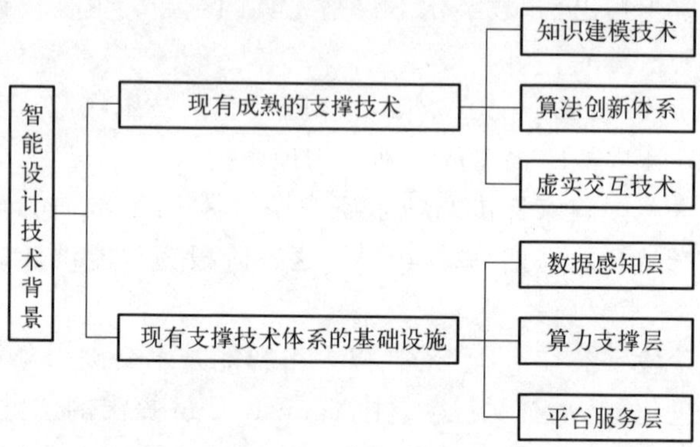

图 1-3　智能设计技术背景框架图

a. 知识建模技术。专家系统：基于规则引擎构建领域知识库，如机械制造领域的 CAPP（计算机辅助工艺规划）系统，将工艺设计效率提升 58%。知识图谱：通过语义网络关联跨领域知识，支持复杂设计问题的推理决策。联邦学习：在保护数据隐私前提下实现多源知识融合，突破“数据孤岛”限制。

b. 算法创新体系。生成对抗网络（GAN）：在建筑设计中自动生成兼顾功能与美学的方案，LibLibAI 平台通过 STAR-3 模型实现图像生成精度突破。强化学习：Altair 公司运用该算法优化航空支架拓扑结构，减重 45% 的同时保持强度要求。进化算法：在汽车外形设计中实现气动性能多目标优化，特斯拉 Model S 风阻系数降至 0.24。

c. 虚实交互技术。数字孪生：空客 A350 研发中建立全机数字模型，完成 20 万次虚拟试飞，节约物理原型成本 75%。增强现实（AR）：波音采用 AR 眼镜指导线缆装配，错误率降低 90%，效率提升 30%。物理引擎：NVIDIA

Omniverse实现跨软件平台实时协同设计，支持超200种工业软件数据互通。

② 现有支撑技术体系的基础设施：

a. 数据感知层。工业物联网（IIoT）：GE航空通过3D打印传感器网络实现应力数据毫秒级采集。高精度传感器：激光雷达分辨率达0.1mm级，支持复杂曲面逆向建模。

b. 算力支撑层。异构计算：GPU（图形处理单元）集群加速流体仿真，将传统需要7天的流体力学计算缩短至3h。量子计算：IBM量子处理器在材料晶格优化中展现指数级速度优势。

c. 平台服务层。达索3DEXPERIENCE平台集成CAD/CAE（计算机辅助工程）/CAM（计算机辅助制造）模块，支持全流程协同。低代码开发：西门子Mendix使工艺设计系统开发周期缩短70%。

智能设计的技术背景本质上是信息技术与制造技术深度协同的产物，其发展轨迹映射出从工具替代到认知增强的范式跃迁。当前技术体系已形成“数据-算法-制造”闭环，但在向通用智能设计演进过程中，需构建包含技术伦理、安全架构、人机协同的新范式。正如杨叔子院士所言：“智能设计的终极目标不是取代人类，而是拓展人类创新的边界。”未来十年，随着神经形态计算、量子机器学习等技术的突破，智能设计将进入“认知增强”新阶段，持续重构制造业创新生态。

1.3　智能设计的内涵及外延

(1) 智能设计的内涵

智能设计是以人工智能为核心，融合数据、算法及跨学科技术，通过自主生成、优化方案实现高效创新的设计范式。其本质是人机协同进化，通过数据驱动自动化生成人类聚焦的策略与情感化需求，重塑从产品到价值的全链路设计，最终实现效率提升、体验升级与社会福祉的平衡。

智能设计的内涵是智能设计的本质属性，体现其区别于传统设计的核心特征和技术逻辑。

(2) 核心定义

智能设计是一种“数据驱动、算法主导”的设计方法，通过人工智能、机器学习、拓扑优化等技术，自动生成满足功能需求、制造约束和性能目标的设计方案，并动态优化设计-制造全流程。

智能设计具有四大核心特征。首先是自主性与自适应性，能基于输入条件（如载荷、材料、工艺约束）自动生成最优设计，适应动态变化的多目标优化场景。其次是复杂问题求解能力，解决传统设计无法处理的复杂几何、多物理场耦合问题（如轻量化与强度的权衡）。然后是人机协同，结合设计师的创造性思维与算法的计算能力，形成“人类定义目标-机器生成方案”的协作模式。最后就是全流程闭环优化，从设计到制造（如打印参数优化、后处理仿真）形成数据闭环，持续改进设计质量。

智能设计的技术内核体现在算法驱动、多学科融合和工艺耦合性三个方面。算法驱动依赖生成式设计（generative design）、拓扑优化、强化学习等算法生成设计方案。而多学科融合是结合力学、材料科学、计算机科学等多学科知识，实现功能与制造工艺的统一。工艺耦合性是设计过程与增材制造工艺强关联（如支撑结构优化、热变形补偿），避免设计-制造脱节。

(3) 智能设计的外延

外延是智能设计的应用边界和技术关联，体现其在实践中的扩展性和跨领域影响。

首先从应用领域看，包含航空航天、医疗（如定制化植入物）、汽车（轻量化部件）、能源（高效热交换器）、建筑（复杂结构）等各个行业领域；从功能上看，从单一零件设计到系统级功能集成（如冷却通道与结构一体化设计）都能得到广泛应用。然后从技术关联性看，在AI技术的深度融合方面，支持利用深度学习预测打印缺陷、强化学习优化工艺参数等；在数字孪生结合方面，通过虚拟模型实时映射物理制造过程，实现设计-制造-运维的全生命周期管理；在多材料/多工艺协同方面，支持多材料打印（金属-陶瓷复合）、混合制造［AM（增材制造）＋传统加工］的协同设计已进入深度应用阶段。最后从社会与产业影响上看，智能设计的定制化与柔性生产，不仅推动了小批量、个性化产品的高效制造（如医疗植入物按需定制），还促进了可持续制造的发展，通过轻量化设计减少了材料消耗，优化了能源使用（如航空部件减重降低碳排放），同时也推进了设计民主化进程，降低了复杂设计门槛，中小企业和个人可通过智能工具实现高端设计。

(4) 内涵与外延的关系

内涵驱动外延，智能设计的核心算法和技术能力（如生成式设计、工艺耦合性）决定了其外延的扩展边界。例如，自主优化能力使其可应用于医疗、能源等不同领域。同时，外延反哺内涵，跨行业的应用需求推动技术升级（如多材料设计需求催生新算法），形成“技术迭代-场景扩展”的正向循环。

总之，如图1-4所示，内涵是智能设计的“灵魂”，强调其技术本质和核心能力；外延是智能设计的“触角”，体现其跨领域渗透力和实际价值。两者的结合，使智能设计成为推动增材制造从“能制造”向“优设计”转型的关键引擎，未来将在更多领域实现“设计即制造”的终极愿景。

图 1-4 内涵与外延关系

1.4 智能设计在智能制造中的作用

智能设计的数字化、网络化和智能化是推动智能制造实现高效、灵活和可持续发展的三大关键支柱。这三者相互关联、相辅相成，共同构建了现代制造业的智能生态系统，极大地提升了制造过程的效率和产品的竞争力。

（1）数字化：提升设计精度与效率

数字化是智能设计的基础，通过将设计过程全面转化为数字形式，实现了设计数据的精准管理和高效利用。利用 CAD、CAE 等工具，设计师能够在虚拟环境中进行精细化设计和模拟，显著缩短了产品开发周期。同时，数字化设计使设计数据易于存储、检索和共享，减少了传统纸质设计的烦琐流程和人为错误，提高了设计的准确性和一致性。

数字化还支持虚拟仿真和数字孪生技术，允许在产品实际制造之前，通过虚拟模型进行全面的性能测试和优化。这不仅降低了原型制造的成本，还加速了设计迭代过程，使产品在上市前能够达到更高的质量标准。此外，数字化设计为后续的制造环节提供了详细的设计数据，确保了设计与制造的一致性，减少了信息传递不畅导致的制造偏差和质量问题。

（2）网络化：实现设计与制造的无缝协同

网络化将设计与制造环节通过工业互联网和物联网技术紧密连接，实现了数据的实时传输和共享，促进了跨部门、跨地域的协同工作。通过建立统一的数据平台，设计团队、制造部门以及供应链伙伴可以在同一系统中实时访问和更新设计数据，确保信息的一致性和及时性。这种无缝的协同机制不仅提高了生产效率，还增强了企业对市场变化的快速响应能力。

网络化设计流程支持远程协作和分布式设计，使全球范围内的设计资源能够高效整合和利用。设计师可以在不同地点同时对同一项目进行设计和优化，缩短了项目周期，提升了创新能力。此外，网络化还促进了设计与制造设备之间的智能联动，通过实时监控和反馈，设计可以根据制造过程中的实际情况进行动态调整，进一步优化生产效率和产品质量。

（3）智能化：赋予设计自主决策与优化能力

智能化是智能设计的高级阶段，通过集成人工智能、机器学习和大数据分析等先进技术，赋予设计系统自主决策和优化能力。智能化设计系统（智能系统）能够自动生成设计方案，基于既定的性能指标和约束条件，通过算法优化设计参数，实现最优设计。这不仅提高了设计效率，还激发了设计创新，设计师可以专注于更具创造性的工作，而将重复性和复杂的优化任务交给智能系统完成。智能化设计还具备预测和自适应能力，通过对大量历史设计和制造数据的分析，智能系统能够预测潜在的制造问题并采取预防措施，确保设计在实际制造中的可行性和可靠性。同时，智能化设计系统能够根据市场需求和生产环境的变化，自主调整设计策略，实现个性化定制和灵活制造，满足多样化和快速变化的市场需求。

此外，智能化设计通过深度学习和神经网络等技术，不断从实际应用中学习和优化，形成自我进化的设计能力。随着时间的推移，智能化设计系统的决策能力和优化水平将不断提升，进一步推动智能制造向更高的智能化水平迈进。

数字化、网络化和智能化的有机结合，使智能设计在智能制造中发挥着不可替代的作用。数字化提供了精准的数据基础，网络化实现了设计与制造的高效协同，智能化赋予了设计系统自主决策和优化能力。这三者共同推动了制造流程的全面优化，提升了产品的创新性和市场竞争力。

未来，随着技术的不断进步，智能设计的数字化、网络化和智能化将更加深度融合，推动智能制造向更加高效、灵活和可持续的方向发展。智能设计将不仅限于产品设计，还将扩展到整个制造生态系统的优化和创新，成为推动制造业转型升级和实现智能化生产的核心驱动力。在这一过程中，企业需要持续投入技术研发和人才培养，构建开放协同的设计生态系统，制定统一的行业标准，确保设计数据的安全与隐私。同时，智能设计的发展也将推动相关技术的进步，如人工智能算法的优化、物联网设备的智能化升级和大数据处理能力的提升，为智能制造提供更加坚实的技术支持。

综上所述，智能设计的数字化、网络化和智能化不仅是智能制造的重要组成部分，更是推动制造业实现高效、创新和可持续发展的关键力量。通过不断深化这三方面的融合与应用，智能设计将在未来制造业中发挥更加重要的作用，助力企业在全球竞争中取得更大的成功。

1.5 智能设计与增材制造前沿

智能设计与增材制造的前沿发展深度耦合，共同引领未来制造业向更高水平的智能化、个性化和可持续方向迈进。在智能设计的支持下，增材制造突破了传统制造对于模具和加工路径的限制，实现了复杂几何形状和功能集成部件的一体化成形，使设计者从传统工艺路径和模具约束中解放出来。在这样的背景下，智能设计通过先进的建模、仿真和优化手段，将设计与增材制造的工艺特性深度融入产品全生命周期的考虑中，从而实现对产品微观结构、宏观性能以及制造成本、环境影响的多维度优化。

这一过程借助高性能计算、大数据分析及人工智能算法的深度参与，使设计参数的多目标优化和多学科耦合成为可能，从而实现轻量化、结构优化、功能集成和材料高效利用等前沿性突破。同时，数字孪生技术的引入为增材制造全流程（涵盖设计、打印、后处理和服役评估）建立了精确的虚拟映射，设计者可在虚拟环境中对材料微结构、制造工艺参数以及零部件服役环境进行精确模拟和预测，不仅缩短了开发周期，还能在制造前就确定最优方案，极大提升了产品的可靠性与适应性。此外，智能设计与增材制造的深入融合还催生了跨尺度设计方法和多材料增材制造技术，为实现零部件梯度功能分布、智能响应特性和微结构定制化提供了前所未有的空间。在供应链层面，借助智能设计对工艺和资源的全局优化和预测分析，增材制造能够灵活调整产能和产品结构，实现按需生产、减少库存与物流压力，从而大幅度降低制造成本并提升环境友好性。总之，智能设计与增材制造的前沿探索不仅使制造从工具与工艺驱动向数据与算法驱动的范式转变，更从根本上改变了设计逻辑和制造方式，为现代制造业创造了新的创新空间与竞争优势。

首先，智能设计使增材制造在“功能驱动设计”（function-driven design）的理念下得以充分发挥。借助多学科优化（MDO）、参数化建模与拓扑优化，设计者能够针对产品的实际服役环境与功能需求，在设计环节就精确调控零件的局部结构特征与材料分布，从而满足轻量化、高刚度、减振、导热等多重性能指标。与此同时，基于生成式设计和仿生设计理念的应用，可以让设计方案突破传统结构经验的束缚，利用AI和算法自动迭代出数以百计、千计的候选设计，并从中筛选出兼顾功能、材料与制造性能的最优方案。

然后，增材制造对材料与结构的高度灵活性，为智能设计的前沿拓展提供了全新的舞台。借助材料工程与微结构设计的新兴方法，增材制造可实现多材料、梯度材料以及具备特定微结构单元的构件制造。在智能设计平台的支持下，设计者能够在数字孪生环境中提前模拟材料在增材成形过程中的熔池动态、热应力分布、晶粒生长及微观缺陷，从而在设计阶段就对零件的最终微结构、力学特性和服役寿命进行精准预测。通过将材料学、力学、热学以及流体力学仿真与AI驱动的优化算法深度整合，设计者可获得最优的材料和工艺匹配方案，实现高性能、定制化和高可靠性的零部件制造。

最后，智能设计与增材制造的协同不仅停留在产品几何与性能优化层面，更进一步促进了制造与供应链体系的再造。在智能设计的推动下，增材制造可直接面向实际生产需求，实现按需设计、按需生产，减少库存和模具储备的负担。通过云端协同设计与生产资源调度平台，制造企业可对设计数据、工艺参数及生产设备进行网络化联动与动态分配，从而快速响应市场变化与客户定制化需求。这种数字化与网络化的设计-制造一体化，使产品研发与制造周期大幅缩短，同时降低资源浪费，显著提升经济与环境可持续性。

此外，智能设计与增材制造前沿领域的持续拓展还得益于新型传感与闭环控制技术的发展。在制造过程中，通过对实时监测数据（如温度场、应力场、振动信号及材料熔融状态）的获取与分析，智能设计系统可根据反馈迭代地调整成形路径、工艺参数，甚至动态优化设计方案。这种“设计-制造-反馈”闭环控制理念，将从根本上改变传统设计与制造的线性流程，为高度自适应和自我演化的制造系统创造条件。

未来随着AI算法、6G通信、云计算以及新兴量子计算与区块链技术的崛起，智能设计与增材制造的前沿研究将进一步深入。标准化与互操作性问题的解决，将促进设计工具、制造设备与数据平台之间的统一接口和数据共享机制的建立。同时，相关行业法规与知识产权保护框架的完善，将为企业在全球范围内推进增材制造与智能设计的跨区域协同与合作铺平道路。最终，智能设计与增材制造的深度融合，不仅将改变产品的设计逻辑与制造方式，也将全面催生新型商业模式和产业生态，加速制造业从工具与工艺驱动向数据与算法驱动的全面转型，为企业与社会创造出前所未有的价值空间与竞争优势。

1.6 本书组织架构

本书组织架构如图1-5所示。

第1章绪论，概述了智能设计的基本概念、技术背景、内涵及外延，并探讨

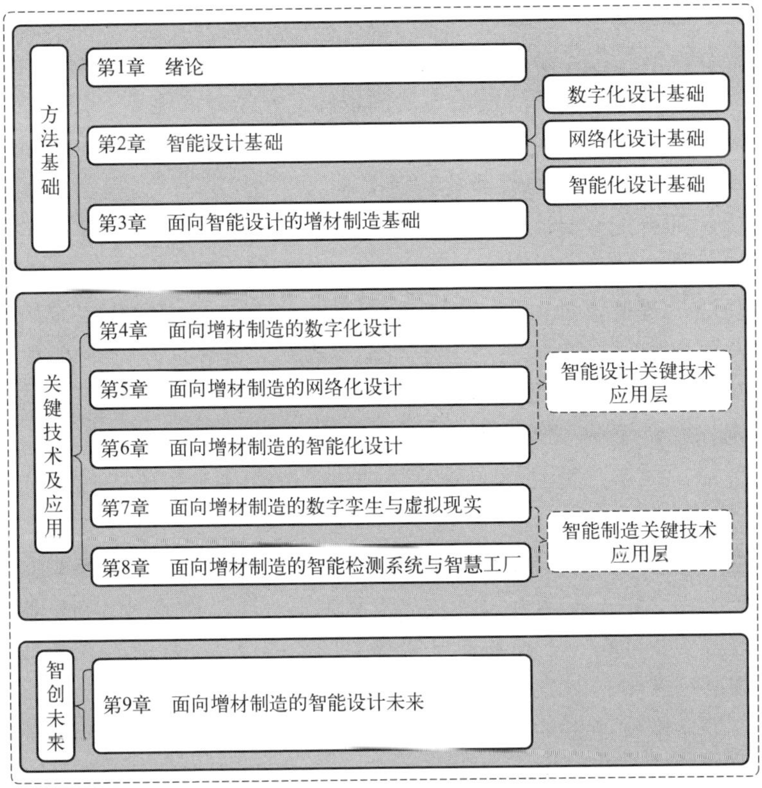

图 1-5　本书组织架构图

了智能设计在智能制造中的作用，以及智能设计与增材制造的前沿动态。

第 2 章智能设计基础，介绍了智能设计的基础理论，包括原理、方法及数学基础；详细阐述了数字化设计的基础，如几何建模、逆向工程技术、物理建模、计算机辅助工艺规划等；讨论了网络化设计的基础，包括云计算、物联网、网络协同设计等；探讨了智能化设计的数据驱动的设计范式、算法赋能的创新机理、实时反馈的交互机制和自主进化的系统架构。

第 3 章面向智能设计的增材制造基础，概述了增材制造的原理、特点、与智能设计深度融合的技术创新；详细阐述了增材制造的智能设计准则；探讨了智能设计与增材制造的协同制造过程。

第 4 章面向增材制造的数字化设计，介绍了医疗康复器械的参数化设计，包括参数化与驱动建模及复杂结构的拓扑优化设计；研究了面向增材制造的数值模拟与仿真优化，探讨了数字化模拟与预测模型的关系；最后介绍了面向增材制造的多尺度和多物理场的建模技术与仿真优化。

第 5 章面向增材制造的网络化设计，介绍了网络化设计的技术基础，包括设计范式和关键技术；AM 大数据治理中的大数据驱动架构，全生命周期的数据应用以及多模态数据采集体系；云边协同创新中的体系架构，云端协同优化技术及增材制造优化案例；基于区块链的增材制造的共享增材和全生命周期管理；网络安全的防护架构和核心技术。

第 6 章面向增材制造的智能化设计，探讨了智能设计的范式框架及对 AM 的影响；构建了智能设计通用技术体系及融合创新技术；探讨了 AIGC 驱动的产品创新，包括生成式 AI 技术、全流程驱动设计及 Open AI Shap-E 跨模态技术等；最终通过智能设计的范式框架映射在增材制造技术的应用案例。

第 7 章面向增材制造的数字孪生与虚拟现实，介绍了数字孪生技术及面向 AM 的数字孪生系统，并探讨了该技术在增材制造、医疗系统、车辆系统等系统中的应用；介绍了虚拟现实技术及面向 AM 的虚拟现实系统，并通过数字人、康复医疗、数字化博物馆，以及物理样机交互探讨了虚拟现实技术及应用场景。

第 8 章面向增材制造的智能检测系统与智慧工厂，介绍了机器视觉检测技术及传感器技术；介绍了检测方法及在线检测应用，通过神经网络和机器学习实现增材制造过程的智能检测；最后通过智慧工厂案例全面系统地介绍了面向增材制造的工业物联网及增材制造过程中全链条的监测与维护。

第 9 章面向增材制造的智能设计未来，探讨了人形机器人、6G 通信技术、自动驾驶以及量子科技对智能设计的影响，也探讨了生物增材制造技术在细胞打印、器官制造、可降解智能药控打印等方面与智能设计深度融合的案例，并展望了智慧养老与大健康领域中智能设计的应用及发展。

参考文献

［1］ 谭建荣，冯毅雄．智能设计理论与方法［M］．北京：清华大学出版社，2020.

［2］ 王坤，冯海全．增材制造与创新设计：从概念到产品［M］．北京：化学工业出版社，2024.

［3］ 张秀芬，蔚刚．可持续设计与智能优化［M］．北京：化学工业出版社，2023.

［4］ 周庆辉，邢艳，李云革．智能制造技术［M］．北京：化学工业出版社，2023.

［5］ 李涤尘，连芩，卢秉恒．陶瓷光固化增材制造技术［M］．北京：国防工业出版社，2021.

［6］ 王华明．3D 打印技术及其应用［M］．北京：中国铁道出版社，2015.

［7］ 史玉升．增材制造技术［M］．北京：清华大学出版社，2022.

［8］ 中国产业发展研究院，段云峰，杨旭．5G+智能制造［M］．北京：机械工业出版社，2022.

［9］ 卢秉恒．增材制造技术——现状与未来［J］．中国机械工程，2020，31（01）：19-23.

［10］ 李涤尘，连芩，卢秉恒．陶瓷光固化增材制造技术［M］．北京：国防工业出版社，2021.

［11］ 李涤尘，连芩．增材制造智能化设计［M］．北京：机械工业出版社，2023.

［12］ Gibson I，Rosen D，Stucker B. Additive manufacturing technologies：3D printing，rapid prototyping，and direct digital manufacturing［M］. 2nd ed. NewYork：Springer，2015.

[13] 余冬梅，方奥，张建勋．4D打印技术的研究现状与发展趋势［J］. 机械工程学报，2014，50（5）：6-14.

[14] 马驷，吕坚．智能材料增材制造技术研究进展［J］. 中国材料进展，2017，36（9）：58-65.

[15] Tibbits S. 4D printing：Multi-material shape change［J］. Architectural Design，2014，84（1）：116-121.

[16] 史玉升，宋波．智能构件增材制造的4D打印技术［C］//中国机械工程学会年会论文集．武汉：华中科技大学出版社，2021：45-52.

[17] 国家增材制造创新中心．金属增材制造全链条技术创新体系研究报告［R］. 北京：国家增材制造创新中心，2023.

第2章

智能设计基础

2.1 智能设计方法

智能设计实质上是人工智能驱动的创新设计，强调基于人工智能的认知与人机融合的创新，实现设计过程由传统人脑驱动创新向人机交互驱动创新发展。智能设计方法是智能设计原理在实际工程设计过程中的具体实施路径和技术手段的综合体现，它将数据驱动、知识沉淀、模型构建与优化决策紧密结合，并通过多学科、多层次的协同与交互，为设计流程的智能化与高效化提供强有力的支持。在面向增材制造的应用情境下，智能设计方法更需关注制造工艺特性、材料特性及其与设计结构的交互作用，力求实现设计从概念构思到成品呈现的全链条数字化、智能化和自适应化。以下将从遗传算法、粒子群优化方法、拓扑优化设计方法等方面系统阐述智能设计的方法论体系。

2.1.1 遗传算法

遗传算法（genetic algorithms，GA）是一类借鉴生物界自然选择和自然遗传机制的随机搜索算法，适用于处理传统搜索方法难以解决的复杂和非线性优化问题，其基本思想源于达尔文（Charles Darwin）的进化论和孟德尔（Gregor Johann Mendel）的遗传学说。

GA模拟自然界优胜劣汰的进化现象，把搜索空间映射为遗传空间，将问题的求解表示为染色体（向量），向量的每个元素称为基因。计算各染色体的适应值，并通过选择、交叉、变异等进化规则产生新一代能适应环境的染色体群，逐代进化，直到获得问题的最优解。其基本步骤如下。

（1）问题的染色体编码

编码方法包括二进制编码、自然数编码、实数编码、整数编码等，其特点及适用范围如表 2-1 所示。

表 2-1　染色体编码方法

编码方法	描述	特点及适用范围
二进制编码	它反映问题空间到二进制位串空间的映射，其长度与问题求解精度相关，例如{010010}	①简单 ②连续函数离散化时存在映射误差，染色体长度较短时，精度低；反之，搜索空间增大
自然数编码	它反映问题空间到自然数空间的映射，个体编码长度与决策变量个数相等。例如{1,2,3,4,5}可以代表 5 个城市的旅行商问题的染色体	不能重复，适用于指派、调度、规划等问题
实数编码	它反映问题空间到实数空间的映射	方便运算，但无法反映基因的特征
整数编码	整数编码与自然数编码类似，但是允许重复，例如{321124}	适用于新产品投入、时间优化、伙伴挑选等问题

(2) 适应度函数的计算

适应度函数是衡量染色体优劣的标准，通常可以直接利用问题的目标函数作为个体的适应度函数，某些选择策略可以将原始目标函数转化为标准形式。例如，对于极小化问题，标准适应度值可以定义为

$$F=C_{\max}-f \tag{2-1}$$

式中，$C_{\max}$ 为一个用户自定义的足够大的正数；f 为目标函数。

(3) 初始种群的确定

优化问题的解映射为染色体或基因串，为了获得尽可能优秀的解，一般需要生成一定数量的解（即种群）。种群一般可以随机生成，也可以通过某种策略生成部分优化的种群。每个染色体都对应一个适应度函数值。

(4) 遗传进化

遗传算法包含选择、交叉、变异三种遗传策略。

① 选择遗传策略。根据染色体的适应度值对染色体优胜劣汰，使适应度较高的个体以较大概率遗传到下一代。选择遗传策略对算法性能影响很大，不同的选择策略决定着新一代个体优劣程度的比例，影响收敛速度和最优解的质量。常用的选择算子包括轮盘赌、精英、锦标赛、蒙特卡洛、线性排序、指数排序、玻尔兹曼、随机遍历等，具体见表 2-2。

② 交叉遗传策略。交叉遗传策略是将两个父代个体的部分基因进行替换重组以形成新的个体的操作。一般的遗传算法都有一个交叉率的参数，范围一般是 0.6～1，这个交叉率反映两个被选中的个体进行杂交的概率。连续优化常见的交叉操作有均匀交叉、模拟二进制交叉、单点交叉和两点交叉等。组合优化或离散

优化时，常用的交叉算子包括部分映射交叉、次序交叉、循环交叉、基于位置的交叉、优先保存交叉等。表 2-3 给出了三种交叉算子。

表 2-2 选择算子

选择算子	描述
轮盘赌选择（又称适应度比例法）	轮盘赌选择是根据个体适应度计算选择概率：$$P_i=\frac{f_i}{\sum_{j=1}^{N}f_j}$$ 式中，f_j 为群体中第 j 个染色体的适应度值，为正值；N 为种群规模根据概率将一个圆盘分为的份数，第 i 个扇形的中心角为 $2\pi P_i$。产生一个随机数 r，$r\in[0,1]$，若 $\sum_{j=0}^{i-1}P_j\leqslant r<\sum_{j=0}^{i}P_j$，则选择个体 i，其中，$P_0=0$
锦标赛选择	在锦标赛选择中，从群体中随机选择 s（锦标赛规模）个染色体，将适应度最高的个体保留到新一代，反复执行，直到保存的新一代的个体数达到预定数为止
截断选择	在截断选择中，根据适应度值对种群中的个体按照优劣顺序排列，将前面 k 个最好的个体选择遗传到下一代
蒙特卡洛选择	蒙特卡洛选择方法是指从给定的种群中随机选择个体，它属于随机搜索，一般用于度量其他选择器的性能
线性排序选择	在线性排序选择中，首先按照适应度值对个体进行排序，最差个体排第 1 位，最优个体排第 N 位，根据排位先后，线性地分派给染色体 i 的选择概率为 $$P_i=\frac{1}{N}\left[n^-+(n^+-n^-)\frac{i-1}{N-1}\right]$$ 式中，$\frac{n^-}{N}$、$\frac{n^+}{N}$分别为最劣和最优染色体的选择概率
指数排序选择	指数排序选择时采用指数函数为排序后的个体分配生存概率：$$P_i=(c-1)\frac{c^{i-1}}{c^N-1}$$ 式中，$c\in[0,1)$，其值越小，最优个体被选择的概率越大，当 $c=0$ 时，设置最优个体被选择的概率为 1，其他个体被选择的概率为 0。在计算选择概率前，需对种群按照适应度值进行降序排序
玻尔兹曼选择	玻尔兹曼选择器的选择概率定义如下：$$P_i=\frac{e^{bf_i}}{Z}$$ $$Z=\sum_{i=1}^{N}e^{f_i}$$ 式中，b 为控制选择强度的参数。当 $b>0$ 时，增大了具有高适应度值的个体被选择的概率；反之，则降低概率。当 $b=0$ 时，所有个体的选择概率均为$\frac{1}{N}$

续表

选择算子	描述
随机遍历选择	随机遍历选择是一种根据给定概率以最小化波动概率的方式选择个体的方法。使用一个随机值在等间隔的空间内选择个体，具体原理如下图所示，其中，n 为要选择的个体数量 整体适应度值　$F=\sum_{i=0}^{N-1} f_i$ 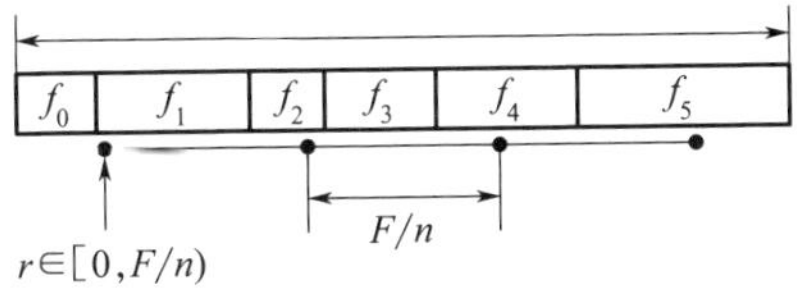
精英选择	精英选择将一小部分最优解的候选解直接复制到下一代，不进行交叉和变异操作

表 2-3　交叉算子

交叉算子	描述
均匀交叉（适用于连续优化）	随机产生一个与父代个体同样长的染色体模板，基因是 0 表示不交换，1 表示交换，根据交叉模板对两个父代个体进行交叉，获得新个体，具体原理如下图所示 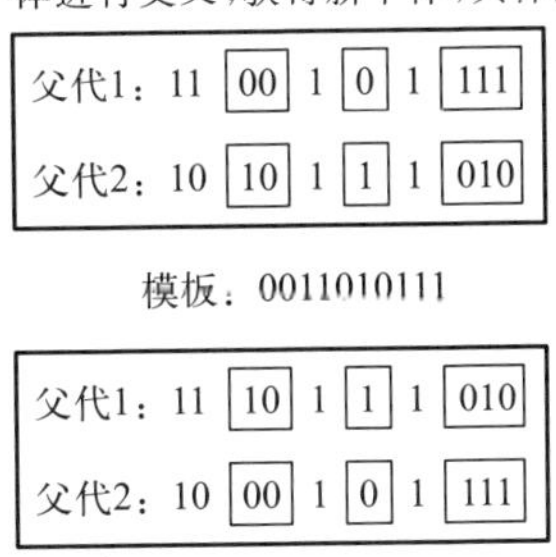
模拟二进制交叉（适用于连续优化）	对于实数编码的父代个体 $\boldsymbol{x}^1=(x_1^1,x_2^1,\cdots,x_n^1)$ 和 $\boldsymbol{x}^2=(x_1^2,x_2^2,\cdots,x_n^2)$，被选中的基因按照如下方法交叉： $y_i^1=0.5[(1-\beta)x_i^1+(1+\beta)x_i^2]$，$y_i^2=0.5[(1+\beta)x_i^1+(1-\beta)x_i^2]$ 其中，$\beta(u)=\begin{cases}(2u)^{\frac{1}{\eta c+1}}, & u\leqslant 0.5\\ [2(1-u)]^{\frac{1}{\eta c+1}}, & 其他\end{cases}$，$u\in[0,1]$为均匀分布的随机数，$\eta$ 为形状参数，c 为强度缩放常数，η 与 c 均取正值，$\frac{1}{\eta c+1}$用以控制 $\beta(u)$在左右两段的曲线平滑度
部分映射交叉	随机选择两个位置 X 和 Y，互换两个位置之间的基因，确定映射关系，将未换部分按照映射关系恢复合法性，具体操作如下图所示 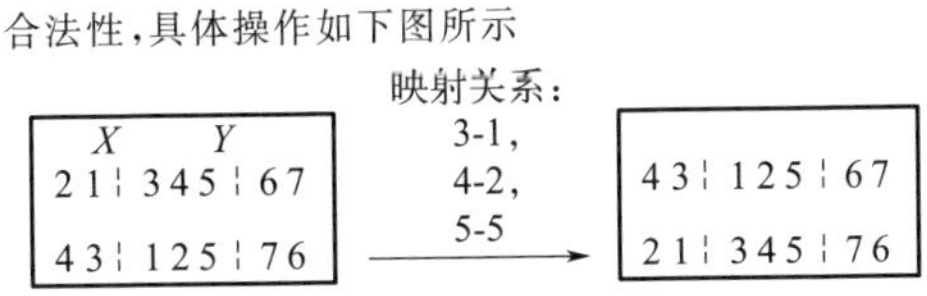

③ 变异遗传策略。变异模拟了生物由于自然界环境变化引起的基因突变现象，以一定的概率（通常取小于 0.01 的数）对某些基因进行变动，其目的是改善算法的局部搜索能力，增加个体的多样性，防止早熟。常用的连续优化的变异算子包括均匀变异、非均匀变异等；对于组合优化问题，变异算子通常是插入某个新基因值、互换两个不同位置的基因值或将两个不同位置的基因值逆序。

均匀变异指的是分别用某一范围内均匀分布的随机数，以较小的概率替换各个基因值。假设个体 $\boldsymbol{P}=(x_1,x_2,\cdots,x_k,\cdots,x_n)$，若 x_k 为变异点，取值范围为 $[U_{\max}^k,U_{\min}^k]$，则新基因值为 $x'_k=U_{\min}^k+r(U_{\max}^k-U_{\min}^k)$，式中，$r$ 为 [0，1] 区间的均匀分布的随机数。

非均匀变异是对某一重点区域进行局部搜索，对原有基因值做随机扰动，获得变异后的新基因值。其变异过程与均匀变异类似，变异点的新值如下：

$$x'_k=\begin{cases}x_k+\Delta(t,y)=x_k+\Delta(t,U_{\max}^k-x_k), & \mathrm{rnd}(2)=0\\ x_k-\Delta(t,y)=x_k-\Delta(t,x_k-U_{\min}^k), & \mathrm{rnd}(2)=1\end{cases} \tag{2-2}$$

式中，rnd(2) 为随机产生的正整数模 2 所得的结果；t 为当前进化代数；$\Delta(t,y)$为 $[0,\ y]$ 内符合非均匀分布的随机数，随着进化代数 t 的增加，其接近 0 的概率也逐渐增大。

(5) 寻优解码

经过一系列遗传进化操作，产生的新一代个体不同于初始的一代，因为最好的个体总是更多地被选择去产生下一代，而适应度低的个体逐渐被淘汰。如此反复迭代，直到终止条件满足为止。

常见的终止条件包括：a. 进化次数限制；b. 计算耗费的资源限制（例如计算时间、计算占用的内存等）；c. 一个个体已经满足最小值的条件，即最小值已经找到；d. 适应度已经达到饱和，继续进化不会产生适应度更大的个体；e. 人为干预；f. 以上两种或更多种的组合。

2.1.2 粒子群优化方法

粒子群优化（particle swarm optimization，PSO）是模拟飞鸟集群捕食行为规律的一种智能计算方法，将每个个体看作搜索空间的一个没有体积和质量的粒子，在搜索空间以一定速度飞行，根据对环境的适应度将群体中的个体移动到好的区域。

设 $\boldsymbol{x}_t=(x_{t1},x_{t2},\cdots,x_{tn})$与 $\boldsymbol{v}_t=(v_{t1},v_{t2},\cdots,v_{tn})$分别是粒子在 t 时刻的位置和速度，则其位置和速度的更新公式定义如下：

$$\begin{cases}\boldsymbol{v}_{t+1}=\omega\boldsymbol{v}_t+r_1\mathrm{rand}()(\boldsymbol{P}_t-\boldsymbol{x}_t)+r_2\mathrm{rand}()(\boldsymbol{G}_t-\boldsymbol{x}_t)\\ \boldsymbol{x}_{t+1}=\boldsymbol{x}_t+\boldsymbol{v}_t\end{cases} \tag{2-3}$$

式中，ω 为惯性权重；r_1、r_2 分别为加速常数；rand() 为区间 [0，1] 上均匀分布的随机数；$\boldsymbol{P}_t$、$\boldsymbol{G}_t$ 分别为 t 时刻粒子的自身最佳位置和全局最佳位置。粒子群优化方法的流程如下。

① 初始化粒子群，随机生成所有粒子的位置和速度，并确定粒子的自身最佳位置和全局最佳位置。

② 对每个粒子，将它的当前位置与经历过的最好的位置进行比较，不断更新当前最佳位置。

③ 对每个粒子，将它的当前位置与群体中所有粒子经历过的全局最佳位置进行比较，更新全局最佳位置。

④ 根据上面的公式更新粒子的速度和位置。

⑤ 反复迭代，直到满足终止条件，取当前全局最佳位置为最优解。

2.1.3　拓扑优化设计方法

拓扑优化（topology optimization）是结构优化中的一个重要领域，旨在通过改变结构的材料分布来最优化结构性能，通常目标是最小化材料使用或最大化结构刚度。SIMP（solid isotropic material with penalization，固体各向同性惩罚材料）方法是其中一种常用的数值求解方法，特别适用于线性弹性问题，常用于结构力学、机械设计和材料科学等领域。它能够通过惩罚函数和设计变量的优化过程，获得具有理想性能的结构拓扑。

(1) 目标函数

SIMP 方法的目标是最小化结构在给定载荷和约束条件下的柔度（等价于最大化刚度）。柔度的定义是结构的位移向量与施加的载荷之间的关系，可以表示为：

$$\min_{\rho} \frac{1}{2}\boldsymbol{u}^{\mathrm{T}}\boldsymbol{K}(\rho)\boldsymbol{u} \tag{2-4}$$

式中，$\boldsymbol{u}$ 是结构的位移向量；$\boldsymbol{K}(\rho)$ 是结构的刚度矩阵，它依赖于材料密度分布 ρ。

在 SIMP 方法中，刚度矩阵是由每个单元的材料属性（如弹性模量）所决定的。假设材料的弹性模量 E_i 为材料密度 ρ_i 的函数，通常采用以下形式表示：

$$E(\rho_i)=E_0\rho_i^p \tag{2-5}$$

式中，E_0 是初始材料的弹性模量；p 是惩罚因子，通常取值为 3，用于避免中间密度值，确保解的“0-1”特性（即全材料或无材料）。

因此，刚度矩阵可以表示为：

$$\boldsymbol{K}(\rho)=\sum_{i=1}^{n}\boldsymbol{K}_i(\rho_i) \tag{2-6}$$

式中，$\boldsymbol{K}_i(\rho_i)$ 是第 i 个单元的刚度矩阵，依赖于其材料密度 ρ_i。

(2) 约束条件

在拓扑优化中，通常会添加体积约束和其他设计约束，以确保最终结构满足实际设计要求。

① 体积约束。体积约束限制了结构中使用的材料总量。假设 V_i 为第 i 个单元的体积，V_{total} 是可用的总材料体积，则体积约束可以表示为：

$$\sum_{i=1}^{n}\rho_i V_i \leqslant V_{\text{total}} \tag{2-7}$$

② 边界条件与载荷。除了体积约束外，拓扑优化问题通常还需要考虑边界条件（如固定边界和载荷边界）和其他结构性能约束（如位移、应力限制等）。这些约束与具体问题的应用密切相关。

将目标函数和约束条件结合起来，SIMP 方法的拓扑优化问题可以数学化为如下形式：

$$\begin{aligned}&\min_{\rho}\frac{1}{2}\boldsymbol{u}^{\mathrm{T}}\boldsymbol{K}(\rho)\boldsymbol{u}\\ \text{s. t.}\quad &\sum_{i=1}^{n}\rho_i V_i \leqslant V_{\text{total}},\quad 0\leqslant\rho_i\leqslant 1,\quad \forall i\end{aligned} \tag{2-8}$$

其中，$\boldsymbol{K}(\rho)$ 是刚度矩阵，依赖于每个单元的材料密度 ρ_i，且满足 $E(\rho_i)=E_0\rho_i^p$；体积约束 $\sum_{i=1}^{n}\rho_i V_i \leqslant V_{\text{total}}$ 限制了材料的总使用量；$0\leqslant\rho_i\leqslant 1$ 确保每个单元的材料密度在合理范围内，0 表示没有材料，1 表示全材料。

SIMP 方法通过对设计域内每个单元的材料密度进行优化，能够实现对结构拓扑的高效优化。通过惩罚因子的引入，SIMP 方法确保了优化结果趋向于“0-1”解，即仅有全材料和无材料的元素，从而使得到的优化结果具有良好的实际可制造性。

2.1.4 线性支持向量机

线性支持向量机是一种针对特定问题的完美分类模型。假设存在一组具有两个类别的数据集合，在特征空间中，存在平面能将该数据集的两个类别完美切分。将该数据集输入线性支持向量机模型，可以得到一个平面方程，该平面方程满足离该平面最近的特征空间数据点与该平面的距离为可行平面方程中最大的，其工作原理如图 2-1 所示。

假设存在线性可分的数据对（$\boldsymbol{x}_i$，y_i）样本的集合，其中 $y_i\in\{-1,1\}$，通过线性支持向量机可以获得一个高次平面方程，将不同的数据点输入该高次平面方程得到的输出分类都能够对应该数据点的实际类别：不存在被错分类的样本，

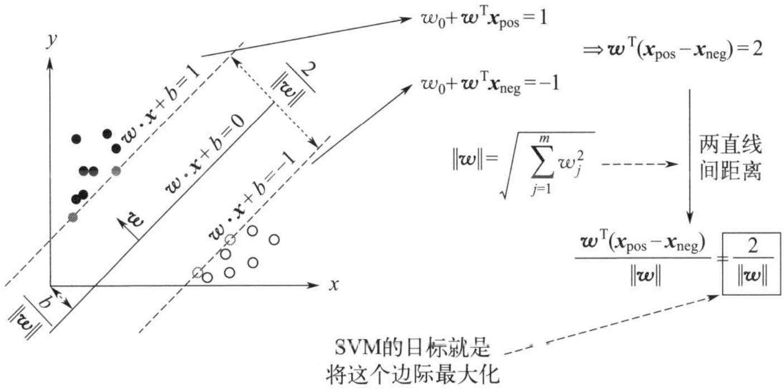

图 2-1　支持向量机的工作原理

并满足离该平面最近的特征空间数据点与该平面的距离为可行平面方程中最大的这一条件。与高次平面最近的数据点称为支持向量，线性支持向量机模型输出的平面方程由这些支持向量决定。假设该超平面为 $\boldsymbol{w}^{\mathrm{T}}\boldsymbol{x}+b=0$，其中 $\boldsymbol{w}$ 为法向量，决定超平面的方向；b 为位移量，决定超平面与原点之间的距离。划分平面可由法向量 $\boldsymbol{w}$ 和位移量 b 确定，则支持向量机的假设函数为

$$y=\mathrm{sign}(\boldsymbol{w}^{\mathrm{T}}\boldsymbol{x}+b) \tag{2-9}$$

由于该数据集线性可分，存在约束

$$y_i(\boldsymbol{w}^{\mathrm{T}}\boldsymbol{x}_i+b)>0 \tag{2-10}$$

任意点到超平面的距离为

$$\mathrm{distance}(\boldsymbol{w},\boldsymbol{x},b)=\frac{|\boldsymbol{w}^{\mathrm{T}}\boldsymbol{x}+b|}{\|\boldsymbol{w}\|}=\frac{y_i(\boldsymbol{w}^{\mathrm{T}}\boldsymbol{x}_i+b)}{\|\boldsymbol{w}\|} \tag{2-11}$$

由于假设训练样本是可分的，可以重新调整 $\boldsymbol{w}$ 和 b，使得最接近超平面的点是 $y_0(\boldsymbol{w}^{\mathrm{T}}\boldsymbol{x}_0+b)-1$。因此，对线性可分的数据集，对上述约束与求解目标稍作放缩与调整是为了寻找最优的、能够完美切分数据集中两个类别数据的平面方程，求解高次平面方程的问题可化为一个求解二次规划的问题，即

$$\min \frac{1}{2}\boldsymbol{w}^{\mathrm{T}}\boldsymbol{w} \tag{2-12}$$

$$\mathrm{s.t.}\ y_i(\boldsymbol{w}^{\mathrm{T}}\boldsymbol{x}_i+b)\geqslant 1$$

该二次规划不仅能够寻找间隔最大的超平面，目标函数还可以在一定程度上解决过拟合的问题。

在使用数据集的过程中，常采用的方法是将数据集投影到更高维度的空间以充分利用数据集。

采用拉格朗日乘数法解决该二次规划问题，引入拉格朗日乘子 α（$\alpha\geqslant 0$），在总训练样本数为 K 的条件下，得到如下拉格朗日方程式：

$$L(\boldsymbol{w},\alpha,b)=\frac{1}{2}\boldsymbol{w}^{\mathrm{T}}\boldsymbol{w}-\sum_{i=1}^{K}\alpha_i\left[y_i(\boldsymbol{w}^{\mathrm{T}}\boldsymbol{x}_i+b)-1\right] \tag{2-13}$$

对上式求出最优的 $\{\boldsymbol{w},\ \alpha,\ b\}$ 组合，使值最小化，通过对 $\boldsymbol{w}$、b 求偏导得到各变量之间的关系：

$$\frac{\partial L}{\partial b}=0,\frac{\partial L}{\partial \boldsymbol{w}}=0$$

$$\sum_{i=1}^{K}y_i\alpha_i=0 \tag{2-14}$$

对于原始的二次规划问题，可以通过将原问题转化为其对偶形式，减少计算量，将原数据集投影到高维空间时，将原问题化为对偶形式可能是求解问题的唯一方式。因此利用拉格朗日乘数法的推导，将原二次规划问题化为了如下的对偶形式：

$$\begin{gathered}\max \frac{1}{2}\sum_{i=1}^{K}\sum_{j=1}^{K}\alpha_i\alpha_j y_i y_j \boldsymbol{x}_i^{\mathrm{T}}\boldsymbol{x}_j-\sum_{i=1}^{K}\alpha_i\\ \text{s. t.} \sum_{i=1}^{K}y_i\alpha_i=0\\ \alpha_i\geqslant 0\end{gathered} \tag{2-15}$$

这也是一个二次函数寻优的问题，存在如下唯一解：

$$\boldsymbol{w}^*=\sum_{i=1}^{K}\alpha_i^* y_i\boldsymbol{x}_i \tag{2-16}$$

求解问题后，最终的分类函数为

$$f(\boldsymbol{x})=\mathrm{sign}(\sum_{i=1}^{n}\alpha_i^* y_i\boldsymbol{x}_i^{\mathrm{T}}\boldsymbol{x}+b) \tag{2-17}$$

由于在目标函数中存在 $\boldsymbol{x}_i^{\mathrm{T}}\boldsymbol{x}_j$ 项，在 $\boldsymbol{x}$ 项通过 $\boldsymbol{z}=\varphi(\boldsymbol{x})$ 投影到高维空间时，求解对偶二次规划计算依旧十分复杂，此时，通过核函数的形式可消除投影到高维空间带来的智能设计计算复杂问题。

2.2 智能设计数学基础

2.2.1 人工神经网络

神经元是生物神经系统的基本单元，用于传递神经刺激或电化学信号，具体结构如图 2-2 所示。神经元具有多个树突，用来接收输入的信息；突触是神经元之间的连接接口，每个神经元有 100～100000 个突触；轴突是细胞体上最长突起（神经纤维），一般一个神经元只有一条轴突，其尾端有许多轴突末梢。神经元通过轴突末梢经突触与其他神经元的树突连接，实现信息的传递。当轴突终端释放的电脉冲信号超过阈值时，为兴奋状态，产生神经冲动，由轴突末梢传出，反之，为抑制状态，不产生神经冲动。

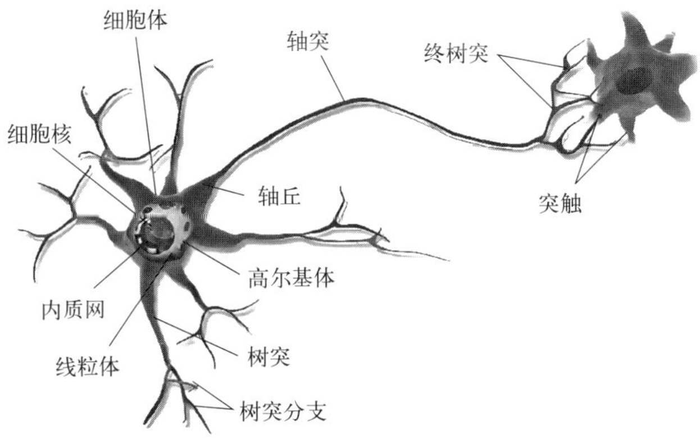

图 2-2　神经元

人工神经网络（artificial neural network，ANN）是通过模拟生物神经系统的工作原理构建的由大量具有适应性神经元组成的广泛并行互联网络，它是机器学习的一个分支。最早的 M-P 神经网络模型是由心理学家 McCulloch 和数学家 Pitts 于 1943 年合作提出的形式神经元数学模型。1957 年，Rosenblatt 提出感知机模型，掀起了人工神经网络研究的一次高潮。1982 年，美国加州理工学院物理学家 Hopfield 提出了离散神经网络模型，并于 1984 年设计了该网络的电子线路，为模型的可用性提供了物理证明。1985 年，辛顿和赛诺夫斯基提出了玻尔兹曼机（BM），后来发展出了受限玻尔兹曼机（RBM）、深度玻尔兹曼机（DBM）和深度置信网络（DBN）等。1986 年，Rumelhart 和 McClelland 提出多层网络的误差反向传播算法（BP 算法），使网络具备了一定的能力，目前已成为应用最广的人工神经网络算法之一。进入 21 世纪，神经网络在图像处理和计算机视觉等领域取得了极大成功，掀起了深度学习、深度神经网络的第三次高潮。

ANN 由输入层、隐层和输出层构成，隐层可以有多层。神经元映射为中央处理器，以圆节点（或处理单元）表示，用于计算。神经元之间通过带有权重（突触权值）的边连接，层层之间可以进行信息传递，其权值可以变化：当神经元处于激发状态，权值为正；当神经元处于抑制状态，权值为负。其架构如图 2-3 所示。

假设输入为 x_1、x_2、…、x_n，权重为 w_1、w_2、…、w_n，偏差为 b，激活函数为 a，输出为 y，则人工神经网络的数学模型定义如下。

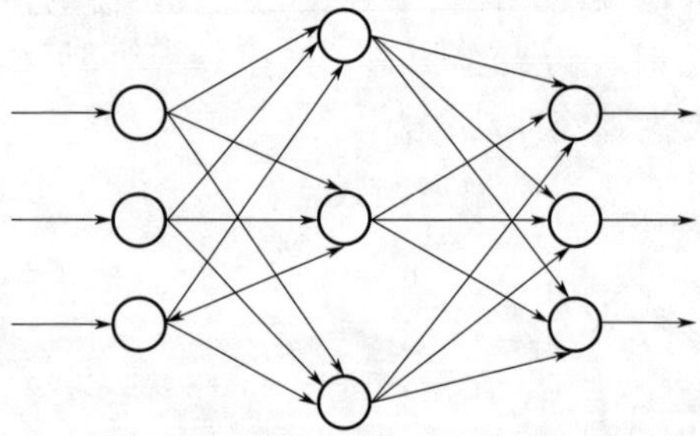

图 2-3 人工神经网络架构

$$y=f(x)=a(\sum_{i=1}^{n}x_iw_i+b) \tag{2-18}$$

权重和偏差的确定一般应用前馈和反向传播技术，通常，权重初始化为一个随机数，通过梯度下降，使误差最小化，即可获得权重和偏差最优的模型。恰当的神经元个数是避免过拟合、高误差等问题的关键，每层隐层的神经元个数近似为输入层和输出层神经元的个数，可以是两者的平均值，不能超过输入层神经元个数的两倍。

激活函数负责将神经网络中的输入信号的总和转换为输出信号，不同的激活函数决定神经元的不同输出特性，常用的激活函数如下。

① S形激活函数（Sigmoid 函数）。神经元的状态与输入之间的关系是在（0，1）区间内连续取值的单调可微函数，定义如下：

$$f(x)=\frac{1}{1+e^{-x}} \tag{2-19}$$

该激活函数使用逻辑模型，优点是可导，值域为 0 到 1，使神经元的输出标准化；缺点是计算耗时且复杂，会导致梯度消失，收敛速度慢。

在 Sigmoid 函数的基础上，发展了 HardSigmoid、Swish、Maxout 等函数。

② 双曲正切函数（tanh 函数）。双曲正切函数是一个定义于（$-1,1$）区间内的非线性函数，其梯度比 Sigmoid 更大，存在斜率缺失问题，具体定义如下：

$$f(x)=\frac{2}{(1+e^{-x})-1}=\frac{1-e^{-x}}{1+e^{-x}} \tag{2-20}$$

③ 线性修正单元函数（ReLU）。线性修正单元函数输出状态取二值，分别代表神经元的兴奋和抑制，定义如下：

$$f(x)=\begin{cases}1,x\geqslant 0\\0,x<0\end{cases} \tag{2-21}$$

ReLU 函数简单，处理速度快，没有梯度消失问题，优于 Sigmoid 和 tanh 函数，是神经网络和深度学习首选的激活函数。但 ReLU 函数引入了神经元死亡问题，当输入接近零或负值时，函数的梯度变为零，网络无法执行反向传播或学习。

④ 概率型激活函数。该模型输入和输出关系不确定，需要一种随机函数来描述状态为 1 或 0 的概率，T 为温度函数，设神经元输出为 1 的概率为：

$$P(1)=\frac{1}{1+e^{-x/T}} \tag{2-22}$$

神经元实现对相邻前向神经元输入进行加权累加，通过激活函数对累加结果进行非线性变换，将结果按照后向连接神经元的权重向后传送。神经元越多，非线性映射越复杂。

标准的 ANN 执行步骤包括训练、测试和部署三个部分。

(1) 网络训练

数据是模型建立和学习过程的关键，首先需要进行数据标准化，主要包括以下方法。

① Z 分数标准化。一种常用的数据预处理方法，用于衡量观测值相对于总体（或样本）均值的偏离程度。计算时，将每个数据点与总体均值的差值除以总体标准差，从而获得其“标准化”后的 Z 分数。由于直接使用均值和标准差，该方法对异常值较为敏感。其公式如下：

$$Z=(X-\mu)/\sigma \tag{2-23}$$

式中，X 为数据元素的值；μ 为平均值；σ 为标准差。

② 最小-最大标准化。通过线性变换将原始数据映射到［0，1］区间。第 i 个数据元素 x_i 的计算公式如下：

$$x_i=\frac{-\min(x)}{\max(x)-\min(x)} \tag{2-24}$$

式中，x_i 为数据元素；$\min(x)$ 为数据元素的最小值；$\max(x)$ 为数据元素的最大值。

训练数据决定了从输入中得到的输出权重、偏差和激活函数。在前向传播中，网络训练的一般步骤如下。

① 给隐层中的每个神经元分配随机权重和偏差，初始化神经网络前向传播。

② 按照式 $y=f(x)=a(\sum_{i=1}^{n}x_iw_i+b)$ 求得每个神经元的输出。

③ 在每个神经元应用激活函数（Sigmoid）获得输出，并将其继续传递到下一层神经元。

④ 重复步骤②和③，直到获得网络最终输出。

⑤ 根据训练集，由实际输出减去激活函数的输出值，识别每个输出神经元的误差。

⑥ 计算总的误差 $E=\frac{1}{2}(t-y)^2$。式中，E 为误差平方；t 为训练样本的目标输出；y 为一个输出神经元的实际输出。

⑦ 应用梯度下降技术根据神经网络的权重求误差 E 的偏导，导数为一个值的变化率，梯度下降使用导数来最小化误差，获得权重的正确的集合。

⑧ 每个神经元的权重都要根据偏导数和学习率进行更新。

⑨ 上述步骤不断重复，直到满足迭代终止条件。

对于反向传播过程中的神经网络，梯度下降法根据激活函数的误差迭代权重和偏差。

(2) 网络测试

测试数据用来检查实际输出是否与模型的预测输出匹配，评估用于验证模型的各种指标（表 2-4），之后将训练数据和其他参数传递给神经网络函数。

表 2-4　评估指标

指标	描述
真阳性率	$\text{TPR}=\frac{\text{TP}}{\text{TP}+\text{FN}}=\frac{\text{真阳性}}{\text{真阳性}+\text{假阴性}}$
真阴性率	$\text{TNR}=\frac{\text{TN}}{\text{TN}+\text{FP}}=\frac{\text{真阴性}}{\text{真阴性}+\text{假阳性}}$
准确度	$\text{ACC}=\frac{\text{TP}+\text{TN}}{\text{TP}+\text{TN}+\text{FP}+\text{FN}}=\frac{\text{真阳性}+\text{真阴性}}{\text{真阳性}+\text{真阴性}+\text{假阳性}+\text{假阴性}}$
精确度	$\text{精确度}=\frac{\text{TP}}{\text{TP}+\text{FP}}=\frac{\text{真阳性}}{\text{真阳性}+\text{假阳性}}$
召回率	$\text{召回率}=\frac{\text{TP}}{\text{TP}+\text{FN}}=\frac{\text{真阳性}}{\text{真阳性}+\text{假阴性}}$

神经网络的泛化是在神经网络模型训练上的延伸，试图最小化模型在训练数据上的平方误差总和，并降低模型的复杂性。如果神经网络在没有训练过的数据上表现良好，则其泛化能力强。实践中，常常出现过度拟合现象，即测试分数远远低于训练分数。权重数量越大，过拟合概率越大，常常使用 dropout 神经元和权重正则化技术防止过拟合。

(3) 部署阶段

通过模型传递得到实际数据预测结果。

2.2.2　卷积神经网络

卷积神经网络（convolutional neural networks，CNN）是一类包含卷积计算且具有深层结构的前馈神经网络，由卷积层、池化层和全连接层组成，其训练采用误差反向传播算法。

(1) 卷积层

卷积层是卷积神经网络的核心，完成的主要操作是利用卷积核对输入图像做卷积运算，以检测输入图像的局部特征。输入图像通常有 3 个维度，即长度、宽度、深度，其中深度代表了图像的通道（channel）数。灰度图像的深度为 1，在 RGB 色彩模式下，图像的深度为 3。如图 2-4 所示，在对图像处理的过程中，处理的是图像的像素矩阵。

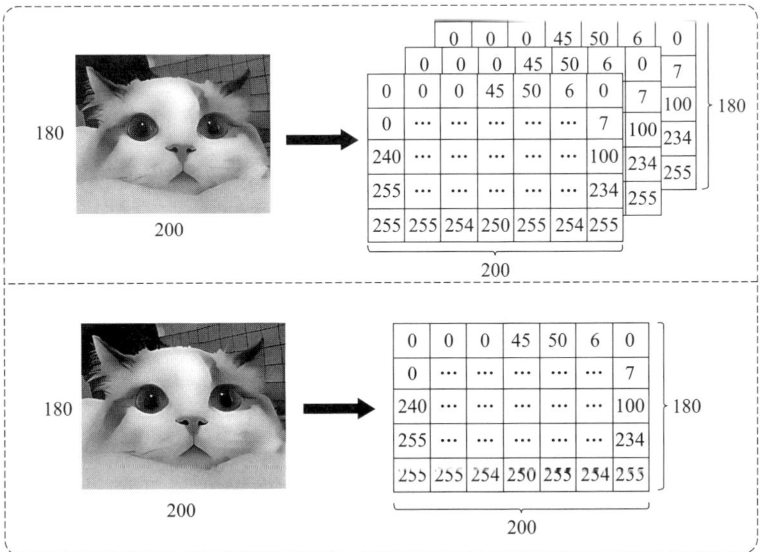

图 2-4　图像的像素矩阵

卷积，简单地说，就是

$$输出=输入*系统 \tag{2-25}$$

从数学的角度来说，对于线性、时不变的离散系统，输入信号 $x(n)$ 与系统冲激响应 $h(n)$ 的输出 $y(n)$ 定义为两者的离散卷积和：

$$y(n)=\sum_{i=-\infty}^{\infty}x(i)h(n-i)=x(n)*h(n) \tag{2-26}$$

式中，求和下标 i 遍历所有离散时刻；$x(i)$ 表示输入在 i 时刻的幅值，$h(n-i)$ 表示系统对延迟 i 后输入的响应；“$*$”表示卷积运算。

对于线性、时不变的连续系统，输入信号 $x(t)$ 与系统冲激响应 $h(t)$ 的输出 $y(t)$ 定义为两者的卷积积分：

$$y(t)=\int_{-\infty}^{\infty}x(p)h(t-p)\mathrm{d}p=x(t)*h(t) \tag{2-27}$$

式中，积分变量 p 遍历整个时间轴；$x(p)$ 是输入在时刻 p 的幅值；$h(t-p)$

表示系统在输出时刻 t 对过去时刻 p 的响应；“$*$”表示卷积运算。

① 卷积核（filter）。卷积层是卷积神经网络中用来提取图像特征的部分。它通过使用多个卷积核（滤波器）对输入图像进行卷积操作，每个卷积核负责提取不同的局部特征。卷积核的大小（如 3×3 或 5×5）决定了它查看的区域大小，通常是奇数，以保证对称性。

每个卷积核会生成一个特征图，所有特征图会叠加在一起，形成卷积层的输出。这样，卷积层可以从图像中逐步提取更复杂的特征。

简单来说，卷积层的作用是通过不同的滤波器从图像中捕捉局部的模式或特征。图 2-5 展示了一个卷积核和多个卷积核与输出的特征图的深度之间的关系。

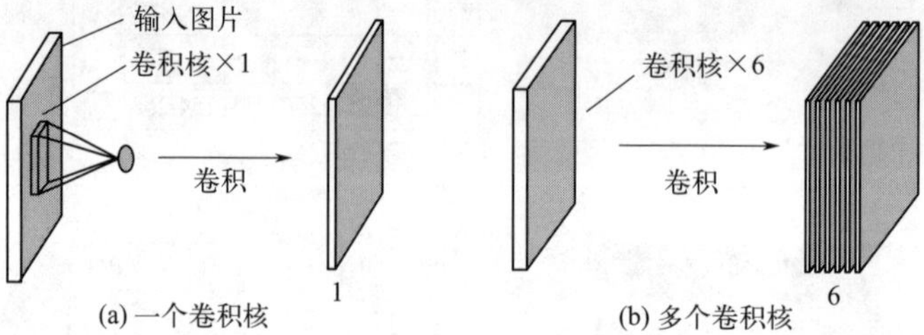

图 2-5　一个卷积核和多个卷积核

② 步长（stride）。步长即卷积核在原始图片上做卷积时每次滑动的像素点，步长不同，得到的输出结果也是不同的。如不加以说明，默认步长为 1。

③ 填充（padding）。在卷积操作中，为了避免输出图像尺寸过小，通常会对输入的特征图进行填充。填充就是在图像边缘添加额外的像素，常见的方法包括零填充（最常用）、边界复制、镜像等。

下面以单通道卷积介绍卷积过程：

输入一张黑白图片，其像素矩阵为 $\boldsymbol{A}$，卷积核 $\boldsymbol{B}$ 的大小为 3×3，有

$$\boldsymbol{A}=\begin{bmatrix}1&2&2&4&3\\1&3&4&3&1\\2&2&1&3&4\\2&1&2&4&2\\3&2&2&1&1\end{bmatrix},\quad \boldsymbol{B}=\begin{bmatrix}1&2&3\\1&1&1\\1&2&1\end{bmatrix}$$

当步长为 1 时，卷积核进行如图 2-6 所示的滑动。

在列的滑动和在行的滑动相同。以第一个为例，则得到卷积后的结果为

$$1\times1+2\times2+3\times2+1\times1+1\times3+1\times4+1\times2+2\times2+1\times1=26$$

当卷积核滑动完整个原始图片后，便可以得到一个 3×3 的输出矩阵 $\boldsymbol{R}$：

$$\begin{bmatrix}1&2&2&4&2\\1&3&4&3&4\\2&2&1&3&1\\2&1&2&4&2\\3&2&2&1&1\end{bmatrix} \Rightarrow \begin{bmatrix}1&2&2&2&3\\1&3&4&3&1\\2&2&1&3&4\\2&1&2&4&2\\3&2&2&1&1\end{bmatrix} \Rightarrow \begin{bmatrix}1&2&2&4&3\\1&3&4&3&1\\2&2&1&3&4\\2&1&2&4&2\\3&2&2&1&1\end{bmatrix}$$

图 2-6　步长为 1 时，卷积核的滑动轨迹示例

$$\boldsymbol{R}=\begin{bmatrix}26&35&38\\30&35&33\\23&27&32\end{bmatrix}$$

当步长为 2 时，由上可知，可以得到一个 2×2 的输出矩阵 $\boldsymbol{C}$：

$$\boldsymbol{C}=\begin{bmatrix}26&38\\23&32\end{bmatrix}$$

因此在做卷积之前，必须确定步长，不同的步长会对应不同的输出结果。当有多个卷积核时，每个卷积核在图片上的卷积过程是一样的。如果对其进行零填充，层数为 1，则可得到矩阵 $\boldsymbol{D}$：

$$\boldsymbol{D}=\begin{bmatrix}0&0&0&0&0&0&0\\0&1&2&2&4&3&0\\0&1&3&4&3&1&0\\0&2&2&1&3&4&0\\0&2&1&2&4&2&0\\0&3&2&2&1&1&0\\0&0&0&0&0&0&0\end{bmatrix}$$

当用一个 3×3 的卷积核、以步长为 1 对其进行卷积后，便可以得到一个 5×5 的输出结果。这不仅使输出在空间上的尺寸和输入一致，也使输入上每个像素点都被计算多次，减少了图像信息的丢失。

综上所述，可以得到输出特征图的尺寸的计算公式：

$$o=\frac{W-F+2P}{S}+1 \tag{2-28}$$

式中，W 是输入的尺寸；F 是卷积核的尺寸；P 是填充的层数；S 表示步长。当输入图片为正方形时，两条边的输出长度相同；当输入的长、宽不同时，分别用上式进行计算。

(2) 池化层

池化层（pooling layer）是卷积神经网络中的一个重要组件，主要用于减小特征图的尺寸，从而降低计算量和防止过拟合。池化过程如图 2-7 所示。

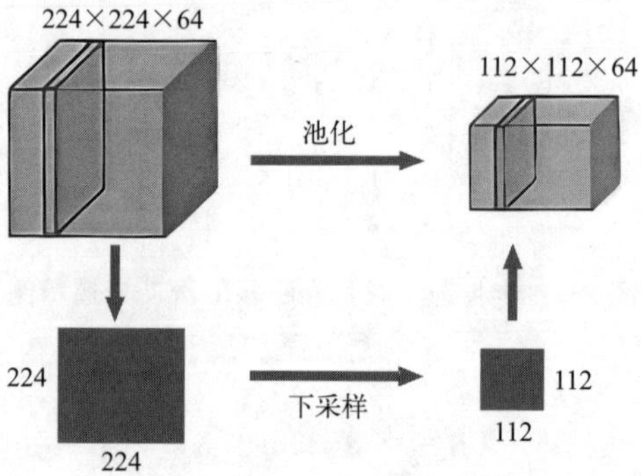

图 2-7　池化过程

池化层通过对输入特征图进行下采样（即缩小尺寸）来减少计算量，保留图像的重要特征。通常会对图像进行多次池化，以减小每一层的输出大小，同时保留主要特征。池化的步长和大小（如 2×2 或 3×3）会影响输出图像的尺寸。常见的池化操作有最大池化和平均池化。

最大池化：从每个小区域中选取最大值。

平均池化：计算每个小区域的平均值。

以最大池化为例，假设输入的原始图片经过卷积层后，输出图像的像素矩阵如图 2-8 左侧 4×4 矩阵所示，滤波器的尺寸为 2×2，步长为 2，则池化后的结果如右侧 2×2 矩阵所示。

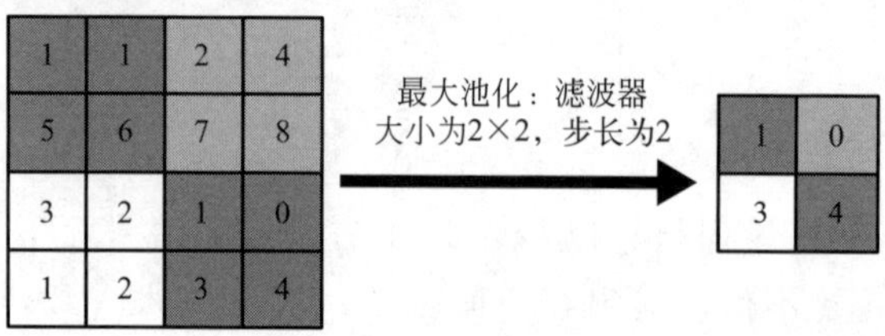

图 2-8　最大池化结果

池化层有助于提高模型的鲁棒性，使其更好地处理图像中的细节特征，常见于图像分类和目标检测等任务。

(3) 全连接层

全连接层通常位于卷积神经网络的最后阶段。全连接层的每个神经元都与前一层的所有神经元相连接，其作用是将特征图中的信息进行整合、分类或回归，将局部特征信息汇总成一个全局的特征表示，通常用于决策。在全连接层中，每个输入都通过一个权重与输出进行连接，经过加权求和并通过激活函数（如 ReLU）处理后输出最终结果。通常应用于分类任务的最后阶段，通过输出层的神经元做最终的分类决策，如 Softmax 分类器。

当输入图片的维度为 3×3×5 时，如图 2-9 所示，用一个 3×3×5 的卷积核组对输入图片做卷积处理，对每个卷积核卷积的输出求和，就可以得到全连接层的一个神经元的输出。这个输出是一个值，因此，有多少个卷积核组，全连接层就会有多少个神经元的输出，组合在一起就可以得到全连接层的输出，也就是一个向量序列。

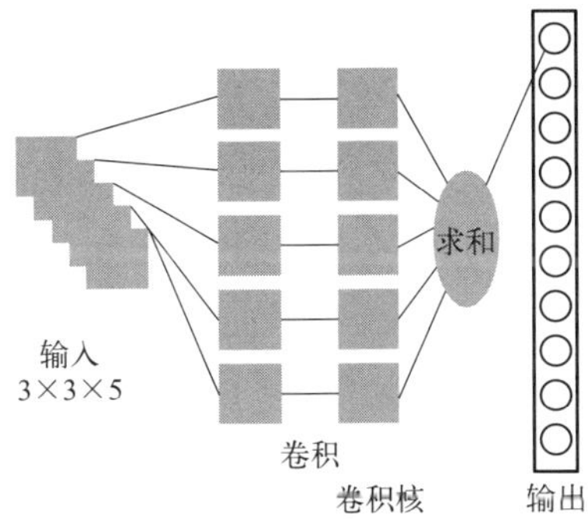

图 2-9　卷积层→全连接层

2.2.3　知识图谱

知识图谱（knowledge graph）的概念最早由谷歌公司于 2012 年正式提出，旨在提高搜索引擎的能力，改善搜索质量。2013 年以后，知识图谱开始在学术界和产业界普及，被广泛应用于智能搜索、智能问答、个性化推荐、情报分析、反欺诈等领域。

知识图谱通过三元组“实体、关系、属性”集合的形式来描述事物之间的关系。

① 实体：又称本体，指客观存在并可以相互区别的事物，可以是具体的人、事、物，也可以是抽象的概念或联系，是知识图谱中最基本的元素。

② 关系：在知识图谱中，边表示知识图谱中的关系，用来表示不同实体间的某种联系。

③ 属性：知识图谱中的实体和关系都可以有各自的属性。这里所说的实体和普通意义的实体略有不同，借用 NLP（自然语言处理）中本体的概念来理解它比较好。实体定义了组成主题领域的词汇表的基本术语及其关系，以及结合这些术语和关系定义了词汇表外延的规则。

知识图谱如图 2-10 所示。

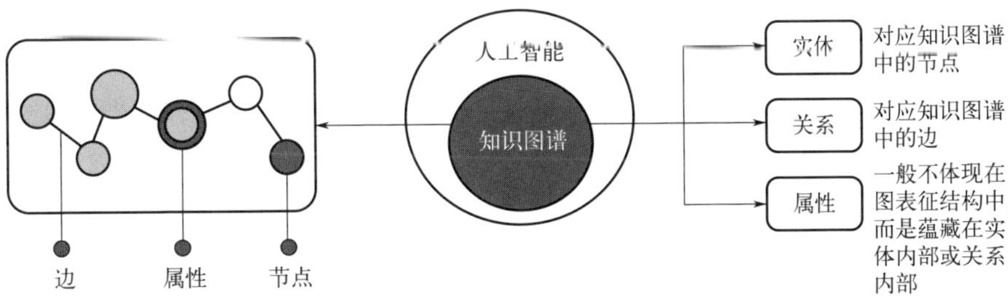

图 2-10　知识图谱的概念

(1) 知识图谱逻辑架构

知识图谱在逻辑架构上可分为数据与模式两个层次，如图 2-11 所示。底层存储数据三元组的逻辑层次可以被称为数据层，通常通过实体库来管理数据层，实体库的概念相当于对象中“类”的概念。而建立在数据层之上的模式层是知识图谱的核心，通常采用实体库来管理知识图谱的模式层，管理公理、规则和约束条件，规范实体、关系、属性这些具体对象间的关系。实体是结构化知识库的概念模板，通过实体库形成的知识库，不仅层次结构较强，冗余程度也较低。

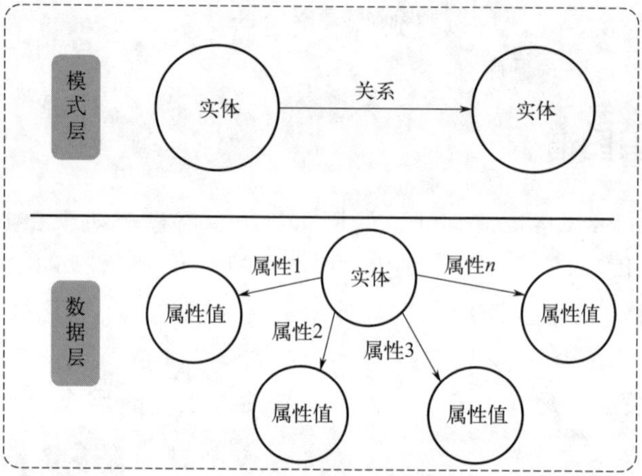

图 2-11 知识图谱的逻辑架构

(2) 知识图谱技术架构

知识图谱的技术架构是指其构建模式的结构，图 2-12 为知识图谱的构建过程，同时也是知识图谱更新的过程。知识图谱构建从最原始的数据（包括结构化、半结构化、非结构化数据）出发，采用一系列自动或半自动的技术手段，从

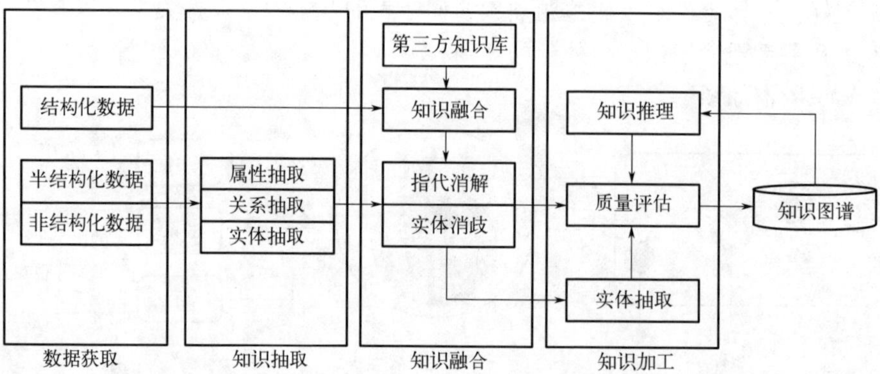

图 2-12 知识图谱的技术架构

原始数据库和第三方数据库中提取知识事实，并将其存入知识库的数据层和模式层。这一过程包含数据获取、知识抽取、知识融合、知识加工 4 个过程，每一次更新迭代均包含这 4 个阶段。

(3) 知识图谱构建与应用

以生物医学知识图谱的构建与应用为例。

知识图谱在生物医学领域应用广泛，能助力解决多种问题。生物医学知识图谱通过整合专有信息，以节点和边表示生物医学概念及关系，其构建和应用涉及数据获取、知识抽取、知识融合与知识加工等多个环节，各环节相互关联，共同推动生物医学研究与应用发展。

① 数据获取：数据获取是生物医学知识图谱构建的基础，主要来源包括手动策划数据库和文本数据。手动策划数据库由领域专家收集整理，如 COSMIC（癌症体细胞突变目录）数据库，通过专家扫描文献获取癌症相关基因信息。虽然手动策划的数据相对精确，但存在召回率低的问题，难以跟上文献发表速度。文本数据则涵盖期刊文章、摘要等，为知识图谱构建提供了丰富的信息源，后续可通过文本挖掘技术从中提取有用信息。

② 知识抽取：知识抽取是从获取的数据中提取生物医学实体和关系的关键步骤。基于规则的关系提取通过识别关键词和语法模式来检测关系，如图 2-13 使用句子“BRCA1 与乳腺癌相关”可视化选区解析树。这种类型的树从句子的开头开始。每个词根据其相关词性标签分组成子短语。例如，单词“associated”是一个过去分词动词（VBN），属于动词短语（VP）子组。有监督关系提取则借助标记句子构建通用模式，使用支持向量机（SVM）和深度学习技术（如 RNN、CNN）等进行分类。

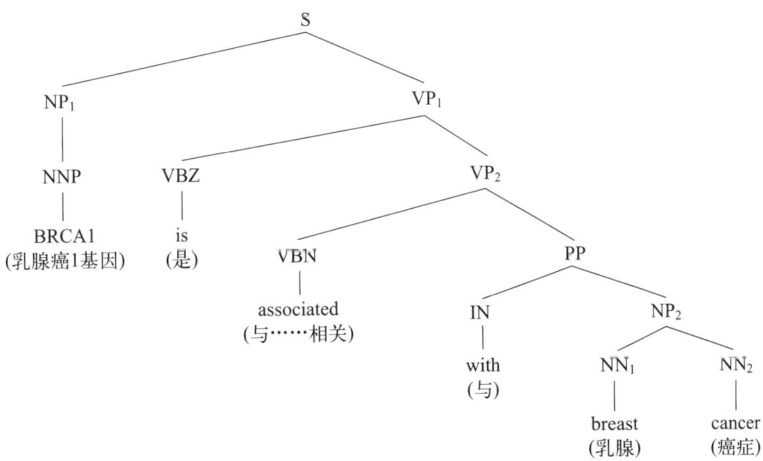

图 2-13　选区解析树的结构

③ 知识融合：知识融合旨在将从不同来源获取的知识整合到统一的知识图谱中。在这个过程中，需要解决数据的一致性、冗余性等问题。通过将手动策划数据库与文本挖掘获取的知识相结合，构建更全面、准确的知识图谱。在构建生物医学知识图谱时，将不同数据库中关于基因、疾病、药物等方面的信息进行融合，确保知识的完整性和准确性。

④ 知识加工：知识加工通过统一表示学习技术，将知识图谱映射到低维空间，以支持下游应用。矩阵分解技术如 SVD（奇异值分解），通过分解邻接矩阵（公式为 $\boldsymbol{A}=\boldsymbol{U\Sigma V}^{\mathrm{T}}$，其中 $\boldsymbol{A}$ 为邻接矩阵，$\boldsymbol{U}$ 和 $\boldsymbol{V}^{\mathrm{T}}$ 为小矩形矩阵，$\boldsymbol{\Sigma}$ 为奇异值矩阵），将知识图谱表示为低维向量，用于链接预测和节点分类等任务。如图 2-14(a) 所示。平移距离模型如 TransE，通过公式 $h+r\approx t$（h 为头节点，r 为边，t 为尾节点）优化向量表示，如图 2-14(b) 所示，但存在一对一映射的局限，后续发展的 TransH 等模型对其进行了改进。神经网络模型如 DeepWalk，通过在知识图谱上进行随机游走，将生成的节点序列作为句子训练 Skip-gram 模型，构建低维表示；Node2Vec 则改进了随机游走方式，使模型能更好地捕捉图结构信息，如图 2-14(c)所示。

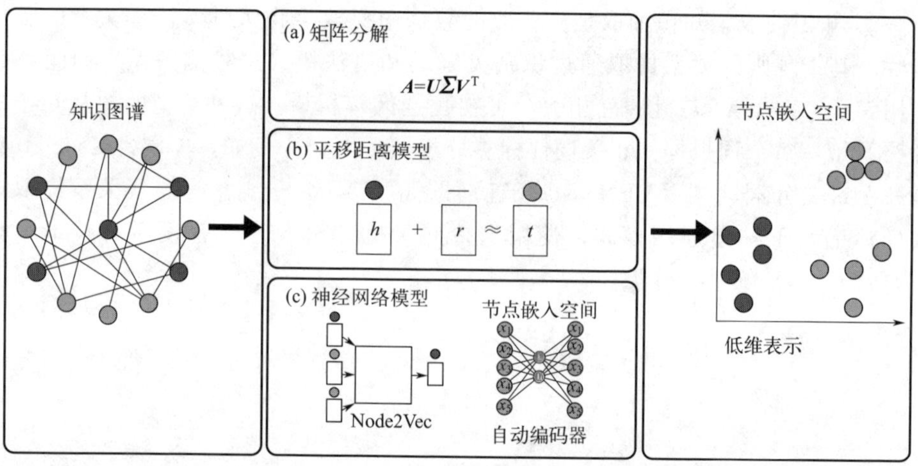

图 2-14 三种方法将知识图谱表示为低维向量

知识图谱的各种生物医学应用如图 2-15 所示，它们的不断发展推动生物医学领域的进一步发展，为疾病研究、药物研发和临床治疗等提供更有力的支持。

2.2.4 生成式人工智能模型

生成式人工智能模型是基于统计学习算法和深度神经网络的人工智能模型，能够从数据中学习并生成新的、与原始数据类似或不同的数据。本节主要介绍生成对抗网络（generative adversarial network，GAN）。

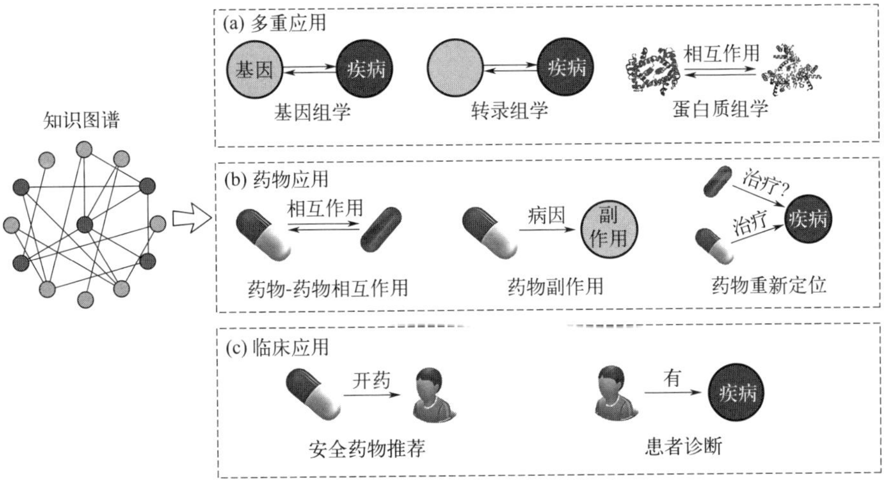

图 2-15 利用知识图谱的各种生物医学应用

生成对抗网络（GAN）是一种生成式人工智能模型，目的是生成与源数据分布类似的数据。生成对抗网络由一个生成器与一个判别器组成。生成器和判别器相互对抗，不断调整参数，最终目的是使判别器无法判断生成器输出结果的真假，其整体结构如图 2-16 所示。

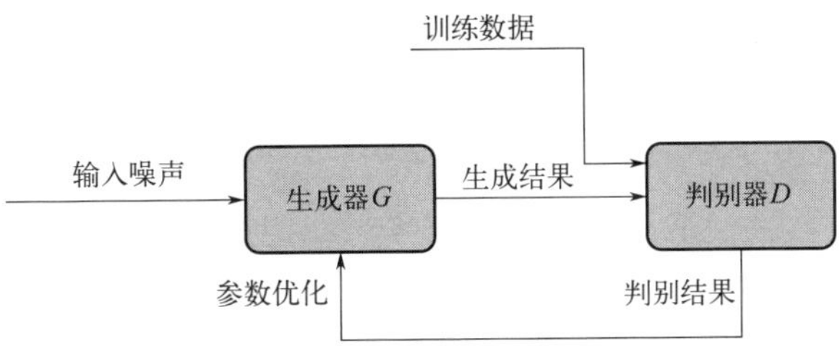

图 2-16 GAN 的整体结构

GAN 本质是极大极小值优化问题，可表示为：

$$\min_G \max_D V(D,G)=\mathbb{E}_{x\sim\rho_{\text{data}}}[\lg D(x)]+\mathbb{E}_{z\sim\rho_z}[\lg\{1-D[G(z)]\}] \tag{2-29}$$

式中，x 为真实数据；ρ_{data} 为真实数据的分布；z 为随机噪声；ρ_z 为先验的随机噪声分布；$G(z)$ 为生成器，输入为一个概率为 $p(z)$ 的噪声，代表数据空间的映射；$D(x)$ 为判别器，接收输入数据，并判别其真假，其输出为 0～1 的数值；V 为生成器与判别器二者博弈的值函数。

判别器 D 的目的在于增加 V 值，生成器 G 需要减小 V 值，二者进行对抗。因此，GAN 的训练采用判别器和生成器交替训练的方式，先训练判别器 D，再训练生成器 G，通常训练 n 次判别器后再训练 1 次生成器，多次重复直至收敛。

2.2.5 机器学习

机器学习（machine learning）是人工智能领域的重要分支，它通过算法和模型使计算机能够从数据中自动学习和改进，而不需要明确的编程指令。机器学习方法可以大致分为监督学习、无监督学习、半监督学习、强化学习和自监督学习等多种类型。

(1) 监督学习（supervised learning）

监督学习是机器学习中最常见的一类方法。在监督学习中，训练数据是有标签的，即每个输入数据都有一个对应的目标输出（标签）。目标是学习一个映射关系，使得输入数据能够预测出准确的输出。

① 线性回归（linear regression）。线性回归是最基本的监督学习方法之一，用于解决回归问题（即预测连续值）。假设有一组训练数据$\{(\boldsymbol{x}_1, y_1), (\boldsymbol{x}_2, y_2), \cdots, (\boldsymbol{x}_n, y_n)\}$，其中$\boldsymbol{x} \in \mathbb{R}^d$，$y \in \mathbb{R}$为目标值，线性回归模型的数学形式为：

$$y = \boldsymbol{w}^{\mathrm{T}} \boldsymbol{x} + b \tag{2-30}$$

式中，$\boldsymbol{w} \in \mathbb{R}^d$是权重向量；$d$表示维度；$b$是偏置项。

目标是通过最小化损失函数［通常使用均方误差（MSE）］来找到最优的$\boldsymbol{w}$和b：

$$\mathcal{L}(\boldsymbol{w}, b) = \frac{1}{n} \sum_{i=1}^{n} (y_i - \boldsymbol{w}^{\mathrm{T}} \boldsymbol{x}_i - b)^2 \tag{2-31}$$

通过梯度下降法或正规方程等方法来优化这个损失函数，从而得到最优的$\boldsymbol{w}$和b。

② 逻辑回归（logistic regression）。逻辑回归用于二分类问题，即预测输出$y \in \{0, 1\}$。其基本思想是将一个线性模型的输出通过Sigmoid函数（也叫Logistic函数）映射到概率空间。逻辑回归模型的数学形式为：

$$P(y=1|\boldsymbol{x}) = \sigma(\boldsymbol{w}^{\mathrm{T}} \boldsymbol{x} + b) \tag{2-32}$$

其中，$\sigma(z) = \dfrac{1}{1+\mathrm{e}^{-z}}$是Sigmoid函数。目标是通过最大化对数似然函数来优化模型参数$\boldsymbol{w}$和b：

$$\mathcal{L}(\boldsymbol{w}, b) = -\sum_{i=1}^{n} \{y_i \lg[\sigma(\boldsymbol{w}^{\mathrm{T}} \boldsymbol{x}_i + b)] + (1-y_i) \lg[1-\sigma(\boldsymbol{w}^{\mathrm{T}} \boldsymbol{x}_i + b)]\} \tag{2-33}$$

③ 支持向量机（support vector machine，SVM）。支持向量机是一种广泛使用的分类方法，详见2.1.4节。

(2) 无监督学习（unsupervised learning）

无监督学习用于从没有标签的数据中发现数据的潜在结构和规律。常见的无监督学习方法包括聚类（clustering）和降维（dimensionality reduction）。

① K 均值聚类（K-means clustering）。K 均值聚类是一种常见的聚类算法，目标是将数据集分为 K 个簇，使每个簇内的样本尽可能相似，簇与簇之间尽可能不同。K 均值的优化目标是最小化簇内的平方误差和，即：

$$\mathcal{L}(c,\mu)=\sum_{i=1}^{n}\|\boldsymbol{x}_i-\boldsymbol{\mu}_{c(i)}\|^2 \tag{2-34}$$

其中，$\boldsymbol{x}_i$ 是数据点；$\boldsymbol{\mu}_{c(i)}$ 是数据点 $\boldsymbol{x}_i$ 所属簇的质心；$c(i)$ 表示数据点 $\boldsymbol{x}_i$ 所属的簇。

K 均值算法通过交替执行簇的分配和簇的更新来最小化目标函数，直到收敛。

② 主成分分析（PCA，principal component analysis）。PCA 是一种常用的降维方法，目的是在保持数据最大方差的情况下将数据投影到较低维的空间。假设数据集 $\boldsymbol{X}\in\mathbb{R}^{n\times d}$ 中每一行表示一个样本，每一列表示一个特征，PCA 的目标是找到数据的主成分，即数据的方差最大的方向。数学上，PCA 通过求解协方差矩阵 $\boldsymbol{\Sigma}=\frac{1}{n}\boldsymbol{X}^{\mathrm{T}}\boldsymbol{X}$ 的特征值和特征向量，选择最大特征值对应的特征向量作为主成分。

(3) 强化学习（reinforcement learning）

强化学习（RL）是一类使智能体通过与环境的交互来最大化累积奖励的学习方法。在强化学习中，智能体在每个时间步选择一个动作 a_t 来与环境交互，环境根据当前的状态 s_t 和动作 a_t 返回奖励 r_t 和下一个状态 s_{t+1}。目标是最大化长期奖励（累积回报）。

Q 学习是一种无模型的强化学习算法，其核心思想是通过学习状态-动作值函数 $Q(s,a)$，来估计在状态 s 下采取动作 a 时的最优期望回报。Q 学习的更新公式为：

$$Q(s_t,a_t)\leftarrow Q(s_t,a_t)+\alpha\left[r_t+\gamma\max_{a'}Q(s_{t+1},a')-Q(s_t,a_t)\right] \tag{2-35}$$

式中，α 是学习率；γ 是折扣因子；r_t 是即时奖励；$\max_{a'}Q(s_{t+1},a')$ 是下一个状态的最大 Q 值。

(4) 半监督学习（semi-supervised learning）

半监督学习介于监督学习和无监督学习之间，通常情况下，训练数据是部分有标签的，而大部分数据是没有标签的。在这种情况下，模型利用有限的标签数据和大量无标签数据来提升学习性能。常见的半监督学习方法包括：

① 自编码器（autoencoders）。自编码器是一种无监督学习方法，通常用于数据降维、特征学习、数据生成等任务。自编码器由编码器和解码器组成，编码

器将输入数据映射到潜在空间（低维表示），解码器则从潜在空间重构输入数据。自编码器的训练目标是最小化重构误差：

$$\mathcal{L}=\|\boldsymbol{x}-\hat{\boldsymbol{x}}\|^2 \tag{2-36}$$

其中，$\boldsymbol{x}$ 是输入数据；$\hat{\boldsymbol{x}}$ 是通过自编码器重构的输入数据。自编码器在半监督学习中可以作为预训练模型，通过对无标签数据进行学习，生成更有效的特征表示，随后在有标签数据上进行微调。

② 基于生成模型的半监督学习。生成对抗网络（GAN）和变分自编码器（VAE）等生成模型也被广泛应用于半监督学习。在这种方法中，生成模型用于建模数据的潜在分布，通过在无标签数据上进行训练，提高模型对标签数据的分类性能。

(5) 自监督学习（self-supervised learning)

自监督学习是一种无监督学习的特殊形式，模型通过从输入数据中自我生成标签进行训练。自监督学习被认为是过渡性方法，因为它通常使用未标记的数据，但其目的是让模型通过数据中的某些部分来预测其他部分，类似于监督学习的任务。以下介绍常见的自监督学习方法及自监督学习在 NLP 中的应用：

① 对比学习（contrastive learning)。对比学习的核心思想是通过对比样本之间的相似性来学习表示。在对比学习中，模型尝试将来自同一类的样本映射到相似的特征空间，将不同类的样本映射到不同的特征空间。常用的损失函数是对比损失（如 InfoNCE 损失）：

$$\mathcal{L}_{\text{contrastive}}=-\lg\frac{\mathrm{e}^{f(x)f(x^+)/\tau}}{\mathrm{e}^{f(x)f(x^+)/\tau}+\sum_{i=1}^{N}\mathrm{e}^{f(x)f(x_i^-)/\tau}} \tag{2-37}$$

式中，$f(x)$ 是数据 x 的特征表示；x^+ 是与 x 相似的样本；x_i^- 是与 x 不相似的样本；τ 是温度参数，用于调节相似度计算的灵敏度。

② 自监督学习在 NLP 中的应用。在自然语言处理（NLP）领域，像 BERT、GPT 等预训练语言模型采用自监督学习的方式，通过遮蔽输入文本中的部分词汇并预测其缺失部分，进而学习词汇和上下文之间的关系。这类方法通过大规模无标签文本数据进行预训练，然后通过微调来完成特定的下游任务。

机器学习是一个广泛的领域，包含了多种学习方法，每种方法都有其特定的应用场景和数学模型。在实际应用中，往往需要结合多种方法，根据具体任务选择最合适的算法和模型。随着计算能力的不断提升和数据集的日益扩大，机器学习已经在图像识别、自然语言处理、推荐系统等多个领域取得了广泛的应用。

2.2.6 深度学习

(1) 机器学习与深度学习之间的区别

机器学习（ML）是训练计算机程序或系统在没有明确指令的情况下执行任务的科学。计算机系统使用机器学习算法来处理大量数据、识别数据模式并预测未知或新场景的准确结果。深度学习是机器学习的一个子集，使用特定的算法结构——神经网络，以人脑为模型，试图自动执行通常需要人类智能的更复杂的任务。例如，可以使用深度学习来描述图像、翻译文档或将声音文件转录为文本。

(2) 机器学习与深度学习之间的相似之处

机器学习和深度学习都是数据科学和人工智能的子集。深度学习和机器学习都使用统计方法，通过数据集来训练算法。这些技术涉及回归分析、决策树、线性代数和微积分。机器学习专家和深度学习专家都非常了解统计数据。机器学习和深度学习都需要大量高质量的训练数据才能做出更准确的预测。例如，机器学习模型需要每个特征提供 50～100 个数据点，而深度学习模型需要每个特征至少提供数千个数据点。深度学习和机器学习解决方案可解决所有行业和应用程序的复杂问题。如果使用传统的编程和统计方法，则解决或优化这些类型的问题将花费更多的时间。训练和运行机器学习算法需要强大的计算能力，而由于深度学习的复杂性增加，其计算要求甚至更高。由于计算能力和云资源的最新发展，这两种解决方案现在都可用于个人用途。随着机器学习和深度学习解决方案摄取更多数据，它们在模式识别方面将变得更加准确。将输入添加到系统后，系统会通过将其用作训练的数据点来进行改进。

(3) 深度学习的突破与局限

传统的机器学习需要通过特征工程进行大量的人工互动才能生成结果。例如训练机器学习模型对猫和狗的图像进行分类，必须对其进行手动配置，以识别眼睛形状、尾巴形状、耳朵形状、鼻子轮廓等特征。

由于机器学习的目标是减少对人工干预的需求，因此深度学习技术消除了在每个步骤中对数据进行人工标记的需求。

尽管深度学习已经存在了几十年，但在 21 世纪初，Yann LeCun、Yoshua Bengio 和 Geoffrey Hinton 等科学家对这一领域进行了更详细的探索。尽管科学家们推进了深度学习的研究，但在当时，大型、复杂的数据集有限，而且训练模型所需的处理能力成本高昂。在过去的 20 年中，这些条件有所改善，深度学习现在在商业上是可行的。

可以把深度学习看作是一种高级的机器学习技术，两者都有多种应用场景。但是，深度学习解决方案需要更多资源：更大的数据集、更多的基础设施要求和更高的后续成本。使用机器学习还是深度学习取决于需要处理的数据类型。机器学习从结构化数据（例如分类和推荐系统）中识别模式。例如，一家公司可以使用机器学习根据先前的客户流失率数据预测客户何时会取消订阅。深度学习解决方案更适合非结构化数据，在非结构化数据中，需要高度的抽象化才能提取特征。深度学习的任务包括图像分类和自然语言处理，其中需要识别数据对象之间的复杂关系。例如，深度学习解决方案可以分析社交媒体的提及情况，以确定用户的情绪。传统机器学习通常需要执行特征工程，即人们从原始数据中手动选择和提取特征并为其分配权重。相反，深度学习解决方案只需最少的人工干预即可执行特征工程。

深度学习的神经网络架构在设计上更加复杂。深度学习解决方案的学习方式以人脑的工作方式为模型，节点代表神经元。深度神经网络由三层或更多层节点组成，包括输入层、隐藏层（隐层）和输出层节点，如图 2-17 所示。

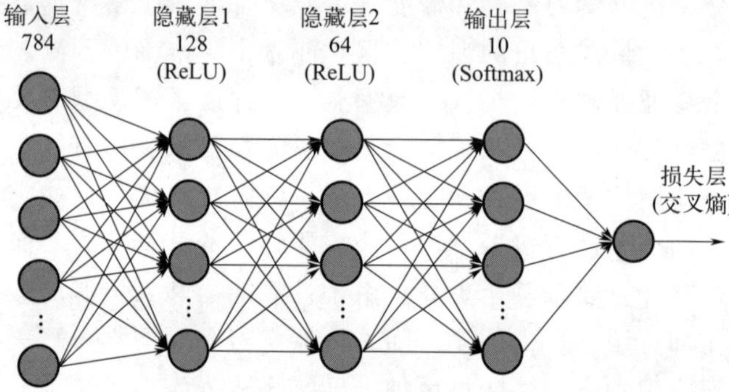

图 2-17　深度学习的神经网络架构

在深度学习中，神经网络中的每个节点都会自动为每个特征分配权重。信息从输入到输出，沿正向流经网络。然后计算预测产出和实际产出之间的差异，这个差异通过网络反向传播以调整神经元的权重。

由于有自动加权过程、增加了架构层次的深度以及所使用的技术更加复杂，因此需要通过模型来为深度学习中远多于机器学习的运算求解。机器学习有四种主要的训练方法：监督学习、无监督学习、半监督学习和强化学习。其他训练方法还包括迁移学习和自监督学习。相比之下，深度学习算法使用几种更复杂的训练方法，其中包括卷积神经网络、循环神经网络、生成对抗网络和自动编码器。

机器学习和深度学习都有特定的用例，它们在这些用例中的性能优于其他用例。对于较简单的任务，例如识别新的垃圾邮件，机器学习较为适用，而且通常会优于深度学习解决方案。对于较复杂的任务，例如医学成像识别，深度学习解决方案的性能优于机器学习解决方案，因为前者可以识别肉眼看不见的异常。

机器学习模型可能更易于人们解释，因为它们源自决策树等更简单的数学模型，如图 2-18 所示。相反，深度学习模型需要花费大量时间才能进行详细分析，

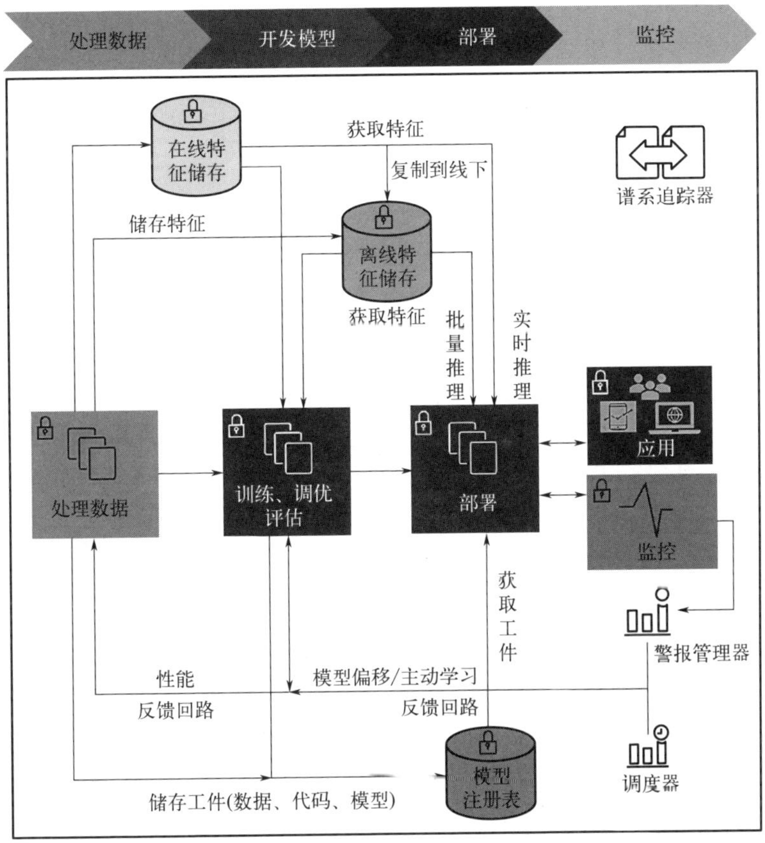

图 2-18　机器学习的决策树

因为这些模型在数学上很复杂。话虽如此，但神经网络的学习方式消除了对数据进行人工标记的需求，可以通过选择预先训练的模型和平台来进一步减少人工参与。由于深度学习模型更复杂且需要更大的数据集，因此与机器学习模型相比，深度学习模型需要更高的存储和计算能力。机器学习数据和模型可以在单个实例或服务器集群上运行，深度学习模型则通常需要高性能集群和其他重要基础设施。深度学习解决方案的基础设施要求可能导致其成本比机器学习高出许多。对于运行深度学习解决方案，现场基础设施可能不实用或不划算，可以使用可扩展的基础设施和完全托管的深度学习服务来控制成本。

2.3　数字化设计基础

数字化设计是增材制造过程的上游环节，其独特的功能为提升产品性能带来了机遇和挑战。数字化设计不仅需要帮助设计师构建几何形状，还需结合增材制造的特点，支持材料选择和工艺设计。更为重要的是，增材制造提供的高度设计自由度，对数字化设计工具的智能化提出了更高要求，以便支持设计师高效探索和优化设计空间。

2.3.1 几何建模与装配

如图 2-19 所示，某城市商业综合体核心区域需建造一座仿生树状结构顶棚，该结构能实现遮阳和视觉引导功能。为突破传统流程的限制，设计团队决定引入基于模型的系统工程（MBSE）与增材制造技术，通过系统建模与数字制造的结合，实现从设计逻辑到建造执行的高效协同。数字化建模阶段，实现了多构件种类、多有机形态、复杂连接节点等构造。装配阶段验证了增材制造与 MBSE 系统建模的协同优势，六棵仿生树结构单元的节点拼装平均耗时仅 2 天，每棵树约 10 人同时作业，合计 20 工日完成，比传统节点拼装工时缩短近 30%。在质量控制方面，变形控制与动力响应同仿真预期偏差不超过 5%。本案例是“MBSE+增材制造”组合范式在建筑结构设计中的一次成功落地。

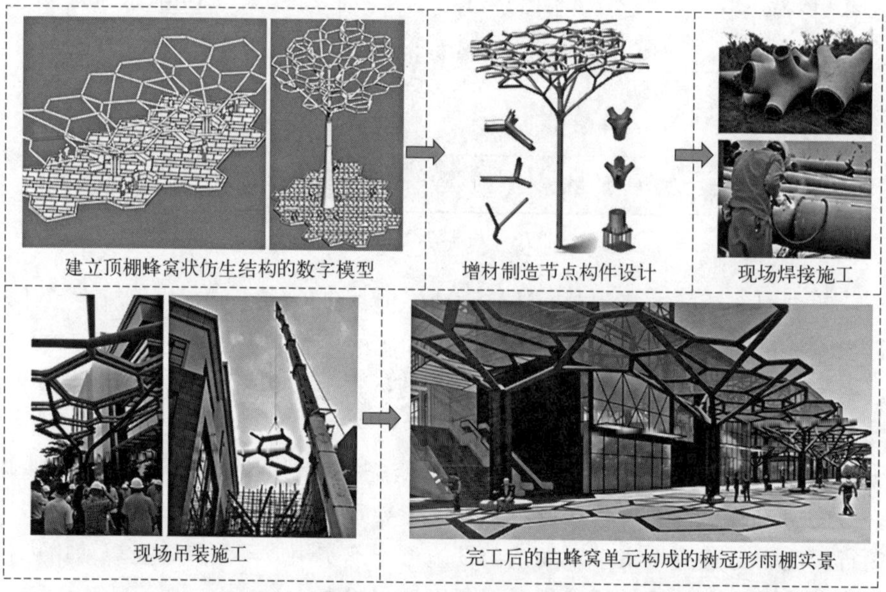

图 2-19 仿生树状蜂窝顶棚从数字化建模到增材制造件装配全流程

在现代制造业中，复杂产品往往由众多零部件、组件与子系统构成，这不仅要求设计人员在概念阶段就对几何形态和尺寸关系有清晰的把握，还需要在后续设计阶段中快速响应结构修改、功能升级、材料替换以及装配流程优化等多样需求，通过几何建模与装配技术，设计师可以在数字环境中完成从单个零件特征设计到复杂产品整体装配的全过程可视化描述、验证与优化，从而为智能设计与制造奠定坚实基础。

(1) 几何建模的概念与方法

几何建模是将产品实体形态、局部特征以及关键参数通过数学和计算机图形学手段表示为可存储、可传递、可计算的数字模型的过程。在数字化设计中，几何模型是后续分析、仿真与优化的基础，它决定了虚拟产品的精度、复杂度以及可交互性。几何建模方法主要包括以下几类：

① 参数化建模：参数化技术通过设定关键参数（如长度、宽度、厚度、角度、半径等）来定义产品特征，并通过这些参数的变化来实现模型的快速修改。参数化建模能够在保证几何关联性的同时，实现模型的可重用与快速迭代，是现代 CAD 系统的核心功能之一。

② 特征建模：特征建模将复杂的产品形状分解为具有工程含义的特征单元（如孔、槽、凸台、肋、筋等）。设计者在建模过程中直接使用特征库中的要素，将零件形态与制造工艺和功能要求紧密关联。这样不仅可快速构建几何模型，还可为后期的装配、分析和制造提供清晰的工程语义信息。

③ 曲面与自由形状建模：对于汽车车身、消费电子外壳或航空航天部件等涉及复杂曲面形状的产品，光滑、连续的自由曲面建模至关重要。利用 NURBS（非均匀有理 B 样条）和 subdivision surface（细分曲面）等数学方法，设计者可灵活构建并修改复杂曲面，实现造型美观性、空气动力学优化以及结构性能与外观设计的综合平衡。

④ 逆向工程与点云建模：当产品需要根据已有实物、手工模型或 3D 扫描数据重建数字化模型时，逆向工程技术可通过处理点云数据，自动或半自动提取几何特征和参数。点云建模使设计人员能将真实世界中的产品几何特征快速数字化，支持产品改进、仿真分析与再制造。

(2) 装配设计的内涵与原则

在现代设计中，单个零件的精度与功能优化固然重要，但产品的最终性能往往取决于组件之间的装配关系和集成效果。装配设计不仅要考虑零部件之间的尺寸公差与几何约束，还需兼顾制造与装配工艺、力学特性、传动及运动关系，以及后期维护、拆卸与回收的便捷性。装配设计的目标是以系统化、模块化和可扩展的方式管理复杂的产品结构，实现高效、稳健和灵活的生产流程。

① 装配层次与结构树：在 CAD 软件中，通常通过层次化结构树来组织产品的装配结构，根节点代表整机产品，子节点为子系统和部件，再往下是零件级别。通过清晰的层次结构，设计人员可快速定位、修改和替换部件，提高整体设计管理的有序性与可控性。

② 装配约束与参数关联：装配中常用的约束关系包括同轴、面对齐、距离、

角度、平行与垂直等。设计人员通过为零件间添加约束关系，确保装配模型在调整零件尺寸或位置时能自动保持合理的结构布局。此外，通过参数化关联，当上游零件的参数变化时，下游组件能自动更新，以保证产品整体的一致性与适应性。

③ 模块化与平台化设计：现代制造企业强调产品系列化与定制化并行，在装配层面鼓励采用模块化设计方法。将功能相近的零件和子组件打包成标准化模块，可以在不同产品之间进行复用与快速配置，通过平台化设计减少重复劳动，缩短产品开发周期，提高经济与技术效益。

(3) 面向增材制造的建模与装配特色

在增材制造环境中，几何建模与装配设计还需充分考虑增材工艺的特征与限制。增材制造可生产出复杂内部结构（如晶格结构、拓扑优化后的空腔）、复合材料梯度过渡以及具有特定微结构的零部件，这对几何建模与装配提出了新要求。

① 复杂拓扑与内腔结构建模：增材制造允许零件内部存在传统工艺无法实现的空心、蜂窝或晶格结构。设计人员可在建模工具中直接构建内部孔隙和结构单元，并利用优化算法在早期阶段就实现结构轻量化及性能增强。

② 支撑结构设计与装配考量：在增材制造中，零件在成形过程中可能需要支撑结构来固定悬垂部分或减小热应力变形。装配设计时需要考虑支撑结构的可移除性与生产流程，以确保在制造后期能高效清理支撑件并实现部件的精确装配。

③ 一体化与功能集成装配：增材制造突破了传统装配在零件形态上的限制，许多原本需要多件组合才能实现的功能，现在通过一次性打印成形即可实现。装配设计在这时更倾向于一体化、功能集成的思路，通过减少零件数量和装配步骤来提升产品可靠性和生产效率。

(4) 仿真验证与设计迭代

几何建模与装配完成后，设计人员通常借助 CAE 仿真工具对虚拟产品进行结构强度、振动、热传导和流场等性能分析，将仿真结果作为评估与优化建模和装配方案的依据。若仿真发现零件变形过大、应力集中或传动不畅，设计人员可快速调整几何参数或装配关系，并再次验证，以实现高效的设计迭代。这一闭环流程借助数字化模型的精确和灵活，显著提升了设计决策的精准性与科学性。

(5) 协同与数据管理

在当代工业中，几何建模与装配不再是单一设计者的独立任务，而往往由跨部门、跨地域的团队协作完成。为实现高效协同，需要借助产品数据管理（PDM）和产品生命周期管理（PLM）系统。

① 版本控制与变更追踪：PDM/PLM 工具可对几何模型与装配关系进行版

本控制，确保多位设计人员同时工作时的数据一致性，并能追踪设计变更历史，快速回溯和比较不同版本的设计方案。

② 数据共享与协同平台：通过云端协同平台与标准化的数据接口，不同团队成员可随时访问与修改几何模型和装配结构，实现实时沟通与资源共享，促进知识传递与创新扩散。

(6) 标准化与可扩展性

为了确保几何建模与装配过程的高效率与可重复性，企业通常制定统一的建模规范、数据格式、装配命名规则与几何精度标准。这种标准化有助于：

① 提高设计重用性：通过统一标准，可快速复用已有的零件模型与装配方案，减少重复劳动和建模时间，加速新产品开发。

② 提升可扩展性：标准化使设计流程更容易适应新的技术与工艺变化。随着增材制造技术迭代更新、材料体系扩展和新设计方法的出现，标准化和模块化的基础将让企业更加灵活地应对变化。

几何建模与装配是数字化设计的关键基础环节，为后续的仿真、优化、增材制造以及整个产品生命周期管理提供精确而灵活的数字模型。借助参数化建模、特征化建模和曲面建模等技术手段，结合装配约束与模块化设计理念，设计者可快速构建出满足功能、性能与制造要求的虚拟产品模型。在面向增材制造的时代，这一过程更加强调对复杂结构与内部特征的掌控、一体化功能集成的实现以及与仿真反馈的闭环优化。随着协同设计平台和数据管理系统的引入，几何建模与装配工作将更加高效、透明、可追溯，从而为智能设计与制造的融合创新打下坚实基础。

2.3.2　物理建模仿真与优化

物理建模仿真与优化是智能设计技术体系中的关键环节，其将产品的形态、材料属性、边界条件、载荷特征和环境影响等要素映射到数学与计算模型中，并利用计算机技术对复杂物理过程进行高保真模拟和预测。与传统仅凭经验和试错的设计方式相比，物理建模仿真与优化的引入不仅大幅缩短了产品研发周期和降低了试制成本，更为设计决策提供了科学、定量和精确的依据。在面向增材制造的智能设计应用场景下，物理建模与仿真更显重要，因为增材工艺往往涉及多物理场耦合过程、复杂的微观组织演化以及对零部件结构与性能要求的高度融合，通过物理建模仿真与优化，设计师可以在虚拟环境中实现从材料微结构设计、结构拓扑优化、工艺参数优化，到服役环境适应性的全方位预测与调控，从而推动智能设计理念的全面落地。物理建模仿真案例如图 2-20 所示。

(1) 物理建模的核心要素与多学科集成

① 材料与微结构建模：在增材制造中，材料在成形过程中会经历快速加热

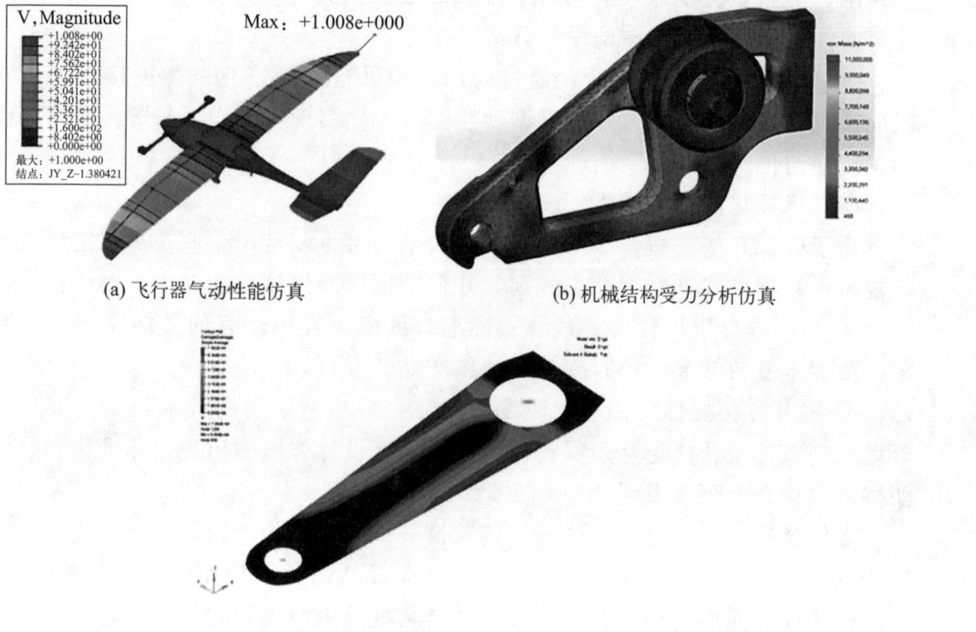

(a) 飞行器气动性能仿真　(b) 机械结构受力分析仿真

(c) 结构件仿真

图 2-20　不同类型结构的物理建模仿真示意图

与冷却、相变、应力场变化和微观组织重构。物理建模需要从材料微观尺度出发，建立晶粒生长、相变动力学和内部缺陷形成的数学模型，通过对熔池流动场、热量传输和冷却速率的仿真，预测最终零件的显微组织和材料性能。这些微结构信息对宏观力学性能、疲劳寿命及腐蚀行为有深远影响。

② 结构与力学建模：针对零部件结构的力学性能分析通常采用有限元分析（FEA）等数值方法。设计者通过建立零部件的三维数字模型，并对其施加符合实际工况的载荷、约束和边界条件，模拟零部件在服役过程中的应力、应变和变形情况。在增材制造领域，力学建模还需考虑材料各向异性特征、残余应力分布，以及复杂内部拓扑结构对整体刚度、强度与疲劳寿命的影响。

③ 多物理场耦合与多尺度建模：实际产品往往同时受到多种物理场影响，如热场、流场、电磁场和声场等。多物理场耦合建模可在统一框架下同时考虑多个物理量的交互作用。例如，在激光增材制造过程中，激光能量输入与材料熔化、表面张力驱动的熔池流动、凝固过程和热应力场的相互作用需协同建模与仿真。多尺度建模则通过将微观层次（如晶粒尺寸、微孔隙分布）与宏观层次（如零件整体性能）相结合，以获得从材料本征特性到整件服役行为的贯通性预测。

（2）仿真技术与工具链集成

① 有限元分析（FEA）和计算流体力学（CFD）：FEA 是最常用的物理仿

真工具，可针对结构强度、刚度、疲劳、热应力和振动等性能进行定量预测。CFD 则主要针对流体流动、热对流和气体动力学过程进行模拟。在增材制造过程中，CFD 对于激光熔池动力学和气氛保护环境下的气体流动分析至关重要。

② 相场法与细观力学分析：相场法是研究材料微结构演化的强大工具，可用于模拟相变、晶粒生长和析出过程。结合细观力学模型，设计者可将微结构特性与宏观性能联系起来，为选材、材料改性与热处理方案设计提供科学依据。

③ 基于云的仿真与高性能计算：随着高性能计算（HPC）和云计算技术的发展，大规模多物理场耦合仿真变得可行。企业和研究机构可在云端搭建仿真平台，利用分布式计算资源实现海量参数组合与极高网格精度的仿真计算，加速模型求解与优化迭代的进程。

④ 数字孪生与实时仿真反馈：数字孪生技术为物理建模与仿真提供了与真实制造环境的双向交互途径。通过将传感器数据和物联网（IoT）采集的实时信息输入仿真模型，可在制造和使用阶段动态更新并修正仿真预测结果，实现设计与实际工况的闭环耦合，从而保证设计决策的持续正确性和适应性。

(3) 优化方法与工具

① 拓扑优化与形状优化：在增材制造中，拓扑优化通过在给定边界条件与载荷下自动寻找最优材料分布，实现轻量化与高性能的统一。形状优化则在确定拓扑结构基础上对局部几何进行精细调整，以满足特定的功能与外观要求。

② 参数优化与材料优化：在智能设计框架下，优化不仅仅针对零件形状与结构，也包括工艺参数（如激光功率、扫描速率、铺粉厚度）和材料成分（如合金元素比例）的优化。利用智能算法（遗传算法、粒子群算法、贝叶斯优化、深度强化学习等）对多目标、多约束问题进行搜索与迭代，可在短时间内为设计者提供多种优选方案。

③ 多目标与多学科优化（MDO）：实际产品性能往往受多个学科领域参数影响，如结构力学、热学、振动、气动、声学和材料学。MDO 方法整合了各领域的分析与优化模型，在统一优化框架下同时考虑多个目标（如强度、质量、成本、环境影响）的权衡，寻找全局意义上的最优解决方案。

④ 智能算法与自适应优化：借助 AI 与机器学习方法，优化过程可自动适应复杂问题空间的特征，并在迭代中不断改进搜索策略。这使得优化方法具备自学习能力，无需设计者事先给出明确的优化路径，从而更好地适应不断变化的需求与技术条件。

(4) 闭环反馈与设计迭代

物理建模仿真与优化并非独立于设计过程的终端步骤，而是贯穿产品全生命周期的持续迭代过程。设计初期，仿真与优化为概念构思提供定量评估与筛选基础；中期，在详细设计阶段实时检验和修正设计参数、工艺方案与结构拓扑；后期，在产品制造与服役过程中则通过数字孪生及反馈数据持续优化与完善设计方案。如此循环往复的闭环流程不断提高产品质量和适应性，为企业在快速变化的市场环境中保持技术与性能竞争力创造条件。

（5）标准化与协同

标准化的模型参数命名规则、数据接口与结果呈现格式，是提高物理建模、仿真与优化过程的效率与可靠性的重要保障。同时，需要建立统一的仿真数据管理平台与协同工具，使设计、仿真、制造及测试团队能够共用同一数据源并同步更新信息，减少沟通障碍与数据冗余。这种协同机制为智能设计的实施与推广提供坚实的数据与组织保障。

总之，物理建模仿真与优化是实现智能设计理念、降低研发风险和成本、提升产品品质与性能的不可或缺的手段。在面向增材制造的智能设计实践中，通过整合材料微结构演化建模、结构力学分析、多物理场耦合仿真与多目标优化策略，设计者能以更高的精度和更广的视角审视产品，从而做出更合理、更高效和更具前瞻性的设计决策，为制造业的创新与升级奠定坚实技术基础。

2.3.3 计算机辅助工艺规划

（1）计算机辅助工艺规划的概念

计算机辅助工艺规划（computer-aided process planning，CAPP）是将设计阶段生成的数字化模型与制造执行过程有机衔接的重要桥梁。在智能设计和增材制造的技术框架下，CAPP 的作用早已超越传统的工序排序与机床选择，不再是单纯的工艺路线编制工具，而是面向全生命周期、全产业链和多维度优化的智能决策支持系统。它借助人工智能、大数据分析和知识工程，将设计与制造深度融合，使工艺规划从经验驱动转向数据与算法驱动，实现工艺路线的自动化生成、动态优化和自适应调整，为制造效率、产品质量和资源利用率的整体提升提供保障。

传统计算机辅助工艺规划的工作机制是基于计算机辅助设计数据，参考工艺知识库，辅以工艺人员输入的参数交互信息，生成产品的工艺制造过程。这一机制的不足之处在于工艺成形于真实的制造过程之前，实际的生产制造过程往往受多方面扰动因素的影响，无法达到预想的目标。传统计算机辅助工艺规划的结果在工艺生成后就固化了，是静态的，无法及时根据制造过程中遇到的偏差做出动态响应，并修正工艺决策。传统 CAPP 方法主要分为两种范式：变型法 CAPP（variant CAPP）与生成法 CAPP（generative CAPP）。变型法基于已有的工艺方案和标准路线，通过检索与修改实现快速工艺规划；生成法则从零开始利用工艺知识库和决策逻辑规则，根据设计特征自动生成合理的工艺流程。在智能设计与增材制造时代，CAPP 的原则不断进化。如今的 CAPP 不仅依赖于传统的加工经验和工艺规范，更吸纳了大量生产数据、装备数据和实时监测数据，通过机器学习和数据挖掘对工艺参数与质量结果之间的隐含规律进行分析和归纳，不断完善工艺知识库。CAPP 从产品设计、材料选择、增材成形、后处理、装配、检测直到回收的全生命周期出发，综合考虑工艺路线对产品性能、制造成本、环境及维护便利性等多维目标的影响。在快速变化的生产环境中，CAPP 系统可根据实时反馈数据（如制造过程中出现的偏差、设备状态变化、订单变更）自动调整工艺参数或重新规划生产路线，以满足新出现的性能要求或交付周期约束。

(2) 面向增材制造的工艺规划特征

增材制造具有与传统减材或成形工艺截然不同的工艺逻辑和参数设置方式，其工艺规划需重点考虑以下内容。

增材制造的基本原理是分层堆积，构建方向（build orientation）与分层厚度（layer thickness）直接影响成形精度、表面粗糙度、内部应力分布和制造效率。CAPP 需要根据零件几何特征、功能要求和材料特性，自动决策最优构建方向与分层方案，并在必要时对零件进行分块、拼接或模块化设计，以满足尺寸、应力和精度要求。

在 AM 过程中，为打印悬垂特征或复杂内部结构往往需添加支撑结构。CAPP 需自动分析零件的几何特征与工艺路径，生成最低限度且易移除的支撑方案。同时，针对不同材料、激光功率、扫描速度、填充密度和冷却策略等工艺参数，CAPP 可利用优化算法，寻找平衡质量、成本与生产效率的最佳参数组合。增材制造制品通常需要后处理（如热处理、去除支撑、表面精加工、表面涂层或抛光）来满足最终性能要求，CAPP 应将后处理阶段纳入整体规划中，根据零件性能目标、材料特性和质量标准，给出后续加工设备选择与工艺参数设定方案，实现增材制造、后处理与装配工艺的无缝衔接。

(3) 计算机辅助工艺规划为核心的产品协同研发生产平台

以计算机辅助工艺规划为核心的产品协同研发生产平台为中高端机械产品的现代化高效研发、生产奠定了基础，其平台架构包含了计算机辅助设计（CAD）、产品数据管理（PDM）、计算机辅助工艺规划（CAPP）和协同制造[DNC（分布式数字控制）与 MES（制造执行系统）]，协同研发生产平台总体框架如图 2-21 所示。

其中，PDM 模块完成产品的设计开发及数据管理，在建立时强调集成 AutoCAD 二维工程软件、SolidWorks 或 Cero 等三维设计软件、ANSYS 等力学分析软件以及其他模拟仿真软件的功能，实现机械产品快速、高精度、高可靠性的设计、开发和模拟、仿真分析。CAPP 模块完成 PDM 产品各类工艺的编制和优化，实现产品加工、热处理、装配、铆焊等工艺的最优化和高效率。协同制造模块高效完成产品的生产加工。

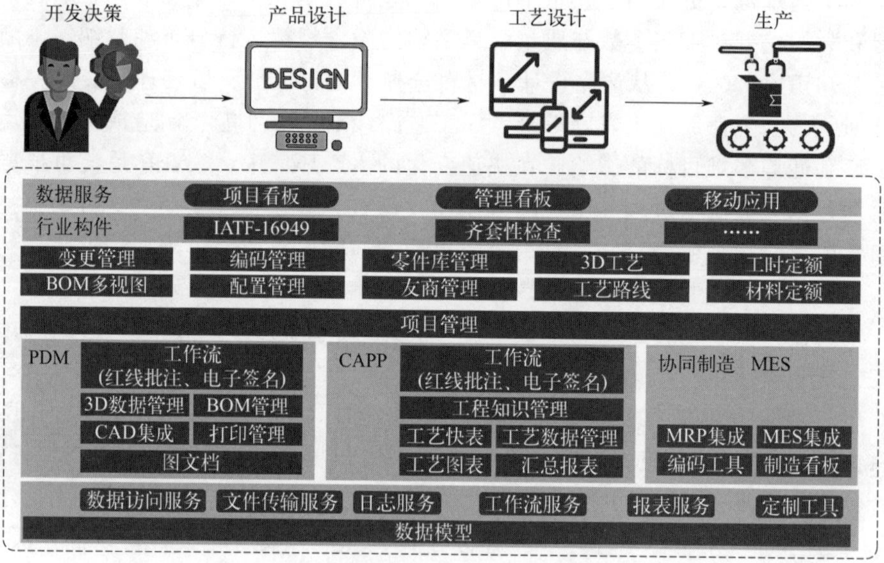

图 2-21 协同研发生产平台总体框架

BOM—物料清单；MRP—物料需求计划

CAPP 是面向制造业产品数据全生命周期管理的数字化工艺设计和服务系统，将成熟的工艺数字化技术整合在统一的协同管理系统中，覆盖了工艺流程的各个环节，重点解决企业在工艺业务深化信息化管理应用后面临的部门之间协作以及企业产品数据全局共享的应用需求问题，实现企业设计工艺数据统一管理，并支持企业跨部门的数据处理和业务协作。其工艺管理、产品数据、产品生产全域共享框架如图 2-22 所示。CAPP 实现工艺编制、工艺管理、工艺打印等多种功能。CAPP 提供结构化的工艺数据管理方式，在工艺 BOM 呈现更直观的同时，使工艺数据更加有效地指导实际生产，为 ERP（企业资源规划）/MES 等下游系统提供准确的基础数据。

如图 2-23 为 CAXA PLM 方案在企业中的应用，借助流程过程管理，帮助实现产品开发、设计流程的规范化，实现审签、更改工作流程的规范化，实现协同设计产品时的并发控制、版本控制、协作控制，在流程任务透明高效地分发、流转的同时，将所有的修改、变更过程进行详细记录，使过程痕迹得以保留，进而实现设计、工艺数据和生产的高效协同管理。

总体规划的 CAPP 应用流程如图 2-24 所示，主要分为三个部分，即 PDM 系统、工艺过程规划和数据应用，实现了全流程管理和过程控制。

计算机辅助工艺规划在智能设计体系中具有关键地位，它连接了设计数据与制造执行系统，协同多学科知识、工艺经验与实时数据反馈，最终推动工艺规划

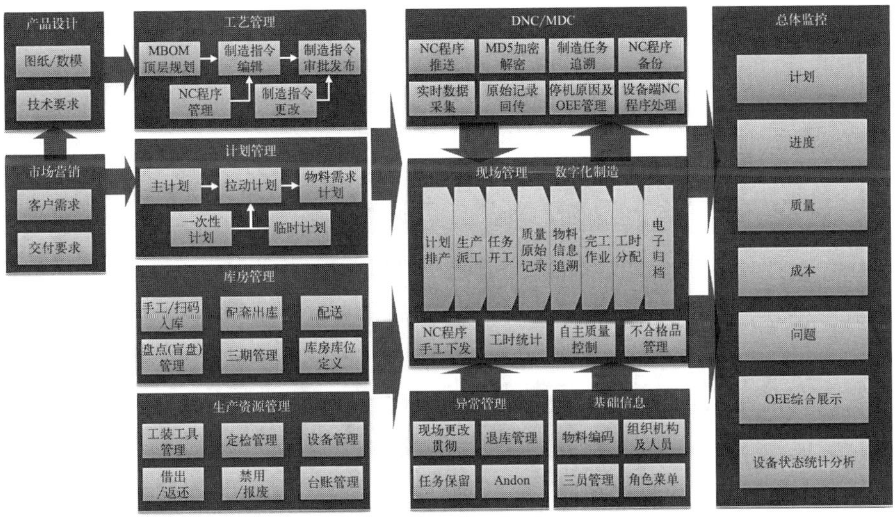

图 2-22　工艺管理、产品数据、产品生产全域共享框架

MBOM—制造物料清单；NC—数控；MDC—制造数据采集；OEE—设备综合效率

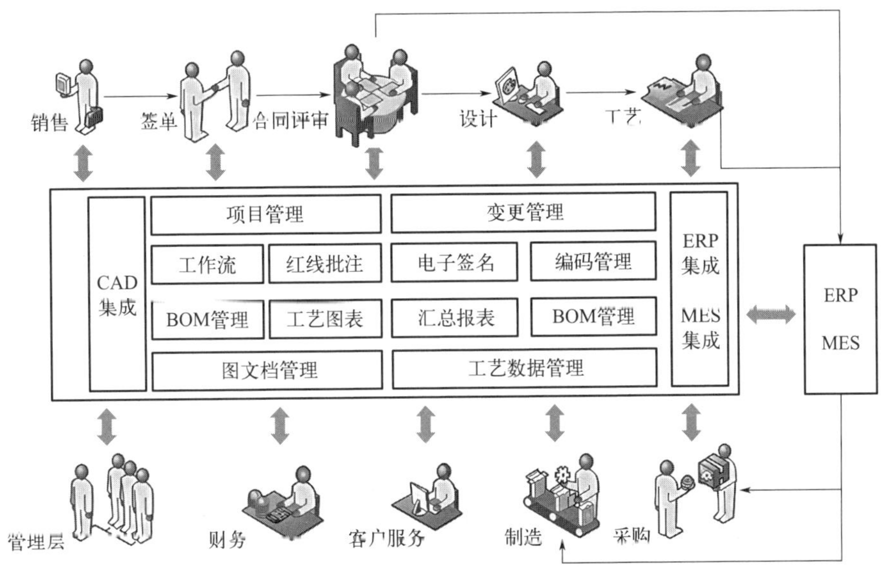

图 2-23　实现设计、工艺数据和生产的高效协同管理

从传统静态、经验型决策转向数据驱动、动态优化和全生命周期的智慧型决策过程。在面向增材制造的应用背景下，CAPP 方法的持续创新与深化，将为智能设计与制造生态的完善与升级提供源源不断的技术动力。

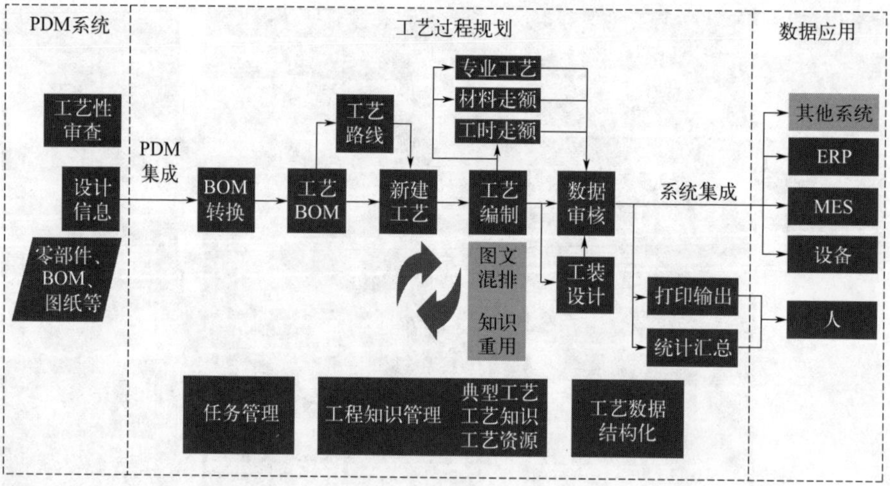

图 2-24 CAPP 应用流程

2.3.4 逆向工程技术

逆向工程（reverse engineering）技术是指通过对现有实物产品或构件进行形貌、结构和功能信息的反向提取与分析，将其转换为可编辑的数字化模型和设计数据的技术手段。与传统正向设计（从概念到产品）的过程相反，逆向工程以实体为起点，通过测量与采集、数据处理与重构、特征提取与模型构建，将实物的几何与性能特征数字化呈现，并最终形成可用于改进设计、再制造、质量检验和新产品开发的高精度数字模型。在智能设计和增材制造快速发展的时代背景下，逆向工程技术不仅是设计过程中的辅助环节，也可成为设计创新与工艺优化的重要源泉。通过将成熟产品的优秀特征、经验构型与优化策略从物理世界提取出来，逆向工程为智能设计提供了丰富的数据资源与知识储备。

逆向工程的实现通常包括以下关键阶段：

(1) 数据获取与测量

在逆向工程中，测量设备和方法的选择至关重要，如图 2-25 所示。由于测量原理的多样性，需要根据具体需求和条件来选择合适的测量方法。接触式测量方法可通过机械手或三坐标测量机进行数据收集，而激光三角测量法、激光测距法、光干涉法、结构光法等是非接触式测量的常见方法。这些方法各有特点和应用范围，选择时应根据被测物体的形体特征和应用目的来决定。

① 激光三角法：激光三角测量法（激光三角法）测量原理主要是利用激光器（光源）、成像系统（相机加镜头）、被测物体之间的三角几何关系得到被测物体的距离。直射式激光三角测量法是指激光器发射的激光线垂直入射到被测物表

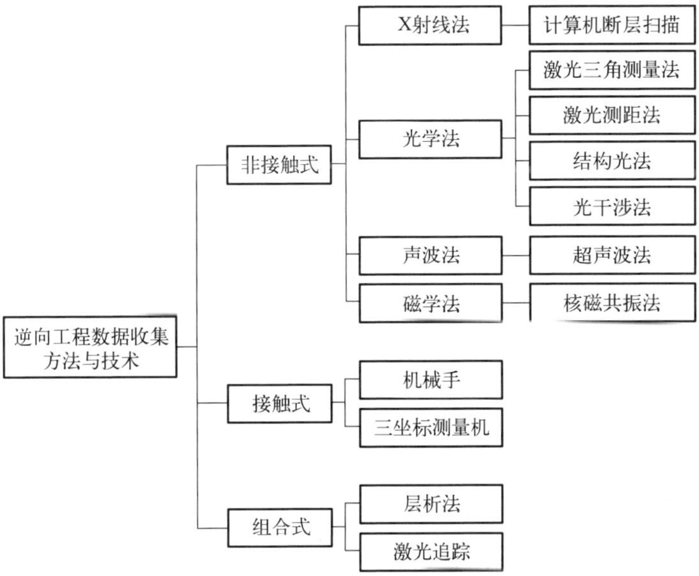

图 2-25　逆向工程数据收集方法与技术

面，如图 2-26 所示。假设 B 为基准面上一个测量点，是激光器发射出的激光入射光线在基准面上形成的光入射点；然后光入射点在物体表面发生夹角为 α 的漫反射后在光敏器件成像为 B'点；A 点为被测物表面（待测面）一点，其在光敏器件上的成像点为 A'；AB 为入射光束，BB'为反射光束，AB 与 BB'之间的夹角即为 α，β 为 BB'与 $A'B'$的夹角，B 点、B'点与成像透镜之间的垂直距离分别为物距 L、像距 L'。

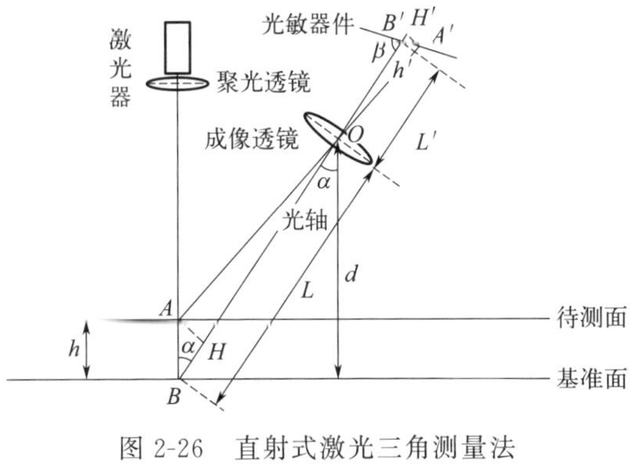

图 2-26　直射式激光三角测量法

由图 2-26 可以看到，h 为 A 点与 B 点之间的相对高度，h'为 h 在像平面对应的位移，即 A'点与 B'点之间的距离，因此根据物、像、点之间的三角关系可以得到被测物表面点到基准面的距离，进而求出被测物体表面的三维信息，获得需要的测量数据。

图中 AH 垂直 BB'，$A'H'$ 垂直 BB'，则可知 $\triangle OHA \backsim \triangle OH'A'$，根据三角形相似关系，于是有 $\frac{AH}{A'H'}=\frac{OH}{OH'}$，即

$$\frac{h\sin\alpha}{h'\sin\beta}=\frac{L-h\cos\alpha}{L'+h'\cos\beta} \tag{2-38}$$

则高度 h 可表示为

$$h=\frac{Lh'\sin\beta}{L'\sin\alpha+h'\sin(\alpha+\beta)} \tag{2-39}$$

② 激光相位移法（激光测距法）：激光相位移法测量原理如图 2-27 所示，扫描仪会对发送出去的光束和返回到传感器的光束的相位进行比较，根据相位移测量来获得更精确的空间点的距离信息。

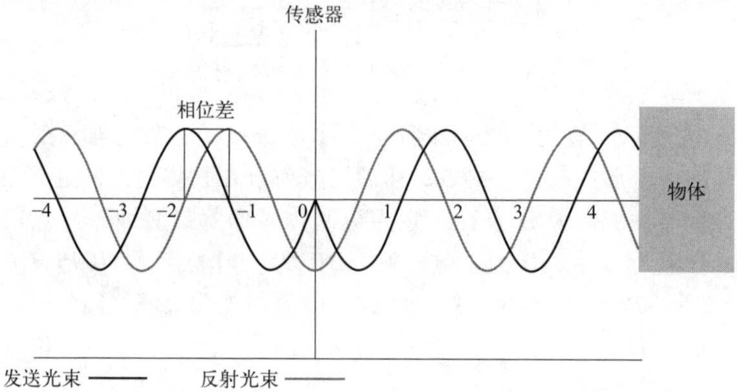

图 2-27　激光相位移 3D 扫描原理

③ 结构光法：结构光（structured light）法和上述的激光相位移法都是基于激光三角测量法原理，由结构光投射器向被测物体表面投射可控制的光点、光条或光面结构，并由图像传感器［如 CCD（电荷耦合器件）摄像机］获得图像，利用三角测量原理计算得到物体表面的三维坐标点云。结构光法具有计算简单、体积小、价格低、量程大、便于安装和维护的特点，但是测量精度受物理光学的限制，存在遮挡问题，测量精度与速度相互矛盾，难以同时得到提高。结构光 3D 扫描技术以共角测量为基础，通过光线的编码构成多种多样的视觉传感器，如图 2-28 所示。它主要分为点结构光法、线结构光法和面结构光法。

a. 点结构光法。激光发射器投射一个光点到待测物体表面，被测点的空间坐标可由投射光束的空间位置和被测点成像位置所决定的视线空间位置计算得到。由于每次只有一点被测量，为了形成完整的三维面形，必须对物体逐点扫描

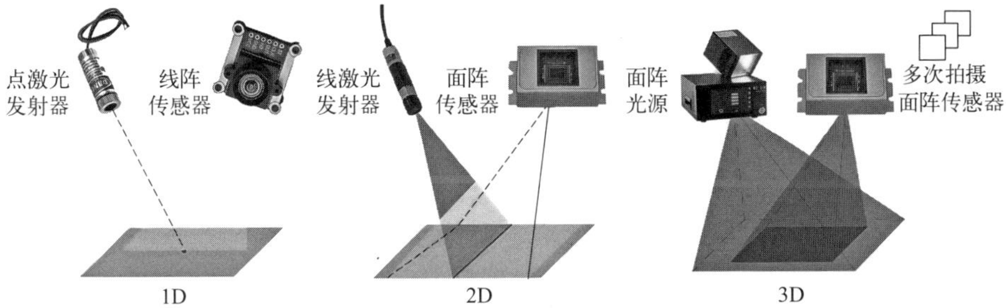

图 2-28　基于激光三角测量法的点、线、面三种结构光线投影形式

测量。它的优点是信号处理比较简单，缺点是图像摄取和图像处理需要的时间随着被测物体的增大而急剧增加，难以完成实时测量。

b. 线结构光法。用线结构光代替点光源，只需要进行一维扫描就可以获得物体的深度图像数据，数据处理的时间大大减少。线结构光测量时需要利用辅助的机械装置旋转光条投影部分，从而完成对整个被测物体的扫描。与点结构光法相比，其硬件结构比较简单，数据处理所需的时间也更短。

c. 面结构光法。系统由投影仪和面阵 CCD 组成。如图 2-29 所示，测量时光栅投影仪投影数幅特定编码的结构光（条纹图案）到待测物体上，呈一定夹角的相机采集相应图像。光栅是一种光学器件，一般常用的是在玻璃片上刻出大量平行痕，形成透光和不透光的部分。当然投射的结构光图案不止条纹这一种，当投射的结构光图案比较复杂的时候，为了确定物体表面点与其图像像素点的对应关系，需要对投射的结构光图案进行编码，然后对图像进行解码和相位计算，并利用三角测量原理解出两个摄像机公共视区内像素点的三维坐标。关于结构光编码这里就不展开了，它的特点是不需扫描，适合直接测量。

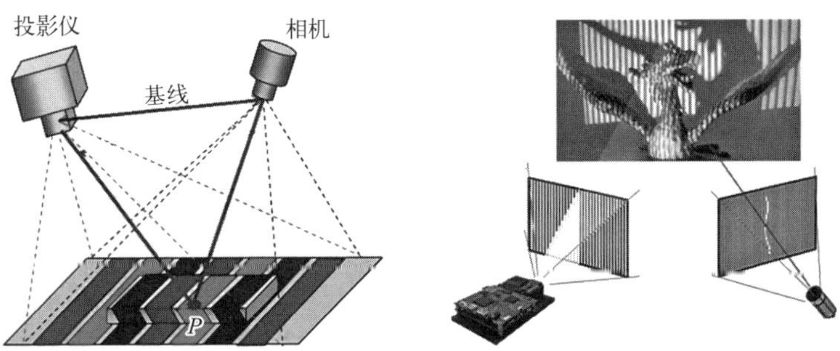

(a) 面结构光投影原理　　(b) 结构光栅在实物模型上产生形变

图 2-29　面结构光

现在主流使用的 3D 扫描设备原理为面结构光＋红外激光结合，如德国 GOM 光学测量公司的 GOM ATOS Q 设备，如图 2-30 所示，这种技术结合了结

构光扫描和激光扫描的优点，实现了高精度、高速度的 3D 测量和建模。面结构光技术通过投射特定的光栅或条纹图案到物体表面，并利用相机捕捉这些图案的变形，从而获取物体表面的三维信息。这种技术能够提供较高的测量精度，适用于复杂形状的物体。同时，面结构光扫描可以实现快速测量，大大提高工作效率。而红外激光技术则通过发射激光束并测量其反射回来的时间或角度，从而获取物体的三维坐标。红外激光扫描具有较远的测量距离和较高的测量速度，特别适用于大型物体以及胶体结构、孔洞等场景的扫描。

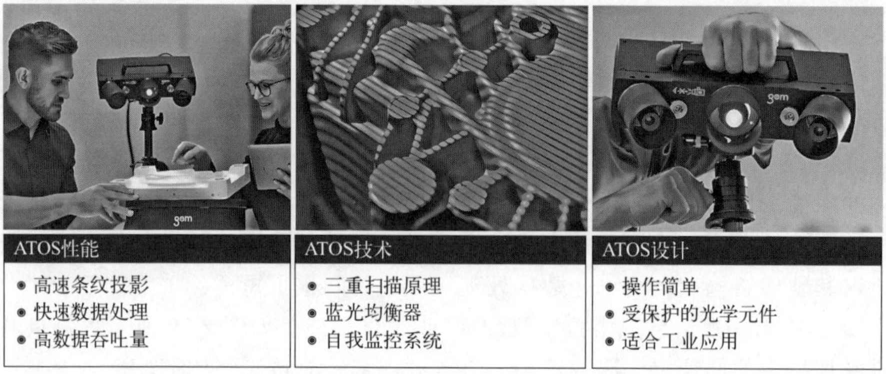

图 2-30　GOM 光学测量公司生产的 GOM ATOS Q 设备

将面结构光与红外激光结合，可以充分发挥两者的优势，提高 3D 扫描的稳定性和鲁棒性。在面对不同材质、颜色和反光性的物体时，结构光和红外激光的互补作用可以使扫描结果更加准确可靠。

（2）数据预处理与特征提取

将获得的点云或体数据进行去噪、滤波、对齐、简化与分割处理，并借助特征识别算法，提取出产品表面特征（如棱线、拐点、特定曲面特征）、孔洞与缺陷信息。同时，利用曲线与曲面拟合、面片光顺等技术，将无序点云数据转化为连续、光滑的数学模型，为后续的几何建模打下基础。

（3）几何重构与参数化建模

在预处理的数据基础上，对产品进行几何重构与参数化建模是逆向工程的核心环节。通过特征建模方法，将扫描数据中的多边形网格转换为曲面、实体或参数化特征模型。此过程可运用 NURBS（非均匀有理 B 样条）、Bezier 曲面或 subdivision surface 等数学方法，构建出高精度的 CAD 几何模型。参数化建模可以为设计者保留模型结构、尺寸、形状约束以及功能逻辑，方便后续修改与优化。

（4）分析与验证

将重构的数字模型与原始测量数据对比，检查重构模型的精度与一致性，必要时可对模型局部进行微调与迭代修正。通过有限元分析（FEA）和其他 CAE

工具，可以对逆向工程获得的模型进行强度分析、应力分析、气动与流体分析、热分析等，验证其性能特征，确保逆向工程过程的可靠性与实用性。

(5) 成果应用与设计迭代

最终获得的数字化模型可直接用于再设计、工艺规划、增材制造生产准备与质量检测等环节。逆向工程输出的设计数据可助力旧产品的更新换代、部件再制造、产品定制化，以及多学科优化设计，以便在智能设计流程中快速导入已有经验和成熟结构。

2.4 网络化设计基础

在智能设计与智能制造深度融合的时代背景下，云计算（cloud computing）与边缘计算（edge computing）作为新一代信息基础设施的两大关键技术，不仅为产品设计数据的存储、处理与传输提供了强大支撑，更为智能化决策、实时响应与全局优化奠定了坚实的技术基础。随着增材制造、数字孪生、物联网（IoT）以及 5G 通信等相关技术的发展，制造业正从传统的工厂模式跃迁至分布式、协同化和高度弹性的制造生态系统。在这一转型进程中，云计算与边缘计算相互补充、协同赋能，使设计与制造资源在广度与深度上都得到前所未有的扩展。

2.4.1 云计算与边缘计算

(1) 云计算

云计算（cloud computing）是分布式计算的一种，指的是通过网络“云”将巨大的数据计算处理程序分解成无数个小程序，然后通过多部服务器组成的系统进行处理和分析这些小程序，得到结果并返回给用户。近年来，云计算赋能大数据处理，用户仅需要将数据上传至云端，利用云计算中心的超强高效计算平台，便可以集中处理计算需求。目前的智能物联网设备，通常也是将数据通过网络上发至云端，由云端进行统一的处理。

(2) 边缘计算

边缘计算（edge computing）是利用网络边缘侧的计算能力进行数据的处理。边缘计算是一种新的计算模型，它在网络边缘执行计算，其中边缘是指数据产生处和云端之间各种路径的任意计算和网络资源，边缘的数据一边连接云服务，另一边连接物联网服务。所有对边缘计算的相关的描述之中，都倾向于把边缘计算定义为一种新的计算范式，它使得数据的计算在网络距离或者空间距离上更接近数据的采集端。

随着物联网技术的发展，集中式的云计算架构无法把资源利用、数据融合、应用兼容、统一运维等物联网问题全部解决，给网络带宽、计算能力、存储容量带来巨大压力，对此，边缘计算模型的优点就凸显了出来：

① 在网络边缘处理大量临时数据，不再全部上传云端，这极大地减轻了网络带宽和数据中心功耗的压力；

② 在靠近数据生产者处做数据处理，不需要通过网络请求云计算中心的响应，大大降低了系统延迟，增强了服务响应能力；

③ 边缘计算不再将用户隐私数据上传，而是存储在网络边缘设备上，减少了网络数据泄露的风险，保护了用户数据安全和隐私。

(3) 云边协同计算

云边协同计算继承了云计算与边缘计算的优势，以同时满足高精度、低消耗、快响应、低延时的应用场景需求。云计算负责边缘节点难以胜任的计算任务，同时，通过大数据分析，负责非实时、长周期数据的处理，优化输出的业务规则或模型，并下放到边缘侧，使边缘计算更加满足本地的需求，完成应用的全生命周期管理。边缘计算主要负责那些实时、短周期数据的处理任务以及本地业务的实时处理与执行，为云端提供高价值的数据。在更多的场景下，云计算与边缘计算形成一种互补、协同的关系，边缘计算需要与云计算紧密协同才能更好地满足各种应用场景的需求。云计算与边缘计算特性比较，如表 2-5 所示。

表 2-5 云计算与边缘计算特性比较

特性	云计算	边缘计算
架构	集中式	分布式
距离终端设备	远	近
网络延迟	高	低
存储能力	强	弱
计算能力	充足	有限
隐私安全性	较低	较高
服务节点位置	互联网	本地网络边缘

云边协同架构如图 2-31 所示，即云计算和边缘计算互相协同，彼此优化补充。通常可以将章鱼足部类比为边缘计算，章鱼的大脑类比为云计算，章鱼脑部的神经元仅有四成左右，足部则占据六成的神经元。那么章鱼的足部可以思考并就地解决问题，大脑则专注于处理“更高层次”的问题，章鱼的足部则思考解决“简单且繁琐”的问题。由于物联网设备具有在边缘侧采集数据的特性，一旦为其计算进行赋能，使得应用在数据源处进行数据的处理，从而减少与云端的交互，便可大大减轻传统的云计算模式下的网络压力；边缘侧处理了大多的数据，那么当需要借助云端能力时，只需要传输数据运算的中间结果取代之前直接的数

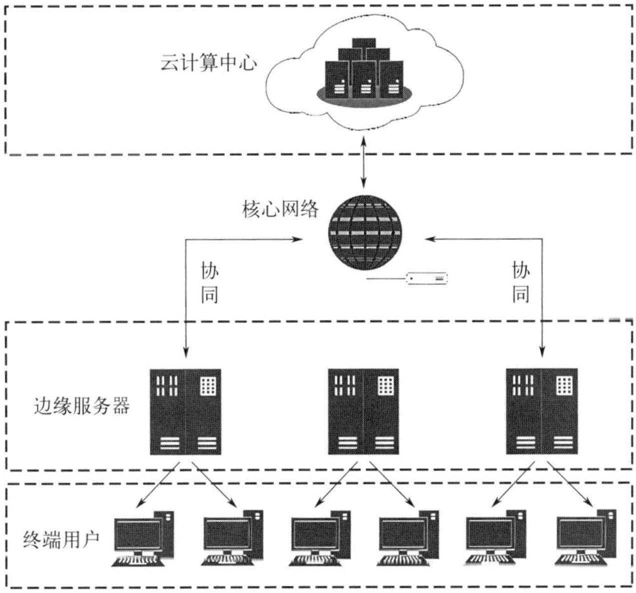

图 2-31　云边协同架构

据传输，隐私泄露的风险也因此大大降低。

(4) 云边协同方式

① 关系划分。边缘计算的快速发展，并不意味着要彻底放弃云计算。相反，越来越多的应用场景需要在云计算的基础上协同边缘计算技术，才能发挥更好的效果。云计算的优势在于处理长周期、计算密集的任务数据，因此可以有效应对需要大量数据分析的业务领域；而边缘计算的优势在于处理短周期、实时性的任务数据，因此可以更好地应用于注重实时性的本地业务领域。针对云计算与边缘计算之间的协同关系，主要有两种协同方式。

a. 中心云主导的云边协同。在这种模式下，由云计算中心（中心云）负责接收终端设备所上传的任务数据，并进行数据计算、模型训练，以及任务预测。然后，中心云将部分计算与预测结果发送至边缘服务层，并指导边缘服务层进行资源部署与任务调度。

b. 边缘服务层主导的云边协同。在这种模式下，首先由边缘服务层来接收终端用户所上传的任务数据，并对其进行计算；然后，边缘服务层会及时将任务的处理结果回传至终端设备。若边缘服务层的计算能力有限，不能满足用户任务的实际需求，则边缘服务层会将任务继续卸载至中心云服务器中处理。

② 层次划分。云边协同的设计应该兼顾传统云计算与新兴边缘计算两种计算范式，现代的云计算通常被划分为基础设施即服务（IaaS）与平台即服务（PaaS）两个领域，广义上还包括软件即服务（SaaS）。边缘计算层次的划分通

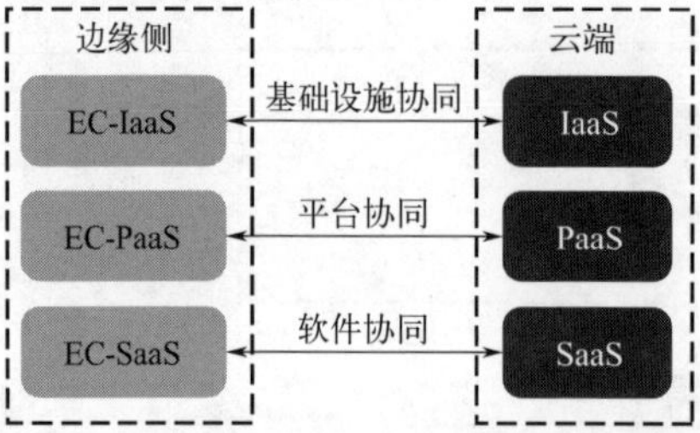

图 2-32　云边多层次协同

常也与云计算对应，如图 2-32 所示，分为基础设施协同、平台协同与软件协同。

(5) 云计算与边缘计算数学基础

① NSGA-Ⅲ。NSGA-Ⅲ（non-dominated sorting genetic algorithm Ⅲ，非支配排序遗传算法Ⅲ）是一种基于遗传算法的多目标优化算法，主要用于解决高维多目标优化问题（many-objective optimization problems，MaOPs）。它在 NSGA-Ⅱ 的基础上引入了参考点（reference points）机制，以更好地维持种群的多样性和收敛性，特别适用于目标数大于 3 的问题。

算法流程如下：

a. 初始化种群：随机生成初始种群。

b. 非支配排序：将种群划分为多个非支配层级。

c. 选择、交叉、变异：生成子代种群。

d. 合并父代和子代：形成更大的种群。

e. 环境选择（environmental selection）：归一化目标值；关联个体到参考点；选择下一代个体，优先保留低层级的个体，并利用参考点维持多样性。

关键公式与步骤：

a. 参考点生成（reference points generation）。参考点通过系统分布法生成，确保在目标空间均匀分布。对于 M 个目标，每个目标轴被划分为 p 份，生成参考点数为：

$$H=\binom{M+p-1}{p} \tag{2-40}$$

b. 目标值归一化（normalization）。将目标值映射到超平面，消除量纲差异：

理想点（ideal point）：各目标的最小值 $z_i^{\min}=\min f_i(x)$。

极值点（extreme points）：找到每个目标方向上最远的个体。

截距（intercepts）：通过极值点构建超平面，计算截距 a_i。

归一化公式：

$$f'_i(x)=\frac{f_i(x)-z_i^{\min}}{a_i-z_i^{\min}} \tag{2-41}$$

其中，$f_i(x)$ 为原始的第 i 个目标函数值；$f'_i(x)$ 为归一化后的第 i 个目标函数值，范围映射到 $[0,1]$。

② 耦合算法。耦合算法是一种用于解决多个相互关联的子系统或物理场之间相互作用的计算方法。这些子系统可能遵循不同的控制方程，但通过边界条件

或数据交换紧密关联。常见的应用包括流体-结构耦合、电磁-热耦合、多相流等。根据求解策略，耦合算法可分为以下两类：

a. 分区耦合：分别独立求解各子系统，通过迭代在交界面上交换数据，能够灵活、可复用现有单物理场求解器。但是可能需要多次迭代才能收敛，稳定性依赖于松弛因子。典型方法又分显式耦合、隐式耦合两类。显式耦合能够直接传递数据，无迭代，简单但可能不稳定。隐式耦合是通过迭代修正交界面数据，如固定点迭代、牛顿法。

b. 整体耦合：将多个子系统的控制方程联合求解，形成单一大型方程组。优点是高精度、稳定性好。但是计算复杂度高（矩阵规模大），内存需求高。

数学公式与迭代过程：

以流固耦合（FSI）为例展示分区隐式耦合的算法流程：

a. 子系统方程：

流体域（Navier-Stokes 方程）：

$$\rho_{\mathrm{f}}\left(\frac{\partial \boldsymbol{u}}{\partial t}+\boldsymbol{u}\cdot\nabla \boldsymbol{u}\right)=-\nabla p+\mu\nabla^{2}\boldsymbol{u}+\boldsymbol{f}_{\text{coupling}} \tag{2-42}$$

其中，ρ_{f} 表示流体的密度；$\boldsymbol{u}$ 为流体速度；p 为流体压强；μ 为流体的动力黏度系数；$\boldsymbol{f}_{\text{coupling}}$ 为耦合作用力（由结构域反馈）。

结构域（弹性动力学方程）：

$$\rho_{\mathrm{s}}\frac{\partial^{2}\boldsymbol{d}}{\partial t^{2}}=\nabla\cdot\boldsymbol{\sigma}+\boldsymbol{F}_{\text{coupling}} \tag{2-43}$$

其中，ρ_{s} 表示结构的密度；$\boldsymbol{d}$ 为结构的位移场；$\boldsymbol{\sigma}$ 为应力张量；$\boldsymbol{F}_{\text{coupling}}$ 是耦合作用力（由流体域反馈）。

b. 交界面条件：

位移连续：流体域边界位移与结构域位移一致，即

$$\boldsymbol{d}_{\mathrm{f}}=\boldsymbol{d}_{\mathrm{s}} \tag{2-44}$$

应力平衡：流体给结构的力与结构给流体的力大小相等、方向相反，即

$$-\boldsymbol{f}_{\text{coupling}}=\boldsymbol{F}_{\text{coupling}} \tag{2-45}$$

c. 隐式耦合迭代（固定点迭代）：

- 初始化：假设初始交界面位移为 $\boldsymbol{d}^{(0)}$；设松弛因子 $\omega\in(0,1]$。
- 迭代步骤（第 k 步）：

流体求解：以 $\boldsymbol{d}^{(k)}$ 为边界，计算流体压力 $\boldsymbol{f}^{(k+1)}$。

结构求解：将 $\boldsymbol{f}^{(k+1)}$ 作为载荷，求解结构位移 $\boldsymbol{d}^{(k+1)}$。

收敛判断：若 $\|\boldsymbol{d}^{(k+1)}-\boldsymbol{d}^{(k)}\|<\epsilon$（$\epsilon$为误差容限），终止；否则更新 $\boldsymbol{d}^{(k)}=\omega\boldsymbol{d}^{(k+1)}+(1-\omega)\boldsymbol{d}^{(k)}$（$\omega$ 为松弛因子）。

2.4.2 物联网与工业物联网

在迈向增材制造与智能设计的进程中，物联网（internet of things，IoT）与工业物联网（industrial internet of things，IIoT）为数据从物理世界向数字空间的映射以及从局部环节到全产业链的协同创造了前所未有的机遇。物联网通过在设备、产品、原材料、工具和环境中嵌入传感器、控制器和通信模块，使各类实体可以被感知、连接和交互，从而将制造企业从信息孤岛中解放出来，在动态变化的市场中更加灵活、高效地运转。工业物联网作为物联网在工业领域的专业化、深化与升级，更强调设备互联、生产要素的实时监测与控制、数据驱动的决策优化以及全生命周期的精细化管理，为智能设计与增材制造技术的应用与拓展提供了坚实的底层支撑。

(1) 物联网

物联网是通过对各种物理实体的数据采集和处理，实现对现实世界的数字化表征与实时映射。具体通过部署各类传感器［如温度传感器、湿度传感器、压力传感器、光学检测传感器、应变计、超声波探头、RFID（射频识别）标签、摄像头等］，物联网可对生产环境、设备状态、在制品质量、操作人员行动轨迹、能源消耗、环境排放指标等进行实时、连续的监测与记录。

物联网的关键价值在于“透明化”与“可追溯”。通过获取、存储并分析这些来自生产现场、供应链物流与用户终端的数据，企业可在虚拟空间中再现真实生产过程，为后续的优化决策、异常诊断与质量追溯提供数据驱动的依据。与智能设计理念相结合，物联网可使设计者在产品开发初期就基于真实使用数据对设计方案进行验证与改进，加速设计迭代和创新过程。

(2) 工业物联网

工业物联网（IIoT）是物联网技术在工业领域的升级版本。相比通用的物联网应用（如智能家居、可穿戴设备、智能停车系统等），IIoT 更注重严苛的工业应用环境、生产过程的高可靠性与安全性要求，以及多环节协同与数据整合的系统性问题。在 IIoT 环境下，设备不仅可被远程监控与管理，还能通过数据反馈与人工智能决策实现自适应调控，从而在增材制造的工艺参数优化、生产节拍规划、能耗管理、质量检验与预防性维护等环节实现闭环控制。

IIoT 强调的另一个核心是多源异构数据的融合与统一管理。在现代制造生态中，数据源包括车间设备控制系统［CNC（计算机数控）、PLC（可编程逻辑控制器）］、实验与检测仪器、自动化立体仓库系统、AGV（自动导引车）物流系统、企业资源规划（ERP）系统、制造执行系统（MES）、供应链管理（SCM）系统以及客户关系管理（CRM）系统等。这些系统产生的数据类型多样，包括结构化数据（数据库记录）、半结构化数据［传感器日志、XML（可扩展标记语言）文档］和非结构化数据（图像、视频、自然语言描述）。IIoT 通过标准化的通信协议、数据交换格式以及数据治理策略，将分散的数据源整合到统一的数据湖与知识图谱中，使设计者、工程师和管理者能够在同一平台上检索、分析和利用数据，打破信息孤岛。

(3) 基于 IIoT 技术的协同制造

在智能设计环节中，IIoT 所带来的实时数据流和全局视图至关重要。设计优化往往需要大量实验、仿真与反馈信息，IIoT 则可将产品在服役阶段的应力状态、温度场分布、振动特征与疲劳损伤情况通过安装在产品内部或表面的传感器实时反馈，从而加快产品迭代并减少后期失效风险。

面向增材制造，IIoT 的作用更为直接与显著。增材制造设备在运行过程中需要严格控制激光功率、扫描路径、层厚、粉末铺设均匀度、冷却速率等诸多参数。如果能够通过 IIoT 对设备关键部件（如激光头、振镜、电机、粉末供给机构）、环境（温度、湿度、气氛）、在制产品（层厚精度、变形度、内部应力场）进行实时监测与数据上传，并借助边缘计算节点对数据进行快速分析，就能在生产过程中即时调整工艺参数，形成闭环控制与自适应优化机制。这样，不仅能降低废品率与返工次数，还能显著提升产品质量的一致性和可重复性。

(4) 安全与隐私保护问题

与物联网、IIoT 的广泛互联与数据共享相伴而来的，是数据安全与隐私保护的重大挑战。在制造业中，工艺流程、设备参数、材料配方以及设计数据往往是企业的核心机密。一旦这些数据在传输与存储过程中遭到截获或篡改，不仅会造成经济与品牌损失，更可能危及产品质量和用户安全。为此，IIoT 系统需要引入多层次的安全防护策略，包括加密通信协议、访问控制策略、身份认证与授权机制、防火墙与入侵检测系统、区块链技术以及数据脱敏与匿名化处理等。同时，对于敏感行业（如航空航天、军事装备、医疗器械）而言，还需遵守严格的数据与信息安全标准和法规。在智能设计与增材制造过程中，确保从设计初期到制造执行乃至全生命周期的安全与合规性，是 IIoT 平台建设必须高度重视的问题。

(5) 标准化与互操作性

为了充分释放物联网与工业物联网（IIoT）的潜力，标准化与互操作性至关重要。IIoT 生态中的设备与系统往往来自不同厂商与供应商，其数据接口、通信协议、语义描述方式可能各不相同，导致数据难以集成与利用。国际标准组织（如 ISO、IEC）、行业联盟（如工业互联网联盟 IIC、OPC 基金会）和开源社区正积极推动统一的通信协议标准（如 OPC UA）、数据交换格式（如 AutomationML）、语义模型（如 ECLASS）和安全架构规范的制定，以实现多方系统的无缝对接与协同。

2.4.3 网络协同设计与协同制造平台

全球化市场竞争、个性化需求增长、产品复杂度提升以及技术跨界融合的趋势，正推动制造业从传统的垂直整合、单点决策模式向跨企业、跨区域、跨领域的协同创新与协同制造模式转型。在此背景下，网络协同设计与协同制造平台（collaborative design and manufacturing platform，CDMP）应运而生。

(1) 网络协同设计与制造

网络协同设计与制造是指利用先进的信息通信技术、云计算与边缘计算、物联网（IoT）与工业物联网（IIoT）、大数据与人工智能（AI）以及虚拟现实（VR）/增强现实（AR）等工具，实现设计与制造资源在全球范围内的共享与协同优化。在这一模式下，传统意义上的地理边界、企业边界与职能边界被弱化，取而代之的是基于数据与知识的灵活组合、快速重构和持续迭代。

对于设计而言，协同平台将不同专业背景、不同地域的设计团队成员集合在同一数字空间中，提供统一的数据管理、版本控制、权限分配与变更追踪机制，从而实现跨时区、跨文化的 24 小时不间断设计迭代与沟通交流。对于制造而言，协同平台使分布在不同城市甚至不同国家的设备与材料供应商、后处理企业与测试机构可以在同一数据链条下高效对接，从设计到制造，再到质量检测与配送的全过程实现信息共享与流程透明。这不仅降低了交易与沟通成本，也为个性化定制、按需生产与快速交付创造了条件。

(2) 协同制造平台应具备的 5 个功能

① 统一的数据管理与版本控制：随着产品设计复杂度的提升，设计数据往往呈指数级增长，并以多种文件格式和数据结构存在。协同平台通过 PDM（产品数据管理）或 PLM（产品生命周期管理）系统整合设计数据，并确保多版本并行管理与协同编辑的有序性，使团队成员可同时在线查看与编辑同一模型，而无需担心版本冲突和数据冗余。

② 分布式计算与云端仿真：协同平台借助云计算与高性能计算资源为设计与制造仿真分析提供后盾。设计团队可以在平台上调用云端 CAE 工具进行结构分析、拓扑优化、热分析、流体仿真与多学科优化，而无需本地部署昂贵的硬件设备。团队成员可在平台上共享仿真结果与优化建议，加快决策过程。

③ 智能化搜索与推荐：通过大数据与 AI 技术，协同平台可对历史设计案例、制造工艺经验、材料数据库以及标准化零部件库进行智能检索。当设计者提出新需求时，平台可自动匹配类似案例与最佳实践，提供材料选型、工艺参数优化、质量控制方案等建议，缩短从零开始搜索与试错的时间成本。

④ 虚拟现实（VR）与增强现实（AR）协同环境：对于复杂产品设计与制造流程的讨论与评审，AR/VR 技术可让异地团队成员在虚拟环境中沉浸式体验

产品结构、查看内部组件布局、模拟装配过程与维护场景。协同平台提供共享的虚拟会议室与可交互的3D模型，助力团队成员更直观地理解产品特点、发现设计缺陷并快速制订改进措施。

⑤ 角色权限与安全策略：由于协同平台往往汇集多个企业与机构的参与，确保数据安全与保护知识产权是重中之重。平台需具备严格的访问控制与权限分配机制，区分不同角色（设计师、供应商、客户、顾问、质量检验员）对数据的读取、修改、导出权限，避免敏感信息外泄。同时，通过数据加密与区块链技术，可增强数据溯源能力，确保设计与制造过程的可信性与可审计性。

(3) 网络协同设计与制造的数学基础

自然启发优化算法能够克服传统算法的固有局限性，如Adam优化、随机梯度下降（SGD）、水波优化。这些算法提供的优势是解决通用问题，为复杂问题提供新见解，具有更好的参数调整能力，可更好地探索巨大的搜索空间。如传统机器学习，SGD或改进版（如带动量的SGD）更灵活；深度学习模型训练，优先使用Adam（兼顾速度与稳定性），复杂任务可尝试结合SGD微调；复杂工程优化问题，可采用水波优化等启发式算法更适合全局搜索；通过结合问题特性（如数据规模、非凸性、参数维度等），可以更高效地选择合适的优化策略。

① 随机梯度下降法。随机梯度下降（stochastic gradient descent，SGD）是一种非常古老的机器学习算法，用于确定在预测输出和实际输出之间完美拟合的机器学习模型参数。SGD的一个关键思想是，通过在单个时间步长仅观察一个训练实例，确定斜率水平下降方向。该技术在每次迭代时从现有的训练样本集中随机选择任何数据点，从而减少了操作中涉及的计算量。

随机梯度下降算法公式：

参数更新规则（每次迭代）：

$$\theta_{t+1}=\theta_t-\alpha\nabla_\theta J(\theta_t;x^{(i)},y^{(i)}) \tag{2-46}$$

其中，θ_t 为第 t 次迭代的参数值；α 为学习率（learning rate）；$\nabla_\theta J$ 为损失函数 J 对参数 θ 的梯度；$x^{(i)}$，$y^{(i)}$ 为随机选取的单个样本或小批量样本。

小批量SGD：

$$\theta_{t+1}=\theta_t-\alpha\frac{1}{m}\sum_{i=1}^{m}\nabla_\theta J(\theta_t;x^{(i)},y^{(i)}) \tag{2-47}$$

其中，m 是小批量的大小。

SGD在可持续制造方面的优势如下：它可以在更短的时间内准确地确定机器学习算法的最佳配置参数集。计算中涉及的误差更小，因为它在每次迭代中都会对网络配置进行微小的调整。每当考虑更大的数据样本时，它的收敛速度就更快，因为它经常更新训练参数。当它在收敛速度较低的情况下实现更好的权衡时，计算中涉及的工作量急剧减少。它实现了更高的效率，因为它的效率与训练算法所考虑的训练实例的数量成线性正比。

然而，SGD在可持续制造方面的一些局限性如下：与最初的梯度下降方法相比，SGD的收敛速度很慢，因为它在处理含噪声数据时性能很差。它在学习和参数更新方向上表现出很高的方差，因此更新权重过程充满噪声，并且去噪梯度值是困难的。由于存在更多的振荡，当达到最小值时，实现的学习率较小。由于解释因子不佳，SGD模型缺乏可解释性。对不平衡数据样本所做的预测很差，因为它无法精确预测罕见的结果。如果数据样本不适合内存，那么算法就变得难以处理。

② Adam优化算法。Adam（adaptive moment estimation）是一种结合了动量法（momentum）和RMSProp的自适应学习率优化算法。它通过计算梯度的一阶矩（均值）和二阶矩（未中心化的方差）来调整每个参数的学习率，从而在深度学习中表现出色。Adam优化算法是随机梯度下降算法的改进版本。它被广泛用于计算机视觉、自然语言处理和可持续制造。它本质上是自适应的，通过考虑不同的参数集来计算个人学习率。

Adam优化算法的通用表示：

初始化参数：初始参数θ_0，一阶矩（动量）$m_0==0$，二阶矩（自适应学习率调整）$v_0=0$，时间步$t=0$；

超参数：学习率α，动量衰减率β_1（通常为0.9），自适应率衰减率β_2（通常为0.999），小常数ϵ（10^{-8}）。

每次迭代更新（时间步t增加1）：

计算当前梯度：

$$g_t=\nabla_\theta J(\theta_{t-1}) \tag{2-48}$$

更新一阶矩估计：

$$m_t=\beta_1 m_{t-1}+(1-\beta_1)g_t \tag{2-49}$$

更新二阶矩估计：

$$v_t=\beta_2 v_{t-1}+(1-\beta_2)g_t^2 \tag{2-50}$$

偏差修正（时间步t增加1）：

$$\begin{gathered}\hat{m}_t=\frac{m_t}{1-\beta_1^t}\\ \hat{v}_t=\frac{v_t}{1-\beta_2^t}\end{gathered} \tag{2-51}$$

参数修正：

$$\theta_t=\theta_{t-1}-\alpha\frac{\hat{m}_t}{\sqrt{\hat{v}_t}+\epsilon} \tag{2-52}$$

Adam 优化器在可持续制造中的优点如下：它结合了自适应梯度算法（AdaGrad）和速率单调调度（RMS）算法的最佳特征，能够对噪声问题执行稀疏梯度。与随机梯度下降相比，它的准确率为 76%。它适用于解决涉及大量数据、功能参数多的问题。有效的计算是在较低的内存需求下进行的。

然而，Adam 优化算法对可持续制造的一些局限性如下：它不能计算到收敛密集型区域的最优解，权重衰减问题也存在于 Adam 优化算法中。最初版本的 Adam 优化算法被发现以较低的速度运行。

③ 水波优化算法。水波优化（WWO）算法的灵感来自浅水波理论。它使用三种受水波运动启发的算子（这三种算子源自水波的传播、折射和碎浪运动机制）来寻找问题的最优解，是探索高维问题空间的优化解决方案。WWO 算法的结构非常简单，实现良好，其性能在小种群问题上足够好。

水波优化算法公式：

每个水波拥有 3 个属性：位置 X、波长 λ 以及波高 h。

在每一次迭代过程中，每个水波都会通过传播的形式来对空间进行搜索，同时水波的高度 h 会减小 1。其位置更新公式如下：

$$X'^{t}_{i}=X^{t}_{i}+\text{rand}(-1,1)\lambda(l_{\max}-l_{\min}) \tag{2-53}$$

其中，λ 为该水波的波长；$l_{\max}$、$l_{\min}$ 为当前搜索空间的上下界。λ 的值会随着迭代的进行而改变：

$$\lambda=\lambda\alpha^{-[f(X)-f_{\min}+\xi]/(f_{\max}-f_{\min}+\xi)} \tag{2-54}$$

其中，α 为波长的衰减系数；ξ 为一个较小的数，以保证分母不为 0；$f(X)$ 表示当前水波的适应度值；$f_{\max}$ 和 $f_{\min}$ 表示目前种群中适应度最大和最小值。

每次传播后，如果当前的水波优于传播前的水波，则传播到该位置，否则水波的高度 h 会减小 1，即：

$$\begin{cases}X'^{t}_{i}=X^{t}_{i}+\text{rand}(-1,1)\lambda(l_{\max}-l_{\min}), f(X'^{t}_{i})>f(X^{t}_{i})\\ h'=h-1, f(X'^{t}_{i})\leqslant f(X^{t}_{i})\end{cases} \tag{2-55}$$

WWO 在可持续制造方面的优势：在勘探和开发活动之间实现了更好的平衡；它还表现出足够的能力来防止由水折射算子引起的淘汰效应；实现中涉及的计算工作量要少得多，并且能够实现多个目标；过早收敛的机会更小，因为水折射算子摆脱了搜索空间的停滞，这提高了所开发解决方案的多样性；通过使用碎浪算子，可以保证全局最优解决方案，因为它可以在有希望的解决方案区域进行密集的搜索操作。

然而，WWO 对于可持续制造的一些局限性如下：WWO 的最优行为本质上是主观的，取决于问题的性质，当暴露于高维问题时有时是耗时的，所获得的解决方案往往不是易受不确定性影响的大规模问题的最优解决方案。

2.4.4 网络安全与数据保护

在智能制造与智能设计深度融合的时代，信息已成为企业的核心资产与竞争力之源，网络安全与数据保护问题日益凸显。伴随云计算、边缘计算、物联网（IoT）、工业物联网（IIoT）以及协同设计与制造平台的广泛应用，制造企业正处于数字化、网络化与智能化转型的关键阶段。然而，网络互联的加深与数据流通的加快也使得潜在的安全漏洞不断增加。黑客攻击、数据泄露、知识产权（IP）盗取、恶意软件、勒索病毒以及内部人员的失误与故意滥用，都可能对企业造成难以估量的经济损失与信誉损害。因此，建立完善的网络安全与数据保护体系，对于智能设计与增材制造产业生态的持续稳定发展至关重要。

(1) 网络安全与数据保护面临的挑战

在智能制造与协同设计的复杂生态中，安全与隐私问题相互交织，呈现多维度、多层次的挑战。

① 攻击面广与安全边界模糊：与传统孤立的生产车间不同，智能制造系统通过互联网与云平台将设计、制造、供应链以及客户反馈数据无缝联通。此举虽带来协同效益，但也为潜在的入侵者提供更多攻击点。边缘计算节点、传感器网络、远程访问终端、云存储空间，都是潜在的安全薄弱环节，导致安全边界更加不易明确和防控。

② 多源异构数据与权限管理复杂：在智能设计与制造生态中，海量数据来自不同企业、部门与设备，每套数据可能拥有独特的访问控制策略与安全级别。如何对多源异构数据实施统一的访问权限、加密与审计管理，防止未授权访问与数据滥用，成为一大难题。

③ 知识产权保护与核心工艺数据安全薄弱：设计数据、制造工艺参数、材料配方、仿真模型与优化算法是企业的核心竞争力所在。一旦这些知识产权数据被窃取或篡改，竞争对手或不法分子可轻易复制技术优势，进而侵蚀企业的市场地位与创新成果。

④ 合规要求与国际标准约束难以满足：不同国家与地区对数据安全和隐私保护有着各自法律法规与合规要求（如欧盟GDPR、中国《中华人民共和国数据安全法》、美国CMMC等）。在全球化制造网络中，企业需要同时满足多方监管要求，这进一步增加了数据保护的难度与成本。

(2) 多层次的网络安全技术与策略

有效的网络安全与数据保护需要从技术与策略层面同时发力，以多层次、全方位的方式构建牢固的安全防线。

① 加密传输与存储：利用传输层安全（TLS）、虚拟专用网络（VPN）、量子密钥分发（QKD）等技术对数据在传输过程中进行加密保护，可减少数据中途被截获、监听或篡改的风险。在数据存储层，可采用全盘加密、列级加密或基于属性的加密方案，确保敏感数据在数据库和文件系统中安全存放。

② 身份认证与访问控制：实行多因素身份认证（MFA）、单点登录（SSO）、零信任（zero trust）架构以及基于角色（RBAC）或属性（ABAC）的访问控制，可确保只有经过授权的用户与设备才能访问敏感数据与系统资源。通过细粒度的权限设定和动态授权机制，减少内部人员滥用权限或外部人员伪造身份的可能。

③ 威胁检测与入侵防御：引入下一代防火墙（NGFW）、入侵检测与防御系统（IDS/IPS）、安全信息与事件管理（SIEM）以及基于机器学习的异常行为检测模型，可对网络流量进行实时监控与分析，一旦发现可疑行为或异常流量，立即采取相应的防御措施。通过在云端与边缘节点协同部署安全代理，可在多层网络架构中建立快速响应体系。

④ 数据脱敏、匿名化与最小数据原则：对敏感数据进行脱敏与匿名化处理，使数据在协同设计、数据共享与分析过程中不暴露真实身份与关键细节，从而降低数据泄露带来的风险。遵循“最小数据原则”，仅收集与共享业务必需的数据，减少潜在风险点。

⑤ 灾备与业务连续性计划：制订完备的数据备份、灾难恢复（简称灾备）与业务连续性计划，可在遭遇勒索软件或硬件故障等重大突发事件时，将损失降至最低。利用地理分布式的云备份与冗余数据中心，确保数据与服务在极端情况下仍能快速恢复。

(3) 供应链安全与上下游协同保护

在协同制造与网络协同设计的生态中，安全不仅是企业内部的责任，更需要在供应链层面联动。供应商、物流商、再制造企业、测试机构等上下游伙伴通过平台访问核心数据，稍有不慎便可能成为攻击者的“后门”。

① 供应链伙伴资质审查与安全协议：与供应链伙伴签订严格的安全协议，在进入协同平台之前对其进行安全资质审核与背景调查，确保只与安全意识高、技术能力强、合规性良好的合作方互动。

② 数据跨境与跨主体流转的合规管理：针对跨国界的数据传输与访问，建立符合各地监管要求的数据本地化策略与访问机制。例如，为欧洲客户提供在欧盟境内存储与处理数据的可选项，为数据跨境传输建立明确的加密与认证流程。

③ 区块链与可追溯性增强：借助区块链技术对供应链关键数据（如设计变更日志、合格证书、交付记录）进行不可篡改的分布式存证，提升供应链数据的

可信度与可追溯性。一旦发生质量事故或数据泄露，可快速定位问题环节，明确责任主体。

(4) 人为因素与安全意识培养

网络安全与数据保护不仅是技术问题，更是管理与文化问题。即使技术防护非常严密，人为疏忽与“内鬼”行为仍可能造成安全隐患。加强人员安全培训与意识培养，可从根本上减少人为错误风险。

① 定期安全培训与模拟演练：定期为员工开展网络安全意识培训，让他们了解常见的网络攻击手段（如钓鱼邮件、社会工程、恶意链接）及其防范技巧。通过模拟网络攻击演练，帮助员工掌握在安全事件发生时的应对流程与沟通机制。

② 明确岗位职责与追责机制：在组织架构中明确数据安全与信息保护的职责分工，为每个岗位制订清晰的安全责任清单。建立安全事件报告与追责机制，使员工清楚个人行为对企业安全的影响，提高自觉遵守安全规范的积极性。

③ 与信息安全团队协同配合：信息安全团队应与设计师、工程师、供应链管理员紧密沟通，确保在新技术应用与流程变更时提前进行安全评估与设计。同时，安全团队也需与法律合规部门联动，在合规审查与认证过程中提供技术支持与建议。

总之，网络安全与数据保护是网络协同设计与制造平台的关键基础技术。未来，随着技术和标准的不断完善、管理与文化的持续优化，以及国际合作与对话的深入，制造企业将能够建立更加稳固的网络安全防线与数据保护体系，从而在全球竞争中保持创新优势与战略主动性，为智能制造事业的健康持续发展护航。

2.5 智能化设计基础

2.5.1 数据驱动的设计范式

智能化设计驱动全球制造业转型升级，这就要求企业必须以大数据、人工智能、拓扑优化、生成式设计以及多学科优化等先进技术来高效、精准地捕捉需求脉动，预测性能结果，并在设计初期就对潜在问题与机会进行预先判断和优化。换言之，智能化设计的驱动力部分来自市场与消费模式的深刻变革，它促使企业从“以产定销”模式向“以需定产”乃至“以智导设”进化。

在数字化时代，数据成为了设计领域的关键资源，数据驱动的设计范式应运而生。它改变了传统设计模式，以数据为核心驱动力，通过对多源数据的融合、特征工程的构建以及决策模型的运用，实现更加精准、高效且智能的设计。这种设计范式的出现，让设计不再仅仅依赖于经验和直觉，而是建立在客观数据和科学分析的基础之上。

① 多源数据融合是数据驱动设计范式的首要环节。在实际的设计场景中，数据来源广泛且形式多样，例如在产品设计中，既有产品的三维模型数据，精确描绘了产品的几何形状和结构；又有工艺参数数据，涵盖了制造过程中的温度、压力、速度等关键信息；还有物理性能数据，反映了产品的强度、硬度、导电性等物理特性。这些数据各自独立时，所能提供的信息有限，但通过多源数据融合技术，将它们有机地结合起来，就能为设计提供更全面、深入的视角。以汽车设计为例，融合汽车的三维造型数据、发动机性能参数以及材料的物理特性数据，设计师可以更准确地预测汽车的空气动力学性能、动力输出以及耐久性等关键指标，从而优化设计方案。在融合过程中，基于本体的融合技术发挥着重要作用。假设存在两个数据源 D_1 和 D_2，其数据分别表示为 $S_1=\{s_{11},s_{12},\cdots,s_{1n}\}$ 和 $S_2=\{s_{21},s_{22},\cdots,s_{2m}\}$，通过构建本体映射关系 $M:S_1\rightarrow S_2$，将两个数据源的数据融合为 $S=S_1\cup\{M(s_{1i})\mid s_{1i}\in S_1\}$。在代码实现方面，利用 Python 中的 pandas 库处理结构化数据的融合十分便捷，如下示例：

```
Import pandas as pd

# 读取两个数据源的数据
data1=pd.read_csv('data1.csv')
data2=pd.read_csv('data2.csv')

# 按照某一共同的键进行合并
merged_data=pd.merge(data1,data2,on='common_key')
```

② 特征工程是从原始数据中挖掘出对设计决策有价值信息的关键步骤。在不同的设计领域，数据的特征提取方法也各有不同。在图像识别的智能设计中，卷积神经网络（CNN）展现出了强大的特征提取能力。以经典的 LeNet-5 模型为例，其通过卷积层、池化层和全连接层的巧妙组合，能够自动提取图像的特征。数学表达式为 $C_1=f(W_1*I+b_1)$，其中 C_1 是第一个卷积层的输出，I 是输入图像，W_1 是卷积核权重，b_1 是偏置，$*$ 表示卷积操作，f 是激活函数（如 Sigmoid 或 ReLU）。这一表达式清晰地展示了卷积层如何对输入图像进行特征提取。在代码实现上，使用 Keras 库构建 LeNet-5 模型，以下是代码示例：

```
from tensorflow.keras.models import Sequential
from tensorflow.keras.layers import Conv2D,MaxPooling2D,Dense

model=Sequential()
model.add(Conv2D(6,kernel_size=(5,5),activation='sigmoid',input_shape=(32,32,1)))
model.add(MaxPooling2D(pool_size=(2,2)))
model.add(Conv2D(16,kernel_size=(5,5),activation='sigmoid'))
model.add(MaxPooling2D(pool_size=(2,2)))
model.add(Dense(120,activation='sigmoid'))
model.add(Dense(84,activation='sigmoid'))
model.add(Dense(10,activation='softmax'))
```

③ 决策模型则是依据融合后的数据和提取的特征做出设计决策的核心部分。支持向量机（SVM）作为一种常用的决策模型，在模式识别和分类问题中表现出色。在实际应用中，例如在材料选择的设计决策中，将材料的各种性能特征作为输入数据，利用 SVM 模型可以准确地对不同材料进行分类，帮助设计师选择最适合特定设计需求的材料。在 Python 中，借助 scikit-learn 库可以方便地实现 SVM 模型：

```
from sklearn.svm import LinearSVC
from sklearn.datasets import load_iris
from sklearn.model_selection importtrain_test_split

iris=load_iris()
X=iris.data
y=iris.target
X_train,X_test,y_train,y_test=train_test_split(X,y,test_size=0.3,random_state=42)

svm=LinearSVC()
svm.fit(X_train,y_train)
```

2.5.2 算法赋能的创新机理

算法在智能设计中扮演着至关重要的角色，它为设计带来了创新的活力和无限的可能。算法赋能的创新机理聚焦于多目标优化、生成式设计、混合整数规划等基础算法理论，这些理论从不同角度为设计过程提供了优化和创新的方法。

① 多目标优化在实际设计中有着广泛的应用，因为大多数设计问题都涉及多个相互冲突的目标。以建筑设计为例，设计师既希望建筑的成本尽可能低，又要保证建筑具有良好的性能（如采光、通风、结构强度等），同时还要考虑对环境的影响最小化。假设建筑成本为 $C(\boldsymbol{x})$，性能指标为 $P(\boldsymbol{x})$，环境影响为 $E(\boldsymbol{x})$，其中 $\boldsymbol{x}$ 是设计变量向量。多目标优化的任务就是找到一组设计变量 $\boldsymbol{x}^*$，使 $C(\boldsymbol{x}^*)$ 尽可能小，$P(\boldsymbol{x}^*)$ 尽可能大，$E(\boldsymbol{x}^*)$ 尽可能小。非支配排序遗传算法Ⅱ（NSGA-Ⅱ）是多目标优化中常用的算法之一。其核心思想是通过快速非支配排序和拥挤度计算，在每次迭代中保留一组非支配解，逐步逼近 Pareto 前沿。在 Python 中，使用 pymoo 库能够高效地实现 NSGA-Ⅱ算法：

```
from pymoo.algorithms.moo.nsga2 import NSGA2
from pymoo.factory import get_problem
from pymoo.optimize import minimize

problem=get_problem('zdt1')
algorithm=NSGA2(pop_size=100)
res=minimize(problem,algorithm,('n_gen',200),seed=1)
```

② 生成式设计为设计领域带来了全新的思路和方法，它能够利用算法自动生成满足特定需求的设计方案。在艺术设计领域，生成式设计展现出了独特的魅力。例如，基于生成对抗网络（GAN）的生成式设计，由生成器和判别器组成。生成器的目标是生成逼真的艺术作品样本，而判别器的目标是区分真实样本和生成样本。

在实际应用中，艺术家可以利用 GAN 生成独特的绘画、雕塑等艺术作品。在代码实现方面，使用 PyTorch 库可以构建简单的 GAN 模型：

```
import torch
import torch.nn as nn
import torch.optim as optim

# 定义生成器
class Generator(nn.Module):
    def __init__(self):
        super(Generator,self).__init__();
        self.fc=nn.Sequential(
            nn.Linear(100,128),
            nn.ReLU(True),
```

```
                nn.Linear(128,256),
                nn.ReLU(True),
                nn.Linear(256,784),
                nn.Tanh()
        )
    def forward(self,x):
        return self.fc(x)

# 定义判别器
class Discriminator(nn.Module):
    def__init__(self):
        super(Discriminator,self).__init__();
        self.fc=nn.Sequential(
            nn.Linear(784,256),
            nn.LeakyReLU(0.2,inplace=True),
            nn.Linear(256,128),
            nn.LeakyReLU(0.2,inplace=True),
            nn.Linear(128,1),
            nn.Sigmoid()
        )
    def forward(self,x):
        return self.fc(x)

generator=Generator()
discriminator=Discriminator()
criterion=nn.BCELoss()
optimizerG=optim.Adam(generator.parameters(),lr=0.0001)
optimizerD=optim.Adam(discriminator.parameters(),lr=0.0001)
```

③ 混合整数规划是解决决策变量包含整数和连续变量优化问题的有效方法。在物流配送中心的布局设计中，决策变量既包含连续变量（如配送路线的长度、货物存储区域的大小），也包含整数变量（如配送车辆的数量、仓库货架的数量）。混合整数规划的一般形式为：

$$\min_{\boldsymbol{x},\boldsymbol{y}} f(\boldsymbol{x},\boldsymbol{y})$$
$$\text{s.t.}\quad g_i(\boldsymbol{x},\boldsymbol{y})\leqslant 0, i=1,2,\cdots,m, h_j(\boldsymbol{x},\boldsymbol{y})=0, j=1,2,\cdots,n, \boldsymbol{x}\in\mathbb{R}^p, \boldsymbol{y}\in\mathbb{Z}^q \tag{2-56}$$

其中，$\boldsymbol{x}$ 是连续变量向量；$\boldsymbol{y}$ 是整数变量向量；$f(\boldsymbol{x},\boldsymbol{y})$ 是目标函数，表示

要优化的内容（例如成本、距离等）；$g_i(\boldsymbol{x},\boldsymbol{y})$ 是第 i 个不等式约束函数；$h_j(\boldsymbol{x},\boldsymbol{y})$ 是第 j 个等式约束函数。在 Python 中，使用 PuLP 库可以方便地解决混合整数规划问题：

```
from pulp import LpMaximize,LpProblem,LpVariable

# 创建问题
prob=LpProblem("Mix_Integer_Programming_Problem",LpMaximize)

# 定义变量
x=LpVariable("x",lowBound=0)
y=LpVariable("y",lowBound=0,cat='Integer')

# 定义目标函数和约束条件
prob+=3* x+4* y
prob+=2* x+y< =10
prob+=x+3* y< =15

# 解决问题
prob.solve()

print("Status:",LpProblem.status[prob.status])
for v in prob.variables():
print(v.name,"=",v.value())
```

2.5.3　实时反馈的交互机制

在智能设计系统中，实时反馈的交互机制是实现系统动态优化和自适应调整的关键。它基于闭环系统理论、动态修正算法、容错机制等通用控制理论，确保系统能够根据实时信息做出及时、准确的响应，从而更好地满足设计需求。

① 闭环系统理论是实时反馈交互机制的基础，它强调系统的输入和输出之间存在反馈回路。在智能家居系统的设计中，闭环系统理论得到了充分的应用。例如，温度传感器实时监测室内温度，这一监测数据作为反馈信号被传输给中央控制系统。假设室内温度为 $T(t)$，设定的目标温度为 T_{target}，当 $T(t)$ 与 T_{target} 存在偏差时，控制系统根据偏差的大小和方向调整空调的制冷或制热功率，以实现室内温度的稳定。其调整模型可以简单表示为：

$$P(t+1)=P(t)+k[T_{\text{target}}-T(t)] \tag{2-57}$$

其中，$P(t)$ 是当前时刻空调的功率；$P(t+1)$ 是下一时刻调整后的功率；k 是比例系数，用于控制调整的幅度。通过这样的反馈回路，智能家居系统能够根据室内温度的实时变化自动调整设备运行状态，为用户提供舒适的环境。

② 动态修正算法是根据实时反馈对设计进行动态调整的核心技术。在航空航天领域，飞行器在飞行过程中会受到各种复杂因素的影响，如气流变化、发动机性能波动等，导致飞行姿态偏离预期。为了保证飞行器的安全和稳定飞行，需要通过动态修正算法及时调整飞行器的控制参数。以基于自适应控制的动态修正算法为例，假设飞行器的姿态误差为$\boldsymbol{e}(t)$，控制输入为$\boldsymbol{u}(t)$，可以设计自适应控制律为：

$$\boldsymbol{u}(t)=-\boldsymbol{K}(t)\boldsymbol{e}(t) \tag{2-58}$$

其中，$\boldsymbol{K}(t)$ 是根据系统状态在线调整的增益矩阵。在代码实现方面，使用Python 中的控制理论库（如 controlpy）可以实现自适应控制算法：

```
import controlpy
import numpy as np

# 定义系统矩阵
A=np.array([[0,1],[-1,-2]])
B=np.array([[0],[1]])
C=np.array([[1,0]])
D=np.array([[0]])

# 设计自适应控制器
adaptive_controller=controlpy.synthesis.adaptive_lqr(A,B,C)
```

③ 容错机制是确保系统在出现故障或异常情况下仍能正常运行的重要保障。在计算机网络系统的设计中，容错机制尤为关键。当网络中的某个节点出现故障时，容错机制需要迅速做出反应，重新分配网络流量，以避免网络瘫痪。一种常见的容错方法是基于冗余的策略，即增加额外的网络节点作为备份。假设网络中有 n 个正常工作节点和 m 个备份节点，当工作节点 i 出现故障时，备份节点 j 可以接管其任务，这个过程通过任务分配算法实现：

$$\text{task}_i \rightarrow \text{backup}_j$$

在代码实现上，可以使用 Python 的多线程和分布式计算框架（如 Dask）来实现简单的容错机制：

```
from dask.distributed import Client,LocalCluster

# 启动本地集群
cluster=LocalCluster()
client=Client(cluster)

# 定义任务函数
```

```
def task(x):
    returnx* x

# 提交任务
futures=client.map(task,range(10))
results=client.gather(futures)
```

2.5.4 自主进化的系统架构

自主进化的系统架构是智能设计系统不断发展和适应新环境的重要保障。它依赖于强化学习、知识迁移、元学习等基础理论，使系统能够在运行过程中不断自我优化、积累经验，并将这些经验应用到新的任务和环境中。

① 强化学习为智能体在复杂环境中学习最优行为策略提供了有效途径。在智能机器人的设计中，强化学习得到了广泛应用。以清洁机器人为例，强化学习助力清洁机器人在复杂的家居环境里找到最优清洁策略。将清洁区域网格化，机器人的状态由所在网格位置、电量、周围障碍物情况等决定，其动作包括前进、后退、左转、右转和清扫。每次执行动作后，机器人会依据环境反馈的奖励信号（成功清扫得正奖励，碰撞障碍物或电量过低得负奖励）调整行为。强化学习的目标是找到一个策略，使机器人在整个清洁过程中获得的累计奖励最大，用公式表示为：

$$J(\pi)=\mathbb{E}_{\pi}\left[\sum_{t=0}^{\infty}\gamma^{t}r_{t}\right] \tag{2-59}$$

其中，$J(\pi)$ 是策略 π 的期望累计奖励；r_t 是时刻 t 的奖励；γ 是折扣因子（0 到 1 之间），用于平衡当前和未来奖励的重要性。

Q 学习是常用的强化学习算法，清洁机器人利用它更新 Q 值（状态-动作价值函数）来评估动作优劣。以下是简单的 Python 实现代码：

```
import numpy as np
import random

# 假设环境的状态空间和动作空间
state_space_size=10* 10* 5
action_space_size=5
# 初始化 Q 表
Q=np.zeros((state_space_size,action_space_size))
```

```
# 学习率和折扣因子
learning_rate=0.1
discount_factor=0.99

# 训练的总 episodes 数
num_episodes=1000


# 模拟获取当前状态的函数
def get_current_state():
    x=random.randint(0,9)
    y=random.randint(0,9)
    battery=random.randint(0,4)
    return x* 10* 5+y* 5+battery


# 模拟执行动作的函数
def execute_action(action):
    reward=0
    new_state=get_current_state()
    if action==0:
        new_state=(new_state+1)%state_space_size
        if new_state%5! =0:
            reward=1
    elif action==1:
        new_state=(new_state-1)%state_space_size
        if new_state%5! =0:
            reward=1
    elif action==2:
        new_state=(new_state+5)%state_space_size
        reward=0
    elif action==3:
        new_state=(new_state-5)%state_space_size
        reward=0
    elif action==4:
        reward=2
    return new_state,reward
```

```
for episode in range(num_episodes):
    robot_state=get_current_state()
    done=False
    while not done:
        epsilon=0.1
        if np.random.uniform(0,1)<epsilon:
            action=random.randint(0,action_space_size-1)
        else:
            action=np.argmax(Q[robot_state,:])
        new_state,reward=execute_action(action)
        Q[robot_state,action]=Q[robot_state,action]+learning_rate*(
                reward+discount_factor*np.max(Q[new_state,:])-Q
[robot_state,action])
        robot_state=new_state
        if robot_state%5==0:
            done=True
```

② 知识迁移能让清洁机器人把在一种环境或任务中学到的知识应用到相似场景。比如在房间 A 中学习到的避开家具、寻找脏污区域的策略，在进入布局相似的房间 B 时可以借鉴。在房间 B 中，Q 值更新基于房间 A 的 Q 值，公式为：

$$Q_{\mathrm{B}}(s_t,a_t)=\beta Q_{\mathrm{A}}(s_t,a_t)+(1-\beta)\{Q_{\mathrm{B}}(s_t,a_t)+\alpha[r_t+\gamma\max_{a\in \mathrm{A}}Q_{\mathrm{B}}(s_{t+1},a)-Q_{\mathrm{B}}(s_t,a_t)]\} \tag{2-60}$$

其中，β 是迁移系数（0 到 1 之间），控制从房间 A 迁移知识的比例。代码实现时，在新环境初始化 Q 表部分使用原环境学习到的 Q 值：

```
# 假设已经在原环境中训练得到 Q_A
Q_A=np.load('Q_A.npy')
# 在新环境中初始化 Q 表
Q_B=np.zeros((state_space_size,action_space_size))
beta=0.8
for state in range(state_space_size):
    for action in range(action_space_size):
        Q_B[state,action]=beta*Q_A[state,action]
```

③ 元学习让清洁机器人学会如何更有效地学习，以适应新任务和环境。比如家庭新增特殊材质地板需要不同清洁模式时，元学习可帮助机器人调整学习策

略。基于模型的元学习方法中，机器人学习一个元模型，根据任务特征（地板材质、房间大小等）生成合适的学习参数（学习率、折扣因子），公式为：

$$\theta = M(T) \tag{2-61}$$

其中，θ 为学习参数；T 为任务特征；M 为元模型。

机器人在多个清洁任务上训练，收集任务特征和对应的最优学习参数数据来训练元模型。遇到新任务时，先识别任务特征 T，通过元模型生成学习参数 θ，再用这些参数进行强化学习训练，提升适应性和智能性。

2.5.5 虚拟样机系统技术基础

虚拟样机系统（virtual mock-up system，VMS）是一种基于计算机仿真和虚拟现实技术的工程设计方法，旨在替代或补充传统的物理样机，提升产品开发的效率和准确性。VMS 主要用于产品的设计、分析、测试与优化，广泛应用于航空航天、汽车制造、电子设备和工业设备等领域。

(1) VMS 的核心技术

① 计算机辅助设计（CAD）：用于创建产品的几何模型和结构模型。

② 计算机辅助工程（CAE）：利用有限元分析（FEA）等方法，对产品的力学、热学、流体等性能进行仿真分析。

③ 计算机辅助制造（CAM）：将虚拟样机的设计数据用于数控加工、3D 打印等制造过程。

④ 虚拟现实（VR）和增强现实（AR）：提供沉浸式交互体验，使工程师可以直观地查看和操作虚拟样机。

(2) VMS 的数学模型

VMS 的数学模型涵盖几何建模、物理仿真、运动学和动力学分析等多个方面。

① 几何建模（geometric modeling）。在 VMS 中，几何建模主要使用 NURBS（非均匀有理 B 样条）或 B 样条曲线来描述复杂曲面。NURBS 的数学表达式如下：

$$\boldsymbol{C}(u) = \frac{\sum_{i=0}^{n} N_{i,p}(u) w_i \boldsymbol{P}_i}{\sum_{i=0}^{n} N_{i,p}(u) w_i}, \quad u \in [0,1] \tag{2-62}$$

其中，$\boldsymbol{P}_i$ 为控制点；w_i 为控制点的权重；$N_{i,p}(u)$ 为 B 样条基函数，由递归定义：

$$N_{i,0}(u)=\begin{cases}1, & t_i \leqslant u < t_{i+1} \\ 0, & \text{其他}\end{cases} \tag{2-63}$$

$$N_{i,p}(u)=\frac{u-t_i}{t_{i+p}-t_i}N_{i,p-1}(u)+\frac{t_{i+p+1}-u}{t_{i+p+1}-t_{i+1}}N_{i+1,p-1}(u)$$

其中，n 为函数自变量；t_i 表示时间点。

② 物理仿真（physical simulation）。VMS 中常见的物理仿真包括有限元分析（FEA）、流体动力学（CFD）和热仿真。

结构有限元分析基于泊松方程（Poisson equation）求解弹性物体的变形：

$$\nabla \cdot \boldsymbol{\sigma}+\boldsymbol{f}=\mathbf{0} \tag{2-64}$$

其中，$\boldsymbol{\sigma}$ 为应力张量，$\boldsymbol{\sigma}=\boldsymbol{C}:\boldsymbol{\varepsilon}$（$\boldsymbol{C}$ 为弹性矩阵，$\boldsymbol{\varepsilon}$ 为应变张量）；$\boldsymbol{f}$ 为外力作用。

应变张量由位移梯度计算：

$$\boldsymbol{\varepsilon}=\frac{1}{2}[\nabla \boldsymbol{u}+(\nabla \boldsymbol{u})^{\mathrm{T}}] \tag{2-65}$$

其中，$\boldsymbol{u}$ 是位移场。通过有限元方法将其离散化，并利用伽辽金方法求解。

流体动力学（CFD）采用纳维-斯托克斯方程（Navier-Stokes equation）模拟流体运动：

$$\rho\left(\frac{\partial \boldsymbol{v}}{\partial t}+\boldsymbol{v} \cdot \nabla \boldsymbol{v}\right)=-\nabla p+\mu \nabla^2 \boldsymbol{v}+\boldsymbol{F} \tag{2-66}$$

其中，$\boldsymbol{v}$ 为速度场；p 为压力；ρ 为流体密度；μ 为黏度系数；$\boldsymbol{F}$ 为外力（如重力）。

对于不可压缩流体，还需满足质量守恒方程：

$$\nabla \cdot \boldsymbol{v}=0 \tag{2-67}$$

这些方程通常通过有限体积法（FVM）或格子玻尔兹曼方法（LBM）进行求解。

③ 运动学与动力学（kinematics & dynamics）分析。VMS 中的机械系统运动仿真依赖于拉格朗日力学或牛顿-欧拉方程。多刚体系统的动力学方程基于拉格朗日方程：

$$\frac{\mathrm{d}}{\mathrm{d}t}\left(\frac{\partial L}{\partial \dot{q}_i}\right)-\frac{\partial L}{\partial q_i}=Q_i \tag{2-68}$$

其中，$L=T-V$ 为拉格朗日量，T 为动能，V 为势能；q_i 为广义坐标；$\dot{q}_i$ 为广义速度；Q_i 为广义力。

对于刚体，其动能 T 由刚体的质量矩阵 $\boldsymbol{m}$ 计算：

$$T=\frac{1}{2}\dot{\boldsymbol{q}}^{\mathrm{T}}\boldsymbol{m}\dot{\boldsymbol{q}} \tag{2-69}$$

刚体的旋转动力学基于欧拉旋转方程：

$$\boldsymbol{I}\dot{\boldsymbol{\omega}}+\boldsymbol{\omega}\times(\boldsymbol{I}\boldsymbol{\omega})=\boldsymbol{M} \tag{2-70}$$

其中，$\boldsymbol{I}$ 为惯性矩阵；$\boldsymbol{\omega}$ 为角速度；$\boldsymbol{M}$ 为外部力矩。

VMS 中可利用机器学习优化设计，前面已详述，这里便不再赘述。

(3) VMS 与数字孪生和虚拟现实的关系（图 2-33）

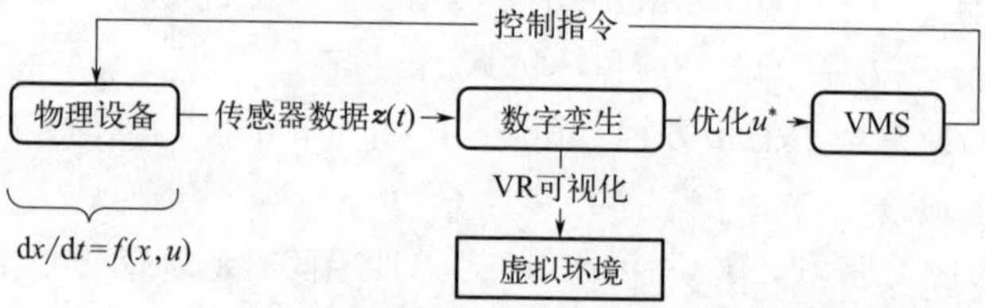

图 2-33　VMS 与数字孪生和虚拟现实的关系

① 物理系统（制造设备）描述：在制造场景中，物理系统可以是一个自动化的生产设备（如机器人、传送带等）。该设备的行为可以通过微分方程来描述：

$$\frac{\mathrm{d}x(t)}{\mathrm{d}t}=f[x(t),u(t)]+w(t) \tag{2-71}$$

式中，$x(t)$ 表示设备的状态（如位置、速度等）；$u(t)$ 表示控制输入（如机器人的动作指令、传送带的速度等）；$w(t)$ 表示过程噪声，模拟设备的不确定性。

② 数字孪生：实时数据采集与状态估计通过传感器收集实时数据 $\boldsymbol{z}(t)$，并使用卡尔曼滤波器进行数据同化，更新设备的状态估计：

$$\hat{\boldsymbol{x}}(t)=\boldsymbol{x}(t)+K(t)\times[\boldsymbol{z}(t)-\boldsymbol{H}\boldsymbol{x}(t)] \tag{2-72}$$

式中，$\hat{\boldsymbol{x}}(t)$ 是状态的估计值；$\boldsymbol{z}(t)$ 是通过传感器获得的观测数据；$\boldsymbol{H}$ 是观测矩阵；$K(t)$ 是卡尔曼增益，这个过程能实时更新数字孪生模型，使其与物理系统的状态一致。

③ VMS（虚拟制造系统）：优化控制数字孪生提供的实时状态 $\hat{\boldsymbol{x}}(t)$ 被用来求解优化问题，生成最优的控制策略$u^*(t)$，以最大化生产效率或最小化能源消耗等目标：

$$u^*(t)=\underset{u}{\operatorname{argmin}}J[u,\hat{x}(t)] \tag{2-73}$$

式中，$J[u,\hat{x}(t)]$ 是一个代价函数，可能包括生产时间、设备能耗、误差等。

物理系统的执行：控制策略应用通过执行生成的控制策略 $u^*(t)$，对物理设备进行控制，影响设备状态 $x(t)$：

$$x(t+1)=f[x(t),u^*(t)] \tag{2-74}$$

这个控制策略被应用于生产设备，调整设备的工作状态。

④ VR 可视化：展示优化结果通过虚拟现实技术，优化后的控制策略 $u^*(t)$ 和设备的状态 $\hat{\boldsymbol{x}}(t)$ 被映射到虚拟环境中，供操作人员或管理人员实时监控和分析。

$$\boldsymbol{v}_{\mathrm{VR}}=\boldsymbol{R}\hat{\boldsymbol{x}}(t)+\boldsymbol{T} \tag{2-75}$$

式中，$\boldsymbol{v}_{\mathrm{VR}}$ 是虚拟现实中显示的设备状态；$\boldsymbol{R}$ 是旋转矩阵，表示设备在虚拟空间中的位置和姿态变化；$\boldsymbol{T}$ 是平移向量，表示设备的位移。

通过 VR 系统，管理人员可以直观地看到设备的实时运行状态、潜在问题和优化后的结果，进一步优化生产流程。

(4) 数字孪生与虚拟现实中的数学模型

① 3D 几何变换（空间定位与模型渲染）。

平移矩阵：

$$\boldsymbol{T}=\begin{bmatrix}1 & 0 & 0 & t_x\\ 0 & 1 & 0 & t_y\\ 0 & 0 & 1 & t_z\\ 0 & 0 & 0 & 1\end{bmatrix} \tag{2-76}$$

式中，t_x、t_y、t_z 为沿 x、y、z 轴的平移分量。

旋转矩阵（绕 z 轴）：

$$\boldsymbol{R}_z(\theta)=\begin{bmatrix}\cos\theta & -\sin\theta & 0 & 0\\ \sin\theta & \cos\theta & 0 & 0\\ 0 & 0 & 1 & 0\\ 0 & 0 & 0 & 1\end{bmatrix} \tag{2-77}$$

式中，θ 为绕 z 轴的旋转角度。

用途：在 VR 中定位物体或在数字孪生模型中重建物理对象的位置和姿态。

方法：通过组合平移、旋转矩阵实现物体在 3D 空间中的变换，支撑虚拟场景的渲染和交互。

② 刚体动力学（物理仿真）。

牛顿-欧拉方程：

$$\boldsymbol{F}=m\boldsymbol{a}\text{（平动）},\quad \boldsymbol{\tau}=\boldsymbol{I}\times\boldsymbol{\alpha}+\boldsymbol{\omega}\times(\boldsymbol{I}\times\boldsymbol{\omega})\text{（转动）} \tag{2-78}$$

式中，$\boldsymbol{F}$ 是力作用在刚体上的总外力；m 是质量；$\boldsymbol{a}$ 是线加速度；$\boldsymbol{\tau}$ 是合外力矩，即作用在刚体上的总转动力矩；$\boldsymbol{I}$ 是惯性张量；$\boldsymbol{\alpha}$ 是角加速度；$\boldsymbol{\omega}$ 是角速度。

用途：模拟数字孪生中机械系统的运动（如工业机器人）或 VR 中的物体碰撞。

方法：通过计算力和力矩，结合质量 m 和惯性张量 $\boldsymbol{I}$，预测物体运动轨迹。

③ 微分方程（动态系统建模）。

热传导方程：

$$\frac{\partial T}{\partial t}=\alpha \nabla^2 T \tag{2-79}$$

式中，T 是温度；t 是时间；α 是热扩散系数。

纳维-斯托克斯方程（流体）：见本节（2）。

用途：数字孪生中模拟温度场、流体流动等物理过程。

方法：通过数值解法（如有限差分法）离散化方程，预测系统状态随时间的变化。

④ 卡尔曼滤波（数据融合与状态估计）。

预测与更新：

$$\begin{gathered}\hat{\boldsymbol{x}}_k^-=\boldsymbol{A}\hat{\boldsymbol{x}}_{k-1}+\boldsymbol{B}\boldsymbol{u}_{k-1}\quad（预测）\\ \boldsymbol{K}_k=\boldsymbol{P}_k^-\boldsymbol{H}^{\mathrm{T}}(\boldsymbol{H}\boldsymbol{P}_k^-\boldsymbol{H}^{\mathrm{T}}+\boldsymbol{R})^{-1}\quad（卡尔曼增益）\\ \hat{\boldsymbol{x}}_k=\hat{\boldsymbol{x}}_k^-+\boldsymbol{K}_k(\boldsymbol{z}_k-\boldsymbol{H}\hat{\boldsymbol{x}}_k^-)\quad（更新）\end{gathered} \tag{2-80}$$

式中，$\hat{\boldsymbol{x}}_k^-$ 是时间步 k 的先验状态估计；$\boldsymbol{A}$ 是状态转移矩阵；$\boldsymbol{B}$ 是控制输入矩阵；$\boldsymbol{u}_{k-1}$ 是控制输入；$\boldsymbol{K}_k$ 是卡尔曼增益矩阵；$\boldsymbol{P}_k^-$ 是预测协方差矩阵；$\boldsymbol{H}$ 是观测矩阵；$\boldsymbol{R}$ 是观测噪声协方差矩阵；$\boldsymbol{z}_k$ 是实际观测值；$\boldsymbol{H}\hat{\boldsymbol{x}}_k^-$ 是根据模型从状态预测出的观测值。

用途：在数字孪生中融合传感器数据与模型预测，优化系统状态估计。

方法：通过实时迭代修正模型误差，提高虚拟模型与物理实体的一致性。

⑤ 光线追踪（视觉渲染）。

渲染方程：

$$L_{\mathrm{o}}(\boldsymbol{x},\boldsymbol{\omega}_{\mathrm{o}})=L_{\mathrm{e}}(\boldsymbol{x},\boldsymbol{\omega}_{\mathrm{o}})+\int_{\Omega}f_{\mathrm{r}}(\boldsymbol{\omega}_{\mathrm{i}},\boldsymbol{\omega}_{\mathrm{o}})L_{\mathrm{i}}(\boldsymbol{x},\boldsymbol{\omega}_{\mathrm{i}})(\boldsymbol{\omega}_{\mathrm{i}}\cdot\boldsymbol{n})\mathrm{d}\boldsymbol{\omega}_{\mathrm{i}} \tag{2-81}$$

式中，$L_{\mathrm{o}}(\boldsymbol{x},\boldsymbol{\omega}_{\mathrm{o}})$ 是出射辐射亮度；$L_{\mathrm{e}}(\boldsymbol{x},\boldsymbol{\omega}_{\mathrm{o}})$ 是自发光辐射亮度；Ω 是单位球面；$f_{\mathrm{r}}(\boldsymbol{\omega}_{\mathrm{i}},\boldsymbol{\omega}_{\mathrm{o}})$ 是双向反射分布函数；$L_{\mathrm{i}}(\boldsymbol{x},\boldsymbol{\omega}_{\mathrm{i}})$ 是入射辐射亮度；$\boldsymbol{\omega}_{\mathrm{i}}\cdot\boldsymbol{n}$ 是余弦项。

用途：在 VR 中生成逼真光照效果（如反射、折射）。

方法：递归计算光线与物体表面的交互，模拟全局光照。

⑥ 逆向运动学（虚拟角色控制）。

雅可比矩阵迭代：

$$\Delta\boldsymbol{\theta}=\boldsymbol{J}^{+}\Delta\boldsymbol{x} \tag{2-82}$$

式中，$\boldsymbol{J}^{+}$ 为雅可比矩阵的伪逆；$\Delta\boldsymbol{x}$ 为目标位移。

用途：在 VR 中驱动虚拟角色的关节运动（如手部抓取动作）。

方法：通过迭代调整关节角度，使末端效应器（如手）到达目标位置。

虚拟样机系统（VMS）作为现代工程设计的重要工具，在数字化研发过程中起着核心作用。通过与数字孪生、虚拟现实技术结合，VMS 不仅提升了产品设计的精确度和开发效率，还促进了智能制造和工业 4.0 的发展。

参考文献

[1] 周敏．智能产品设计［M］．北京：化学工业出版社，2021.

[2] 孙凌云，向为．设计智能［M］．杭州：浙江大学出版社，2021.

[3] 余从刚．数据驱动的智能产品设计［M］．北京：北京大学出版社，2017.

[4] 东南大学建筑学院，东南大学建筑设计研究院．智能设计·数字建造·智慧运维［M］．南京：东南大学出版社，2023.

[5] 李月恩，周宁昌，王强．数据驱动设计创新［M］．北京：化学工业出版社，2022.

[6] 林鑫，黄卫东．高性能金属构件的激光增材制造［J］．中国科学：信息科学，2015，45（09）：1111-1126.

[7] 田宗军，顾冬冬，沈理达，等．激光增材制造技术在航空航天领域的应用与发展［J］．航空制造技术 2015（11）：38-42.

[8] Gu Dongdong，et al. Material-structure-performance integrated laser-metal additive manufacturing［J］. Science，2021.

[9] 陈继民．3D 打印技术概述［M］．北京：化学工业出版社，2020.

[10] 杨永强，王迪．激光选区熔化 3D 打印技术［M］．武汉：华中科技大学出版社，2019.

[11] 杨永强．金属零件 3D 打印技术［M］．北京：机械工业出版社，2019.

[12] Goldberg D E. Genetic algorithms in search，optimization and machine learning［M］. Reading：Addison-Wesley，1989.

[13] Kennedy J，Eberhart R. Particles warm optimization［C］//Proceedings of the IEEE International Conference on Neural Networks. Piscataway：IEEE，1995：1942-1948.

[14] Bendsøe M P，Sigmund O. Topology optimization：Theory，methods，and applications［M］. Berlin：Springer，2003.

[15] Cortes C，Vapnik V. Support-vectornetworks［J］. Machine Learning，1995，20（3）：273-297.

[16] Haykin S. Neural networks：A comprehensive foundation［M］. 2nded. Upper Saddle River：Prentice Hall，1998.

[17] LeCun Y，Bengio Y，Hinton G. Deep learning［J］. Nature，2015，521（7553）：436-444.

[18] 王飞跃，张云泉，李德毅．生成式人工智能的研究进展与挑战［J］．中国科学：信息科学，2022，52（10）．1361 1378.

[19] 煜全．人工智能未来进行式［M］．北京：中信出版社，2021.

[20] 王华明，李宏男，陈湘生．增材制造中基于拓扑优化的轻量化设计研究［J］．航空制造技术，2019（11）：64-69.

[21] 张维，陈俊龙．基于云计算的智能制造平台架构研究［J］．计算机集成制造系统，2020，26（6）：1391-1398.

[22] Ghosh R N，De P. Role of edge computing in Industry 4.0［J］. Computer Standards&Interfaces，2021，74：103614.

[23] Lee J，Bagheri B，Kao H A. A cyber-physical systems architecture for Industry4.0-based manufacturing systems［J］. Manufacturing Letters，2015，3：18-23.

[24] 王立平，周德群．面向智能制造的 CAPP 系统关键技术研究［J］．计算机辅助设计与图形学学报，2020，32（5）：689-695.

[25] 张辉，胡小唐．面向工业设计的数字孪生交互机制研究［J］．机械设计，2021，38（12）：117-122.

[26] 徐建军，张鹏，马俊岭．虚拟样机技术在智能设计中的应用探讨［J］．机械科学与技术，2023，42（3）：349-356.

第 3 章

面向智能设计的增材制造基础

3.1 增材制造技术概述

3.1.1 增材制造的基本原理

增材制造，又称 3D 打印技术，是一种通过逐层叠加材料来制造实体零件或产品的技术，常被形象地称为“自下而上”的制造模式。在此过程中，打印设备对液体、粉末或线材等材料逐层沉积或固化，三维数字化设计模型被转化为物理实体结构，从而构建出所需零件或产品。由于具备高度定制化和快速制造复杂结构的能力，增材制造广泛应用于原型开发、直接制造和功能零部件生产等领域，涵盖航空航天、医疗、汽车、文化创意等众多行业。总体概括其核心原理是将三维设计数据转化为二维切片信息，并按照这些切片层逐层进行堆积成形。面向增材制造的智能设计则融合了人工智能、先进算法与前沿技术，形成全新的创新设计范式。增材制造流程如图 3-1 所示。

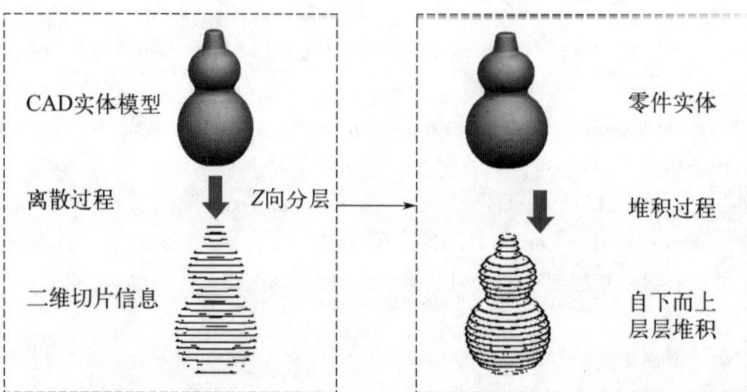

图 3-1 增材制造流程：数字模型的离散过程和切片信息的堆积过程

增材制造技术显著降低了制造复杂形状的难度，并能灵活地应对各类定制化需求。增材制造不仅是智能制造的关键技术之一，也是推动未来制造业转型升级的重要驱动力。随着人工智能、工业互联网等先进技术的结合，增材制造将助力制造业向数字化、网络化、智能化方向发展，极大地提升生产效率与创新能力。

3.1.2 增材制造技术特点

增材制造与传统的制造方式的不同之处，在于其不像传统制造那样通过切割或模具塑造来制造物品。增材制造通过层层堆积的方式来形成实体物品，恰好从物理的角度扩大了数字概念的范畴。增材制造和传统制造的本质区别决定了增材制造在部分领域拥有一定优势，比如当人们要求具有精确的内部凹陷或互锁部分的形状设计时，3D 打印（增材制造）技术便具备了与生俱来的优势。通过具体分析，增材制造技术至少包含了以下五个方面的技术特点。

（1）生产结构复杂的高性能产品，依托轻量化降低全生命周期成本

3D 打印一个形状复杂的物品与打印一个简单的方块所消耗的成本是相同的。就传统制造而言，物体形状越复杂，制造成本越高。但对于增材制造而言，制造形状复杂的物品，其成本并不会相应增长，因此可以生产出结构更加优化、质量更轻的零部件。如图 3-2 所示。通过精确控制材料分布和结构形态，增材制造在轻量化应用方面表现出色。在航空航天、汽车制造等领域，轻量化应用尤为重要，增材制造技术的引入极大地推动了这些领域的发展。

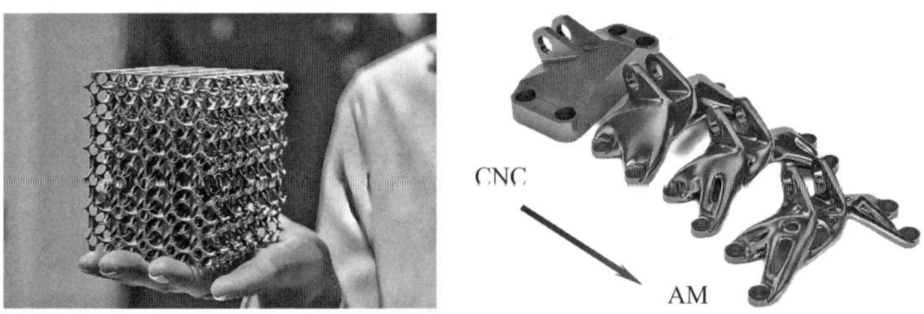

图 3-2　复杂结构轻量化一体成形

（2）缩短研发周期，降低成本

增材制造可以缩短“设计-验证-生产”全流程周期，提高产品制造效率。传统制造模式中产品设计验证需要经历大量的定型前产品试制，不断对产品进行改进，最终实现定型。增材制造技术能够使用建模软件进行产品的优化设计，并且可以实现产品的快速制造。如图 3-3 所示，以钛排气装置为例，增材制造可以实现装置的整合式设计与制作，产品设计时间从 6 周缩短到 6 天，零部件数量减少的同时生产时间也仅为之前的 1/4，大大缩短了流程周期，提高了制造效率。目前在传统制造业中，培养一个娴熟的工人往往需要很长的时间，而 3D 打印机的出现可以显著降低生产技能的门槛。在远程环境或极端情况下批量生产，以及计算机控制制造，都将显著降低对生产人员技能的要求，减少人员成本。增材制造还具备可以使部件一体化成形的特点，这样对减少劳动力和运输方面的花费将有显著的帮助。

（3）减少设计约束，增加设计自由度

增材制造使设计师能够更加自由地发挥创意。如图 3-4 所示，他们可以设计出更加复杂、独特的结构，选择更加合适的材料，从而创造出更具创新性和竞争力的产品。这种设计自由度的增加不仅提升了产品的美观性和实用性，还推动了制造业的创新和发展。

图 3-3　钛排气装置一体化成形

图 3-4　创新型结构通过 3D 打印轻松实现

从制造物品的复杂性来看，3D 打印机相比传统制造技术同样具备优势，甚至能制作出目前只存在于设计之中、人们在自然界未曾见过的形状。传统制造技术和工匠制造的产品形状有限，制造形状的能力受制于所使用的工具。例如，传统的木制车床只能制造圆形物品，轧机只能加工用铣刀组装的部件，制模机仅能制造模铸形状。而 3D 打印则有望突破这些局限，开辟巨大的设计和制造空间。

（4）模块化设计，便携制造

增材制造的优点还在于可以自由移动设备，并制造出比自身体积还要庞大的物品。就单位生产空间而言，如注塑机只能制造比自身小很多的物品，与此相反，3D 打印机却可以制造和其打印台一样大的物品。

（5）节约原材料，增强功能性

相对于传统的金属制造技术来说，3D 打印机制造时产生的副产品更少。传统金属加工有着十分惊人的浪费量，一些精细化生产甚至会造成 90%原材料的丢弃浪费。相对来说，3D 打印机的浪费量将显著减少。不同原材料价格差异较大，某些应用领域的原材料价格昂贵。比如钛合金，传统钛基材料达到了 9.8 万元/t，价格很是高昂。3D 打印逐层堆叠的特点可以减少原材料的浪费，较大程度提升了原料利用率，从而降低核心零部件的制造成本。随着打印材料的进步，“净成形”制造可能取代传统工艺成为更加节约环保的加工方式。

将不同原材料结合成单一产品对当今的制造机器而言是一项技术难题，因为传统的制造机器在切割或模具成形过程中难以将多种原材料结合在一起。但增材制造可以实现多材料打印，将不同性能的材料结合在一起，并可以实现多种材料无限组合，进一步提升产品的功能性。如图 3-5 所示，融合了剪切诱导与磁力辅助的 3D 打印技术，构建了具有复杂微观结构的多材料仿生牙冠。

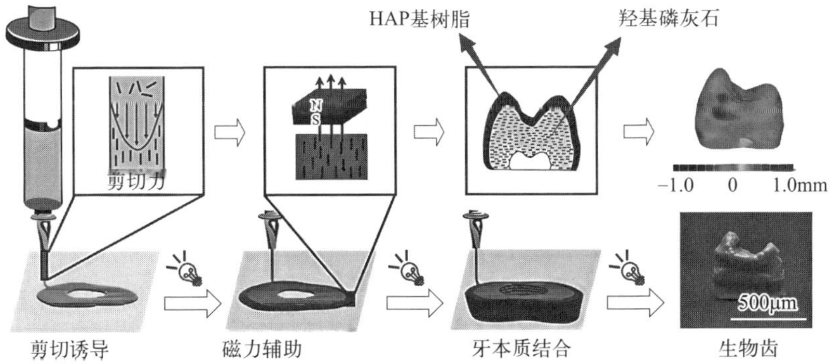

图 3-5　多材料打印的仿生牙冠

3. 1. 3　增材制造与智能设计前沿创新

增材制造技术凭借在材料、尺度、结构、功能、智能等方面的优势，正深刻影响着各行各业。从理论上讲，该技术能够加工任意材料、制造各种物体，并适用于广泛领域。相比于传统制造方式，增材制造在控制形状与性能的同时，还能创造新型材料、先进结构以及智能构件。

(1) 增材制造先进材料

① 提升材料性能。以激光选区熔化（selective laser melting，SLM）和激光近净成形（laser engineered net shaping，LENS）为例，两种主流金属增材制造技术可显著改善材料微观组织与力学性能。SLM 技术中，激光高速扫过粉末床形成微小熔池，其极高的冷却速率抑制晶粒长大和合金元素偏析，再加上熔池流动搅拌，使制件具备细小晶粒与均匀组织，从而提升强度与韧性。LENS 技术同样具备快速凝固的特征，能够获得细化的组织结构。通过优化材料的 LENS 成形工艺，并结合热处理与热等静压后处理工艺，可有效降低构件内应力并减少缺陷，进而使其韧性及高周疲劳性能达到锻件水平。北京航空航天大学、美国 Optomec 公司、美国空军研究实验室、美国洛斯阿拉莫斯国家实验室、欧洲宇航防务集团等机构针对钛合金、镍基高温合金及铁基合金等材料进行了工艺优化，显著提升了 SLM 构件的致密度，使其性能接近甚至超过同种材料的锻造水平，并成功应用于航空制造领域。

② 创造新材料。增材制造在多材料和功能梯度材料的制备中展现出显著优势：通过在成形过程中灵活控制不同粉末的沉积顺序或混合比例，可实现金属/金属、金属/陶瓷等多元复合材料的精确制造。与传统制造方式相比，这种方法能够在单一制件上实现成分、结构以及性能的梯度调控。例如，通过设置过渡层或调控元素含量，不仅可以缓解不同材料在物理和化学特性方面的失配，还能通过熔覆过程中形成的金属间化合物或第二相来增强材料的硬度与耐磨性。在功能梯度材料的设计与制造中，研究者通常会结合材料基体与增强相的特性，通过优化成分分布来实现微观组织和力学性能从一端到另一端的平稳过渡。这种梯度设计有利于在关键区域获得最优强度、韧性或耐磨特性，并同时避免过度应力集中或裂纹萌生。此外，利用增材制造制备的新型复合材料还可兼具孔隙结构的可控性，使其在医疗植入物、生物工程以及其他对表面性能和力学特性有特殊要求的领域更具应用潜力。

增材制造为创造新材料，尤其是多材料与功能梯度材料提供了前所未有的灵活度和可控性。随着工艺设备的升级以及成形参数与后处理技术的不断优化，这一领域正在高速发展。当前，美国里海大学、南卫理公会大学、桑迪亚国家实验室、密苏里科技大学和西北工业大学、西安交通大学、华中科技大学等国内外众多高等院校、科研机构和企业都在积极开展相关研究工作，探索新材料体系以及更为精细化的工艺路径，为未来在航空航天、高端装备、医疗健康等领域的创新应用奠定了坚实基础。图 3-6 为利用 SLM 技术制备的钛/羟基磷灰石（Ti/HA）梯度材料及孔隙分布情况。

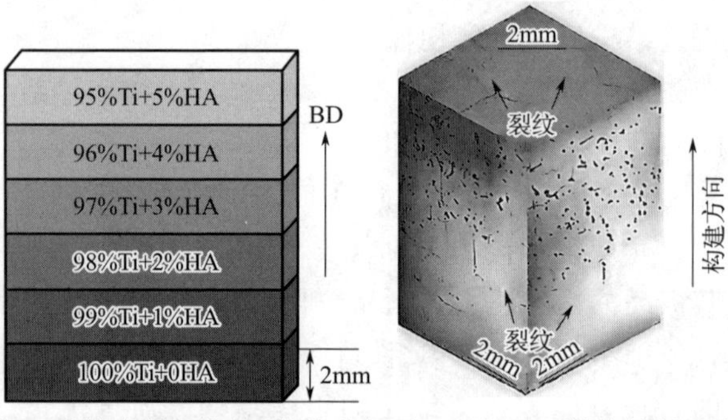

图 3-6 利用 SLM 技术制备的钛/羟基磷灰石（Ti/HA）梯度材料及孔隙分布情况

(2) 增材制造先进结构

① 整体结构先进制造。传统制造技术往往受工艺限制，难以实现大型或复杂构件的一体化制造，通常需要分段成形后再进行焊接或铆接连接。相比之下，增材制造几乎不受此类工艺限制，能够直接完成“化零为整”的整体制造，进而减少零部件数量和装配工序，缩短生产周期，并显著提升装备的可靠性与安

全性。

如图 3-7 所示，美国 GE 公司在 LEAP 航空发动机中，使用增材制造技术对喷嘴进行整体成形，使原本由 18 个零件组成的组件合并为 1 个整体部件，重量减轻 25%，综合效益提高 15%；在高级涡轮螺旋桨（APT）飞机发动机中，通过增材制造方式对 35%的部件进行整体成形，将零件数量从 855 个减少至 12 个，整机重量降低 5%，并延长了 30%的大修间隔时间，燃油消耗则减少 30%。

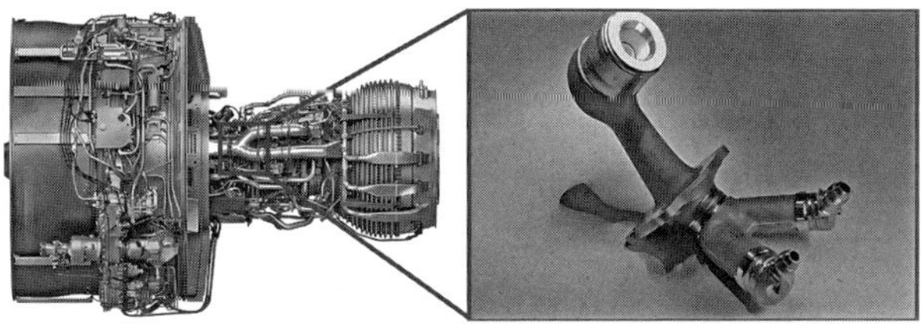

图 3-7　采用增材制造技术整体成形喷嘴

NASA 的 RS-25 火箭发动机弯曲接头传统制造设计与激光增材制造设计对比见表 3-1，NASA 采用激光增材制造技术成形与传统制造技术成形构件的对比见表 3-2。

表 3-1　NASA 的 RS-25 火箭发动机弯曲接头传统制造设计与激光增材制造设计对比

项目	传统制造设计	激光增材制造设计	减少比例/%
构件数量	45	17	62
焊缝数量	70	26	63
机械加工数量	147	57	61

表 3-2　NASA 采用激光增材制造技术成形与传统制造技术成形构件的对比

构件名称	节约成本比例/%	节约时间比例/%
J-2X 发动机燃气发生器导管	70	50
F-1 发动机旋转适配器	—	70
弹簧 Z 向挡板	64	75
定制扳手	—	70
涡轮泵壳体	87	75
涡轮泵诱导轮	50	80

② 点阵结构先进制造。增材制造技术除了可实现“化零为整”外，还可实现点阵结构的轻量化设计制造。在航空航天领域，轻量化具有至关重要的意义：每减小 1kg 的结构质量，可使对应的燃料消耗减少 30～100kg，极大地节约发射成本并提升载荷效率。在保证强度和刚度的前提下为了实现结构减重，常采用拓

扑优化方法来设计满足性能需求的最优点阵结构。然而，这类复杂三维曲面及中空结构通常难以通过传统工艺加工成形。增材制造凭借几乎不受几何形状限制的特点，为拓扑优化的轻量化设计提供了可行的制造手段。

空客公司铝合金卫星支架在采用拓扑优化和激光增材制造相结合的方式后，不仅将原本由多个构件铆接的分离式结构整合为整体成形部件，而且在减重35%的同时提升了40%的结构刚度。通过相关质量检测后，该支架已经满足实际飞行应用的载荷需求与可靠性要求。可见，增材制造与拓扑优化的结合，在航天器结构的轻量化设计中具有显著的潜力和优势。

图3-8为欧洲航天局Sentinel-1卫星天线支架的拓扑优化设计与激光增材制造过程。通过拓扑优化以及激光增材制造工艺，实现了由数个构件铆接而成的天线支架的整体轻量化制造，质量由1.626kg降到0.936kg，减重42%。

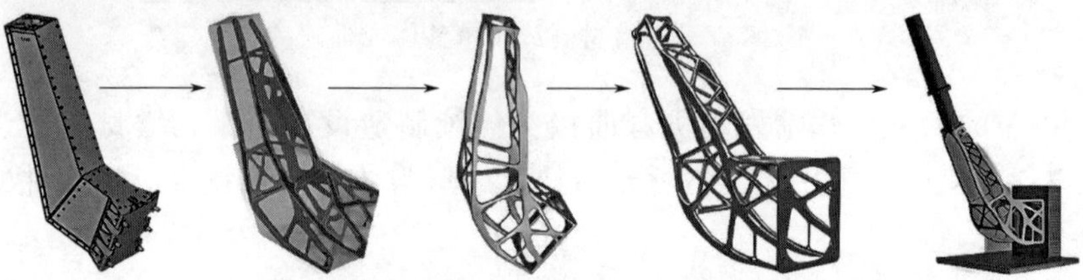

图3-8　Sentinel-1卫星天线支架的拓扑优化设计与激光增材制造过程

③ 仿生结构。生物在长达数十亿年的进化和选择过程中，形成了丰富多样的多级结构。生物材料虽仅由有限组分构成，却凭借其独特的微纳米尺度组织和不均匀空间分布，实现了超乎常规合成材料的综合性能。例如：蜘蛛丝由于“珠线结构”在强度、延展性、超级收缩和定向集水方面表现卓越；蝴蝶翅膀的微纳结构不仅具有超疏水性，还能通过结构色呈现出鲜艳色彩。然而，生物材料的精妙微纳结构和复杂空间取向，往往难以用传统制造手段加以还原。

增材制造技术为仿生结构的成形提供了几乎不受几何复杂度限制的可行途径。以高矿化度生物材料为例：贝壳珍珠层由约95%的“硬”矿物质（文石片）与约5%的“软”有机相交错排列，该纳米级多层复合结构赋予珍珠层优异的力学性能（如高韧性和较高强度）。同样，海螺壳内的复杂交错层状结构在提升强度和抗冲击性能方面具有显著效果。借助增材制造，人们可在基体材料与增强相之间灵活调控硬/软组分的时空分布，进而获得与生物材料相似或更佳的力学性能与功能特性。

此外，表面仿生减阻技术也是仿生结构的研究热点之一。以鲨鱼皮为例，其鳞片与柔性真皮层相结合，表面分布有顺流向沟槽，不仅有助于留存黏液、延迟湍流发生，还能显著降低游动阻力。在传统加工中，由于鳞片形状和排列方式的复杂性，仿鲨鱼皮减阻结构很难精确复制；而增材制造则可在软硬材料结合的条件下成形出与实际鲨鱼皮更为接近的仿生结构，进而在水动力学性能上实现明显改善。

仿生结构的研究在航空航天、国防、医疗器械及运动器材等领域均具备广阔应用前景。如图 3-9 为增材制造仿鲨鱼皮结构的表面扫描电镜照片，借助高分辨率的增材制造设备，以及对多材料和多级结构的不断探索，研究者们正持续改进仿生设计和制造流程，以期进一步提升结构强度、韧性、减阻性能以及其他多功能特性。国内外多所高校、科研机构和企业已在仿生材料与结构领域投入研究力量，通过结合生物学、材料学、力学及计算机仿真等跨学科手段，共同推进仿生增材制造技术的发展。

图 3-9　增材制造仿鲨鱼皮结构的表面扫描电镜照片

(3) 增材制造智能构件

随着高端制造对零部件性能需求的不断提高，材料-结构-功能一体化的智能构件制造正成为下一阶段的重要发展方向。相应地，成形技术也将从单一的材料制备或结构加工逐步演进为材料制备与成形一体化、材料-结构一体化以及材料-结构-功能一体化。例如，未来的飞行器将逐渐从依赖传统机械构件的减重、气动优化与机电提升，向以智能构件为核心的自适应、自驱动变形乃至变功能的“飞行机器人”方向迈进。

然而，这类智能构件往往难以通过传统制造手段加以实现。2013 年提出并不断发展的 4D 打印技术，为此类结构与器件的制备提供了全新的解决方案，能够在增材制造的基础上融入环境感知及自适应功能，从而更好地满足未来飞行器和高端装备对智能化与多功能集成的需求。

4D 打印最初是指利用增材制造技术生产能够随时间变化形状的智能材料构件，随后其内涵不断扩展，如今已演变为：通过材料和结构的主动设计与增材制造，使构件的形状、性能及功能在时间和空间维度上实现可控变化，从而满足变形、变性和变功能等应用需求。4D 打印的智能构件在航空航天、生物医疗、软体机器人和汽车等领域具有广阔的应用前景。

在航空领域，智能变体飞机（图 3-10）可随外界环境变化实现实时外形调整，确保飞行过程性能最优、降低运营成本并提升乘坐舒适度。例如，通过改变机翼展长来提高升阻比并延长航程，通过调整机翼弦长和弯度优化升阻比、增强

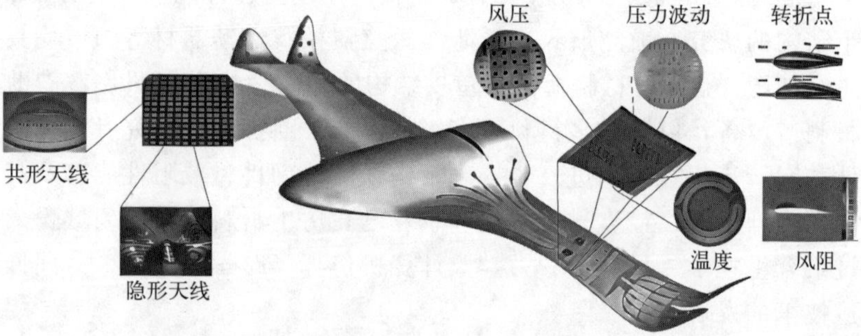

图 3-10　美国国家航空和航天局提出的 4D 打印智能变体飞机的概念设计

机动性，利用改变机翼厚度来抑制抖振或减小波阻，以及通过改变后掠等方式有效提升机翼效率、降低阻力。

在航天领域，智能天线可在卫星入轨后依托材料的“记忆”效应自动展开至设计形状，从而使其在折叠状态下能节省火箭运载空间，在轨道部署时又能恢复到所需的抛物面形状，保证通信与探测性能。这样的可重构功能充分体现了 4D 打印在高端装备自主化、智能化发展中的重要价值。

3.2 增材制造核心技术

3.2.1 增材制造的技术分类、设备及材料

(1) 增材制造技术分类

增材制造技术根据加工材料的不同形态和成形原理，主要可分为六大类：熔融沉积成形技术、光固化技术、粉末熔化技术、材料喷射技术、黏结剂喷射技术和直接能量沉积技术。如图 3-11 所示，这些技术在加工方式、材料适配性、精度及应用领域上各具特点，为增材制造在智能制造中的多样化应用提供了技术支持。

增材制造技术通过多种成形方式满足了不同领域的需求，例如快速原型、复杂几何制造以及高性能零件生产。每种技术各具优势，同时也存在局限性。未来，随着人工智能、材料科学和工业互联网的进一步结合，增材制造将实现更加精准、智能和经济的生产模式，为制造业的转型升级提供重要动力。

(2) 增材制造设备及材料

增材制造设备涵盖了多种类型的 3D 打印机，按照应用领域和加工材料的不同，主要包括金属 3D 打印机、塑料 3D 打印机、陶瓷 3D 打印机、生物医疗 3D 打印机、建筑 3D 打印机、服装 3D 打印机、纸张 3D 打印机、教育用 3D 打印机和食品 3D 打印机等。每种设备根据其工作原理和材料适配性，具有不同的应用

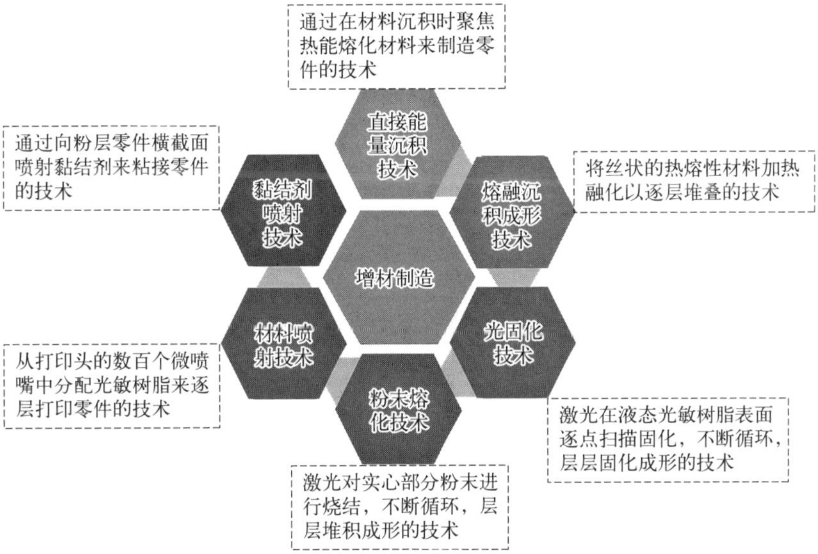

图 3-11　增材制造技术分类

特点和优势，推动了各行业的技术进步和发展。表 3-3 详细介绍了这些增材制造设备的分类、工作原理、主要材料、应用领域等信息。

表 3-3　增材制造技术常用设备分类及其应用

设备类型	工作原理	主要材料	应用领域	设备图
金属 3D 打印机	激光/逐层熔化金属粉末	金属粉末	航空航天、医疗、工业制造	
塑料 3D 打印机	材料挤出，逐层固化	ABS(丙烯腈-丁二烯-苯乙烯共聚物)、PLA(聚乳酸)等	原型制作、艺术创作、教育培训	
陶瓷 3D 打印机	激光烧结或黏结剂结合	陶瓷粉末、黏土	高耐磨耐温产品制造	

续表

设备类型	工作原理	主要材料	应用领域	设备图
生物医疗3D打印机	生物活性材料逐层打印	生物墨汁、干细胞等	个性化医疗、人工器官制造	
建筑3D打印机	喷射混凝土逐层堆积	混凝土复合材料	建筑物、桥梁、墙体建设	
服装3D打印机	光固化或激光烧结	弹性纤维合成材料	个性化定制服装	
教育用3D打印机	材料挤出逐层堆积	PLA、ABS等	教育、创客空间	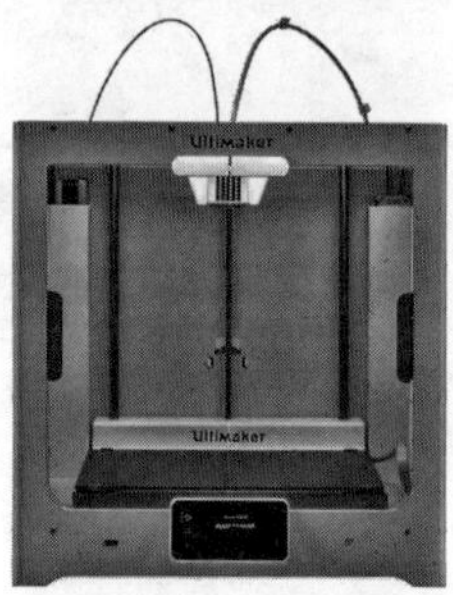

增材制造技术提供了广泛的设备类型，能够满足不同行业对制造精度、材料种类、成形速度等方面的需求。从金属、塑料到食品及建筑领域，3D打印设备正在迅速改变生产和制造方式。未来，随着技术的不断进步和材料研发的深入，增材制造将在更多领域发挥更大的作用，推动智能制造与个性化定制的发展。

3.2.2 关键核心部件及技术原理

(1) 激光器系统

激光器是增材制造的能量核心，其波长、功率与光束质量直接影响材料熔化效率与成形精度。图3-12所示是一种典型的CO_2激光器结构示意图。构成CO_2激光器谐振腔的两个反射镜放置在可供调节的腔片架上，最简单的方法是将反射镜直接贴在放电管的两端。

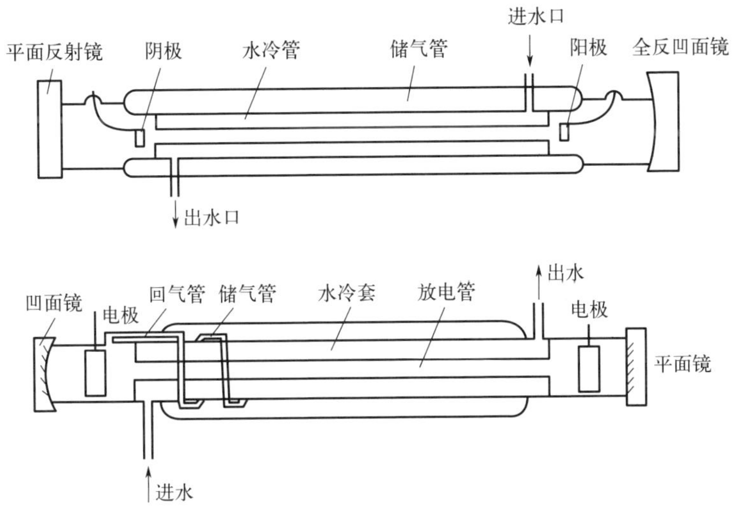

图 3-12　CO_2 激光器基本结构

① 激光器主要结构：

a. 激光管：激光管是激光器中最关键的部分，通常由三部分组成（图 3-12）：放电空间（放电管）、水冷套（管）、储气管。放电管通常由硬质玻璃制成，一般采用层套筒式结构，能够影响激光的输出以及激光输出的功率。放电管长度与输出功率成正比。在一定的长度范围内，每米放电管长度输出的功率随总长度而增加。一般而言，放电管的粗细对输出功率没有影响。水冷套（管）和放电管一样，都是由硬质玻璃制成的。它的作用是冷却工作气体，使输出功率稳定。储气管与放电管的两端相连接，即储气管的一端有一小孔与放电管相通，另一端经过螺旋形回气管与放电管相通。它的作用是可以使气体在放电管与储气管中循环流动，放电管中的气体随时交换。

b. 光学谐振腔：光学谐振腔由全反射镜（全反凹面镜）和部分反射镜（平面反射镜）组成，是 CO_2 激光器的重要组成部分。光学谐振腔通常有 3 个作用：控制光束的传播方向，提高单色性；选定模式；增长激活介质的工作长度。最简单、最常用的激光器的光学谐振腔由相向放置的两平面镜（或球面镜）构成。CO_2 激光器的谐振腔常用平凹腔，反射镜采用由 K8 光学玻璃或光学石英加工成的大曲率半径凹面镜，在镜面上镀有高反射率的金属膜——镀金膜，使波长为 10.6μm 的光反射率达到 98.8%，且化学性质稳定。因为 CO_2 发出的光为红外光，而普通光学玻璃对红外光不透，就要求在全反射镜的中心开一小孔，再密封上一块能透过 10.6μm 激光的红外材料，以封闭气体。这样就使谐振腔内激光的一部分从这一小孔输出腔外，形成一束激光。

c. 电源及泵浦：泵浦源能够提供能量使工作物质中上、下能级间的粒子数翻转。封闭式 CO_2 激光器的放电电流较小，工作电流为 30～40mA。电极采用冷电极，阴极用钼片或镍片做成圆筒状，阴极圆筒面积为 $500cm^2$，阴极与镜片之间加一光阑以防止镜片污染。

② CO_2 激光器基本工作原理：图 3-13 所示为 CO_2 激光器产生激光的分子能级图。CO_2 激光器的主要物质由 CO_2、N_2、He 3 种气体组成。其中 CO_2 是产生激光辐射的气体，N_2 和 He 为辅助性气体。He 的作用有两个：一个是可以加速 010 能级热弛预过程，因此有利于激光能级 100 及 020 的抽空；另一个是实现有效的传热。N_2 在 CO_2 激光器中主要起能量传递作用，对 CO_2 激光上能级粒子数的积累与大功率高效率的激光输出起到强有力的作用。泵浦采用连续直流电源激励，其直流电源原理为：直流电压为把接入的交流电压用变压器提升，经高压整流及高压滤波获得高压电，加在激光管上。

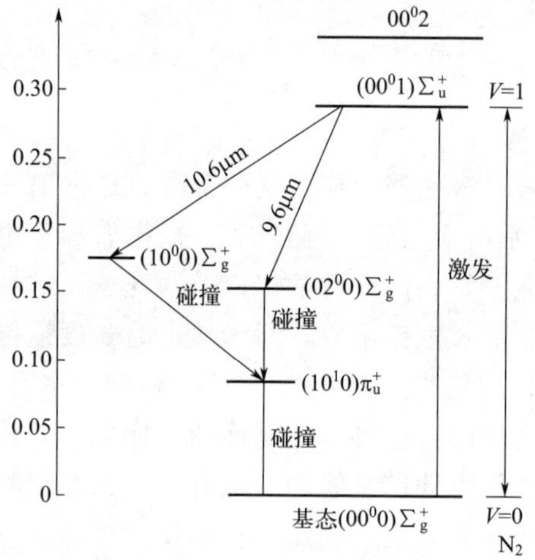

图 3-13　CO_2 分子激光跃迁能级图

CO_2 激光器是一种效率较高的激光器，不易造成工作介质损害，可发射波长为 10.6μm 的不可见激光，是一种比较理想的激光器。CO_2 激光器按气体的工作形式可分为封闭式及循环式；按激励方式可分为电激励、化学激励、热激励、光激励与核激励等。在医疗中使用的 CO_2 激光器几乎全是电激励。与其他分子激光器一样，CO_2 激光器的工作原理和受激发射过程也较复杂。分子有三种不同的运动：一是分子里电子的运动，该运动决定了分子的电子能态；二是分子里的原子振动，即分子里的原子围绕其平衡位置不停地做周期性振动，该运动决定了分子的振动能态；三是分子转动，即分子为一整体在空间连续地旋转，该运动决定了分子的转动能态。分子运动极其复杂，因此能级也很复杂。在放电管中，通常输入几十毫安或几百毫安的直流电流。放电时，放电管中混合气体内的 N_2 分子由于受到电子的撞击而被激发。这时受到激发的 N_2 分子便和 CO_2 分子发生碰撞，N_2 分子把自己的能量传递给 CO_2 分子，CO_2 分子从低能级跃迁到高能级上形成粒子数反转，从而产生激光。

(2) 振镜式激光扫描系统

自 20 世纪 60 年代激光问世以来，激光技术得到了迅猛发展。激光以其高亮度、高方向性以及高单色性，在各领域得到广泛应用。激光扫描是随着激光打印以及激光照排等应用发展起来的，主要分为光机扫描方式和声光扫描方式。振镜式激光扫描属于光机扫描方式，激光束随连接在振镜转轴上的反射镜的运动在扫描视场上扫描出预期的图形。振镜式激光扫描系统主要由反射镜、扫描电机以及伺服驱动单元组成。扫描电机采用具有高动态响应性能的检流计式有限转角电机，一般偏转角度在 10°以内。通过振镜轴和轴扫描电机的协调转动，带动连接在其转轴上的反射镜片反射激光束，进而实现整个工作面上的图形扫描。根据反射镜镜片大小以及反射激光束波长的不同，振镜式激光扫描系统可以应用于不同类型的系统。电机以及伺服驱动技术的不断发展，促使振镜式激光扫描系统性能不断提高，使其广泛应用于激光扫描的各个领域，如激光打标、激光扫描显示以及激光快速成形等。

在激光快速成形系统中，振镜式激光扫描系统的快速、精确扫描是整个系统高效、高性能运行的基础和核心。用于激光快速成形系统的振镜式激光扫描系统包括采用 F-Theta 透镜聚焦方式的二维振镜激光扫描系统和采用动态聚焦方式的三维振镜激光扫描系统两种类型。振镜激光扫描系统类型的选择主要根据扫描视场大小、工作面聚焦光斑的大小以及工作距离等来决定。

目前适用于激光快速成形系统的振镜式激光扫描系统主要从美国或者德国进口，价格十分昂贵，并且由于是成套装备进口，振镜式激光扫描系统的扫描控制、图形校正等核心技术都掌握在生产厂商手中，后续的维护非常困难。自主设计可适用于激光快速成形系统的振镜式激光扫描系统，可以大幅降低激光快速成形系统的成本，有利于激光快速成形系统的推广应用。

振镜式激光扫描系统的设计主要包括扫描控制以及图形精度校正两个方面。基于目前个人计算机性能的不断提高，华中科技大学史玉升团队采用基于个人计算机的软件芯片方式，在个人计算机内实现振镜式激光扫描系统的模型转换模块、图形插补模块、数据处理模块以及中断输出模块的扫描控制方案，在保证系统性能的前提下，极大地简化了扫描系统对扫描控制卡的要求。针对振镜式激光扫描系统扫描图形的畸变，提出了采用图形整形、坐标校正以及多点校正等多种方法相结合的扫描校正方案，实现对扫描图形的精确校正。

① 振镜式激光扫描系统基本理论。振镜式激光扫描系统主要由执行电机、反射镜片、聚焦系统以及控制系统组成。执行电机为检流计式有限转角电机，其机械偏转角一般在±20°以内。反射镜片粘接在电机的转轴上，通过执行电机的旋转带动反射镜的偏转来实现激光束的偏转。其辅助的聚焦系统有静态聚焦系统和动态聚焦系统两种，可根据实际聚焦工作面的大小选择不同的聚焦透镜系统。静态聚焦方式又包括振镜前聚焦方式的静态聚焦和振镜后聚焦方式的F-Theta透镜聚焦。动态聚焦方式需要辅以一个Z轴执行电机，通过一定的机械结构将执行电机的旋转运动转变为聚焦透镜的直线运动来实现动态调焦，同时加入特定的物镜组来实现工作面上聚焦光斑的调节。

动态聚焦方式相对于静态聚焦要复杂得多。图3-14所示为采用动态聚焦方式的振镜式激光扫描系统。激光器发射的激光束经过扩束镜之后，得到均匀的平行光束，然后通过动态聚焦系统的聚焦以及物镜组的光学放大后依次投射到X轴和Y轴振镜上，最后经过两个振镜，二次反射到工作台面上，形成扫描平面上的扫描点。可以通过控制振镜式激光扫描系统镜片的相互协调偏转以及动态聚焦的动态调焦来实现工作平面上任意复杂图形的扫描。

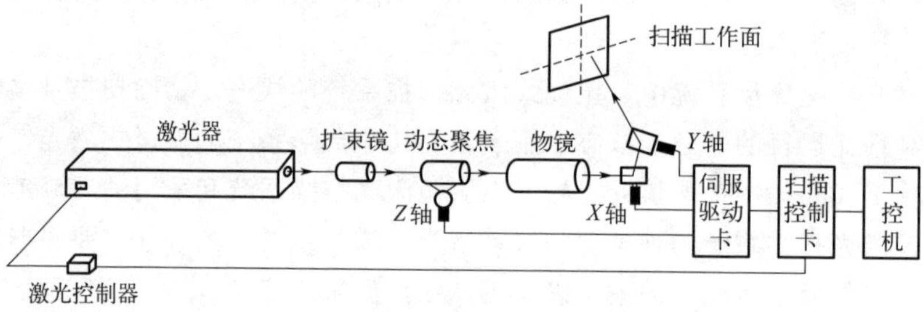

图3-14 振镜式激光扫描系统示意图

② 振镜式激光扫描系统的激光特性。

a. 激光聚焦特性：在进行选择性激光烧结时，很重要的参数就是激光束聚焦后激光光斑的大小和功率密度，较小的聚焦光斑能够得到更好的扫描精度，较大的光斑功率密度则能获得更高的扫描效率。激光束是一种在传输过程中曲率中心不断变化的特殊球面波，当激光束以高斯形式传播时，在经过光学系统后仍是高斯光束。激光束的聚焦不同于一般光源的聚焦，其聚焦光斑的大小以及聚焦深度不仅受整个光路影响，也受激光束的光束质量的影响。

激光束的光束质量M^2是激光器输出特性中的一个重要参数，也是设计光路以及决定最终聚焦光斑的重要参考数据。衡量激光光束质量的主要指标包括激光束的束腰直径和远场发散角。激光束的光束质量M^2的表达式为

$$M^2=\pi D_0\theta/(4\lambda) \tag{3-1}$$

式中，D_0 为激光束的束腰直径；θ 为激光束的远场发散角。在经过透镜组变换前后，激光束的束腰直径与远场发散角的乘积是一定的，其表达式为

$$D_0\theta_0=D_1\theta_1 \tag{3-2}$$

式中，D_0 为进入透镜前的激光束束腰直径；θ_0 为进入透镜前的激光束远场发散角；D_1 为经过透镜后的激光束束腰直径；θ_1 为经过透镜后的激光束远场发散角。

由于在传输过程中，激光束的束腰直径和远场发散角的乘积保持不变，最终聚焦在工作面上的激光束聚焦光斑直径 D_f 可通过下式计算：

$$D_f=D_0\theta_0/\theta_f\approx M^2\times\frac{4\lambda}{\pi}\times\frac{f}{D} \tag{3-3}$$

式中，θ_f 为激光束聚焦后的远场发散角；D 为激光束聚焦前最后一个透镜的直径（激光束充满聚焦前最后一个透镜）；f 为激光束聚焦前最后一个透镜的焦距。

从上式可以看出，激光束聚焦光斑直径的大小与激光束的光束质量及波长相关，同时也受聚焦透镜的焦距、聚焦前最后一个透镜的直径和激光光束直径的影响。实际中对于给定的激光器，综合考虑聚焦光斑要求以及振镜响应性能的影响，通常通过设计合适的透镜以及扩大光束直径的方法来得到理想的聚焦光斑。

b. 激光聚焦的焦深：激光聚焦的另一个重要参数是光束的聚焦深度。激光束聚焦不同于一般的光束聚焦，其焦点不仅仅是一个聚焦点，而是有一定的聚焦深度。通常聚焦深度的截取可从激光束束腰处向两边截取至光束直径增大 5% 处。聚焦深度 h_Δ 可按下式估算：

$$h_\Delta=\pm\frac{0.08\pi D_f^2}{\lambda} \tag{3-4}$$

由上式可知，在一定聚焦光斑要求下，激光束的聚焦深度与波长成反比。在相同聚焦光斑要求下，波长较短的激光束可以得到较大的聚焦深度。对于物镜后扫描方式，如果采用静态聚焦方式，其聚焦面为一个球弧面。如果整个工作面内的离焦误差可控制在焦深范围之内，则可采用静态聚焦方式。如在小工作面的光固化成形系统中，因为其紫外光的波长为 355nm，所以其激光聚焦可以获得较大的焦深，整个工作面激光聚焦的离焦误差可控制在焦深范围之内，聚焦系统则可以采用较简单的振镜前静态聚焦方式。而在选择性激光烧结系统中，一般采用 CO_2 激光器，其激光束的波长达到 10640nm，采用简单的振镜前静态聚焦方式

很难保证整个工作面上激光聚焦的离焦误差在焦深范围内，所以需采用 F-Theta 透镜聚焦方式或者采用动态聚焦方式。

③ 振镜式激光扫描系统激光的扩束。如果激光束需要传输较长距离，由于激光束存在发散角，为了得到合适的聚焦光斑以及扫描一定大小的工作面，通常在选择合适的透镜焦距的同时，需要将激光束进行扩束。激光束扩束的基本方法有两种：伽利略法和开普勒法，如图 3-15 所示。

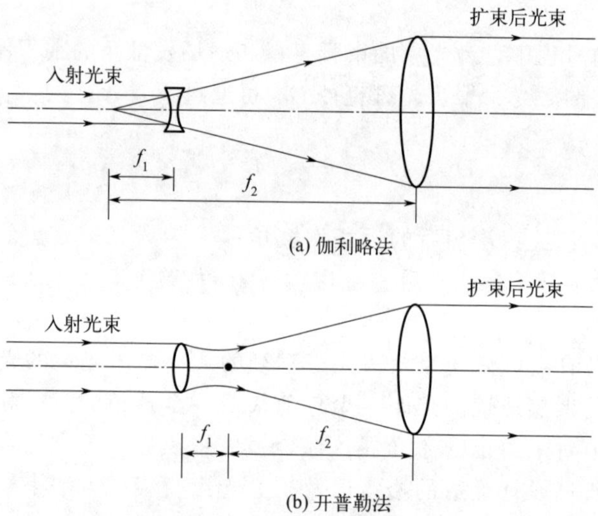

图 3-15　伽利略法和开普勒法

激光经过扩束后，激光光斑被扩大，从而减小了激光束传输过程中光学器件表面激光束的功率密度，减小了激光束通过时光学组件的热应力，有利于保护光路上的光学组件。扩束后的激光束的发散角被压缩，减小了激光的衍射，从而能够获得较小的聚焦光斑。

（3）熔覆喷头光料传输耦合原理

① 熔覆光路。熔覆喷头需要将输入的激光束按功率大小和加工要求进行不同的处理，包括变换光束尺寸和形状、改变光能密度分布形式等。一般先将光纤输出的发散光准直，再对其进行整形。常见的整形方式有：圆形光束整形为圆环形或矩形光束，高斯光束变换为光能均匀分布的平行光束，单光束分解为多光束等。最后将单光束或多光束聚焦至加工表面，以达到加工所需的光强分布和尺寸形状。工作光斑形状通常有圆形、圆环形、矩形、线形等。喷头内光束的传递、变换、聚焦一般采用透射、反射等方法。根据某些加工成形需求，还可在加工过程中适时改变工作光斑的尺寸和形状，主要方法有：

a. 离焦法，即通过改变喷头与工作面的距离（离焦量）改变工作光斑尺寸；

b. 变位法，一般是改变喷头中准直镜的位置，使光路中光束发散角变化，从而使聚焦光束的焦距随之变化；

c. 自适应镜法，采用自适应反射镜适时改变其型面弧度，使出射光束的发散角变化；

d. 变焦镜组法，即通过同时控制镜组内两个轴向电机和光束均匀化元件，得到不同大小和不同长宽比例的工作光斑。

② 给料方法。按照粉末材料的添加方式，激光熔覆送粉可以分为预置法和同步送粉法（图 3-16）。预置法是预先以散铺、黏结或喷涂等方式将粉末材料预置在基体表面上，然后利用激光辐照将其熔化，并通过熔池热传导和对流与基体形成冶金结合的熔覆层。预置法熔覆工艺简单，操作灵活，但获得的熔覆层易出现夹杂、气孔、裂纹、表面不光滑等缺陷；过程难以实现自动化和三维直接成形制造，耗时耗力。同步送粉法可分为单侧送粉法和同轴送粉法。同步送粉法是采用载气输送或重力输送的方式，通过熔覆喷头或喷粉管将粉末连续输送到工作光斑内，在激光的作用下粉末材料和基体上表面同时被加热熔化，最后冷却凝固形成熔覆层。同步送粉法具有自动化程度高、成形性好、熔覆速度快、可控性好等特点，可实现三维复杂构件的直接成形。

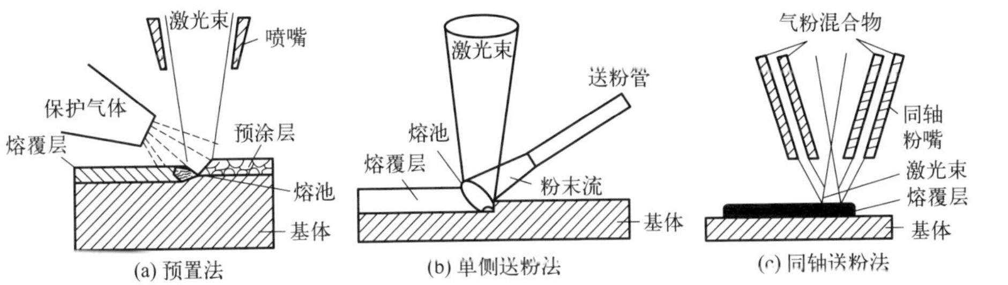

图 3-16　各种熔覆送粉法原理

③ 光粉耦合。按照粉束与光束的位置关系，粉末的进给方式可分为单侧送粉与同轴送粉两大类。单侧送粉法中送粉管位于聚焦光束的一侧，粉束与光束轴线之间存在一夹角［图 3-17(a)、(b)］。其特点是喷头与送粉管可分离，单一方向加工时调节灵活。对于狭小位置加工，喷头可设计成长焦距，送粉管可单独伸入近距离送粉。另一特点是粉末出口与激光束相距较远，不易出现因为粉末过早熔化黏结而堵塞喷嘴出口的现象。单侧送粉的不足是光与粉只有一个交汇点，加工中须始终保持该交汇点置于工作面上，否则光斑与粉斑将发生偏离错位。单侧送粉具有方向性，不能实现任意方向上的熔覆，难以适应喷头的空间成形运动和复杂构件的成形。

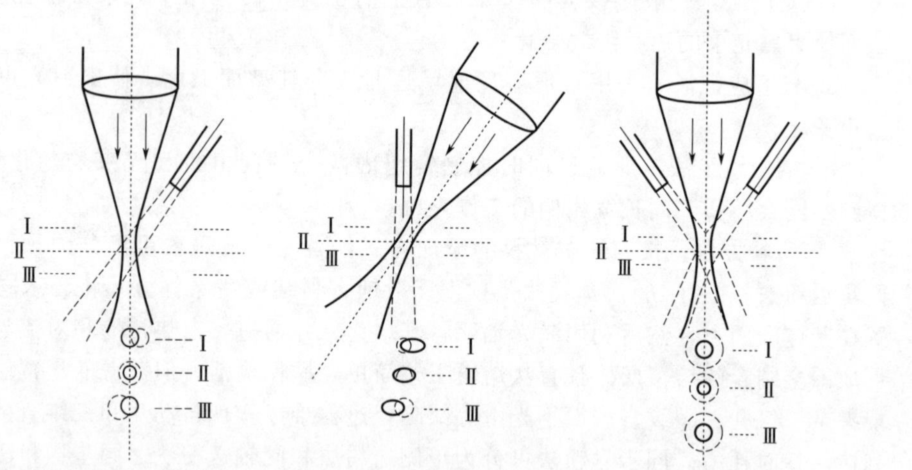

(a) 光束垂直，粉束倾斜　(b) 光束倾斜，粉束垂直　(c) 光内同轴送粉

图 3-17　激光束与粉束几何关系

同轴送粉法的激光熔覆过程中，粉末流与激光束同轴耦合输出，粉末流各向同性，克服了单侧送粉方向性的限制，可满足任意方向上的熔覆和复杂构件的制造，因此目前的激光熔覆大多采用同轴送粉法。同轴送粉又分为光外送粉和光内送粉［图 3-17(c)］。光外同轴送粉是粉末经包围聚焦激光束的环锥形流道或多个对称于聚焦光束布置的倾斜粉管输出，粉束的几何中心与激光束同轴并汇聚到工作光斑内。光内同轴送粉是将光束通过反射或透射聚焦整形为环锥形光束或变换

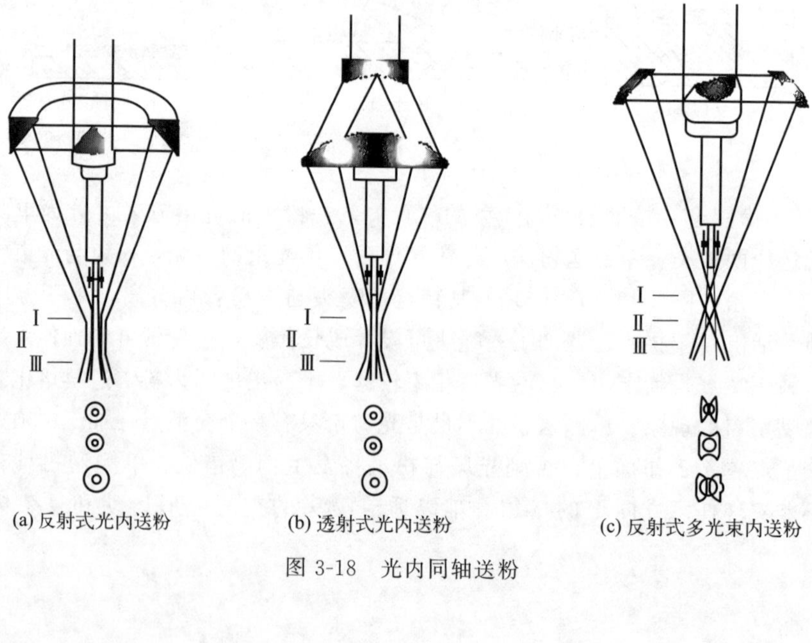

(a) 反射式光内送粉　(b) 透射式光内送粉　(c) 反射式多光束内送粉

图 3-18　光内同轴送粉

为多光束，如图 3-18 所示，单束粉末流从中空的环锥形光束中心或多光束的对称几何中心垂直加工面喷射，实现聚焦激光束同轴包围粉末流，并在工作面上实现耦合。

3.2.3 增材制造的数值模拟

增材制造数值模拟在智能设计和工艺优化中扮演至关重要的角色。相比传统减材或成形加工工艺，增材制造过程涉及瞬态高温、熔池流动、相变凝固等多重物理现象，任何参数细微变动都可能对零件质量和性能产生深远影响。通过数值模拟，人们能够在实际生产前评估不同工艺路线的可行性与潜在风险，显著缩短试错周期、节省研发成本，并为后续优化设计提供科学依据。此外，随着增材制造技术在航天、医疗等高要求领域的广泛应用，数值模拟也逐渐成为保证制件质量与可靠性的核心工具。

增材制造数值模拟最突出的特点在于多物理场耦合，其核心包括热、力、流体和冶金行为的综合考量。在金属增材制造过程中，激光或电子束与金属粉末相互作用所产生的熔池，其内部往往存在强烈的对流和表面张力驱动效应，同时伴随快速升降温引发的材料相变和组织演变。热分析部分需要准确描述热源分布（如高斯或双椭圆模型），捕捉局部强烈的热传导及辐射影响；力学分析需考虑反复热循环下的应力积累与材料弹塑性演变；流体力学模拟需聚焦熔融金属的流动特性和气孔缺陷形成；微结构演变则需要结合相场、细晶胞等模型来刻画形核与晶粒生长过程。只有在多物理场的统一框架下，才能从整体上预测零件质量及可能的缺陷分布。

(1) 增材制造材料数值模拟

以增材制造中电子束熔丝金属液为例，假设金属液是不可压缩牛顿流体，固液相转变时金属液的密度不变。熔化的金属液流动应满足质量守恒方程：

$$\nabla \cdot \boldsymbol{U}_{\mathrm{L}}=0 \tag{3-5}$$

式中，$\boldsymbol{U}_{\mathrm{L}}$ 表示金属液的三维速度向量。

电子束熔丝过程中，熔池内金属液流动会受到黏性力、固液相区间达西摩擦力等因素影响，涉及较多的动力学因素，但是流动始终满足动量守恒方程，即

$$\rho_{\mathrm{L}}\left\{\frac{\partial \boldsymbol{U}_{\mathrm{L}}}{\partial t}+\left[(\boldsymbol{U}_{\mathrm{L}}-\boldsymbol{U}_{\mathrm{move}})\cdot\nabla\right]\boldsymbol{U}_{\mathrm{L}}\right\}-\nabla\cdot(\mu_{\mathrm{L}}\nabla\boldsymbol{U}_{\mathrm{L}})-\nabla p_{\mathrm{L}}-\frac{\mu_{\mathrm{L}}}{K}(\boldsymbol{U}_{\mathrm{L}}-\boldsymbol{U}_{\mathrm{move}})+\rho_{\mathrm{L}}g \tag{3-6}$$

式中，ρ_{L}、μ_{L}、p_{L} 分别为液体的密度、动力黏度、压力；$\boldsymbol{U}_{\mathrm{move}}$ 为电子束扫描速度向量；K 是渗流系数。

从能量输运的角度看，在电子束熔丝增材过程中，基材与丝材熔化形成的熔池中存在着强烈、复杂的流动，对流换热不可忽略，因而熔池中的传热行为不仅

包括热传导，还包括对流换热。耦合考虑熔池内部的对流与传导传热及电子束对材料的加热作用，电子束熔丝增材过程满足的能量守恒方程为

$$\rho_L C_p \left\{ \frac{\partial T}{\partial t} + \left[(\boldsymbol{U}_L - \boldsymbol{U}_{move}) \cdot \boldsymbol{\nabla} \right] T \right\} = \boldsymbol{\nabla} \cdot (k \boldsymbol{\nabla} T) + Q \tag{3-7}$$

式中，C_p、k、T、Q 分别是比热容、热导率、温度和热源。

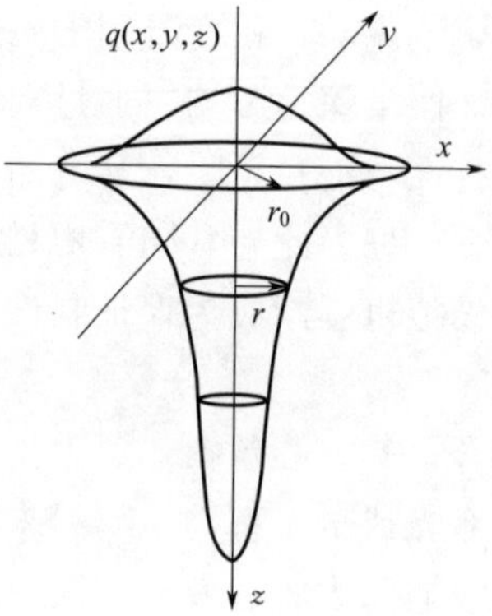

图 3-19　旋转高斯体热源模型

(2) 增材制造喷头热源数值模拟

喷头电子束枪发射的高速电子束轰击基材与丝材表面，电子的动能转换成热能，对基材与丝材产生加热的效果。考虑电子束在电子束熔丝沉积快速成形过程中的作用机制和特点，采用如图 3-19 所示的旋转高斯体热源模型来表征电子束对材料的加热作用。

旋转高斯体热源模型分布函数为

$$q(r,z) = \frac{9\eta U I_b}{\pi R^2 H} \times \frac{e^3 - 1}{e^3} \exp\left(-\frac{9r^2}{R \ln(H/z)} \right) \tag{3-8}$$

式中，η 是热效率系数；U 是加速电压；I_b 是束流；H 是热源高度；R 是热源开口端面半径。

(3) 增材制造熔池形貌数值模拟

在熔丝过程中，丝材形貌、熔池形貌和堆积体形貌处于不断变化过程中，为了描述液桥和熔池的形貌，这里使用 VOF（volume of fluid，液体体积）方法来捕捉熔池和液桥表面的动态变化以及凝固形貌：

$$\frac{\partial F}{\partial t} + \boldsymbol{U} \cdot \boldsymbol{\nabla} F = 0 \tag{3-9}$$

式中，$\boldsymbol{U}$ 为流体速度矢量场；F 为网格内液体的体积分数。

成形中，丝材和熔池表面受到反冲压力、热毛细力和表面张力等的作用。其中，反冲压力是金属受到电子束的加热发生蒸发引起的。钛合金材料的反冲压力计算公式为

$$p_r = A B_0 (T)^{-1/2} \exp\left(-\frac{U_{atom}}{k_B T} \right) \tag{3-10}$$

式中，A、B_0 是与材料相关的常数；U_{atom} 为每个原子的蒸发潜热；k_B 为玻尔兹曼常数。

熔池表面存在表面张力，表面张力使金属液的表面积趋向于最小。同时成形过程中，熔化区域温度分布不均，表面还存在与温度梯度相关的热毛细力。表面张力的计算公式为

$$\boldsymbol{F}_{\mathrm{s}}=\sigma\kappa\boldsymbol{n}+\frac{\partial\sigma}{\partial T}[\nabla T-\boldsymbol{n}(\boldsymbol{n}\cdot\nabla T)] \tag{3-11}$$

式中，σ、κ、$\boldsymbol{n}$ 分别为表面张力系数、曲率和界面法向量。

为实现上述复杂机理的模拟，研究者与工程师通常采用多层次、多精度的方法，包括有限元法（FEM）、有限体积法（FVM）和计算流体力学（CFD）等。FEM 常用于分析热-力耦合、结构应力与变形，FVM 与 CFD 方法则能更好地研究熔池形貌及流动机制。与此同时，微结构层面的模拟可利用相场方法或基于细晶胞的生长模型，辅助理解晶体生长和相变动力学。在具体工程应用中，ANSYS、ABAQUS、COMSOL、Fluent、OpenFOAM 等通用软件为常用工具，也有 Simufact、MSC Marc 等专门针对金属增材制造进行算法扩展的商用平台。针对某些特定需求或研究前沿，学术界也经常自行开发数值求解程序或搭建多尺度耦合框架。

实际开展数值模拟时，首先需进行几何建模并对制件及其支撑结构划分适当网格，网格的细密程度对于模拟精度与计算量有直接影响。随后需要为热源和边界条件设定恰当的参数与模型，如激光能量分布、对流散热系数和辐射系数等。材料属性方面，温度相关的热物性与力学参数（热导率、热胀系数、屈服强度等）必须通过实验标定或权威数据库获取。由于增材制造涉及逐层叠加过程，模拟中常引入“生死单元”或“层叠加载”策略，实现对实际成形路径的近似或高保真再现。大型零件的全尺寸模拟往往计算量庞大，为提升效率，工程上会结合并行计算、区域网格加密以及分层模拟等方法，寻找精度与效率之间的平衡点。

数值模拟在增材制造的实际生产与科研应用中成果显著：通过分析熔池形貌与流动状态，可预判是否会形成气孔、夹杂等冶金缺陷，并结合熔池深度与形状优化扫描速度、激光功率等工艺参数；在预测零件残余应力和翘曲变形方面，弹塑性热力耦合模型能清晰揭示变形累积的机理，从而为支撑结构的设计与后处理策略（热处理或去应力处理）提供依据；结合微观组织模拟，还可揭示晶粒定向生长对力学性能的影响，指导工艺路线设计以获得更佳的疲劳寿命和强度。航空航天、医疗植入物等对材料性能和制件精度要求严苛的领域，尤其依赖数值模拟来缩短试制周期与提升质量控制水平。

尽管数值模拟为增材制造提供了强大助力，仍面临多方面挑战与机遇。一方面，多物理场耦合过程极其复杂，高保真的模拟需要完善的理论模型、高精度材料参数以及强大的计算资源；另一方面，实际成形过程还涉及飞溅、蒸发、粉末再沉积等一系列细节，商业软件或当前算法常难以全面兼顾。未来的研究趋势包括引入人工智能与机器学习技术，通过对大量模拟与实测数据的训练，实现对缺陷和变形的快速预测和自适应控制；还将进一步结合实时监测与闭环反馈，以“数字孪生”的方式逐层校正数值模型，提升预测精度与模拟效率。随着技术与算法不断进步，数值模拟必将在面向增材制造的智能设计中发挥更加举足轻重的作用，为大规模、个性化的增材制造应用奠定坚实的理论与技术基础。

3.2.4 增材制造的工艺规划

增材制造的工艺规划是从设计模型到成品制件的重要桥梁，也是影响零件质量、性能和制造效率的关键环节。在实际生产环境中，不同增材制造技术（如选区激光熔化、电子束熔化、熔丝制造等）所涉及的材料特性和设备工作原理各有差异，工艺规划需综合考虑零件几何形状、材料性能、支撑策略、扫描路径和层厚等多种因素。通过合理规划，可有效减少翘曲变形、冶金缺陷，并缩短加工周期，为后续的热处理和机加工带来更高的可控性与更大的优化空间。

① 工艺规划的首要任务往往是零件的空间定位和方向选择，即确定在增材制造设备工作平台上的排布与放置角度。增材制造通常逐层堆叠，各层的“截面形状”会随着放置角度而发生变化，从而直接影响支撑结构的设计、成形质量、后处理可行性以及材料力学各向异性等。同时，合适的零件朝向还能兼顾成形时间与材料利用率，实现更高的整体效率。因此，放置角度的选择不只是几何问题，更需结合力学与工艺特点综合决策。

② 在确定零件排布方案后，还需进行具体的分层切片与扫描路径规划，这通常通过专业切片软件实现。切片过程会将三维模型沿设定的层厚方向截成一系列二维轮廓，并根据参数（如填充密度、填充角度、扫描速度等）生成路径数据。一些先进软件允许用户在分层时进行差异化处理，例如在零件易出现热应力集中或易形成缺陷的区域加密层厚或修改扫描策略。此外，通过合理选择扫描路径的走向与次序，可在一定程度上控制熔池温度场分布，抑制应力集中，并提高成形表面质量。平面分层切片算法编程简单且程序运行速度快，但台阶效应明显，且在成形复杂弯曲金属零件时，焊道短，容易造成局部能量积聚、温度场不均匀、加工效率低、表面形貌质量差，以及焊接变形等问题。曲面分层方式一方面提高了表面质量，减少了台阶效应；另一方面其分割的层数比平面分层切片少，可有效地缩短制造时间，提高成形效率，适用于具有复杂曲面形貌的零件。然而，由于曲面分层算法比平面分层算法复杂，因此存在许多问题，如曲面的表达、沿法线方向平移曲面的方法、平移后曲面自交或不连续的可能性等，平面分层与曲面分层的效果对比如图 3-20 所示。

现在主流是自适应层厚分层算法，如图 3-21 所示。自适应层厚分层算法作为增材制造领域的核心创新技术，通过动态调整分层厚度，在打印效率与成形精度之间实现了高效平衡。

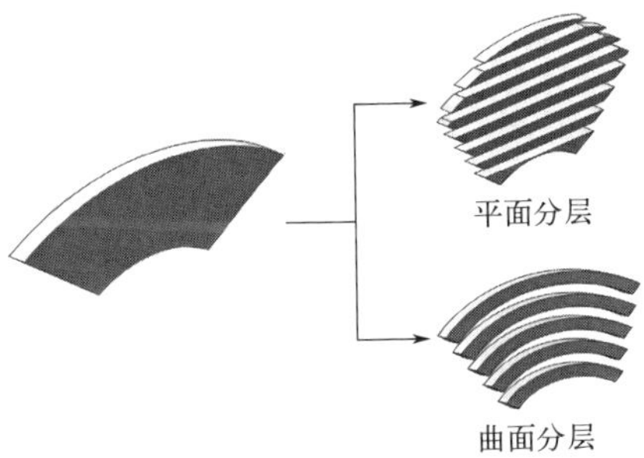

图 3-20　平面分层与曲面分层的效果对比

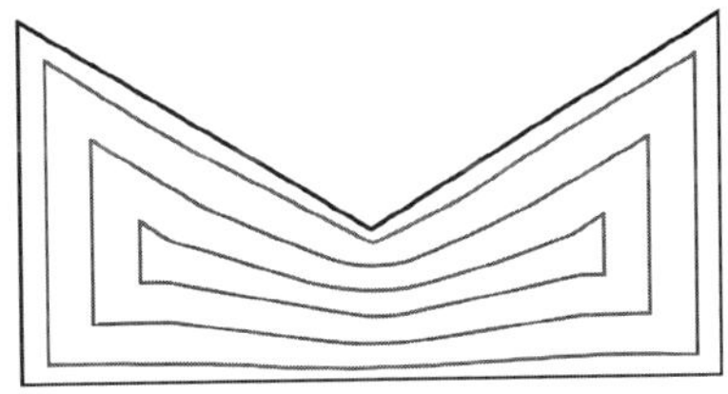

图 3-21　自适应层厚分层算法

自适应层厚分层算法的层厚由表面法向量与分层方向（通常为 Z 轴）的夹角 θ_i 决定：

$$h_i=\frac{\delta_{\max}}{\sin\theta_i} \tag{3-12}$$

$$h_{\min}\leqslant h_i\leqslant 0.1\text{mm}$$

式中，$\delta_{\max}$ 为传感器测得的最大位移；θ_i 为表面法向量与分层方向夹角；$h_{\min}$ 为设备最小层厚。

自适应层厚分层算法优势体现在优化复杂曲面的阶梯效应，显著降低表面粗糙度；通过分层合并与拆分策略减少总层数，缩短打印时间并降低材料消耗；同时支持晶格结构、微纳器件等高复杂度设计的精准成形，兼容多工艺场景并提升良品率。该技术结合 AI 与实时监测，为半导体封装、柔性电子及航空航天等领域的高端制造提供了关键支撑，未来通过融合数字孪生与智能反馈，将进一步推动增材制造向高精度、功能集成化的工业 4.0 方向发展。

工艺规划并非一成不变，往往需要与数值模拟或试制结果形成迭代反馈，以便不断优化成形质量。不同规划方法的效果如表 3-4 所示，其中，w 是一个归一化参考宽度（基准参数）。例如，通过热-力耦合模拟预测零件的变形与残余应力分布后，工程师可以在工艺规划阶段对零件放置方向、支撑类型或扫描策略进行调整，减少翘曲或裂纹风险。同时，熔池流动或微结构模拟结果可指导局部区域扫描功率或速度的调整，从而获得更细致的组织控制，满足更高强度或特定功能需求。

工艺规划将朝着自动化、智能化和多目标协同优化的方向演进。一方面，随着数字孪生技术与人工智能算法的加入，逐层感知与闭环控制有望在增材制造中得到普及，实时修正工艺参数使之自适应变化；另一方面，多学科交叉与多物理场耦合将促使工艺规划从“单目标”优化（如仅考虑变形或仅关注质量）扩展到多目标综合优化，兼顾精度、效率、成本和可持续性等指标。随着新材料与新工艺的不断涌现，系统化、灵活化的工艺规划方案将成为推动增材制造大规模应用和个性化定制的重要驱动力。

表 3-4 不同路径规划方法下的成形结果

规划方法	Z字形路径	轮廓偏置路径	复合路径（所有偏置距离均为 $d=0.738w$）	复合路径（轮廓偏置距离为 $d=0.591w$，平行线距离为 $d=0.738w$）
填充路径示意图	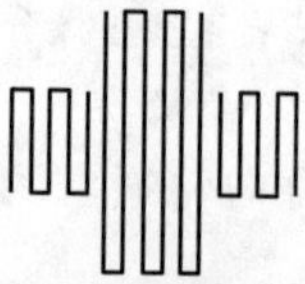		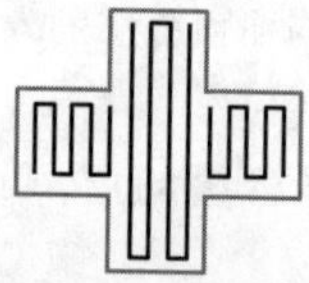	
填充效果图		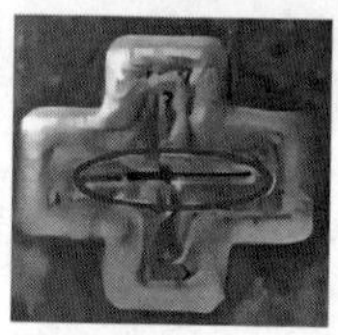	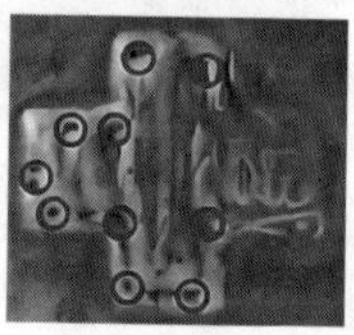	
结果	填充不完整	填充不完整	填充不完整	填充完整

注：w 为一个归一化参考宽度（基准参数）。

3.3 增材制造智能设计准则

产品设计过程中，一般需要考虑工艺和几何结构等要素。工艺方面包括结构策略、增材方向、残余应力、支撑策略、层厚、打印速度、表面质量等。几何结构方面包括功能梯度材料、尺寸精度、零件合并、优化技术、强度、硬度等。为了便于设计师开展增材制造智能设计，下面将对研究者已经提出的增材制造智能设计准则进行分类归纳总结。

3.3.1 结构设计准则

增材制造的设计不受产品复杂性的限制，可以在给定的设计空间内和给定的边界条件下优化材料分布，以优化重量、硬度、频率等零件性能目标。目前，尚无系统的设计方案，可以在设计过程中遵循结构设计准则。根据文献资料对结构设计准则进行了整理，具体见表 3-5。

表 3-5　增材制造结构设计准则

准则名称	具体方法	核心优势
圆角准则	对所有尖锐的边缘进行倒角处理(圆角),一般圆角为厚度的 1/4	使产品更符合人体工程学,便于握持和使用。由于消除了锋利边缘的危险,减少了发生在尖锐角落和过渡处的可能会影响产品强度的应力集中,降低了打印成本
最大强度打印方向准则	应在最大强度方向打印,最佳的打印方向通常是使构件总高度最小的方向	打印方向决定各向异性的方向,打印方向与零件的质量(强度、材料性能、表面质量和支撑量等)密切相关。如果对孔的圆度的加工要求很高,则最好在竖直方向上进行打印。水平打印的孔会受到阶梯效应的影响,并且也会略呈椭圆形
避免各向异性准则	在设计组件时,了解其打印方向,优化其力学性能	打印的零件在不同方向上力学性能的差异是增材制造的致命弱点,选择打印方向时要综合考虑打印时间、力学性能、几何精度、表面质量和支撑材料去除等因素
尽量减少打印时间准则	应用抽壳、蜂窝、晶格或采用多孔材料填充固体部分以减少打印时间	使用的材料越少,零件 AM 速度就越快,成本也就越低
最小化后处理准则	用永久性墙体代替临时支撑;改变需要支撑特征的角度	支撑材料可以看作在零件打印后将被去除的临时墙体。如果一个特征是水平的,则其下方就需要支撑材料。但是,如果可以更改其角度、添加倒角或插入与底部水平面成 45°的三角板,就可以避免使用支撑材料
功能准则	将零件简化为仅有提供功能的那些特征	以实现功能为主,去除不必要的材料,消除残余应力,避免额外的热处理
一体化设计准则	通过功能集成减少产品零件数量和装配操作	根据是否存在相对运动、材料差异、装配干涉、标准件使用、电子设备集成、尺寸限制等判断是否可以合并零件。如果超过 1/3 的部件是紧固件,应该通过零件组合减少紧固件数量
路径规划准则	横截面宽度应该为刀具路径宽度的整数倍,尖锐部分应倒圆角,要大于路径半径	避免填充缺陷,例如孤岛、孔洞等

如图 3-22 所示，以 Renishaw AMPD 公司的拓扑优化液压歧管为例：液压歧管用于引导液压系统中连接阀、泵和传动机构内的液体流动，它使设计工程师可以将对液压回路的控制集成在一个紧凑的单元内。

如图 3-23 所示，原始液压歧管对流动通道进行交叉钻孔并插入堵塞头，以引导液体的流动路线，提取的流动通道截面有明显突兀的拐角。优化后降低拐角

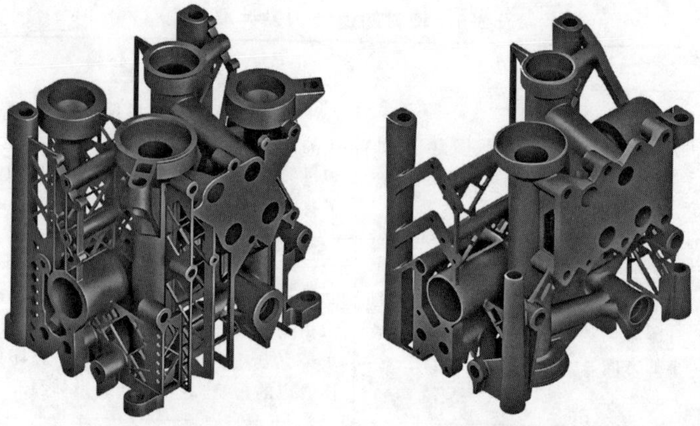

图 3-22　液压歧管优化前（左）与优化后（右）

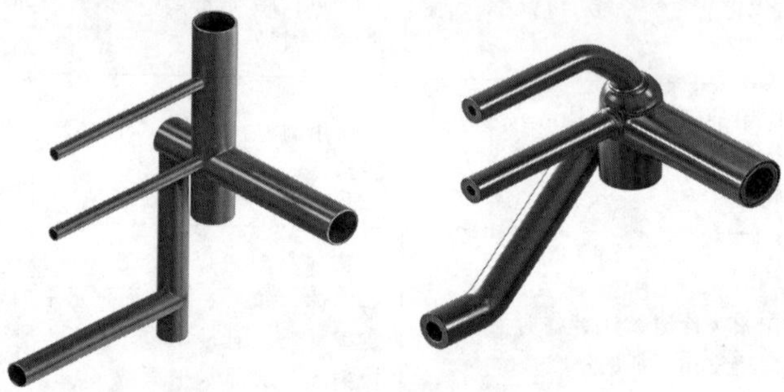

(a) 优化前　　(b) 优化后

图 3-23　对内部流动通道进行优化

突兀程度，以优化流动性。由于全新的几何结构，模块上额外的取出接口已经不需要了，所以更多的材料可以被节省下来。优化后体积减小 79%，质量减小 37%，采用 CFD&FEA 来辅助设计，内部的流动性提升了 60%，采用了更强的材料（316L）模块化设计，产生缺陷的概率更低。

3.3.2　支撑设计准则

支撑结构的设计与优化是增材制造智能设计准则的一项核心内容。金属增材制造过程中，由于局部高温与冷却应力的反复耦合，制件易出现热变形或塌陷。支撑结构既可为悬垂区域提供支撑，也能在一定程度上平衡应力场，抑制翘曲变形，如图 3-24 所示。传统的支撑设计通常依赖经验和规则化方法，随着有限元分析和数值模拟技术的成熟，越来越多的研究者采用仿真驱动的方式来生成最优支撑——它不仅能确保足够的结构稳定性，也能够大幅减少材料和后期去除支撑的成本与时间。

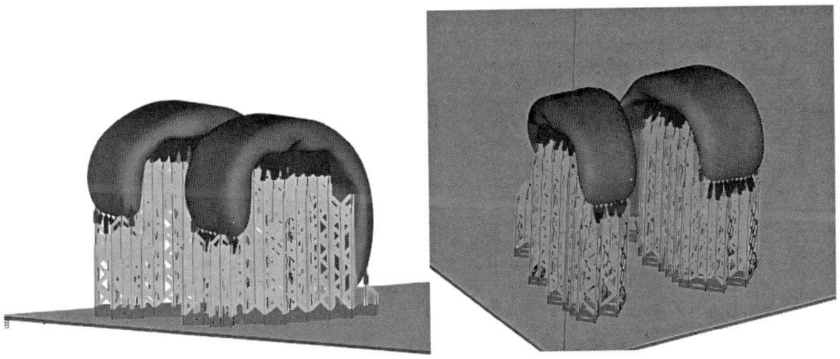

图 3-24　钛合金膝关节打印支撑

增材制造的支撑用于固定组件，以帮助支撑悬垂特征并将热量从组件传递出去，包括树状结构、树枝状结构、桥状结构、Y 形结构等。支撑影响材料量、成形质量和打印时间，因此，支撑结构应该易于去除，尽量减少或避免支撑材料的使用是 DFAM（面向增材制造设计）的重要目标。支撑结构与成形工艺、材料、零件结构等密切相关。在产品设计过程中，尽量遵循以下支撑设计准则。

① 尽量使产品特征与竖直方向的夹角小于某个角度值（该值取决于打印的材料），大多数 AM 系统允许选择临界角度来添加支撑材料。

② 用永久性墙体代替临时支撑。

③ 结构内部尽量不使用支撑。

④ 选择合理的打印方向，例如大直径管道一般竖直打印，水平管径为 6～8mm 的不需要支撑。

⑤ 表面质量要求较高的面不宜与支撑材料接触，否则，需要额外的后处理。

⑥ 支撑结构应该便于近净成形，不影响功能表面。

⑦ 悬垂结构尽可能小，以减少支撑材料的使用。

⑧ 使用功能性支撑结构提升产品性能，避免去除支撑的后处理操作。

3.3.3　聚合物零件的增材制造准则

增材制造在材料利用率、零件复杂结构成形与功能集成等方面具有显著优势，为产品的轻量化、功能化与定制化带来了前所未有的设计自由度。然而，材料的力学特性、热物性以及增材制造特有的层层堆叠方式决定了零件的性能往往呈现一定程度的各向异性与表面质量差异。为了在聚合物零件的增材制造中兼顾功能、性能、重量与可持续性，需要在设计阶段遵循以下几个方面的一般准则。

(1) 避免各向异性

各向异性是指零件在不同方向上的力学性能或其他物理性能并不一致。增材制造（AM）由于采用逐层堆叠的工艺路径，层间黏结强度往往弱于层内本体材料，容易导致拉伸、弯曲或疲劳性能出现差异。尤其对聚合物而言，层间结合机理主要依赖于熔融状态下的分子链扩散和再结晶，工艺参数（如温度、激光/喷头功率、扫描速度）及材料特性（如聚合物的熔融黏度）都会影响层间结合质量。为了降低各向异性影响，在设计时宜充分考虑AM工艺特点，如选择合适的打印方向以使关键受力方向与层内方向一致，或在特定区域增加填充密度、优化扫描策略等。对于粉末床熔融工艺，如选区激光烧结（SLS）或选区激光熔化（SLM）等，当零件尺寸（例如螺纹凸台直径）超过一定阈值，各向异性会有所减弱，零件整体性能趋于一致。通过在设计和工艺设置上加以综合调控，可以尽量缓解分层导致的力学性能差异，从而获得更均衡的结构强度与表面质量。

(2) 壁厚

壁厚是决定轻量化与结构强度的关键参数，对聚合物增材制造零件尤为重要。根据不同的应用领域与负载需求，推荐如下取值范围：对于轻量型消费产品，可将壁厚控制在0.6～2.5mm之间，兼顾材料用量与基础强度；对于高负荷的工业零件，宜将壁厚提高到3～5mm，以确保在严苛工作环境下仍能保持足够的结构稳定性。在具体设计时，应尽量避免大面积的平直薄壁面，因为这类结构在成形与使用过程中更容易出现翘曲、鼓包或裂纹。若零件功能要求确实需要较大平面，可通过在壁面添加肋板进行加固。另外，为降低应力集中并减小局部变形风险，应尽量保证零件壁厚的均匀性。当零件形状复杂且需要不同的局部壁厚时，要在过渡区域保持足够的圆角或斜面过渡，减少应力集中效应。

(3) 孔

孔作为零件内部或连接部位的重要几何特征，其打印方向与尺寸精度在聚合物AM中尤为关键。为了得到形状尽量规则、圆度误差小的孔，建议在竖直方向上进行打印。若在水平位置打印孔，则除了阶梯效应外，还需考虑堆叠过程中的下垂风险，容易出现孔径变形的问题。通常，在CAD建模中可以有意将孔的公称尺寸放大约0.1mm，以抵消打印机设备在成形过程中的收缩或堆积误差，具体调节幅度需结合设备性能与实际测试结果确定。对于高精度需求的场合，也可在后处理阶段采用钻孔方式精修尺寸。孔径的最小可行值与材料层厚及壁厚密切相关，一般对2mm厚度的壁面而言，可实现最小直径约0.5mm的贯穿孔。

(4) 肋板

肋板是增强零件结构刚度、减轻壁面薄弱区域变形的常见手段。为充分发挥肋板在聚合物3D打印中的作用，需遵守以下设计准则：肋板厚度约为相邻壁厚的70％～75％，肋板高度建议小于其厚度的3倍；肋间距最好大于肋板厚度的2倍；肋与壁的相交处应采用圆角过渡，避免尖角引发应力集中；当需要显著增强结构强度而又避免材料过度堆积时，优先增加肋板数量而非增大其高度；对于特别厚实的肋板，可考虑去芯或使用晶格结构填充，以减少材料用量、减轻重量和降低热变形风险。通过合理设计肋板，既能保证零件的整体刚度与强度，又可尽量避免局部材料过度堆积，从而控制打印成本与减小变形概率。

(5) 综合可持续设计思路

增材制造（AM）不仅能实现零件结构的高自由度与拓扑优化，还可在一定程度上合并相邻部件（若它们不产生相对运动且同材质），从而减少装配环节、减少物料种类和降低存储成本，同时减轻整机重量。围绕聚合物零件 AM 的可持续设计，需要在满足功能与力学性能的前提下，通过减少材料用量、降低零件复杂度、限制各向异性影响等策略，实现性能、成本与环保三者之间的动态平衡。

总之，在聚合物增材制造中，合理的工艺与结构设计能够在提升功能性与可靠性的同时，实现对材料与能耗的有效控制。通过遵循上述通用准则并结合具体设备特性与材料性能，设计者可最大化发挥增材制造所带来的创新潜能和可持续优势。

不同的 AM 工艺，其产品的增材制造准则也不同，对其根据文献资料进行了整理，具体见表 3-6。

表 3-6　不同 AM 工艺下聚合物增材制造准则

AM 工艺	参数	设计准则
熔融沉积成形	精度与公差	精度每 25mm 为±0.1mm(或±0.03mm)，以较大者为准；公差一般为 0.25mm；最小特征尺寸约 1mm
	层厚	层厚一般为 0.1～0.3mm，可以选择 0.18mm、0.25mm、0.33mm 等值，平整结构宜选择较厚层厚，曲面结构宜选择较薄层厚
	填充方式	受到各向异性的影响，一般高负载的特征方向应为水平方向
	竖直壁厚	壁厚最小值一般为层厚的 2 倍，推荐值一般为层厚的 4 倍。例如，当层厚为 0.18mm 时，壁厚最小值为 0.36mm，推荐值为 0.72mm
	水平壁面	至少使用四层材料厚度，并让产品所有壁厚相等
	支撑材料悬垂角	默认的最大值为 45°，小于 45°时需要支撑
	活动零件之间的间隙	水平方向最小间隙为层厚的 2 倍；对于带有可溶性支撑的情况，竖直方向最小间隙与层厚相等；对于带有可去除支撑的情况，竖直方向有足够的空间方便去除支撑即可
	竖直圆孔	孔的直径会收缩约 0.2mm，因此，需要根据该值对 CAD 模型进行调整，或进行后处理
	圆柱销	在销钉与面连接处倒圆角，圆柱销的最小直径约为 2.0mm
	内置螺纹	螺纹的顶部与根部要倒圆角，一般倒角为相邻壁厚的 1/4，最小螺纹直径为 5mm，则“止端螺纹”最短导入线长为 1.0mm

续表

AM 工艺	参数	设计准则
粉末熔化	精度与公差	精度下限为±0.3mm；公差为±0.25mm（或±0.0015mm），以较大者为准
	层厚	典型层厚 0.1mm，个别系统允许层厚 0.06mm
	新粉率	新粉与旧粉的比例范围为 1/4～7/13
	壁厚	最小壁厚为 0.6～0.8mm，推荐值为 1.0mm，最大壁厚为 1.5～3mm，若需要表面积大的薄壁，可以添加肋板以提高壁的刚度，所有壁厚应均匀
	活动零件之间的间隙	一般最小间隙为 0.5mm，如果紧靠面的表面积只有几平方毫米，两面之间的间隙可以为 0.2mm
	圆形轮廓通孔	一般直径小于 1.5mm 的圆形孔与壁厚密切相关，对于 1mm 的壁厚，竖直孔最小直径为 0.5mm，水平孔最小直径为 1.3mm；对于 4mm 的壁厚，竖直孔最小直径为 0.8mm，水平孔最小直径为 1.75mm；对于 8mm 的壁厚，竖直孔最小直径为 1.5mm，水平孔最小直径为 2.0mm
	方形轮廓通孔	一般边长小于 1.5mm 的方形孔与壁厚密切相关，对于 1mm 的壁厚，竖直孔最小边长为 0.5mm，水平孔最小边长为 0.8mm；对于 4mm 的壁厚，竖直孔的最小边长为 0.8mm，水平孔的最小边长为 1.2mm；对于 8mm 的壁厚，竖直孔的最小边长为 1.5mm，水平孔的最小边长为 1.3mm
	圆柱销	圆柱销与面连接处倒圆角，销的最小直径为 0.8mm
	孔到边缘的最小距离	孔越大，与相邻边边缘的距离越大，例如，孔径为 2.5mm，孔到边缘的最小距离为 0.8mm；孔径为 5.0mm，竖直孔到边缘的最小距离为 0.9mm，水平孔到边缘的最小距离为 0.95mm；孔径为 10mm，竖直孔到边缘的最小距离为 1.05mm，水平孔到边缘的最小距离为 1.0mm
立体光固化（SLA）	分辨率	*X*、*Y* 方向的分辨率取决于激光光斑的尺寸，范围为 50～100μm，因此，最小特征尺寸不能小于激光光斑尺寸。*Z* 方向的分辨率为 25～200μm，取决于机器允许的层厚选择
	打印方向	将横截面较大的零件与成形平台形成一定角度来打印，确定零件方向以使 *Z* 轴的横截面最小化。减少打印方向上水平区域的数量、对组件进行抽壳处理、减小横截面面积可优化设计
	悬垂结构	不带支撑的悬垂结构的长度必须小于 1.0mm，并且与水平方向的夹角要大于等于 20°
	细节特征	浮雕类细节必须至少比打印件表面高 0.1mm，镌刻类细节的宽度和深度必须至少为 0.4mm，以确保可见
	公差	需要装配的零件具有一定的公差，0.2mm 的间隙适用于装配连接，0.1mm 的间隙适合推入配合或紧密配合。对于互锁的移动零件，移动零件之间的公差应为 0.5mm
	壁厚	支撑壁的最小厚度应为 0.4mm，如果支撑壁表面积大，需要更大的壁厚；无支撑壁的壁厚至少为 0.6mm，以防止翘曲或脱落；面与面相交部分应倒圆角；壁厚应均匀
	圆孔	最小孔直径为 0.5mm

3.3.4 金属零件的增材制造准则

目前，金属零件的增材制造主要包括黏结剂喷射、粉末熔化、电子束熔化等技术，使用的材料包括不锈钢、工具钢、铝合金、钛合金、镍基合金、钴铬合金和贵金属等。由于金属零件的增材制造成本较高，过程较为复杂，因此，零件的几何形状必须足够复杂以至于无法通过传统方法制造才适用增材制造技术。不恰当的设计可能导致金属零件的增材制造面临残余应力、应力集中、内部缺陷等挑战，因此，金属零件的 DFAM 应该遵循下面的设计准则，具体如表 3-7 所示。

表 3-7 金属零件的增材制造设计准则

AM 工艺	参数	设计准则
激光粉末熔化	机加工余量	0.1～0.5mm
	壁厚	无支撑薄壁结构的壁厚最小为 1mm，尽可能保证壁厚均匀，避免较大横截面变化和大块的体积，而与面相交处进行倒角，倒角一般为壁厚的 1/4 左右，具体通过测试件进行调整
	水平孔	水平圆孔直径小于 8mm 可以无支撑打印，较大孔无支撑打印可以将圆形替换为椭圆形、泪滴形、菱形等
	悬垂角	悬垂角最好大于 45°(某些材料为 60°)，否则需要增加支撑结构
	活动零件之间的间隙	水平间隙最小为 0.2mm，竖直方向预留的间隙便于去除支撑即可
	竖直方向的槽、凸台与圆孔、圆柱销	槽、凸台的宽或圆孔、圆柱销直径最小为 0.5mm，并对内部尖角进行圆角处理，一般为厚度的 1/4
	内置外螺纹	M4 以下的螺纹可以打印出来，但是所有螺纹必须进行攻螺纹处理并保证螺纹垂直打印
电子束熔化	细节特征	小细节特征的表面朝上，且不能添加支撑
	机加工余量	0.5～2mm 的机加工余量
	镂空零件	开放的点阵设计，最小壁厚为 0.6mm 的结构需要考虑块状的去除
	壁厚	最小为 0.6mm，一般大于或等于 1mm
	孔/管结构	直径在 0.5～2.0mm 的结构可以打印，但粉末去除困难
	槽和圆孔	为避免粗糙的表面造成孔径闭合，水平圆孔最小直径为 0.5mm，竖直圆孔最小直径为 1mm；当壁厚大于 2mm 时，竖直圆孔直径不能小于 2mm，水平圆孔直径不能小于 1mm
	间隙	至少 1mm
	螺钉与螺纹	螺纹尽可能竖直方向打印，与平面的交接处倒圆角，大小约为壁厚的 1/4

续表

AM工艺	参数	设计准则
金属黏结剂喷射	最小特征	约 2mm
	收缩	与零件几何形状相关，零件长度为 25～73mm 时，收缩比例为 0.8%～2%；尺寸更大时，收缩比例约 3%
	壁厚	打印尺寸为 3～75mm 时，最小壁厚为 1.0mm；打印尺寸为 76～152mm 时，最小壁厚为 1.5mm；打印尺寸为 153～203mm 时，最小壁厚为 2.0mm；打印尺寸为 204～305mm 时，最小壁厚为 3.2mm
	悬垂结构	最小厚度 2mm，最小宽度 25mm
	圆孔	水平圆孔最小直径 2mm，竖直圆孔最小直径 1.5mm
	溢粉孔	尽可能大，最小直径为 5mm，数量为 2 个以上

3.4 智能设计与增材制造的协同制造

智能设计与增材制造的协同，标志着制造业从“经验驱动”向“算法驱动”的颠覆性转型。传统设计中因工艺限制而无法实现的复杂几何结构，在两者的结合下得以突破——智能设计算法基于力学需求自动生成轻量化、高性能的形态，而增材制造通过逐层堆积的方式将设计直接实体化。例如，设计师输入载荷、材料和空间约束后，AI 可在数小时内生成数百种优化方案，并通过仿真筛选出可制造的最优解，最终由 3D 打印实现传统工艺难以加工的复杂结构。这一协同的核心在于“设计即制造”的闭环：算法在设计阶段规避支撑需求、热变形等制造缺陷，而增材制造则赋予设计近乎无限的自由度。智能设计与增材制造的协同制造流程为智能设计算法优化、增材制造工艺适配、数字孪生反馈，依据监测的打印参数再回到智能设计算法优化的步骤，完成设计与制造迭代的闭环。

（1）智能设计算法优化

智能设计算法的核心在于以智能优化算法（如拓扑优化算法、蚁群算法、遗传算法）解决增材制造中的模型设计、打印路径规划等问题。例如，针对复杂几何结构的填充路径，算法可减少空行程并优化层间衔接，从而提升打印效率和精度；通过 VTK（可视化工具包）技术验证路径逻辑，确保路径规划符合实际制造需求，同时降低材料冗余和机械振动对成形质量的影响。以拓扑优化为例，针对增材制造各向异性结构拓扑优化问题，在经典 BESO 方法下引入前述材料模型与失效准则，建立强度约束下的柔度最小化数学模型，同时将材料旋转角优化集成到基于单元密度的拓扑设计中，构建一种有效耦合的同步优化模型，其可以表示为

$$\min C(x,\theta)=\boldsymbol{U}(x,\theta)^{\mathrm{T}}\boldsymbol{K}(x,\theta)\boldsymbol{U}(x,\theta)$$
$$\text{s. t. } \boldsymbol{K}(x,\theta)\boldsymbol{U}(x,\theta)=\boldsymbol{F}$$
$$g_{\Gamma\mathrm{H}}(x,\theta)\leqslant g^{*}$$
$$\sum_{e=1}^{N}V^{e}(x)\leqslant \eta V,\quad e=1,2,\cdots,N \tag{3-13}$$
$$x=x_{\min}\text{ 或 }x=1$$
$$-90^{\circ}\leqslant\theta<90^{\circ}$$

式中，C 为目标函数（结构柔度）；$\boldsymbol{K}$、$\boldsymbol{U}$、$\boldsymbol{F}$ 分别表示全局刚度矩阵、位移向量、载荷向量；g^{*} 为失效系数约束值（不大于 1，其值越小表示失效风险越低）；η 为预设的体积分数值；V^{e}、V 分别为单元体积与初始设计域体积。

(2) 增材制造工艺适配

增材制造工艺适配的核心在于针对不同材料特性、零件功能及行业需求动态调整制造参数，以实现高精度、高效率与高可靠性，根据几何复杂度动态调整层厚（如 50～100μm），平衡精度与效率。例如，增材制造技术在单个零件加工时需要在一开始选择一个打印方向直至成形，因而零件成形方向的选择需要综合考虑整个结构对各性能需求的稳定性。当从数学最优条件确定最佳材料旋转角度，可基于应变与应力表示：

$$\frac{\partial L}{\partial\theta}=-\sum_{\varepsilon=1}^{N}\boldsymbol{\varepsilon}_{\varepsilon}^{\mathrm{T}}\frac{\partial(\boldsymbol{R}_{2}^{\mathrm{T}}\widehat{\boldsymbol{D}}\boldsymbol{R}_{2})}{\partial\theta}\boldsymbol{\varepsilon}_{\varepsilon}+\beta\sum_{\varepsilon=1}^{N}\boldsymbol{\sigma}_{\varepsilon}^{\mathrm{T}}\frac{\partial(\boldsymbol{R}_{1}^{\mathrm{T}}\boldsymbol{A}_{\Gamma\mathrm{H}}\boldsymbol{R}_{1})}{\partial\theta}\boldsymbol{\sigma}_{\varepsilon} \tag{3-14}$$

进一步展开为

$$\begin{aligned}\frac{\partial L}{\partial\theta}=&M_{1}\sin(2\theta)+M_{2}\cos(2\theta)+M_{3}\sin(4\theta)+M_{4}\cos(4\theta)\\&+(M_{4}-M_{2})\tan^{2}\theta+(2M_{2}-4M_{3})\tan^{4}\theta\\&-6M_{3}\tan^{2}\theta+(2M_{2}+4M_{3})\tan^{6}\theta+M_{3}=M_{4}=0\end{aligned} \tag{3-15}$$

各项系数为

$$M_{1}=-\sum_{c=1}^{N}x_{c}^{q}[2a(\varepsilon_{yy}^{2}-\varepsilon_{xx}^{2})]+\beta\sum_{e=1}^{N}x_{e}^{q}[c(\sigma_{yy}^{2}-\sigma_{xx}^{2})]$$

$$M_{2}=-\sum_{c=1}^{N}x_{c}^{q}[2a\gamma_{xy}(\varepsilon_{xx}+\varepsilon_{yy})]+\beta\sum_{c=1}^{N}x_{c}^{q}[2c\tau_{xy}(\sigma_{xx}+\sigma_{yy})]$$

$$M_{3}=-\sum_{e=1}^{N}x_{e}^{q}\{2b[\gamma_{xy}^{2}-(\varepsilon_{xx}-\varepsilon_{yy})^{2}]\}+\beta\sum_{e-1}^{N}x_{c}^{q}\{d[4\tau_{xy}^{2}-(\sigma_{xx}-\sigma_{yy})^{2}]\}$$

$$M_{4}=-\sum_{c=1}^{N}x_{c}^{q}[4b\gamma_{xy}(\varepsilon_{xx}-\varepsilon_{yy})]+\beta\sum_{e=1}^{N}x_{e}^{g}[4d\tau_{xy}(\sigma_{xx}-\sigma_{yy})]$$

式中，θ 为材料旋转角度；$\boldsymbol{\varepsilon}_{\varepsilon}$ 和 $\boldsymbol{\sigma}_{\varepsilon}$ 分别为第 ε 个采样点的应变和应力向量；

$\widehat{\boldsymbol{D}}$ 为材料刚度矩阵；$\boldsymbol{A}_{\Gamma H}$ 为与应力相关的性能矩阵；$\boldsymbol{R}_1$ 和 $\boldsymbol{R}_2$ 是将局部材料坐标旋转到全局坐标的旋转矩阵；β 为平衡应变与应力项的重要性系数。

此算法综合考虑应变能和应力能随材料旋转方向变化的影响，指导材料方向的最优设计。

(3) 数字孪生反馈

利用数字孪生模型基于机器学习（如神经网络）构建制造参数（激光功率、扫描速度）与材料性能（疲劳寿命、硬度）的关联算法。通过历史数据训练模型，可预测不同参数组合下的成形质量，显著减少试错成本。实时采集制造过程中的温度、形变等数据，动态反馈至智能系统以调整工艺参数，确保成形稳定性。

① 增材制造数字孪生检测的数据处理逻辑设计。数据是驱动数字孪生系统的核心支撑，高效的数据处理逻辑不仅有助于孪生体各维度各层次数据的实时高效互联互通，还能对系统的物理过程进行多模态特征信息融合，提升系统的数字化描述能力。系统的数据处理过程为：首先由各执行设备和传感器对电弧增材制造工艺参数、过程数据和设备实时状态数据进行采集；然后对数据进行分类存储，在解决数据的多源重复、离散孤立等问题的同时，为教学实验的内容拆分与设计提供便利；最后实现数据的传输和处理。

② 孪生体对象模型构建。为了构建高保真的实时映射模型，需要对孪生体进行对象层次构建，即由简单模型组合成复杂模型。此外，模型之间的父子层级关系构建还能提高开发查找的效率，如：工作台为父层次模型，其子层次模型中就有基板和金属工件；工业机器人为父层次模型，其子层次模型中就有弧焊枪和金属焊丝等。

③ 增材制造数字孪生检测实验平台运行展示。建设基于数字孪生的增材制造实验平台，运行效果如图 3-25 所示。各种工艺参数可通过该界面预设。在实现打印输出时，各设备状态良好，达到了以虚控实、虚实相映的效果。

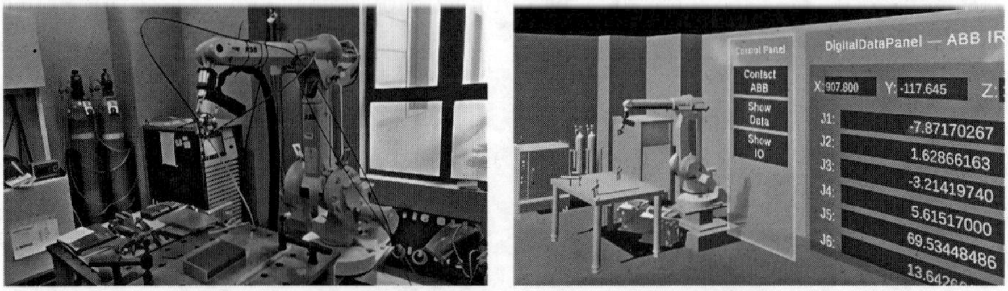

图 3-25　增材制造数字孪生检测实验平台运行展示

智能设计算法与增材制造设备的协同制造和无缝对接，形成从模型设计、路径生成到物理成形的自动化闭环。算法中嵌入材料特性、设备限制等约束（如热应力分布、支撑结构必要性），避免设计缺陷。

参考文献

[1] 杨永强．激光选区熔化 3D 打印技术［M］. 武汉：华中科技大学出版社，2019.

[2] 成思源，杨雪荣，等．逆向工程技术［M］. 北京：机械工业出版社，2020.

[3] 连伟龙，连芩，焦天，等．皮肤修复生物 3D 打印的研究进展与挑战［J］. 光电工程，2021，48 (08)：4-21.

[4] Alan Cooper，Robert Reimann，David Cronin，等．About Face 4：交互设计精髓［M］. 倪卫国，刘松涛，薛菲，等译．北京：电子工业出版社，2015.

[5] 高帆．3D 打印技术概论［M］. 北京：机械工业出版社，2015.

[6] 辛志杰．逆向设计与 3D 打印实用技术［M］. 北京：化学工业出版社，2019.

[7] 杨占尧，赵敬云，崔风华．增材制造与 3D 打印技术及应用［M］. 北京：清华大学出版社，2021.

[8] 王坤，张振江，赵卫国．3D 打印外固定支具参数化反求建模方法［J］. 机械设计，2021，38 (05)：121-126.

[9] 林郁，范工顺．智能制造技术与应用［M］. 北京：清华大学出版社，2023.

[10] 王科俊，卢桂萍，张恩．人工智能技术基础［M］. 北京：清华大学出版社，2024.

[11] 朱世强．3D 打印与智能制造［M］. 杭州：浙江大学出版社，2018.

[12] 袁雪．计算机视觉［M］. 北京：清华大学出版社，2022.

[13] 吴功宜，吴英．智能物联网导论［M］. 北京：机械工业出版社，2022.

[14] 夏唐斌，奚立峰．制造模式革新与智能运维决策［M］. 上海：上海交通大学出版社，2023.

[15] Gibson I，Rosen D W，Stucker B. Additive manufacturing technologies. 3D printing，rapid prototyping，and direct digital manufacturing［M］. 2nd ed. New York：Springer，2015.

[16] 黄文虎，金涛，郑洪波．增材制造原理及设备［M］. 北京：机械工业出版社，2019.

[17] 杨永林，吴成铁．增材制造技术特点分析及其应用前景［J］. 航空制造技术，2019 (2)：5-9.

[18] Yang Y，Chen Y，Li X，et al. Additive manufacturing-enabled design theory and methodology：Acritical review［J］. International Journal of Advanced Manufacturing Technology，2018，105 (9-12)：3565-3584.

[19] 郭红波，王峰，杜朝辉．金属增材制造设备与工艺技术研究现状［J］. 机械工程学报，2020，56 (18)：1-14.

[20] Frazier W E. Metal additive manufacturing：A review［J］. Journal of Materials Engineering and Performance，2014，23 (6)：1917-1928.

[21] 张熙之，陈喆，赵凯．增材制造关键核心部件及工作原理研究［J］. 制造技术与机床，2022 (5)：78-83.

[22] Li P，Warner D H，Fatemi A，et al. Critical assessment of the fatigue performance of additively manufactured Ti-6Al-4V and perspective for future research［J］. International Journal of Fatigue，2016，85：130-143.

[23] 张琳琳，刘宏斌．增材制造过程建模与仿真研究进展［J］. 机械设计，2021，38 (10)：119-126.

[24] Qi H，Azer M，Singh P. Adaptive slicing for fused deposition modeling［J］. Rapid Prototyping Journal，2003，9 (4)：211-217.

[25] 朱志远，张涛．基于设计准则的增材制造结构优化方法［J］. 机械工程学报，2019，55 (12)：

112-119.

[26] 王昌麟，邢剑平．增材制造中支撑结构的设计与优化研究综述［J］．航空制造技术，2021（15）：64-68.

[27] Ngo T D，Kashani A，Imbalzano G，et al. Additive manufacturing（3D printing）：A review of materials，methods，applications and challenges［J］. Composites Part B：Engineering，2018，143：172-196.

[28] 张立鹏，胡小唐．金属零件激光选区熔化成形中的热应力控制研究［J］．材料科学与工程学报，2020，38（6）：775-782.

[29] Lu Y，Wu S，Gan Y，et al. Study on the microstructure，mechanical property and residual stress of SLM Inconel-718 alloy manufactured by differing island scanning strategy［J］. Optics & Laser Technology，2015，75：197-206.

第4章

面向增材制造的数字化设计

4.1 医疗康复器械的参数化设计

4.1.1 参数化设计与约束驱动建模

参数化设计是一种基于数学逻辑与算法规则的设计方法，通过定义关键参数及其关联关系实现模型的动态生成与迭代优化。其核心在于将几何形态、拓扑结构、材料分布等设计要素转化为可调节的参数变量，并建立变量间的逻辑关联，从而在满足功能需求的同时提升设计灵活性。以医疗康复器械为例，参数化设计能够将透气孔形状、分布密度、尺寸等要素定义为参数变量，结合 Grasshopper 等可视化编程工具构建几何生成逻辑。例如，在个性化外固定支具设计中，通过数学映射函数（如贝塞尔曲线）控制透气孔分布梯度，可实现从规则排列到无规则渐变的多样化形态。这种动态响应机制使得参数调整能够实时触发模型更新——当用户增大透气孔密度时，算法自动缩小单个孔面积以维持结构强度，避免因过度镂空导致力学性能下降。约束驱动建模则通过预设物理、制造及用户需求约束条件，确保设计方案的可行性与可靠性。在增材制造场景中，约束条件包括生物力学要求（如支具需承受 100N 载荷）、工艺限制（如 3D 打印最小特征尺寸 0.1mm）以及患者个性化需求（如镂空率 50%～70%）。通过多目标优化算法（如遗传算法）与实时验证反馈（嵌入 Karamba 3D 插件进行有限元分析），设计系统可在参数化框架内平衡力学性能与轻量化需求，实现闭环迭代优化。

以王坤教授科研团队的研究案例为例，系统介绍参数化设计与约束驱动建模的协同数字化设计及应用实践。该案例针对前臂骨折患者，设计制作符合患者舒适度和审美需求的外固定支具。

鉴于目前的3D打印外固定支具设计方法，对支具形态设计部分进行优化，基于参数化的3D打印外固定支具的研究方法路线见图4-1，主要分为以下5个步骤：

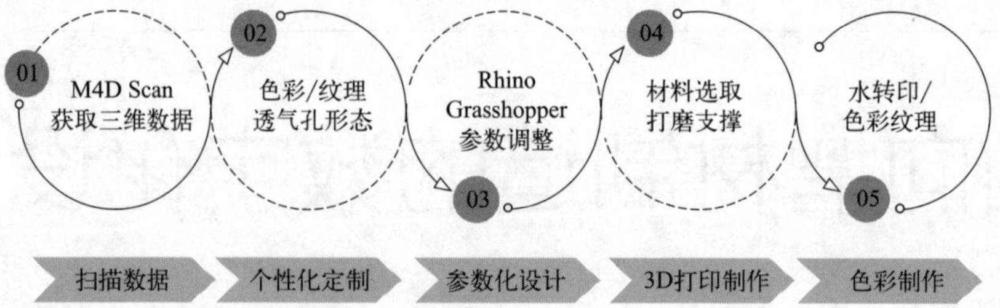

图4-1　3D打印外固定支具的研究方法

① 扫描数据。对患者骨折部位使用三维重建技术采集数据。

② 个性化定制。选择外固定支具的设计风格，以及对患者有寓意的图形、个性化的色彩应用于支具。

③ 参数化设计。运用参数化设计的方法得到支具的个性化形态。对模型进行基本处理，便于导入Grasshopper进行操作。根据患者选取的设计风格，调整参数控制外固定支具的个性化形态。

④ 3D打印制作。生成个性化外固定支具。对模型增加厚度与倒角处理，选取支具材料，进行3D打印制作，并进行打磨处理。

⑤ 色彩制作。应用水转印技术快速实现患者个性化定制色彩纹理，将模型装配。

具体如下：

首先，3D打印外固定支具是由数据驱动的参数化设计，数据来自CT（计算机体层扫描）成像或手持3D扫描仪，通过MeshLab去噪并导入Rhino生成NURBS曲面。在Grasshopper中用Mesh命令对修剪后的模型进行拾取，并将网格转化为曲面，通过Contours运算器生成z轴方向的等高面，通过控制等高距离来调整重构模型精度。将曲线进行重建，通过设定曲线的点数与阶数来控制重建曲线的质量，所得曲线放样生成Surface，得到拟合曲面，如图4-2(c)所示。然后是支具的形态设计，支具的外观主要由形态的基本形、密集程度、基本形分布等要素所影响。选择填充基本形（如泰森多边形），并赋予函数的变化形态分布，就可以设计成如图4-2(f)所示的样式，再通过有限元仿真实现结构强度的优化。最终将模型3D打印，完成前臂支具的参数化设计。

如图4-3所示，将前臂支具的四种典型方案（菱形、三角形、心形、圆形）导入ANSYS进行有限元分析。设置PLA材料属性（弹性模量3.5GPa，泊松比0.35），约束支具两端并施加100N法向载荷。结果显示所有方案最大变形均低于0.1mm，应力峰值≤0.98MPa，完全满足临床强度要求。

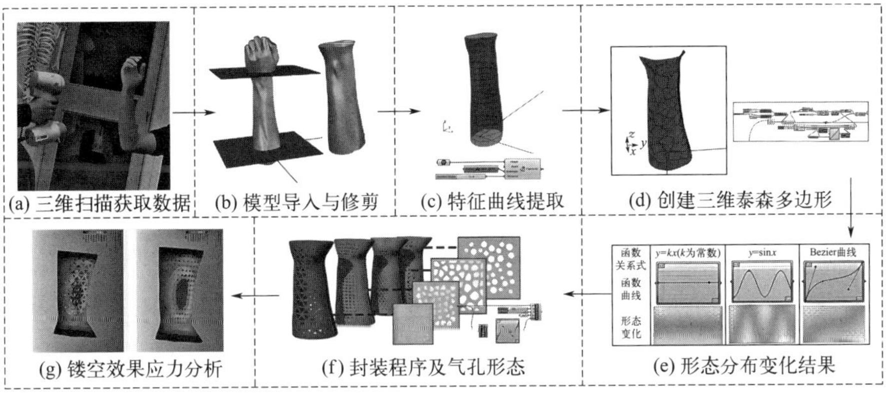

图 4-2　前臂支具参数化设计全流程

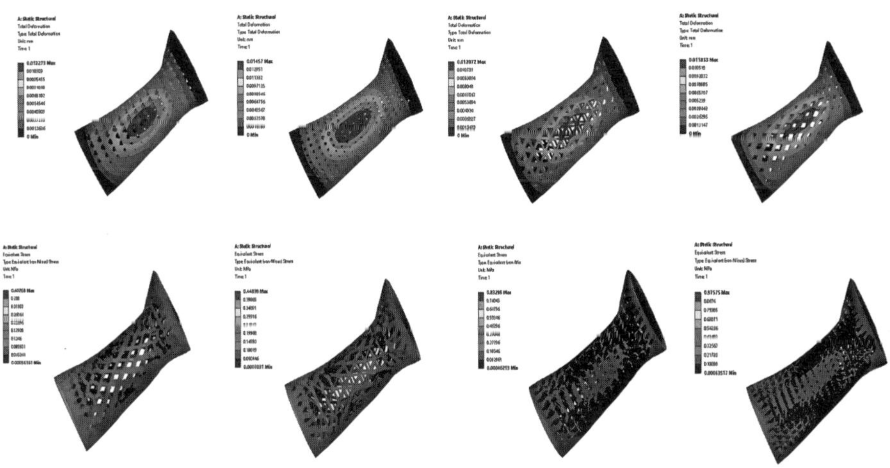

图 4-3　四种方案的仿真结果

设计人员通过调整程序的输入参数（即将菱形、三角形、心形和圆形的曲线输入），快速生成个性化的 3D 打印外固定支具方案。实验结果表明，设计人员通过程序建模可在 30s 内完成 4 种方案的设计，见表 4-1。在设计过程中，传统建模无法精准实现 3D 打印外固定支具个性化形态设计，只能对透气孔进行简单操作，设计个性化形态的分布变化操作难度较大。

表 4-1　建模效率测试

方案	程序建模耗时/s	传统建模耗时/s
菱形	23	7100
三角形	19	7200
心形	16	7260
圆形	20	7050

本案例提出了以患者个性化需求为导向，使用参数化建模平台 Grasshopper 设计 3D 打印外固定支具个性化外观的程序，解决了使用传统建模方式无法快速设计 3D 打印外固定支具个性化形态的问题。以前臂固定支具为例，增加了支具形态的多样性，简化了支具定制设计流程。通过对透气孔形状、分布、数量的参数化设计，简化了设计流程，只需调节参数和更换输入端曲线形状即可得到优化设计方案。参数化与约束驱动的融合不仅提升了设计效率，更拓展了个性化医疗设备的可能性。

最后，参数化设计也存在局限性，随着设计变量增多，可能引发参数爆炸问题，该问题的解决对敏感性分析识别至关重要。未来的参数化设计会面向 AI 增强优化（利用深度学习预测帕累托最优解）以及跨尺度建模（同步优化宏观形态与微观晶格结构）。通过持续融合增材制造工艺特性与智能算法，参数化设计正逐步从工具进化为创新引擎，推动医疗康复器械向精准化、智能化方向演进。

4.1.2 复杂晶格结构拓扑优化设计

在增材制造领域，复杂晶格结构的拓扑优化设计是近年来最具突破性的研究方向之一。这类结构通过微观单元的周期性或非周期性排列，实现了轻量化、高强度、能量吸收、热管理等多功能特性的协同优化。本节将围绕晶格结构拓扑优化的核心技术、设计方法学、多目标优化策略及其工程应用展开系统阐述。

3D 打印零件的性能不仅由材料成分决定，还由其设计的拓扑结构决定。如何根据实际需求进行几何结构设计以及复杂结构的优化是工程界的一个经久不衰的重要研究内容。大自然中广泛存在具有复杂形状和优异功能的微结构，如蜂巢、蚁穴、骨头、鹦鹉螺、蜻蜓翅膀等，见图 4-4。通过物竞天择的自然筛选，微结构产生了缤纷繁多的种类，且具有独特且优良的性质，例如在小体积和重量下拥有高空间效率或机械强度。通常这些在空间中连续变化的功能梯度微结构是由更为细致的微结构单胞构成，例如，蜂窝由近似的正六边形单元构成。受这些微结构的启发，人们以结构仿生学为基础，设计出了各种各样的微结构。得益于增材制造高自由度的特点，人们可以将具有精细拓扑和复杂几何形状的微结构制

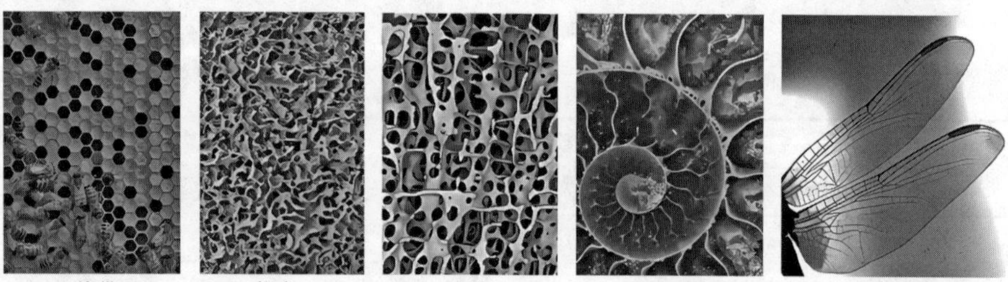

图 4-4　自然界中存在的微结构

造出来。

将材料定义为相同的单胞，并在空间中进行周期性排列，是常见的微结构设计方法。晶格结构（图 4-5）或点阵结构是最常见的单胞结构，具有许多优越的性质，可应用于提升结构刚度、传热、能量吸收等。常见的晶格结构单元一般在正六面体内进行设计，且具有周期性，可在空间中进行阵列，所以常被用于设计功能梯度微结构，并且常与拓扑优化相结合以实现非凡的性能。拓扑优化是一种强大而有效的结构设计工具，在航空航天、机械、建筑等领域有着广泛的应用，它可以确定在给定边界和载荷条件下的较优材料分布。通过拓扑优化得到的许多结构既美观又实用，拓扑优化与增材制造技术相结合给结构设计带来了一场新的革命。

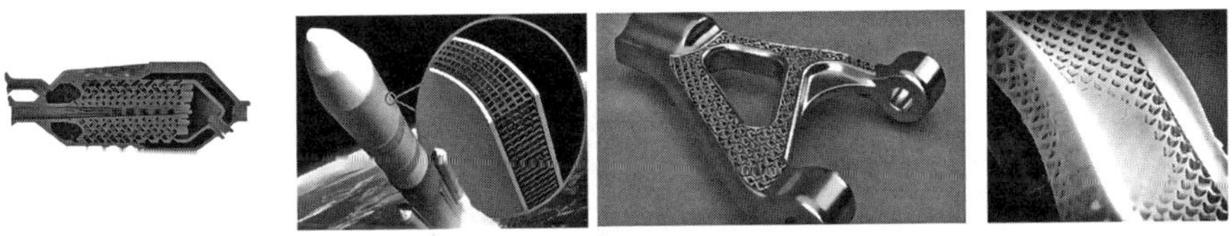

图 4-5 晶格结构的应用

由于不同晶格结构的形状、拓扑关系等有着很大不同，导致其物理性能存在很大差异，所以晶格结构有着很大的设计空间。如图 4-6 所示，其种类多样，如简单立方（simple cubic）、体心立方（BCC）、面心立方（FCC）、八隅体桁架（octet truss）、Kelvin 桁架（truss），以及三周期极小曲面（TPMS）系列等。在结合拓扑优化进行微结构设计时，可通过改变单一类型晶格的体积分数来达到优化材料分布的目的。

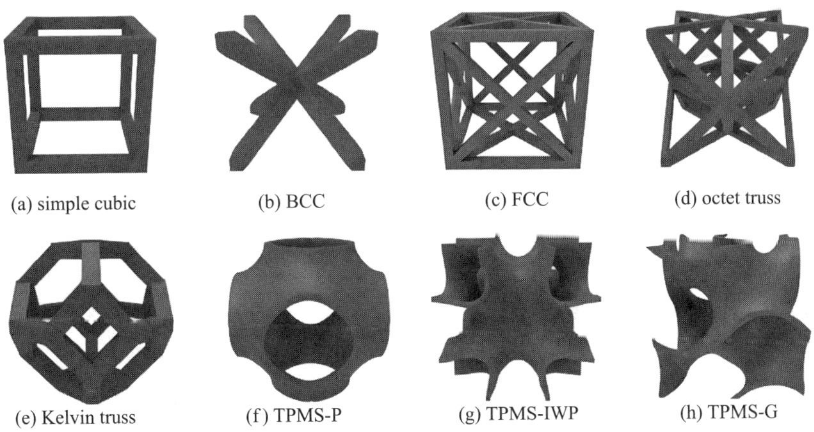

图 4-6 比较常见的晶格结构

王坤、闫超伟和宁天亮等人对足外翻矫形器仿生结构晶格拓扑优化做了大量研究，发现常规 ABS 材料的拉伸屈服强度通常在 35～50MPa 甚至更高。与 ABS 的典型屈服强度相比，仍有相当余量，这意味着在正常使用环境下，材料因过应力导致断裂或永久变形的风险较低。应力主要集中在踝关节周围，是因为矫形器需要在踝关节附近施力并提供稳定支撑，绑带加压及足与矫形器接触面的作用都会使该区域成为高应力集中带。绑带施加矫正力时，会在矫形器与足部接触面产生局部“夹持”效应，所以在踝关节周围产生较大压力。而且足外翻矫形器的主要目的是将后足外翻的力线适度往内侧“推”或“导正”，因此踝足内外侧及跟骨周围是力学最敏感的区域。矫形器设计在此处承受和传递外翻矫正力，使踝下关节朝更中立或轻度内翻方向发展。足外翻矫形器模拟穿戴的结构应力如图 4-7 所示。

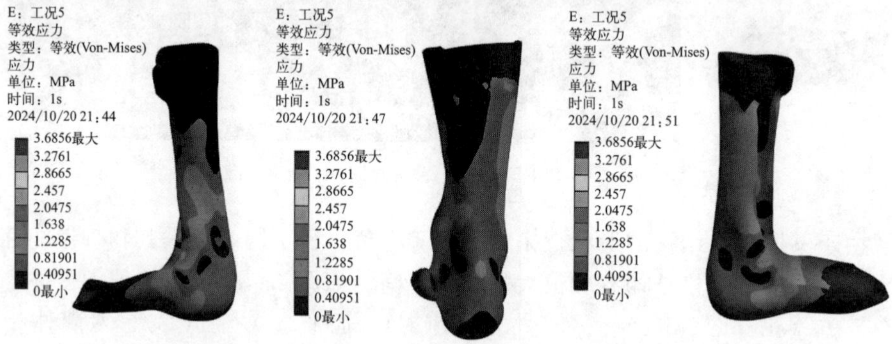

图 4-7　足外翻矫形器模拟穿戴的结构应力

（1）足外翻矫形器结构镂空分区设计

矫形器镂空轻量化分三个层次进行：质量保留 70％的区域采用 5mm 的圆形镂空，质量保留 60％的区域采用 4mm 的圆形镂空，质量保留 50％的区域采用 3mm 的圆形镂空。在承载能力和材料利用率之间做分级，对应不同应力水平区域如图 4-8 所示，保证在满足力学需求的前提下尽量减重。

通过不同尺寸圆形镂空分区处理，可以精准控制每个区域的减重比例，实现轻量化与结构强度的平衡。圆形镂空能相对均匀地分散应力，并避免锐角或边缘带来的应力集中。对于矫形器这样需要长时间佩戴、承受周期性力作用的装置，圆孔相对于方孔、菱形孔等形状更能降低疲劳破坏的风险，还提供了额外通风散热通道，改进了佩戴时的舒适度。

“三层次镂空”做法，是一种简化的分区拓扑处理：在高应力区保留更多材料、低应力区去除更多材料，避免力学性能过度衰减。将矫形器根据应力特征划分成不同的“质量保留区”，再分别选用 5mm、4mm、3mm 的圆形镂空来实现 30％、40％、50％的减重，不仅符合力学分区原理，还能兼顾轻量化与佩戴舒适

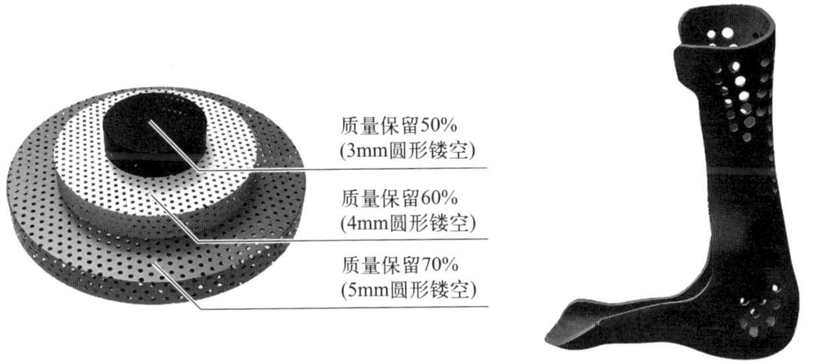

图 4-8 结构镂空分区设计

度，降低出现应力集中或结构过度削弱的风险。这样的做法兼具科学性、实用性与可扩展性，在矫形器设计领域是一种行之有效的分级减重策略。

(2) 足外翻矫形器内部填充晶格设计

弓背蚁是世界上最大的蚂蚁属，隶属于蚁亚科。它们擅长搬运和徒步旅行，其腿部结构具有强大的支撑能力。以弓背蚁腿部结构（图 4-9）为思路，通过蚂蚁腿部仿生填充晶格数学模型计算，进行足外翻矫形器内部填充晶格的设计。

图 4-9 弓背蚁腿部结构

受蚂蚁腿部结构强大承载能力的启发，采用工程仿生学的相关方法，对生物模型进行分析，设计仿生点阵结构。如图 4-10(a) 所示，首先，根据蚂蚁的腿部构型特征，确定单胞结构由十二条边组成，其中，长边六条，短边六条，长边对应蚂蚁的胫节，短边对应蚂蚁的股节，相邻的长边和短边组成一组组合边。基于蚂蚁腿部构型的研究，单胞的六条组合边 1、2、3、4、5、6 分别对应蚂蚁的左前腿、左中腿、左后腿、右前腿、右中腿、右后腿。基于承载模式下蚂蚁腿部研究的结果，左前腿和右后腿在一个平面内，右前腿和左后腿在一个平面内，中间两条腿在一个平面内，故单胞的六条组合边1与6、2与5、3与4分别在同一平面内，如图4-10(b) 所示。为了简化模型，假设左前腿和右后腿，以及右前腿和左后腿对应的边具有相同的参数：在中间截面（middle section)，短边长度定义为L_{12}、长边长度定义为L_{11}、短边和长边之间的角度定义为α_1、长边和水平轴之间的角度定义为β_1，如图4-10(c) 所示。在对角线截面（diagonal section)，短边长度定义为L_{22}、长边长度定义为L_{21}、短边和长边之间的角度定义为α_2、长边和水平轴之间的角度定义为β_2，如图4-10(d) 所示。最终，得到的仿生蚂蚁点阵结构三维图如图4-10(e) 所示。

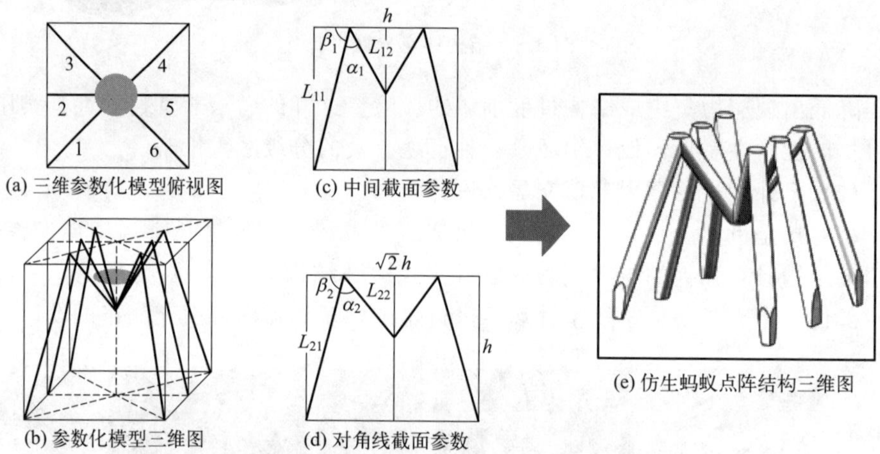

(a) 三维参数化模型俯视图　(c) 中间截面参数　(b) 参数化模型三维图　(d) 对角线截面参数　(e) 仿生蚂蚁点阵结构三维图

图 4-10　仿生蚂蚁填充晶格单胞结构设计

对于对角线截面，基于勾股定理，满足以下方程：

$$L_{21}\cos\beta_2+L_{22}\cos(\pi-\alpha_2-\beta_2)=\frac{\sqrt{2}}{2}h \tag{4-1}$$

对于中间截面，基于勾股定理，满足以下方程：

$$L_{11}\cos\beta_1+L_{12}\cos(\pi-\alpha_1-\beta_1)=h \tag{4-2}$$

其中，h 表示蚂蚁晶格的高度。根据蚂蚁在静态模式的研究数据可知，蚂蚁的胫股比分别为1.6、1.5、2.0，因此，仿生蚂蚁单胞的长边与短边的比值可以取1.6、1.5、2.0。根据蚂蚁腿部角度的研究数据可知，蚂蚁前腿和后腿的股节和胫节之间的角度约为45°，与之相对应的蚂蚁前腿和后腿的胫节与水平轴之间的角度约为65°；中腿的股节和胫节之间的角度约为30°，中腿的胫节与水平轴之间的角度约为70°。因此，在对角线截面，仿生蚂蚁单胞结构的长边和短边之间的角度α_2取45°，长边和水平轴之间的角度β_2取65°。相对应地，在中间截面，长边和短边之间的角度α_1取30°，长边和水平轴之间的角度β_1取70°。基于以上数据，建立蚂蚁腿部仿生填充晶格单胞结构，然后根据紧凑的上端相互连接的堆叠方式，构成头对头（top to top）的单个完整填充晶格结构，如图 4-11 所示。

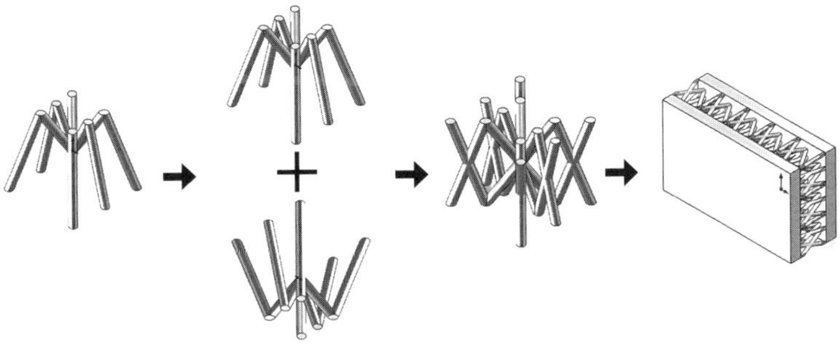

图 4-11　完整的蚂蚁仿生填充晶格结构设计步骤

仿真结果显示最大应力仅 0.43882MPa，如图 4-12 所示，远低于 ABS 的屈服强度，意味着该仿生结构在正常载荷下具有充分的安全裕度，不易出现材料开裂或永久变形。最大变形为 0.0030552mm，换算下来仅为 3.06μm 左右，说明在给定的受力或边界条件下，结构整体形变非常小，刚度表现良好。对于矫形器而言，过大的变形会影响功能和精准度，这种微量变形能够保证较好的支撑稳定性。

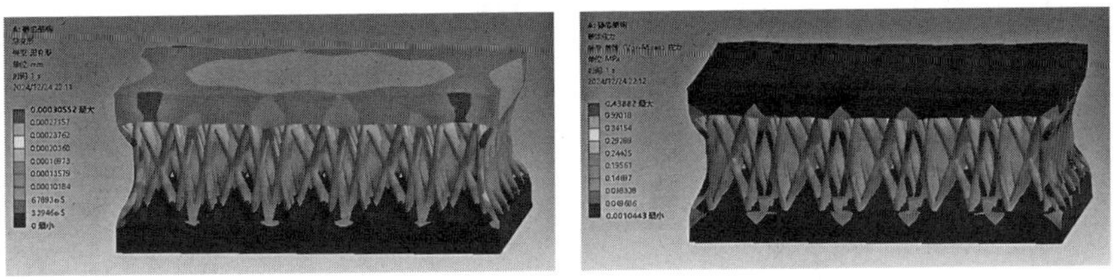

图 4-12　矫形器仿生晶格填充应力分析

本节研究的这种蚂蚁腿部仿生填充晶格结构复合骨架的方式，兼顾支撑强度与减重效果。这种晶格结构能将外部载荷分散到多条“力线”，类似于蚂蚁腿部的生物力学原理，有助于降低单个部位的应力集中。0.43882MPa 的最大应力显示应力峰值并未过度集中于少数薄弱点，验证了该仿生设计的可行性。

4.1.3　生机电一体化智能矫形器设计及制造

增材制造与传感技术的深度融合正在重塑康复医疗领域，尤其在脑卒中后足内翻患者的康复治疗中展现出突破性潜力。传统踝足矫形器虽能提供机械支撑，但缺乏对生物力学状态的实时感知与动态调控能力，导致康复效果评估依赖主观经验、训练过程存在安全隐患等问题。本节以王坤、韩鹏飞等人研发的 3D 打印智能踝足矫形器为典型案例，系统展示增材-传感一体化技术在康复辅具中的创新应用：通过集成参数化设计、多物理场仿真、嵌入式传感与生物反馈机制，构建了从个性化制造到智能康复训练的完整技术链条。

该装置以患者足部三维扫描数据为输入，采用 Grasshopper 参数化平台构建自适应矫形器模型。针对足内翻畸形的生物力学特征，设计冠状面与水平面联合作用的三点矫正力系统。通过逆向工程获取患者踝足 CT 数据，在 SolidWorks 中建立包含 22 块关节软骨、15 条韧带的精细化足部有限元模型。仿真分析显示，当施加于第一跖骨内侧（10～53.9N）、跟骨（40～85N）及距下关节外侧的三点力形成动态平衡时，第五跖骨压力峰值降低 30.1%，足跟负荷提升 22.9%，有效引导足底压力分布向健康模式趋近。基于此，选用尼龙 12 材料通过 HP Multi Jet Fusion 设备打印矫形器主体结构，层厚 0.08mm 的精密成形能力确保与患者解剖结构的毫米级匹配，传统需要 7 天的手工矫形器制作周期被压缩至 12h 内完成，如图 4-13 所示。

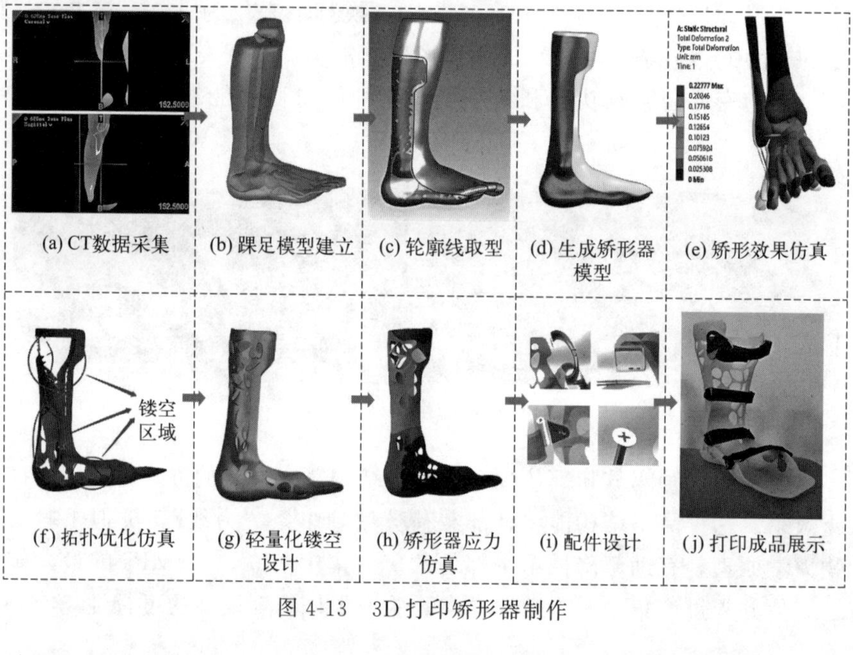

图 4-13　3D 打印矫形器制作

关节柔性压力传感系统由三个薄膜压力传感器、一个微处理器单元、一个有源蜂鸣器、一个振动器和一个可充电的电池组成。薄膜压力传感器粘接在矫形器第一跖骨、第五跖骨、足跟处的位置，足跟支撑为足底提供了稳定的后方支撑，第一跖骨支撑对于维持足部的稳定性和平衡起着关键作用，第五跖骨与第一跖骨共同构成了足部的横向稳定结构。这三个支撑点共同构成了足底的三角支撑结构，使得足部在承受体重和进行各种活动时能够保持稳定性和平衡性。所以压力传感器位置选择放置在这三点处（图 4-14），并在上面覆盖 0.5mm 的橡胶垫片，以更准确地得到足底区域压力值。在无线网络的协议下，所采集的足底压力数据会实时地显示在上位机上，采样频率是 50Hz。反馈单元中蜂鸣器和振动器可根据足底压力内外侧比值的不同而发出高频或低频的蜂鸣和振动，以此来更有效地提醒患者在训练步态时所需要采取的行动，更好地达到训练效果。

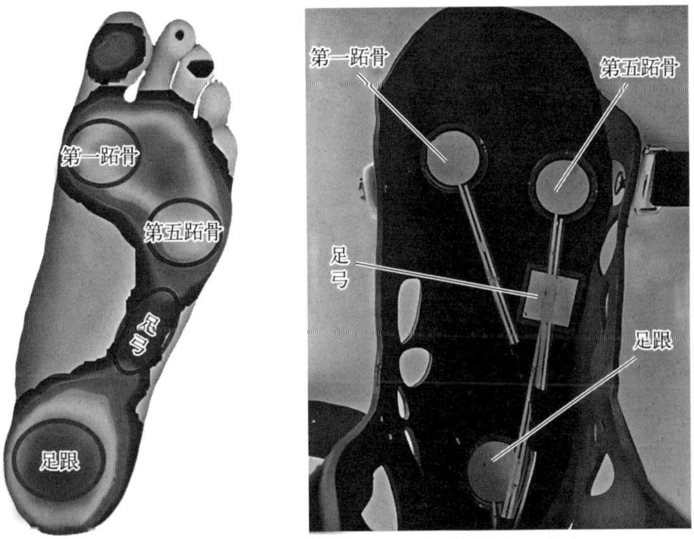

(a) 特征区域标记　　(b) 传感器嵌入位置

图 4-14　压力传感器放置区域

(1) 多路压力信号采集

本研究需要同时测量足部 3 个特征位置的足底压力，因此，选择基于运算放大器的高精度线性电压转换模块实现信号的采集。根据数据手册给出的典型接法，电压转换模块端子接口（S1～S4）接 4 路压力传感器，另一端接正负极和模拟信号输入口。线性电压转换模块接线原理如图 4-15 所示。

根据数据手册，先对线性电压转换模块测量压力进行校准，在薄膜压力传感器上稳定施加所测量的最大压力 50kg，然后调节相应的电位器（VR1～VR4）旋钮至输出电压值 3.3V，完成校准。依据下式完成电压与压力的转换：

$$U_o=\left(1+R_{\mathrm{AO\text{-}RES}}\times\frac{1}{R_x}\right)\times 0.1 \tag{4-3}$$

式中，U_o 为传感器模块输出电压值；$R_{\mathrm{AO\text{-}RES}}$ 为反馈电阻大小（电阻值根据压力传感器型号不同而不同）；R_x 为薄膜压力传感器输出电阻。

本系统 LMS-C25A 压力传感器的 $R_{\mathrm{AO\text{-}RES}}$ 为 300kΩ，下式为 LMS-C25A 压

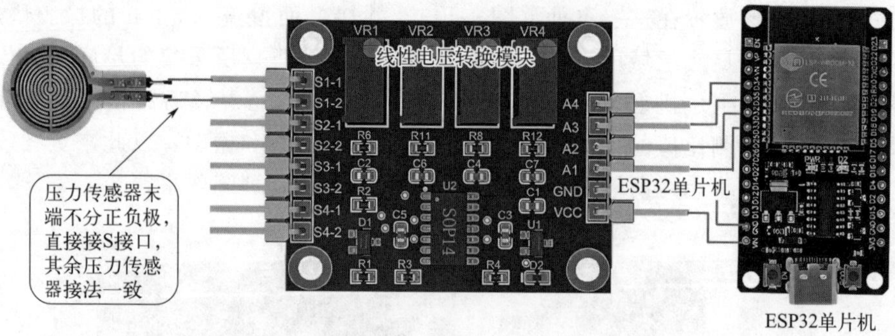

图 4-15 柔性压力传感系统线性电压转换模块接线原理图

力传感器输出电阻的关系式：

$$\frac{1}{R_{\mathrm{x}}}=0.0015F+0.0039 \tag{4-4}$$

式中，F 为压力。

电压与压力的输出关系式为：

$$U_{\mathrm{o}}=0.045F+0.217 \tag{4-5}$$

线性电压转换模块能适配多种型号的薄膜压力传感器，可输出 0～3.3V 电压信号，但是可兼容 5V、3.3V 控制系统，使用方便快捷。

生物反馈机制的设计体现了人机交互的深度优化。研究团队通过静态站立实验发现：当三点矫正力从 10N 增至 25N 时，第一跖骨负重占比从 13.6%升至 16.3%，第五跖骨负重占比从 12.2%降至 9.7%。据此建立动态阈值模型，在步态周期中实时计算内外侧压力比。当比值低于 0.9 时触发 1027 线性振动电机(振幅 1G，频率 230Hz)，提示患者增加足内侧负荷；当足跟触地俯仰角偏离正常范围（8°～15°）时，通过无源蜂鸣器（频率 2kHz）提供听觉警示。这种多模态反馈策略使患者步态自我修正响应时间缩短至 0.8s，较单一振动反馈效率提升 64%。患者穿戴情况如图 4-16 所示。

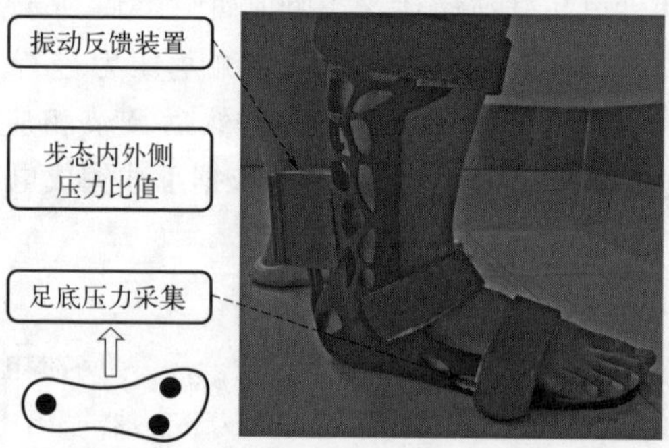

图 4-16 穿戴智能踝足矫形器

该案例的工程价值体现在设计-制造-感知-反馈的全链条创新：通过增材制造实现晶格结构与传感腔体的共形设计，使传感器嵌入深度误差控制在±0.2mm；开发的云端分析算法可自动生成康复进展报告，为医生调整矫正方案提供数据支持。相较于市售矫形产品，该系统使患者日均主动训练时长增加 1.7h，6 周临床观察显示步态对称指数提升 39%，达到国际领先水平。未来可通过扩展肌电传感模块与机器学习算法，实现痉挛模式识别与自适应矫正力调节，为神经康复领域提供智能化解决方案。

(2) 智能踝足矫形器步态分析

图 4-17 显示，佩戴智能踝足矫形器后，足内翻患者的步态显著改善，足底负载趋于对称，足跟着地更明确，中足参与支撑增强，前足外侧压力峰值降低，重心轨迹由外侧偏移向中线回归。步态周期中左右足受力时序趋于同步，踝关节运动更加接近生理状态，说明智能踝足矫形器通过实时传感与辅助控制，有效抑制内翻趋势，提升了步态稳定性与康复训练质量。

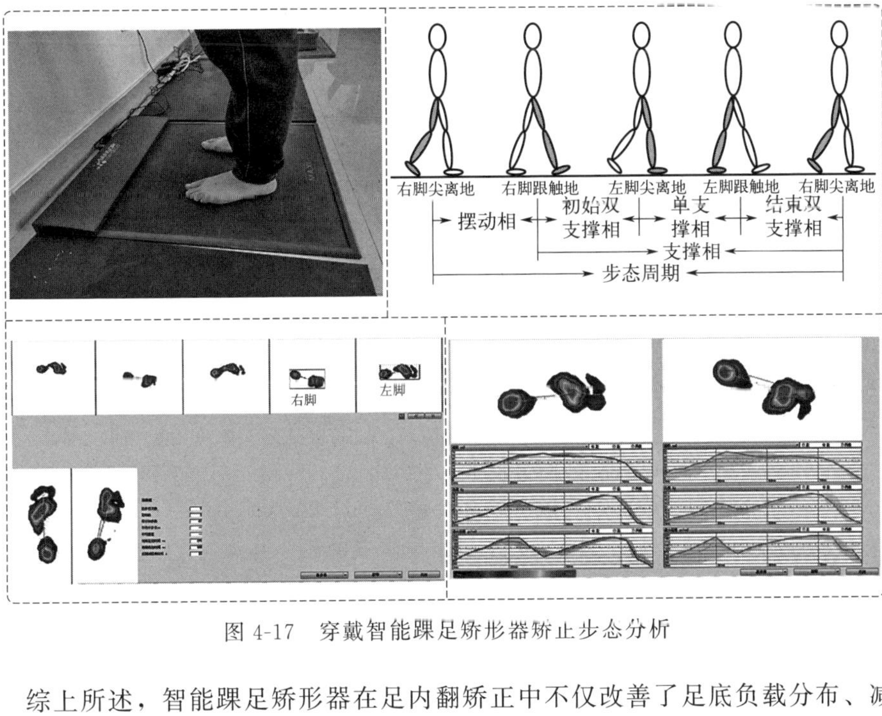

图 4-17　穿戴智能踝足矫形器矫正步态分析

综上所述，智能踝足矫形器在足内翻矫正中不仅改善了足底负载分布、减轻了关键区域应力峰值，还优化了步态周期结构，使患者逐步重建正常的行走模式。这些变化在云图色彩分布、压力曲线趋势及量化数据中表现清晰，验证了智能辅助技术在步态干预中的有效性和精准性。

4.2 面向增材制造的生物力学模拟与仿真

4.2.1 基于仿真的优化建模流程

(1) 生物力学需求定义

生物力学需求定义是整个优化建模流程的起点，其核心目标是通过明确目标组织或器官的力学性能特征、外部载荷条件以及边界约束，为后续设计、仿真与优化提供科学依据。输入参数通常包括目标材料的关键力学性能指标，如弹性模量、泊松比、屈服强度、疲劳极限等，这些参数需基于临床实测数据、生物力学文献或体外实验获得。此外，载荷工况的准确定义至关重要，需涵盖静态加载（如人体直立时骨骼的受力分布）和动态加载（如运动过程中的周期性应力）等多种场景，同时需明确载荷大小、方向及作用时间。边界条件的设定需反映实际生理环境，例如，骨骼与软组织间的接触约束、关节运动自由度限制或流体环境下的流固耦合效应。工具方面，临床医学影像技术［如CT、MRI（磁共振成像）］的高精度三维重建能力可辅助解剖结构的数字化建模，而文献数据库和生物力学实验平台则为参数标定提供数据支持。此阶段还需考虑生物相容性要求，确保优化后的结构在植入或应用时不会引发免疫排斥或疲劳失效。

(2) 初始几何建模

在生物力学需求明确后，初始几何建模阶段旨在将解剖学特征转化为可计算的数字化模型。参数化设计方法在此阶段占据主导地位，例如，采用非均匀有理B样条（NURBS）曲面技术对复杂生物形态进行数学描述，或通过隐式建模生成具有连续曲率的几何体。对于具有周期性特征的生物结构（如蜂窝状组织或分形分支系统），可通过脚本化算法批量生成参数化单元，再通过阵列复制或自适应缩放形成整体模型。医学图像处理软件（如Mimics、3D Slicer）在此阶段发挥关键作用，能够将CT/MRI断层扫描数据转换为高质量的三维体素模型，并通过阈值分割、区域增长等算法提取目标区域的几何轮廓。此外，生物启发式设计理念被广泛应用，例如借鉴植物维管束的分叉拓扑或昆虫外骨骼的多层孔隙分布，以提升结构的力学效率。输出的初始模型需兼顾几何精度与计算效率，避免因过度细化导致后续仿真资源消耗激增。

(3) 拓扑优化与仿生结构生成

拓扑优化是连接几何模型与力学性能的核心环节，其目标是通过数学方法在预设的设计空间内自动分配材料，生成满足性能约束的轻量化结构。常用算法包括变密度法（SIMP）、水平集方法和进化结构优化法（ESO）。SIMP通过引入伪密度变量对材料进行连续插值，结合有限元分析迭代更新密度分布，最终收敛于清晰的材料-空隙界面；水平集方法则通过隐式曲面的演化直接控制结构边界，适合处理复杂拓扑变化。近年来，机器学习技术被引入生成式设计，例如，利用卷积神经网络（CNN）从生物结构数据库中提取特征模式，或通过强化学习探索非直觉的优化拓扑。目标函数需综合考虑多重要求：在力学层面，常以最小化质量同时最大化刚度（柔顺度最小化）为优化目标；在生物功能层面，需确保应力分布的均匀性以避免应力屏蔽效应，并通过孔隙率梯度控制实现骨长入与营养传输的平衡。优化过程中还需设置制造约束，例如最小杆件直径或最大悬垂角度，以减少后期增材制造的工艺风险。

(4) 有限元仿真分析

有限元仿真作为验证优化结果的关键手段，需对拓扑优化后的模型进行多物理场耦合分析。力学仿真中，Von Mises 应力分布用于评估结构在载荷下的局部强度风险，应变能密度可反映整体变形能吸收效率，而疲劳寿命预测则需结合 S-N（应力-循环次数）曲线与损伤累积理论。对于涉及流体或热传导的生物力学问题（如血管支架的血流动力学分析），需采用双向流固耦合（FSI）或瞬态热力耦合模型。商业软件（如 ANSYS、ABAQUS 和 COMSOL Multiphysics）提供丰富的求解器与材料库，支持从线性静力学到非线性动力学的多尺度仿真。网格划分时需进行收敛性分析，确保单元尺寸与类型（四面体/六面体）不影响结果精度。仿真结果的验证需通过体外实验或文献数据对比，例如将模拟应力值与应变片实测数据匹配，通常要求相对误差小于 10%。对于高复杂度模型，可采用降阶模型（ROM）或并行计算技术提升效率。

(5) 数据驱动的优化迭代

在初步仿真结果的基础上，数据驱动的优化迭代通过建立代理模型加速设计空间探索。代理模型（如 Kriging、径向基函数网络或多项式响应面）利用有限次的高保真仿真数据构建输入（设计变量）与输出（性能指标）的近似映射关系，从而大幅降低计算成本。多目标优化算法［如 NSGA-Ⅱ、MOPSO（多目标粒子群优化）］被用于平衡竞争性目标，例如，在支架设计中同时追求高孔隙率（促进骨整合）与高强度（防止塌陷）。优化过程中需定义明确的终止条件，包括目标函数变化率阈值（如连续 5 次迭代变化小于 1%）或预设的最大迭代次数。对于高维设计变量问题，可引入敏感性分析或主成分分析（PCA）识别关键参数，缩减优化维度。此外，不确定性量化（UQ）方法可评估材料属性波动或载荷变异对结果稳健性的影响，确保优化方案具备工程实用性。

(6) 增材制造约束验证

尽管拓扑优化生成了理论上的最优结构，但其可制造性必须经过增材制造工艺的严格验证。工艺限制包括选区激光熔化（SLM）的最小特征尺寸（通常为

0.1～0.3mm）、电子束熔化（EBM）的支撑结构需求，以及光固化（SLA）的临界悬垂角度（一般大于45°）。残余应力预测需通过热-力耦合仿真模拟逐层沉积过程中的温度梯度与收缩变形，避免零件开裂或翘曲。可制造性分析软件（如Netfabb、Materialise Magics）可自动检测薄壁、孤岛区域或无法排出粉末的封闭空腔，并生成支撑结构优化方案。对于晶格结构，需确保单元连通性满足粉末去除要求，必要时进行孔径梯度调整或表面光顺处理。此阶段还需考虑后处理工艺（如热处理、表面抛光）对最终力学性能的影响，并在模型中预留工艺补偿量。

(7) 最终优化模型输出

通过多轮迭代与制造验证后，最终模型需转化为增材制造设备可直接读取的格式(如STL、3MF)，并附带完整的工艺参数包。STL文件需进行错误检查(如法向一致性、孔洞修复)，而3MF格式支持包含颜色、纹理及元数据的多层次表达。工艺参数包需明确层厚（20～100μm）、激光功率（50～400W）、扫描速度（100～2000mm/s）等关键参数，这些参数可通过机器学习模型基于材料-结构-性能数据库推荐。最终的模型验证需结合微观尺度分析（如显微CT扫描检测孔隙率分布）与宏观力学测试（如压缩试验机验证承载能力）。对于植入类器械，还需进行体外细胞培养实验评估生物活性，或通过动物模型测试长期功能稳定性。输出文档应涵盖设计报告、仿真验证数据及工艺指导书，形成闭环的可追溯技术档案。

与传统优化方法相比，基于仿真的优化建模（图4-18）具有显著差异：其一，其设计灵感直接来源于生物系统亿万年进化形成的力学高效结构（如骨骼的哈弗斯系统、贝壳的层状复合材料）；其二，多尺度建模能力允许从宏观整体刚度到微观晶格拓扑的协同优化，而传统方法往往局限于单一尺度。技术发展趋势方面，数字孪生技术通过实时同步物理试验与虚拟仿真数据，可动态修正模型参数；生成对抗网络（GAN）等AI技术能够自动合成符合生物力学规律的创新结构，大幅缩短设计周期。这些进展正推动增材制造从“能制造”向“优制造”跨越，为个性化医疗、航空航天轻量化等领域提供颠覆性解决方案。

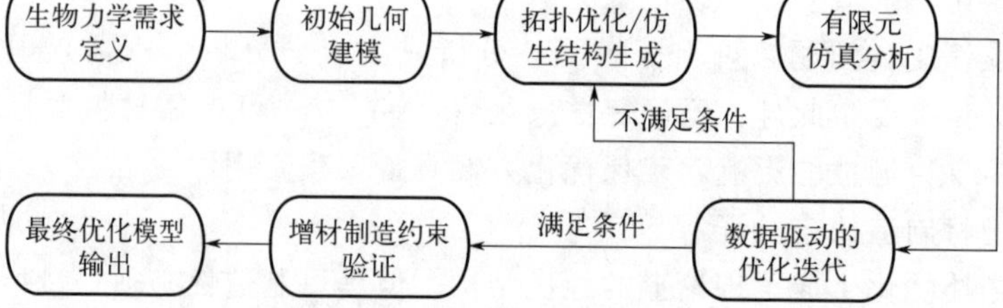

图4-18 基于仿真的优化建模流程

4.2.2 人体骨骼/关节的仿生结构建模

仿生结构建模作为增材制造与智能设计的交叉领域核心，通过模仿生物系统的结构与功能，优化工程产品性能。在医疗康复器械领域，基于人体骨骼/关节解剖特征的仿生建模技术，结合逆向工程、有限元分析与增材制造工艺，正在重塑个性化矫形器的设计范式。

以踝足矫形器为例，其设计需精准复现骨骼生物力学特性，同时引入轻量化仿生结构以提升佩戴舒适性与功能适配性。内蒙古工业大学宁天亮团队的研究为此提供了典型案例：通过三维扫描获取患者踝足几何数据，利用逆向工程重建骨骼-软组织模型，基于有限元仿真验证仿生结构力学性能，最终通过 3D 打印实现高精度制造。该流程将解剖学特征、材料特性与拓扑优化深度融合，形成从数据采集到临床验证的闭环系统。

踝足部位是人体下肢主要负重支撑点，其良好的力学功能是支持人们日常生活进行各种活动行为的有效前提，主要有内旋、外旋、内翻、外翻、内收、外展、跖屈、背屈等功能，如果其中功能长期或短期受限，都可能会对人体足部软组织与内部关节骨骼等造成不可逆性损伤。在结构上看，整个足部主要分为前足、中足和后足三部分，共同参与并协作完成踝足部位的各个动作。对于前足，主要包括最前端的五列趾骨，跖骨通过关节软骨与其连接，在行走时可活动。中足主要由跗骨构成，在行走时起到减振和稳定作用。后足主要由跟骨、距骨和距下关节构成，距骨连接小腿部的胫骨和腓骨两长骨，构成踝关节。足部骨骼与关节构成复杂，是一个半刚体结构，共有 28 块骨骼（包括籽骨）、30 多个关节和上百条韧带。

踝足部位是综合内外旋、内收、外展、背屈、跖屈、内翻、外翻等功能为一体的多自由度结构。在矢状面上一般为跖屈和背屈，水平面一般为内收和外展，而在冠状面上多为内翻和外翻。在人体行走过程中，跖屈和背屈主要发生在踝关节，也可伴随较小的内外翻运动，背屈一般活动范围为 26°～30°，跖屈一般为 40°～45°。足部的内翻和外翻一般发生在距下关节，内翻一般为 20°～30°，外翻一般为 5°～10°。踝关节和距下关节的运动相互协调，共同稳定行走步态。足部在不同平面产生的动作以及可能发生的病理学现象如表 4-2 所示。

表 4-2　不同平面产生的动作和病理学现象

不同平面	动作	相关的病理学现象
冠状面	内翻 外翻	内翻畸形 外翻畸形

续表

不同平面	动作	相关的病理学现象
矢状面	跖屈 背屈	马蹄内翻足 跟骨畸形
水平面	内收 外展	内收畸形 外展畸形
三平面联合	旋前 旋后	旋前畸形 旋后畸形

(1) 多模态数据驱动的仿生建模方法

三维扫描技术获取高精度体表点云（体表形态数据）：M4D 白光扫描仪获取下肢体表数据；搭建 Rodin4D 软件平台后，将白光扫描仪与 Rodin4D 软件连通，实现数据实时共享可视化。白光扫描仪采用高亮度结构光和高像素数码相机结合起来对投影光栅进行处理，利用白光编码面的扫描原理，对数据实时拼接并获取三维扫描数据，其适用范围为几十厘米到几米，生成的点云数据均匀、稳定，适合获取人体体表数据。

在扫描过程中，扫描者按照特定顺序需尽量缓慢、平稳过渡，尽可能一次性全面地扫描到肢体的每个部位，且需要实时观察 Rodin4D 软件中共享的可视化扫描数据，保证数据的完整性。获取数据后，可进一步利用 Rodin4D 软件对模型进行裁剪、拉伸、修补等操作，保存初始模型。扫描过程见图 4-19。

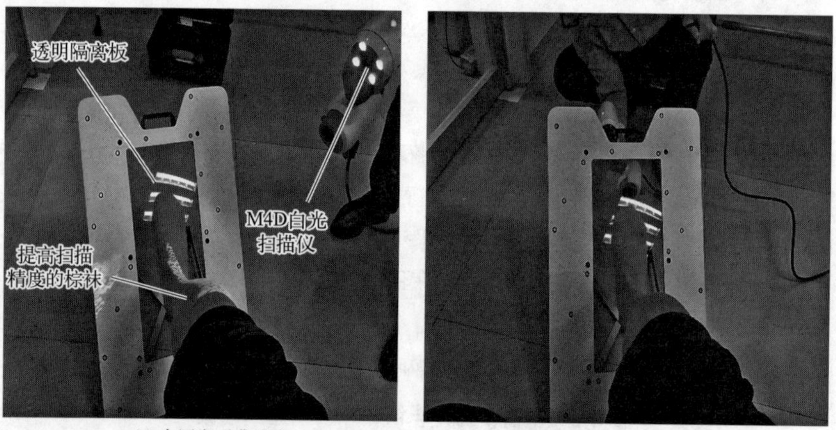

(a) 志愿者采集准备　　(b) 矫形器师采集数据

图 4-19　三维扫描数据采集过程

(2) 足部骨骼初始模型分割与重建（内部结构数据）

① 如图 4-20 所示，首先将获取的 DICOM（医学数字成像和通信）断层数

据导入 Mimics 医学图像处理软件，软件自动生成冠状面、水平面和矢状面的断层图像。观察图像并分析，为提高建模效率，视建模复杂情况选择最利于重建三维模型的平面即可，并不需要三个平面图像均处理。选择 New project 功能，导入计算机自动生成的三平面图像。

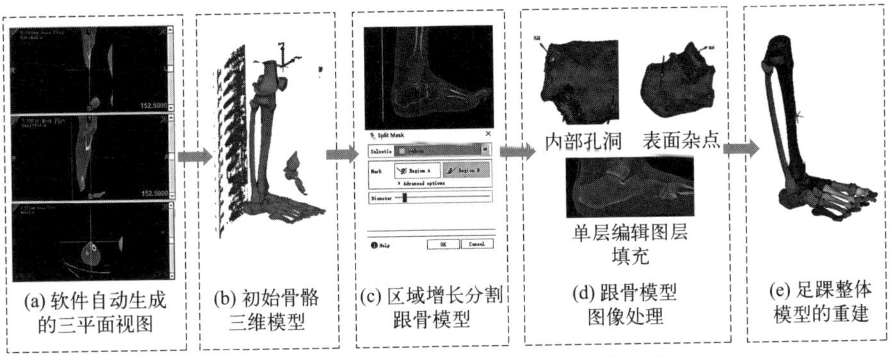

(a) 软件自动生成的三平面视图　(b) 初始骨骼三维模型　(c) 区域增长分割跟骨模型　(d) 跟骨模型图像处理　(e) 足踝整体模型的重建

图 4-20　足部骨骼初始模型分割与重建过程

② 这时只显示图层影像视图，并不显示虚拟三维模型，选择 Segment 工具栏下的 Threshold 命令，阈值区间范围可以自定，也可根据软件自动生成的 Bone（CT）阈值来选择。设原始图像为 $f(x,y)$，按照一定的阈值规则在 $f(x,y)$ 中确定若干阈值 H_1，H_2，…，H_N（$N \geqslant 1$），骨骼阈值灰度一般为 226～1821，软组织阈值灰度一般为 37～276。接着选择 Mask 3D Preview，使实体模型显示出来，得到初始模型。

③ 在矢状面内选择 Region Grow 命令，此时仅剩全部骨骼模型，接着要重建足部每块单独骨骼模型，如胫骨、腓骨、舟骨、跟骨、跖骨等，这里选择较为常见的跟骨，重建其三维模型。在使用区域增长后接着使用 Split Mask 功能，调整适合填充图像的圆形指针直径大小，分别对跟骨和其余骨骼进行涂选。

④ 得到跟骨初始模型后，新的蒙版图像显示的模型内部空洞，且表面非常粗糙，需要对其进行填充和擦除，去除表面尖点和杂点。在得到的新蒙版中使用 Edit Mask 功能逐层对其填充，也可根据个人情况结合使用多层编辑，虽然单层编辑耗时费力，但所建模型更为精准，故使用单层编辑方式。

⑤ 使用上述命令后，跟骨模型相较于初始模型已经得到了较好的修复，但还需要进一步使用 Calculate Part 和 Smooth 命令完成最后的跟骨模型重建。可利用相同方法重建整体踝足骨骼模型。

4.2.3　生物力学仿真与迭代优化

在增材制造与智能设计的交叉领域，生物力学仿真与迭代优化扮演着极为关键的角色。随着增材制造技术在生物医学、仿生工程等领域的深入应用，精准模拟生物力学环境并据此对设计进行优化迭代，成为提升产品性能、实现创新设计的核心路径。

生物力学仿真方法是研究生物系统在力学环境下响应行为的核心技术手段，其通过数值模拟与计算工具的结合，实现对复杂生理或仿生系统的动态解析与预测。该领域主要依赖于多种计算力学方法的集成应用，包括有限元分析（FEA）、计算流体动力学（CFD）、多体动力学（MBD）以及多物理场耦合仿真等。这些方法通过数学建模与算法求解，能够量化分析生物组织的应力分布、流体流动特性、运动学与动力学特征，为设计优化提供精确的理论依据。

有限元分析（FEA）作为结构力学仿真的基石，其核心是将连续介质离散化为有限数量的单元网络，通过求解每个单元的平衡方程、几何方程和本构关系，最终合成整体系统的力学响应。在生物力学中，FEA 常用于模拟骨骼、软组织或植入物在静态或动态载荷下的变形与应力分布。其技术流程涵盖几何建模、材料属性定义、网格划分、边界条件设定及求解器选择等关键步骤。材料模型需根据生物组织的特性进行精细化设置，例如骨骼的各向异性弹性模型、韧带的超弹性模型或软骨的黏弹性模型。非线性分析能力（如接触非线性、大变形几何非线性）是 FEA 在生物力学中的显著优势，能够准确模拟关节接触、软组织挤压等复杂相互作用。常用工具包括 ANSYS Mechanical、ABAQUS 和 COMSOL Multiphysics，这些软件提供丰富的材料库、求解器配置及后处理模块，支持从微观细胞力学到宏观器官级仿真的多尺度分析。

迭代优化流程是生物力学设计与增材制造深度融合的核心方法论，其通过闭环反馈机制将仿真分析结果与设计变量调整动态关联，逐步逼近性能最优解。该流程以多学科交叉为基础，整合力学建模、数值计算、优化算法及制造约束，形成从初始概念到最终产品的系统性设计路径，其核心环节包括参数化建模、敏感度分析、目标函数定义、优化算法选择、收敛性验证及制造可行性评估。

迭代优化流程的效能提升依赖前沿技术的深度融合。机器学习技术可通过强化学习框架自主探索设计策略，绕过传统试错路径；生成对抗网络（GAN）可自动合成符合力学性能要求的新型拓扑构型；量子计算算法的引入有望突破组合优化问题的计算瓶颈，而区块链技术可确保多机构协作下的数据安全与溯源。未来，基于生物启发式的优化架构（如仿生自适应生长算法）将进一步提升复杂生物力学系统的设计效率，推动增材制造从“制造可行”向“性能最优”跨越。

以 3D 打印踝足矫形器的设计与验证为例说明生物力学仿真与迭代优化：

① 有限元仿真分析：足内翻患者行走时，由于足内侧缘无法触地，主要由外侧距骨负担人体质量，长此以往会对足部造成不可逆损伤。对此提出使用动力学有限元方法模拟足部施加矫正力落地前后距骨应力变化，进一步验证矫形器三

点力学的可靠性。对模拟内翻角为 10°的足部模型进行动力学分析，足部距离地面高度 5mm，速度载荷 5m/s，时间响应设为 0.002s，采用静力学分析中的冠状面与水平面联合三点力（跟骨内侧、内踝上方、外踝下方和第一跖骨干内侧的力分别为 25N、20N、10N、10N）进行动力学加载，时间步设为 2 步，第 1 步在 0.001s 内施加三点矫正力，即在落地前完成矫正，完成矫正过程后足部刚好触碰地面，触碰地面时撤去三点力。大地选为 ANSYS 自带的水泥材料，分析三点力矫正前后足部站立时触碰地面后的跖骨应力变化。

② 结果分析：矫正前后的骨骼应力计算结果如表 4-3 与图 4-21、图 4-22 所示。由表 4-3 中的数据分析可知，在两平面三点力矫正的作用下，外侧第五跖骨最大压力由 5.705MPa 减至 5.384MPa，外侧跗跖关节处应力也有显著改善；而内侧除第二跖骨外，落地后应力负荷皆有不同程度的增加，足底与地面接触面积有效改善。

表 4-3　矫正前后足部各骨骼应力计算结果　　MPa

工况	外侧跗跖关节	第五跖骨	第四跖骨	第三跖骨	第二跖骨	第一跖骨
矫正前	46.172	5.705	3.639	1.422	0.646	0.829
矫正后	43.468	5.384	3.749	1.429	0.613	1.024

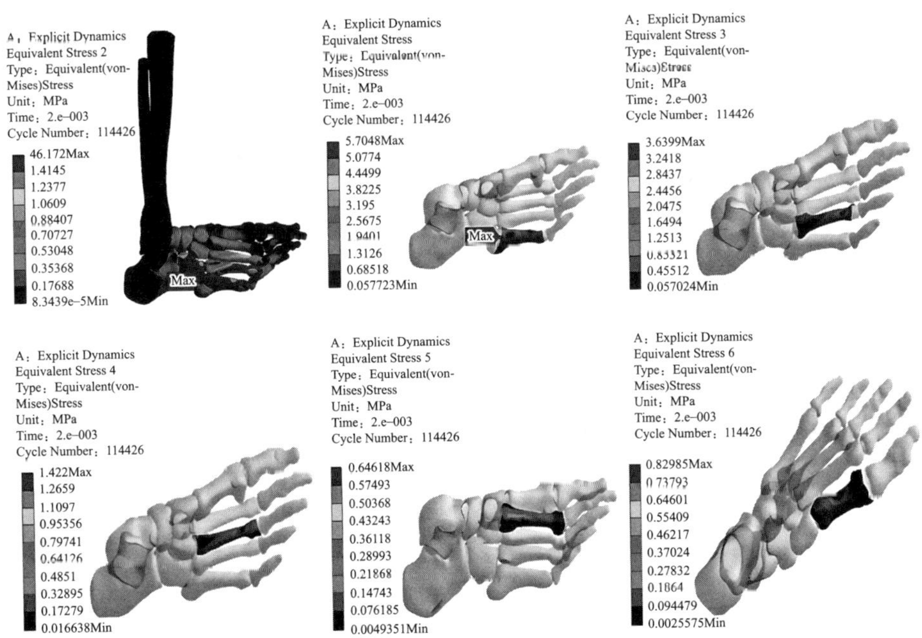

图 4-21　矫正前足部各骨骼应力云图

③ 迭代优化流程：矫形器模型的迭代优化设计如图 4-23 所示。

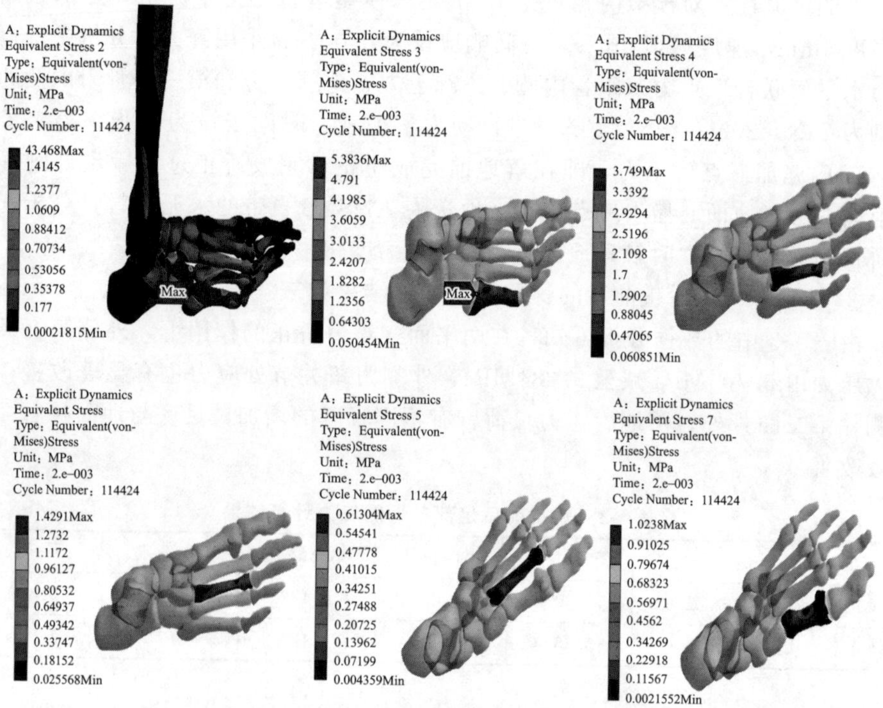

图 4-22 矫正后足部各骨骼应力云图

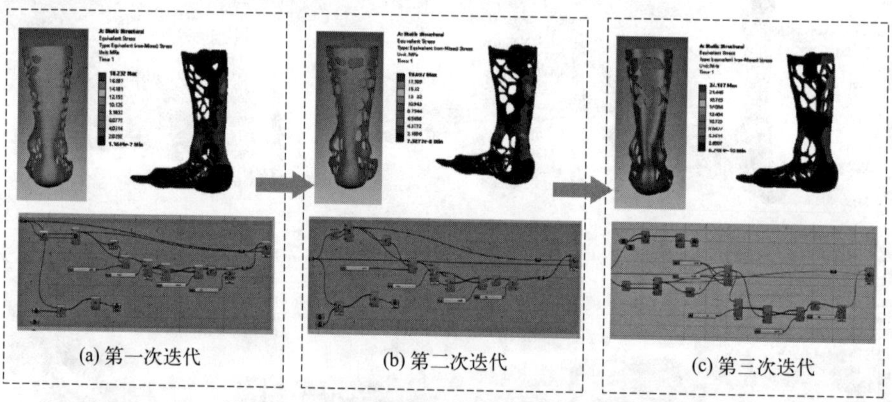

图 4-23 矫形器模型的迭代优化设计流程

依据拓扑优化结果对模型进行镂空设计，将矫形器三维模型文件导入 Rhino 的 Grasshoppper 插件中，将模型摆放整齐，利用特征曲线提取、特征曲线切分等命令进行设计。泰森多边形纹理是镂空最佳方案，可保证矫形器满足力学性能的前提下达到减少质量的要求，提高经济性要求。故使用泰森多边形对其进行优化设计，Rhino 软件对矫形器模型的优化设计程序，然后将矫形器模型导入 ANSYS 软件使用静力学模块分别进行分析，得到静力学数据如表 4-4 所示。由表 4-4 数据可知，在满足最大集中应力小于 PLA 的抗拉强度的条件下进行三次迭代优化后，将镂空模型质量降到最优。

表 4-4　不同镂空迭代的踝足矫形器应力

迭代优化	应力/MPa	质量/g
一	18.23	350.6
二	19.69	328.2
三	24.13	323.6

4.3　数字化建模的模型预测与结构优化

磨粒流抛光是复杂曲面 3D 打印件表面后处理的有效方法，然而如何运用该技术精准控制 3D 打印件的表面粗糙度是影响工件使用性能的难点问题。本节提出一种基于计算流体力学结合磨削量预测模型进行结构优化的方法。首先，通过流体仿真方法得到速度和压力等关键仿真响应变量，根据普林斯顿切削量方程进行切削量的理论估算，初步反映出材料去除的空间分布特征。然后，引入压痕公式修正参数，以弯管切削量为训练样本，并结合实际试验结果进行回归分析与验证，得到磨削量去除预测模型，从而实现对不同加工条件下磨削行为的精确预测与评估。最后，进行结构优化设计并开展实验进行验证，实现从仿真到实际的有效映射。

4.3.1　磨粒流工艺的流体动力学仿真方法

在面向智能设计的数字化建模中，流体动力学仿真是实现工艺预测与优化的核心工具。传统试错法难以应对增材制造零件的高复杂度与定制化需求，而基于计算流体力学（CFD）的仿真能够动态揭示磨粒流动规律、材料去除机理及参数敏感性，有效降低试验成本并优化工艺参数设计。

（1）仿真参数设置

首先估算雷诺数 $Re=\rho vd/\mu$，其中 ρ 为磨粒流介质密度；v 为磨料速度，d 为流道的当量直径；μ 为磨粒流介质的黏度。由于压力增加会导致磨料黏度降低，因此取最低黏度，代入计算得 Re，故判断管内流动状态为层流状态。在仿真设置中，选择 Laminar 层流模型。将 Carreau-Yasuda 方程及其本构参数编写成用于描述磨料介质流变行为的 UDF 文件并导入材料栏。

UDF 代码如下：

```
# include"udf. h"
# definen_02713. 9
# definen_inf4. 156
# definea3. 5046
# definen0. 4196
# definelamda4. 02475
DEFINE_PROPERTY(car_yas_visc,c,t)
{
realvisc;
visc=n_inf+(n_0-n_inf)* pow(1+pow((lamda* C_STRAIN_RATE_MAG(c,t)),
a),(n-1)/a);
returnvisc;
}
```

Fluent 求解中选择 HybridInitiation 初始化方法，其适用于多相流稳态问题的求解。其余参数设置见表 4-5。

表 4-5 仿真设置

类别	名称	参数
数学模型	多相模型	混合多相
	流动状态	层流
	主相	磨料介质
	次相	SiC 颗粒
	拟合模型	Carreau-Yasuda
	无穷剪切黏度，μ_∞	2713. 9Pa·s
	0 剪切黏度，μ_0	4. 156Pa·s
	松弛系数，λ	4. 025
	幂律指数，n	0. 420
	剪切变薄参数，a	3. 505
	SiC 大小	0. 6mm
边界条件	压力入口	2MPa
	出口	0MPa
	壁面	无滑移
求解设置	Scheme	SIMPLEC

(2) 网格无关性及准确性验证

进行网格无关性验证，在充分利用计算机性能的同时获得精度最高的计算结果。以图 4-24 中测量点的压力数值为参考对象，通过改变网格大小获得了 8 种不同的网格数量，如：5263、59211、599740、1009056、2228915、3567684、4804228、5227170。

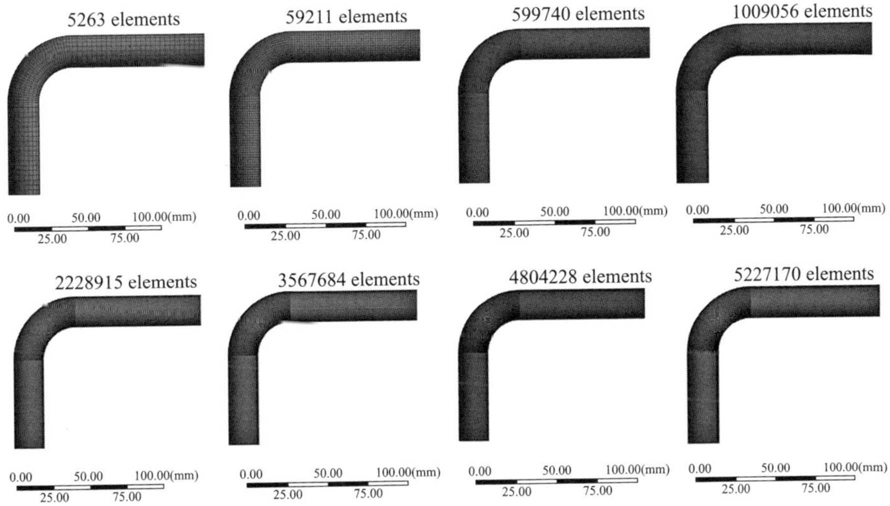

图 4 24　不同的网格数量

图 4-25 为相对误差与网格数量间的关系，随着网格数量的上升，计算结果基本稳定。为了防止过多的网格数量造成计算时间过长，本实验中采用 3567684 的网格数量。

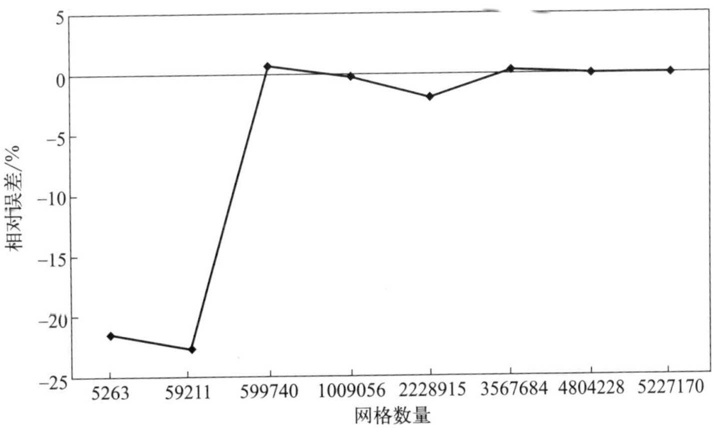

图 4-25　相对误差与网格数量的关系

(3) 仿真结果与分析

基于CFD方法对典型弯管结构进行流体仿真分析，以揭示磨粒流在复杂通道中的流动特性。仿真过程中，采用Fluent软件建立三维流场模型，模拟磨粒流介质在弯管中的流动行为，主要分析其压力分布与速度场的变化规律。

在弯管段，流速与压力的分布（图4-26、图4-27）呈现明显梯度。弯管外侧由于流体惯性与离心作用，速度和压力明显增高，导致去除量集中于外侧壁面。而在内侧，流速与压力均较小，去除作用减弱。

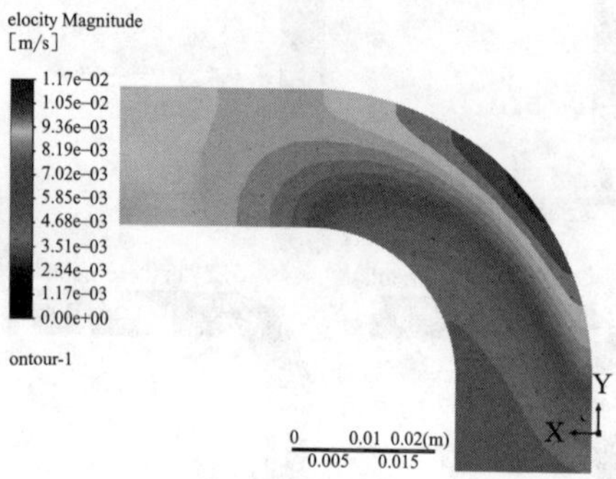

图4-26 速度云图

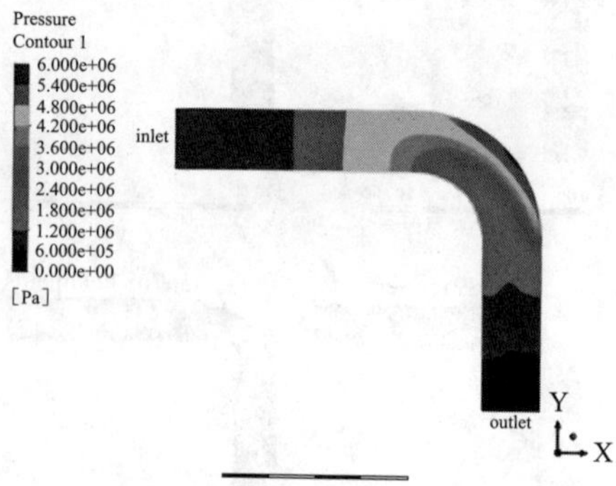

图4-27 压力云图

提取关键位置测量点（如弯管内外侧、入口、倒角等）处的速度与压力数值，进一步，基于普林斯顿方程，对固体颗粒在壁面上的作用进行定量分析。

$$\Delta z=\int_0^t k_{\mathrm{p}} v P \mathrm{d}t \tag{4-6}$$

式中，Δz 为磨粒流切削量；t 为加工时间；v 为磨料速度；P 为壁面压力；k_{p} 为比例常数，与磨料本身属性有关。由于同一加工参数加工同一工件时比例系数 k_{p} 是一个定值。

由图4-28～图4-30可知，在A型弯管的点5处，磨料由于惯性力对该点造

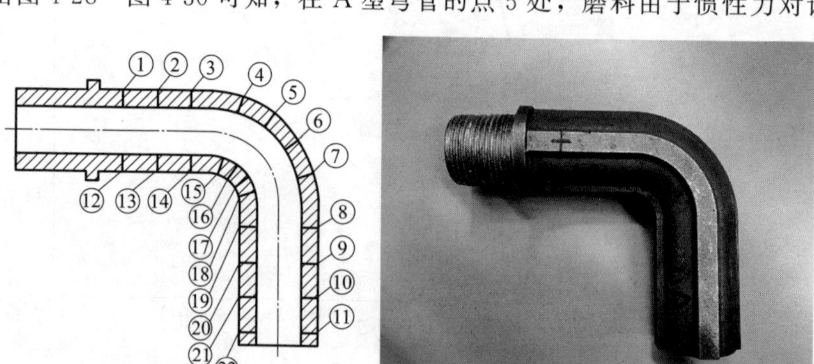

图4-28 测量点标定

成冲击导致该点处的去除量最大，之后随着压力的降低，去除量整体呈下降的趋势。内侧区域则因流速降低、磨粒运动不充分，使切削作用减弱，去除量偏低。

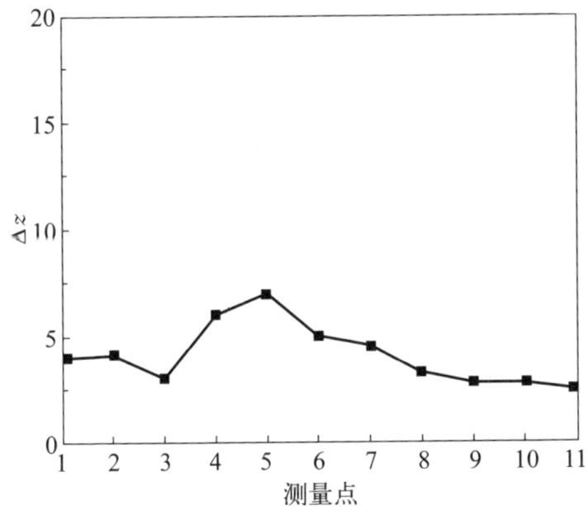

图 4-29　弯管外侧去除量

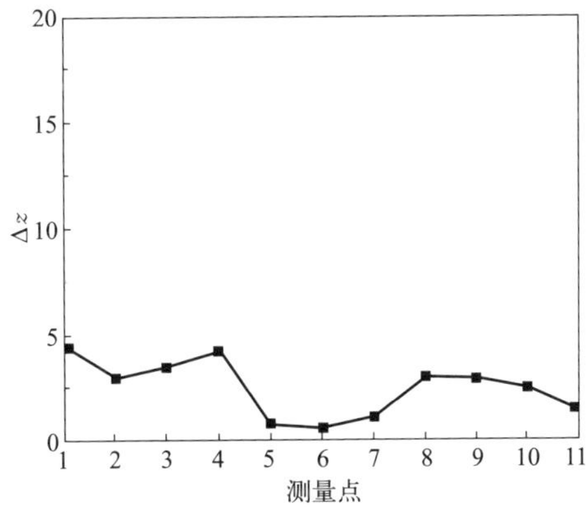

图 4-30　弯管内侧去除量

4.3.2　磨粒流磨削量预测模型

数字化建模的动态优化与模型预测在面向增材制造的智能设计中至关重要，能够有效衔接产品功能需求与实际生产工况。在磨粒流加工过程中，磨削量是评估加工质量与效率的重要指标。为了实现对加工过程的有效控制与优化，有必要构建精准的磨削量预测模型。通过分析磨料颗粒的运动特征及其与工件表面作用的微观机理，结合已有实验数据与仿真结果，建立磨粒流磨削量预测模型。

(1) 钛合金磨粒流磨削量预测模型公式推导

磨粒流加工过程中会微量去除膝关节表面的材料，但不同表面上各个点的切（磨）削量不相同，为了保证加工后良好的轮廓形状，需要对打印模型进行适当的不均匀加厚，即在切削量越大的地方加厚越多。因此，提出了磨削量预测模型。

切削量公式是由 Jain 在 1999 年提出的，在一定条件下可用于描述磨粒流加工的材料去除过程见图 4-31。

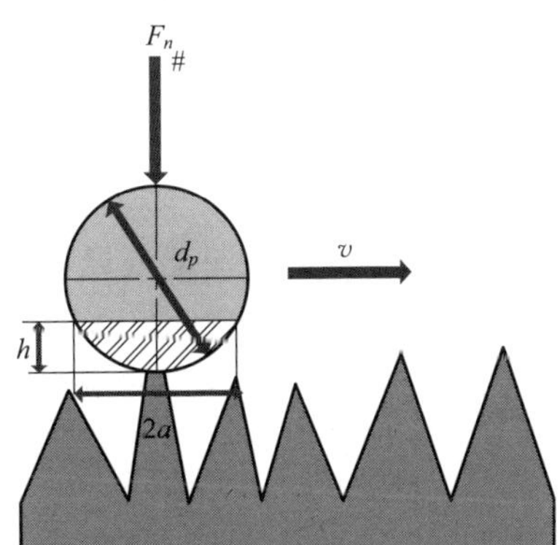

图 4-31　磨粒流加工去除过程

（a 为投影面积压痕半径）

磨粒流加工时，介质对近似球形、半径为 d_p 的硬质颗粒施加法向压力 F_n，使颗粒嵌入工件表面并产生压痕，深度为 h。随着磨料以流速 v 流动，颗粒从工件表面去除材料，完成对表面的加工。因此，切削量与工件表面相互作用的颗粒数和颗粒的压痕深度有关。

Jain 提出压痕深度可以由以下公式计算得出：

$$i=\frac{d_p}{2}-\frac{d_p}{2}\sqrt{1-\frac{\sigma_n}{H_w F_f(n)}} \tag{4-7}$$

式中，σ_n 为磨粒所受法向压力；H_w 为工件硬度；$F_f(n)$为表面粗糙度的演化函数（当表面粗糙度越低时，颗粒对工件表面产生的压痕深度就越小，切削量也越小）。

由于 $F_f(n)$ 的测量过程过于复杂，且原试验件与本书试验件形状有较大区别，因此本书在特定压力下，以铝合金直角弯管为研究对象，引入修正参数 $M(x)$。

式(4-7) 变形为：

$$i=\frac{d_p}{2}-\frac{d_p}{2}\sqrt{1-\frac{\sigma_n M(x)}{H_w}} \tag{4-8}$$

式中，$M(x)$ 为切削量修正系数，其与加工次数有关。随着加工次数的增加及粗糙表面的去除，光滑的表面使磨料颗粒造成的压痕深度越来越浅，导致单次加工的切削量减少。因此，在工件硬度不变以及颗粒所受压力不变的情况下，通过 $M(x)$ 对切削量进行修正，以模拟随着加工次数增加，切削量变小的现象。$M(x)$ 在后续通过加工试验的结果拟合得到。

Jain 提出与工件表面相互作用的颗粒数量可以表达为：

$$N=\frac{vt\Phi_p}{d_p}\times a_p \tag{4-9}$$

式中，v 为磨料速度；t 为加工时间；Φ_p 为磨粒的体积分数；a_p 为颗粒磨损表面的时间百分比，参考 Rabinowicz 等人的研究，认为对于上述情况，$a_p \approx 0.1$。

因此，总的磨削量预测模型可以表达为：

$$MR=Ni \tag{4-10}$$

$$MR=\left(\frac{vt\Phi_p}{d_p}\times a_p\right)\times\left(\frac{d_p}{2}-\frac{d_p}{2}\sqrt{1-\frac{\sigma_n M(x)}{H_w}}\right) \tag{4-11}$$

(2) 钛合金磨粒流磨削量预测模型参数拟合

使用超声波测厚仪（ST600A）对 3D 打印制造的 TC4 弯管工件每次加工后进行测量，超声波测厚仪的最小读数为 0.001mm。在修正参数拟合试验中，受钛合金高硬度的影响，单次加工切削量极小，超声测厚仪难以精确捕捉其变化，且随加工次数的增加，切削量进一步减小，测量难度不断提高。为此，试验采取了分阶段测量策略：前 40 次加工中，每完成 5 次便测量一次切削量；此后测量频率调整为每 10 次一次。历经 100 次加工后，测得的切削量变化数据在 MATLAB 中进行了曲线拟合（见图 4-32），为后续参数修正提供了依据。

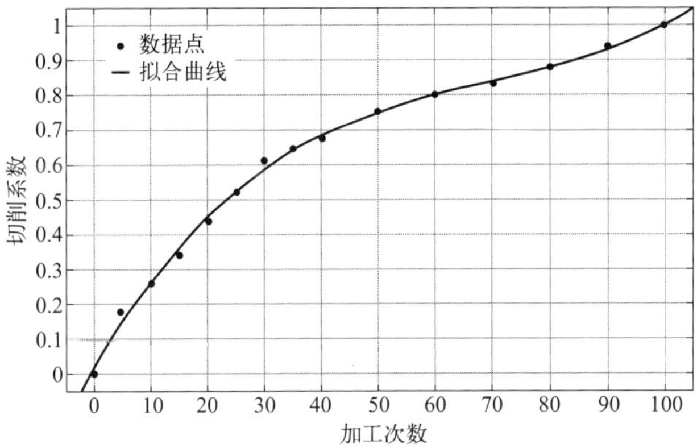

图 4-32　曲线拟合

根据图 4-32 可以发现，磨削量总体上升趋势为先快后慢，在去除粗糙表面时，切削量较大，随着粗糙表面逐渐光滑，颗粒嵌入深度逐渐降低，磨削量也随之降低，与前面研究相符。

通过拟合得出磨削量的修正系数方程 $M(x)$ 为：

$$M(x)=\frac{p_1x^3+p_2x^2+p_3x+p_4}{x^2+q_1x+q_2} \tag{4-12}$$

式中，$p_1 - 0.0615$；$p_2=-11.4096$；$p_3=0898.6118$；$p_4=576.7159$；$q_1=-50.7693$；$q_2=3.2848e4$；x 为加工次数。

将拟合出的修正系数［式(4-12)］代入式(4-11) 后，得到修正后的磨削量预测模型［式(4-13)］，式(4-13) 中的其余参数见表 4-6。加工时，磨料在直角弯管内连续流动，导致壁面压力与速度的测定十分困难，因此将在下节采用仿真的方式获取流道内壁面压力。

$$MR=\left(\frac{vt\Phi_p}{d_p}a_p\right)\times\left[\frac{d_p}{2}-\frac{d_p}{2}\sqrt{1-\frac{\sigma_n\left(\dfrac{p_1x^3+p_2x^2+p_3x+p_4}{x^2+q_1x+q_2}\right)}{H_w}}\right] \tag{4-13}$$

表 4-6　预测模型参数值

参数	数值
v/(m/s)	从仿真中获取
t/s	200
Φ_p	0.32
d_p/m	0.0006

续表

参数	数值
σ_n/MPa	从仿真中获取
H_w/MPa	350

(3) 钛合金磨粒流切削量预测模型准确性验证

同样由于壁面为无滑移壁面，将壁面偏移一个碳化硅颗粒的直径，以此平面的平均速度为式(4-13) 中的 v（为 4.49m/s）。获取仿真结果中的压力与速度大小后代入式(4-13)，分别计算该测量点 5～100 次时的切削量大小，并与实际切削量相比较，绘制预测模型误差（图 4-33）。

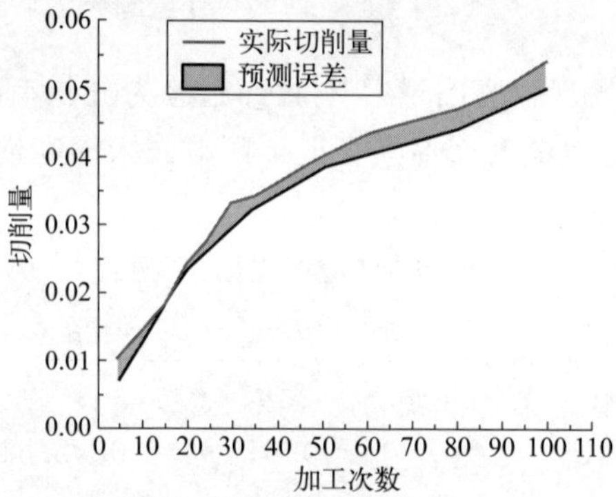

图 4-33　预测模型误差

由图 4-33 可知，磨粒流加工 TC4 弯管工件时，预测误差区间为 1.2%～23.44%，平均误差约为 7.44%。在第 5 次加工时，实际切削量为 0.010mm、预测值为 0.007mm，误差达 23.44%；在第 15 次加工时，实际磨削量与预测值分别为 0.0184mm 和 0.0182mm，误差仅为 1.2%。整体而言，实际磨削量普遍高于预测值，表明模拟中对磨料近壁面流动行为的描述仍有不足，导致壁面压力及近壁面速度分布的数值误差偏大，从而使预测的磨削量低于实际值。统计显示，前 40 次加工的平均预测误差为 6.65%，而后 60 次则为 8.02%。由于工件的加工周期为“正向 20 次、反向 20 次”（共 40 次），因此宜采用前 40 次加工对应的 6.65%作为误差修正系数，对预测模型进行补偿修正并提升预测精度。

4.3.3　磨粒流抛光结构优化

针对磨粒流抛光直角弯管处因磨料惯性力梯度变化导致肘部流道外侧过磨问题，结合磨削量预测模型，提出不均匀增厚、条状凸起和半球形凸起这三种带有保护结构设计的弯管，如图 4-34 所示。

将肘部流道外侧围绕旋转点顺时针旋转 3°，靠近入口处的壁厚增加 2mm，而靠近出口处的壁厚不变，同时对入口处的增厚位置做倒角处理，倒角深度 7.35mm，倒角角度 70°，获得不均匀增厚的流道。又根据前人的研究设计了 2 种保护外侧管道结构，分别建立 $R2=0.75$mm 的条状凸起弯管与 $R3=D/8$（D 为流道直径）的半球形凸起弯管，保护结构条数均为 3 条。

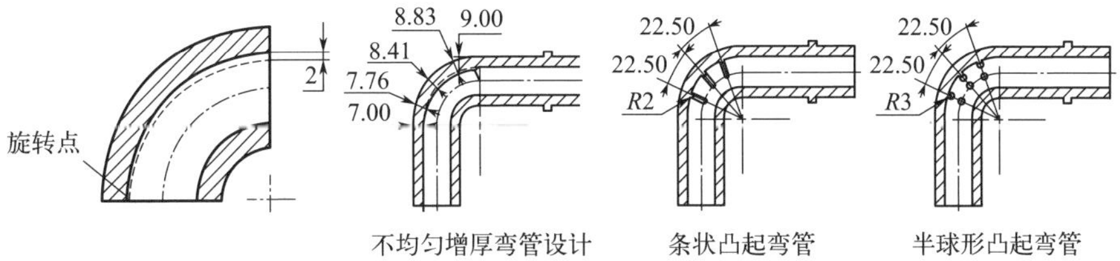

图 4-34　三种流道结构优化方案

通过云图（图 4-35）可以预测，加工后普通弯管在弯管段外侧存在过磨现象；不均匀增厚弯管在倒角处、弯管段去除量最大，且内侧容易出现加工不均匀现象。条状凸起与半球形凸起弯管整体压力趋势几乎一致，压力在条状凸起与半球形凸起迎向磨粒流的一侧远高于凸起结构另一侧，随凸起结构的变化，压力变化波动较大，同时在弯管段中间位置凸起结构两侧的压力差值达到最大。条状凸起与半球形凸起弯管中的弯管段凸起结构在迎向磨粒流一侧加工后会存在严重变形，条状凸起、半球形凸起弯管段内侧比普通弯管段内侧去除量高。

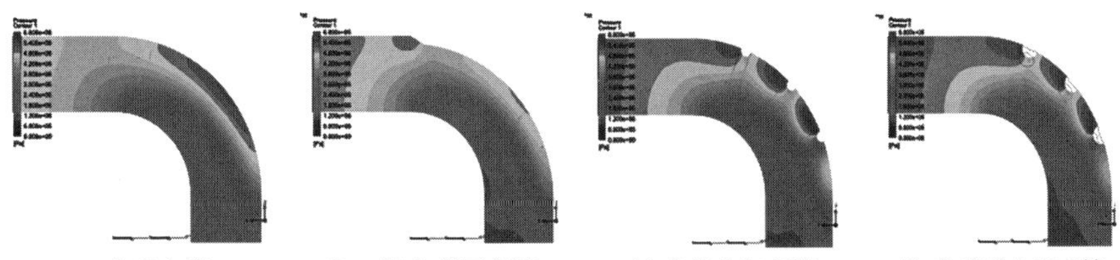

(a) 普通弯管　(b) 不均匀增厚弯管　(c) 条状凸起弯管　(d) 半球形凸起弯管

图 4-35　四种弯管压力分布

使用便携式三维扫描仪对加工后的弯管进行扫描，然后在 Geomagic Control X 软件中以流道为基准面进行拟合，并导出模型偏差云图。由于打印误差与线切割的误差不可避免，所以模型拟合也存在一定误差。图 4-36 中深蓝色块代表毛坯比加工后弯管少的部分，红色色块代表毛坯比加工后零件多的部分，即红色部分为去除掉的材料，蓝色部分为误差值，误差范围为 $-0.04\sim-0.02$mm。图 4-36(a) 为普通弯管的拟合偏差云图（拟合图），图 4-36(b) 为不均匀增厚弯管的拟合偏差云图。对比发现，普通弯管和不均匀增厚弯管的内侧流道去除量接近。其中内侧拟合偏差分别为：普通弯管为 0.068、0.034、0.057、0.064、0.053、0.041、0.048；不均匀增厚弯管为 0.076、0.047、0.045、0.054、

0.059、0.047、0.043。普通弯管弯道内侧前段去除量低于不均匀增厚弯管，中间比不均匀增厚弯管略高，后半段与不均匀增厚弯管接近。可以发现实际加工结果与仿真结果接近，普通弯管在弯管段外侧存在过磨现象，不均匀增厚弯管在倒角处、弯管段去除量最大。不均匀增厚相当于增加了加工余量，所以不均匀增厚弯管更容易保证加工后精度。条状凸起、半球形凸起弯管在凸起结构部分去除量过多，凸起结构迎向磨粒流的一侧均出现了严重过磨现象，造成流道形状变形，影响了使用精度。

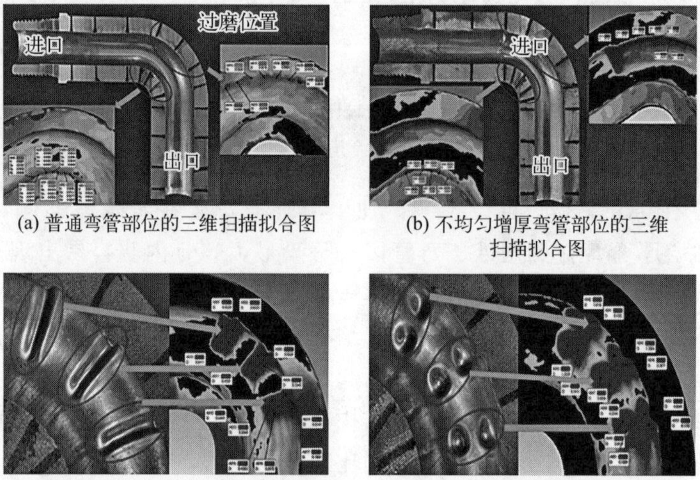

(a) 普通弯管部位的三维扫描拟合图

(b) 不均匀增厚弯管部位的三维扫描拟合图

(c) 条状凸起弯管部位的三维扫描拟合图

(d) 半球形凸起弯管部位的三维扫描拟合图

图 4-36 四种弯管三维扫描拟合图

同理，设计了三种不同尺寸的人工膝关节仿形工装夹具。依据工件大小和磨粒流加工经验，合理的流道间隙为磨料平均颗粒直径（如碳化硅颗粒直径）的10～30倍，既可保证足够的流动性，又能维持一定的剪切力和冲刷效果。本节所使用的碳化硅颗粒粒径约为0.5mm，设定5mm、8mm、11mm三种间隙（图4-37）分别对应约10倍、15倍和20倍的颗粒直径，能够全面探究不同间隙对流场分布、材料去除率及表面质量的影响。

通过探针工具测得速度和压力，计算得出间隙Δz，8mm间隙Δz平均值为9.33，在加工效率与表面均匀性之间达到较好的平衡，既可维持相对充分的流速与压力分布，又能避免过度冲蚀导致的局部损伤，在较长加工区域上的去除能力更加均衡，与速度压力特征分析相符。因此，综合速度、压力以及去除量等指标，最终选择8mm间隙的仿形流道方案更能满足本节对抛光质量与效率的要求。

通过优化后的工装夹具进行磨粒流抛光后，工件表面粗糙度显著降低，表面

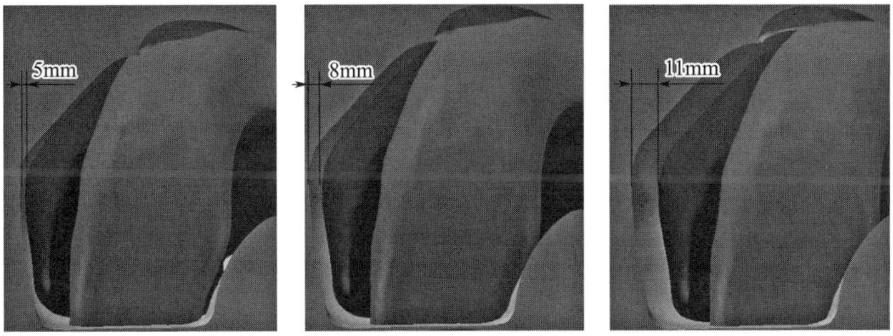

5mm间隙　　8mm间隙　　11mm间隙

图 4-37　不同尺寸的仿形流道工装

平均粗糙度达 0.269μm，如图 4-38 所示。相比初始状态，表面粗糙度数值表现出明显下降趋势，表明优化的参数组合能有效提高加工质量，满足人工膝关节临床应用对表面粗糙度的要求。

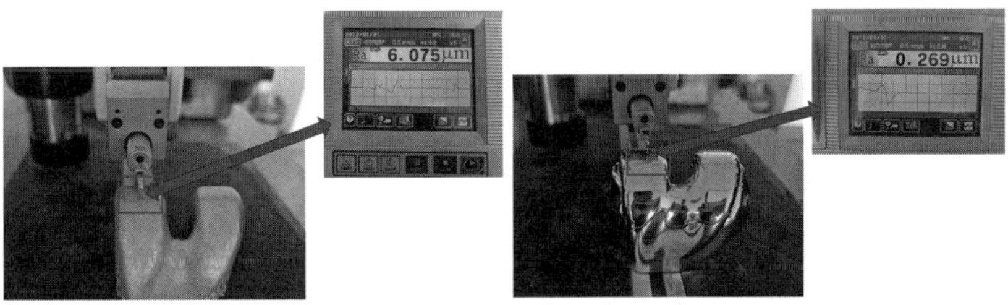

图 4-38　加工前后表面粗糙度

磨粒流加工前后效果如图 4-39 所示，加工前表面的粗糙度曲线具有明显的不规则波动，表现出多个幅度较大且尖锐的峰谷特征，表明表面初始状态较为粗糙。经过磨粒流加工后，粗糙度曲线明显趋于平缓，原先明显的波峰和波谷显著减小，工件表面的粗糙度得到了有效的降低和改善。加工后表面粗糙度曲线的波动幅值和频率均显著降低，配合端面呈镜面效果，说明磨粒流加工工艺能够有效

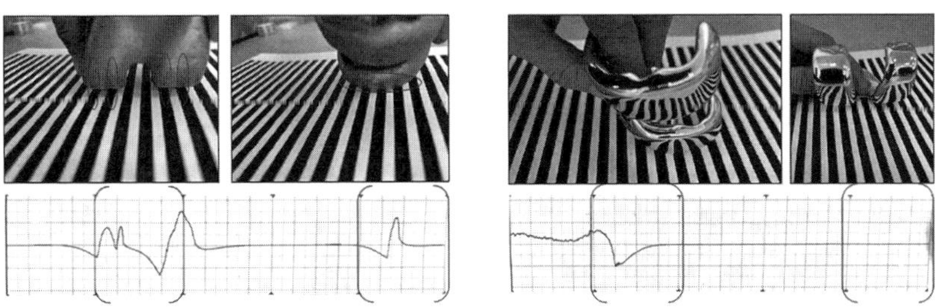

(a) 加工前　　(b) 加工后

图 4-39　磨粒流加工前后效果图

地提高工件表面质量，达到表面精密加工的要求。

4.4 面向增材制造的多尺度与多物理场建模技术

4.4.1 功能梯度一体化模型设计与制造

功能梯度材料（FGMs）的“成分-结构-性能”空间渐变特性，传统制造工艺难以实现，而增材制造的逐层堆积与多材料协同打印能力成为功能梯度一体化制造的核心技术。增材制造通过动态调控材料成分、能量输入和工艺参数，在单件中实现材料属性的连续或离散梯度变化，突破了传统工艺的均质化限制。

功能梯度一体化模型设计需跨越微观（材料相变）、介观（晶格/孔隙分布）和宏观（零件整体性能）三个尺度：

① 微观尺度，基于相场模型模拟材料成分梯度对微观组织的影响。如金属-陶瓷复合材料的界面扩散方程可表示为：

$$\frac{\partial c}{\partial t}=\boldsymbol{\nabla}\cdot\left(M\,\boldsymbol{\nabla}\frac{\delta F}{\delta c}\right) \tag{4-14}$$

式中，c 为成分浓度；M 为迁移率；F 为自由能函数。

② 介观尺度，通过拓扑优化设计梯度晶格结构，目标函数为多物理场性能最大化，如热-力耦合优化问题。

$$\min_{\rho}\left(\alpha\,\frac{\boldsymbol{U}^{\mathrm{T}}\boldsymbol{K}\boldsymbol{U}}{U_0}+\beta\,\frac{\boldsymbol{Q}^{\mathrm{T}}\boldsymbol{D}\boldsymbol{Q}}{Q_0}\right) \tag{4-15}$$

式中，ρ 为密度分布变量；$\boldsymbol{U}$ 为结构位移向量；$\boldsymbol{K}$ 为刚度矩阵；U_0 为位移归一化系数；$\boldsymbol{Q}$ 为热通量向量；$\boldsymbol{D}$ 为热导矩阵；Q_0 为热通量归一化系数；α、β 为权重系数。

③ 宏观尺度，基于有限元分析（FEA）预测梯度结构的整体性能（如热应力分布、疲劳寿命），并与制造约束（如最小特征尺寸、支撑需求）联动迭代。

根据以上功能梯度一体化模型设计的三个尺度，制备的钨-铜功能梯度材料3D打印结构样品如图4-40所示。

此外，自然界中也存在许多功能梯度材料，可以作为设计功能梯度一体化模型的参考。如层状结构是由多个复合层或者多个复合界面组成的复合材料，通常层状结构会提高脆性材料的韧性。层状结构的界面是渐变的，其力学性能通常会发生较大的变化。层状结构在生物材料的微观结构中很常见，如图4-41中的深

图 4-40　钨-铜功能梯度材料 3D 打印结构样品展示

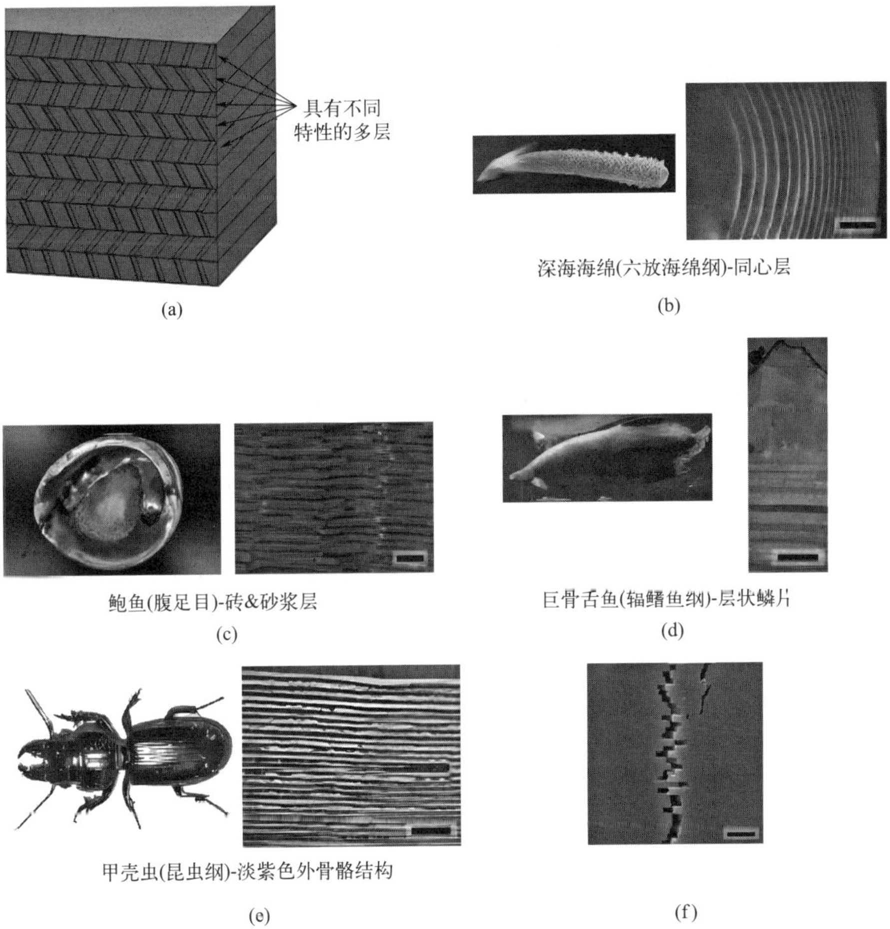

(a) (b) (c) (d) (e) (f)

图 4-41　自然界中的层状结构

海海绵层、鲍鱼的壳、鱼鳞中的结构和昆虫外骨骼都具有层状结构。层状结构通过引入多个界面增强生物材料的韧性。韧性通常定义为材料在发生失效断裂前可以吸收的能量，断裂韧性是诱发失效和断裂所需能量的量度。层状结构通常由脆性成分（如碳酸钙、羟基磷灰石、二氧化硅和其他生物矿物）组成，在层状结构产生裂纹时，复杂的结构可以有效促使裂纹偏转和扭曲，由此通过增加传播裂纹所需的能量来提高材料的整体韧性。

如图 4-42 所示，生物内部的梯度结构体积各不相同，梯度结构延伸到整个生物体中，如在螃蟹的钳子上，梯度结构只有几毫米。哺乳动物牙齿内的梯度结构，可以在坚硬的牙釉质和坚韧的牙本质之间形成梯度屏障。有报道称，牙齿内部的梯度结构有效阻止了由于弹性模量不匹配而从牙釉质传播到牙本质的裂纹扩展。

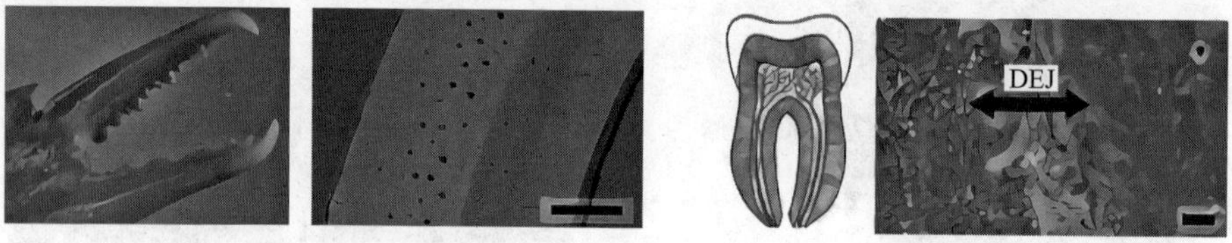

图 4-42 梯度结构

4.4.2 基于多物理场建模的智能设计实验应用

在生物医学工程领域，血管生理结构及血流动力学机理对疾病诊疗与医疗器械开发至关重要。鉴于传统单一数值模拟或实验方法难以全面表征血管狭窄等病理状态下流固耦合的复杂性，需建立基于多物理场建模与实验验证的智能设计体系（图 4-43）：借助血管 CT 数据完成几何重建与流固耦合分析，并以有限元模拟预测关键血流动力学参数；同时，依托 3D 打印血管模型搭建 PIV 实验平台，实现数值模拟与实验测量的双向印证。通过整合多物理场建模的精准预测优势与实验平台的直观验证手段，该方法为探究血管相关病理机制和评估医疗器械血流性能提供了系统化解决方案，具有显著的理论创新与工程应用价值。

多物理场建模技术（multiphysics modeling）是一种融合多学科物理规律的交叉研究方法，通过建立数学模型并结合数值计算技术，实现对复杂系统中多物理场耦合行为的精确模拟。其核心在于揭示不同物理场（如流体流动、固体变形、热传递、电磁效应等）之间的相互作用机制，解决传统单一学科方法难以处理的复杂工程问题。在生物医学领域，该技术通过耦合计算流体力学（CFD）、固体力学、生物组织特性及医学影像数据，为疾病机制研究、医疗器械设计及个性化治疗提供了创新解决方案。

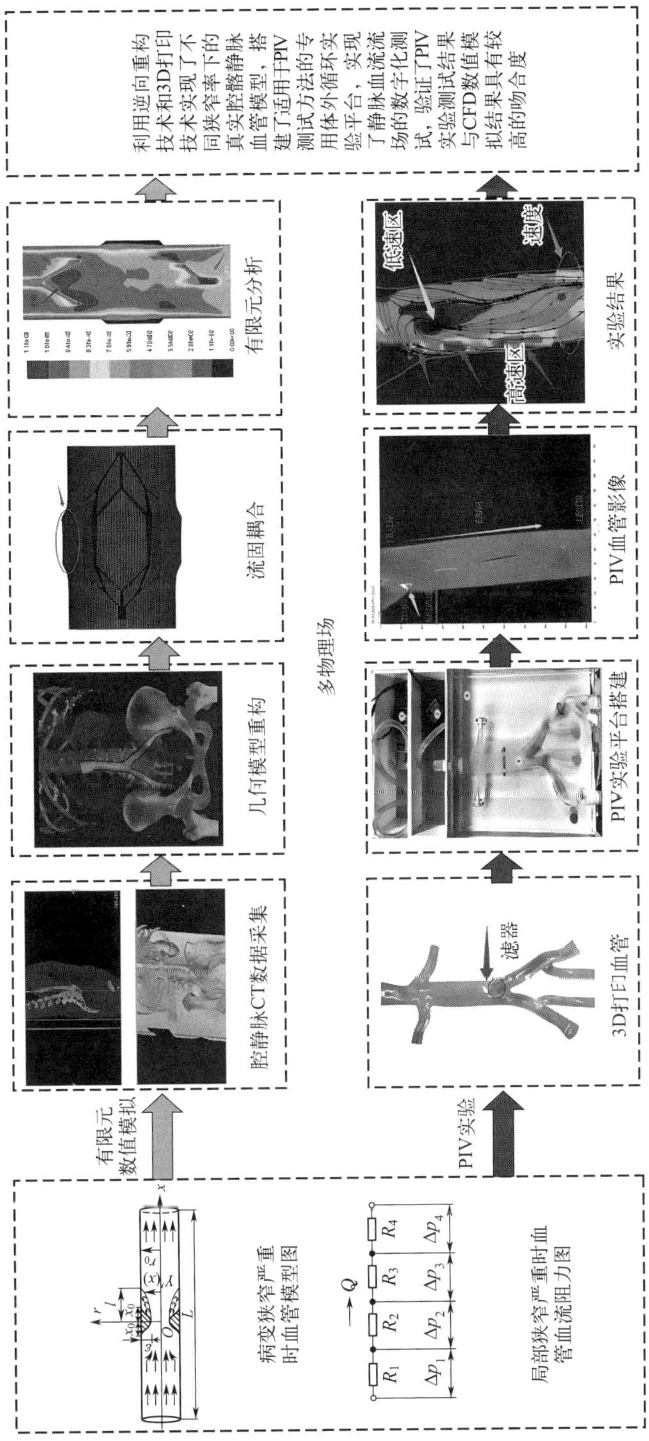
病变狭窄严重时血管模型图
局部狭窄严重时血流阻力图
有限元数值模拟
PIV实验
腔静脉CT数据采集
几何模型重构
流固耦合
有限元分析
多物理场
3D打印血管
滤器
PIV实验平台搭建
PIV血管影像
低速区
高速区
速度
实验结果
利用逆向重构技术和3D打印技术实现了不同狭窄率下的真实腔髂静脉血管模型，搭建了适用于PIV测试方法的专用体外循环实验平台，实现了静脉血流流场的数字化测试，验证了PIV实验测试结果与CFD数值模拟结果具有较高的吻合度

图 4-13　智能设计体系

(1) 病变性狭窄静脉血管血流特性数值模拟

当静脉出现严重狭窄时，由于静脉瓣膜的存在，血液流动相当于单向阀，通过下肢肌肉收缩迫使静脉血单向流动，但由于瓣膜闭合不严，血液出现回流现象，所以静脉血液的流动情况较为复杂。在直管血管流动中，因惯性作用，血液流经狭窄处后，产生流动分离区，如图 4-44 所示。

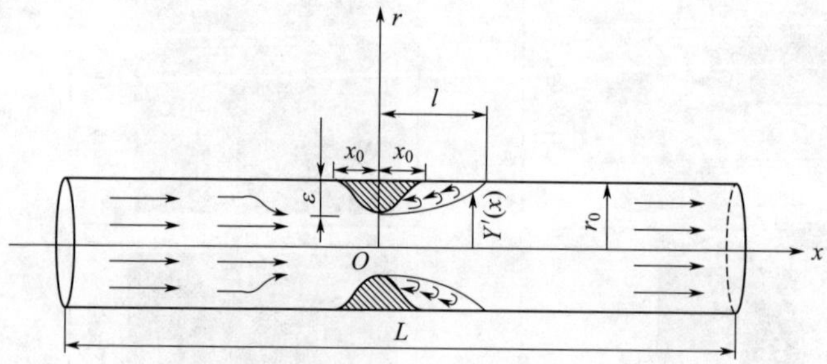

图 4-44　病变性狭窄严重时血管模型图

分离区域的大小受到雷诺数、血管狭窄程度的影响，设血液流到 $x=l$ 处时充满整个血管。分离区的曲线方程为：

$$Y'(x)=ax^2+b \tag{4-16}$$

该曲线过点（0，$r_0-\varepsilon$）和（l，r_0），从而可以得到：

$$\begin{cases} a=\varepsilon/l^2 \\ b=r_0-\varepsilon \end{cases} \tag{4-17}$$

从而得到分离区的曲线方程：

$$Y'(x)=\frac{\varepsilon}{l^2}x^2+r_0-\varepsilon \tag{4-18}$$

与局部狭窄较轻时相比，当狭窄严重时，血流的半径 $Y'(x)$ 并不等于血管壁内径 $Y(x)$，此时：

$$Y'(x)=\begin{cases} r_0-\frac{\varepsilon}{2}\left(1+\cos\frac{\pi x}{x_0}\right) & -x_0\leqslant x\leqslant 0 \\ \frac{\varepsilon}{l^2}x^2+r_0-\varepsilon & 0\leqslant x\leqslant l \\ r_0 & -L\leqslant x\leqslant -x_0, l\leqslant x\leqslant L \end{cases} \tag{4-19}$$

视血管内的血液流动为层流，p 为血液静压力（Pa），μ 为血液的动力黏度。病变性狭窄静脉血管内的血液流速分布表达式可以表示为：

$$u=\frac{1}{4\mu}\times\frac{\mathrm{d}p}{\mathrm{d}x}\left[r^2-Y'^2(x)\right] \tag{4-20}$$

血液流经通流截面的流量为：

$$Q=\int_0^{Y'(x)} u2\pi r\,\mathrm{d}r=-\frac{\pi Y'^4(x)}{8\mu}\times\frac{\mathrm{d}p}{\mathrm{d}x} \tag{4-21}$$

根据分离区的曲线方程，血液流动过程中的压力降为

$$\Delta p=-\int_{-\frac{L}{2}}^{\frac{L}{2}}\frac{\mathrm{d}p}{\mathrm{d}x}\mathrm{d}x=\frac{8\mu Q}{\pi r_0^4}\int_{-\frac{L}{2}}^{\frac{L}{2}}\left[\frac{r_0}{Y'(x)}\right]^4\mathrm{d}x \tag{4-22}$$

具有局部严重狭窄的血管分为四段，分别为：$-\frac{L}{2}$到$-x_0$、$-x_0$到 0、0 到 l、l 到$\frac{L}{2}$。压力降分别为 Δp_1、Δp_2、Δp_3、Δp_4，流阻分别为 R_1、R_2、R_3、R_4，局部狭窄严重时血管的血流阻力如图 4-45 所示。

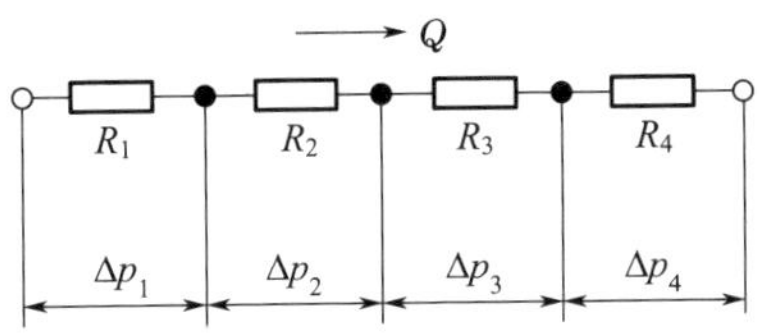

图 4-45　局部狭窄严重时血管血流阻力图

当血液流经第一段时，压力降和流阻分别为：

$$\Delta p_1=\frac{8\mu Q}{\pi r_0^4}\int_{-\frac{L}{2}}^{-x_0} l\,\mathrm{d}x=\left(\frac{L}{2}-x_0\right)\frac{8\mu Q}{\pi r_0^4} \tag{4-23}$$

$$R_1=\frac{\Delta p_1}{Q}=\left(\frac{L}{2}-x_0\right)\frac{8\mu}{\pi r_0^4} \tag{4-24}$$

当血液流经第二段时，压力降和流阻为：

$$\Delta p_2=\frac{8\mu Q}{\pi r_0^4}\int_{-x_0}^{0}\left[\frac{r_0}{Y'(x)}\right]^4\mathrm{d}x=\frac{8(1+0.71k+3.43k^2+0.16k^3+0.55k^4)\mu x_0 Q}{\pi r_0^4} \tag{4-25}$$

$$R_2=\frac{\Delta p_2}{Q}=\frac{8(1+0.71k+3.43k^2+0.16k^3+0.55k^4)\mu x_0}{\pi r_0^4} \tag{4-26}$$

当血液流经第三段时，压力降和流阻为：

$$\Delta p_3=\frac{8\mu Q}{\pi r_0^4}\int_0^{l}\left[\frac{r_0}{Y'(x)}\right]^4\mathrm{d}x=\frac{8(1-1.33k+1.2k^2-0.57k^3+0.11k^4)\mu l Q}{\pi r_0^4(1-k)^4} \tag{4-27}$$

$$R_3=\frac{\Delta p_3}{Q}=\frac{8(1-1.33k+1.2k^2-0.57k^3+0.11k^4)\mu l}{\pi r_0^4(1-k)^4} \tag{4-28}$$

当血液流经第四段时，压力降和流阻为：

$$\Delta p_4 = \frac{8\mu Q}{\pi r_0^4}\int_l^{\frac{L}{2}} l\,\mathrm{d}x = \left(\frac{L}{2} - l\right)\frac{8\mu Q}{\pi r_0^4} \tag{4-29}$$

$$R_4 = \frac{\Delta p_4}{Q} = \left(\frac{L}{2} - l\right)\frac{8\mu}{\pi r_0^4} \tag{4-30}$$

因此，当血液流经具有严重狭窄的静脉血管时所受的血流阻力为：

$$\begin{aligned}
R &= R_1 + R_2 + R_3 + R_4 \\
&= \frac{8\mu}{\pi r_0^4}\Big[L + (0.71k + 3.43k^2 + 0.16k^3 + 0.55k^4)x_0 \\
&\quad + \frac{(1 - 1.33k + 1.2k^2 - 0.57k^3 + 0.11k^4)l - (1-k)^4 l}{(1-k)^4}\Big] \\
&= \frac{8\mu}{\pi r_0^4}\Big[L + (0.71k + 3.43k^2 + 0.16k^3 + 0.55k^4)x_0 \\
&\quad + \frac{(2.67k - 4.8k^2 + 3.43k^3 - 0.89k^4)l}{(1-k)^4}\Big]
\end{aligned} \tag{4-31}$$

阻力比为：

$$\begin{aligned}
\lambda = \frac{R}{R'} &= 1 + (0.71k + 3.43k^2 + 0.16k^3 + 0.55k^4)\frac{x_0}{L} \\
&\quad + (2.67k - 4.8k^2 + 3.43k^3 - 0.89k^4)\frac{l}{(1-k)^4 L}
\end{aligned} \tag{4-32}$$

其中，k 为狭窄程度无量纲参数；R'为对应于未发生狭窄时的基准阻力。

图 4-44 给出了在 $x_0/L = 0.25$ 且 $l = 2x_0$ 时，病变性狭窄的阻力比变化图。当 $k \leqslant 0.2$ 时，阻力比 λ 变化不明显；当 $0.2 < k < 0.4$ 时，阻力比 λ 接近于线性增长；而当 $k \geqslant 0.4$ 时，阻力比 λ 呈指数级增长。因此，当 $k \leqslant 0.2$ 时，分离区的影响基本可以忽略。

(2) 静脉介入器械植入后的流固耦合多物理场特性控制方程

在静脉系统中，远心端的血液流动是低速低压的层流，脉动血流的影响可以忽略不计，此时的血液与血管壁流固耦合作用并不明显。当静脉管壁和瓣膜功能发生病变时，会导致静脉血流动力学环境发生改变，血流处于扰流状态。当介入器械被植入血管中，输送器把压握的介入器械释放到血管特定位置，此时血管壁受力膨胀，发生较大的弹性变形，血管内的血流动力学环境也因此改变。此过程为一个典型的流固耦合问题，因此在流体和固体各自的控制方程中需要满足相容协调的关系。

血液流动遵循质量守恒定律，由于静脉血流速低，在血管中表现为层流流动，将血液视为不可压缩牛顿流体，流体相（即血液）的运动可以用连续性方程和 Navier-Stokes 方程表达为：

$$\begin{aligned} &\nabla \cdot \boldsymbol{v}=0 \\ &\frac{\partial \boldsymbol{v}}{\partial t}+(\boldsymbol{v} \cdot \nabla) \boldsymbol{v}=-\frac{1}{\rho} \nabla P+\gamma \nabla^2 \boldsymbol{v}+\boldsymbol{f} \end{aligned} \tag{4-33}$$

其中，$\boldsymbol{v}$ 为血液流动速度；P 为压力；ρ 为血液密度；γ 为运动黏度；$\boldsymbol{f}$ 为体积力。

静脉管壁的固体域方程可以由牛顿第二定律导出：

$$\rho_{\mathrm{s}} \frac{\partial^2 \boldsymbol{x}_{\mathrm{s}}}{\partial t^2}=-\alpha \frac{\partial \boldsymbol{x}_{\mathrm{s}}}{\partial t}+\nabla \cdot \boldsymbol{\sigma}_{\mathrm{s}}+\boldsymbol{f}_{\mathrm{s}} \tag{4-34}$$

其中，ρ_{s} 为血管壁的密度；α 为阻尼系数；$\boldsymbol{x}_{\mathrm{s}}$ 为血管壁的位移；$\boldsymbol{f}_{\mathrm{s}}$ 为血管壁的体积力；$\boldsymbol{\sigma}_{\mathrm{s}}$ 为血管壁的柯西应力张量，其计算公式如下式所示：

$$\boldsymbol{\sigma}_{\mathrm{s}}=\lambda_{\mathrm{s}}(\nabla \cdot \boldsymbol{x}_{\mathrm{s}}) \boldsymbol{I}+\mu_{\mathrm{s}}(\nabla \cdot \boldsymbol{x}_{\mathrm{s}}+\nabla \cdot \boldsymbol{x}_{\mathrm{s}}^{\mathrm{T}}) \tag{4-35}$$

其中，λ_{s} 和 μ_{s} 为 Lamé 参数，可由血管壁的弹性模量 E 和泊松比率 υ 进行计算：

$$\lambda_{\mathrm{s}}-\frac{\upsilon E}{(1+\upsilon)(1-2\upsilon)}, \mu_{\mathrm{s}}=\frac{E}{2(1+\upsilon)} \tag{4-36}$$

(3) 基于医学影像的静脉血管重构

本节将利用计算机断层成像技术获取真实的血管模型，将断层图像数据转化为可用于 CFD 运算的三维模型，将 CT 断层二维图像 DICOM 格式文件导入影像处理软件 MIMICS 中，最大程度地还原真实血管内的血液流动状况。通过逆向工程技术，建立血管的 3D 模型并在 Geomagicstudio 进行编辑和优化，然后输出通用 STL 模型，重构流程图如图 4-46 所示。

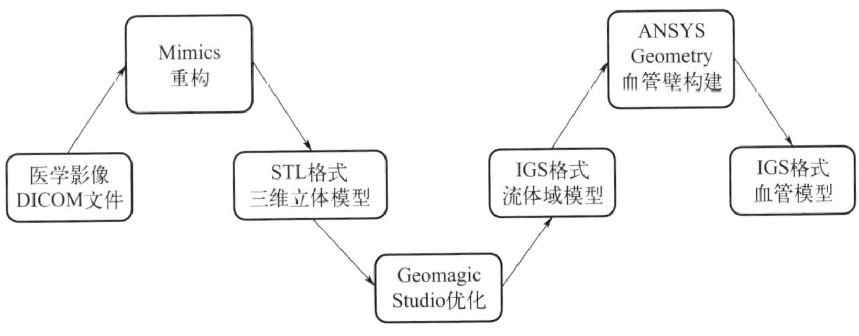

图 4-46　血管重构流程图

将 MIMICS 处理好的三维个性化下腔静脉初始模型进行格式转换，输出为能被 Geomagic Studio 软件所识别的 STL 三维图形格式并保存，为血管精修做准备，最终得到腔髂静脉三维初始模型，如图 4-47 所示。

CTA 断层扫描不能识别出血管壁的厚度，需要在 Geomagic 软件中偏移生

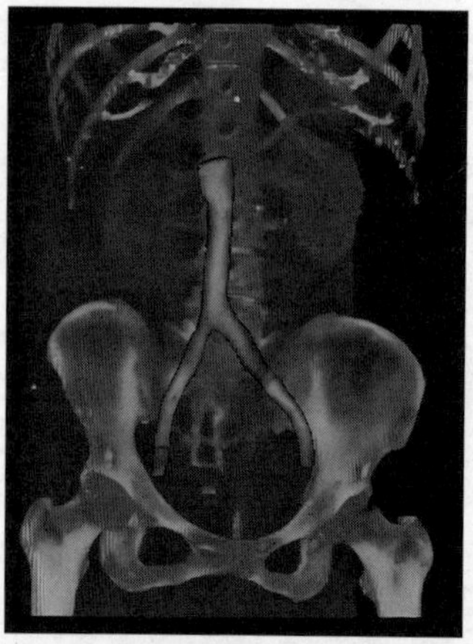

图 4-47　腔髂静脉三维初始模型

成具有一定厚度的血管壁模型。在以往的研究中，血管壁通常被设置为等厚度，但真实血管壁厚度随血管的外径而改变，通过解剖实验发现，血管壁的厚度为外径的 15%左右。在本模型中，为了保证几何模型尽量与真实血管一致，最大血管直径 20.17mm，取其外径的 15%，所以壁厚为 3mm。最终设计完成血管模型的构建，从而为下一阶段的有限元计算奠定基础。

(4) 滤器及理想血管有限元模型前处理

在 SolidWorks 软件中建立可回收腔静脉滤器的三维模型和可转化滤器模型（转化前和转化后腔静脉滤器三维模型），以及血管三维模型，如图 4-48 所示。

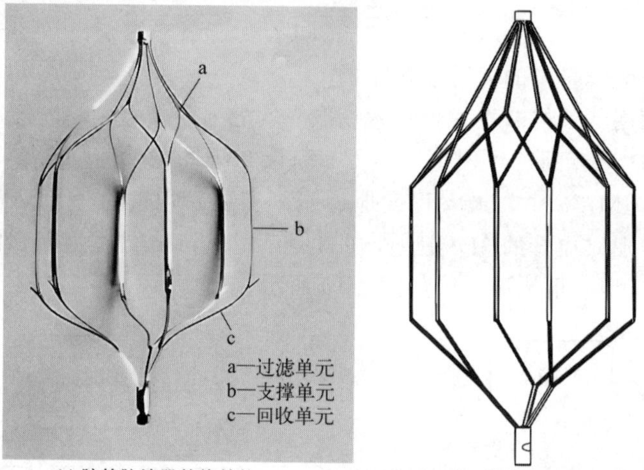

(a) 腔静脉滤器整体结构　　(b) 可回收滤器三维模型

图 4-48　三维模型

本节滤器耦合系统模型采用压力加载方式，将滤器压握到压握壳（即鞘管）中，然后将压握壳去除，滤器将从 5mm 直径回弹到正常 28mm 直径的血管中，血管被滤器支撑杆撑起扩大，如图 4-49 所示。在 ABAQUS 软件中数值模拟此压握和释放过程，滤器支撑杆表面施加周向压强载荷 0.06MPa，滤器被压握到 5mm 的压握壳中，滤器支撑杆外周表面与压握壳内周表面定义为通用接触面，无摩擦接触对；然后释放压握壳，回弹到 28mm 的血管中，定义滤器支撑杆外周表面与血管壁内壁表面为通用接触面，无摩擦接触面，按照超弹性材料的应力-应变曲线，实现滤器的释放。

图 4-49　压握释放后的滤器与血管壁的耦合模型

(5) 滤器植入前后对血流流体性能的影响

① 固体模型边界条件：滤器植入下腔静脉血管内回弹过程中，定义滤器外表面与腔静脉血管内表面的无摩擦面面接触对；采用柱坐标系（原点与滤器左端中心对齐），对滤器系统施加约束，回收钩端固定并可沿滤器轴向自由伸缩，同时对回收钩端进行周向和轴向位移约束、对支撑杆施加周向约束，防止滤器扭转与相对转动，使其仅沿径向运动；对血管整体施加周向约束，固定除径向以外的所有自由度。流体模型边界条件未提及具体内容。

② 流体模型的边界条件如下。

入口条件：假设进口断面的血流速度是沿截面均匀分布的，取为正常髂静脉血流流速的最大值 0.15m/s，血栓入口速度设置为 0.074m/s。腔静脉内压力 $P=800$Pa，血液密度为 1060kg/m^3，动力黏度为 0.0035Pa·s，最大雷诺数为 $Re=\rho vd/\mu$，其中 v、ρ、μ 分别为流体的流速、密度与黏性系数；d 为管道的当量直径。所以 $Re=1272(<2000)$，故血液流动为层流。层流设置为血管壁面与滤器壁面都设定为没有相对滑移，即壁面速率为 0。

出口条件：设定出口为压力出口，根据参考文献分析认为出口的流动已稳定，出口压力设置为 0Pa。

壁面边界条件：根据文献分析认为，血管壁的径向速度很小，故对耦合流场的分布基本没有影响，血管壁面与滤器壁面统一设定为无滑移条件，即壁面速度为 0。

从图 4-50 速度云图上看，可回收滤器的局部高速区出现在上游出口段，最大血流速度为 0.118m/s，下游入口段平均流速接近 0.08m/s，上游出口段的平均流速为 0.106m/s，从下游入口的扰流到上游出口汇聚加速，说明滤器植入对血流的扰流作用明显，血液在

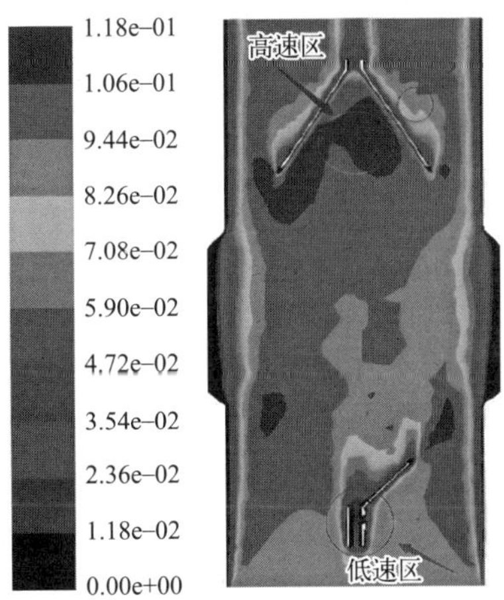

图 4-50　可回收滤器植入后的切面血流速度分布云图

逐步通过滤器时滤器对血液有较好的加速作用，流速增加了 11.3%。当血液中含有血栓时会使血栓加速打到滤器网上，血栓易被切碎，有助于促进血栓的溶解。

(6) 下腔静脉血管 PIV 实验研究

血管 PIV 实验最主要的装置就是 3D 打印硅胶血管模型。将 Geomagic 软件处理好的血管 3D 模型通过 3D 打印机打印蜡模，对打印的蜡模进行表面处理，以减少翻模后血管模型上出现的缺陷。通过失蜡铸造的方法，在打印的蜡模上包裹透明硅胶材料，并熔掉蜡模，从而制作出硅胶模具，通过灌注成形得到透明硅胶血管模型。此方法制作的血管模型更接近于真实腔髂静脉血管。本节共制作了 3 套血管模型，分别是正常、30%狭窄和 70%狭窄的血管模型。本节实验所采用的 PIV 测试装置，是由北廷测量技术（北京）有限公司提供。本节实验中支架植入的实验以支架前端完全进入 IVC（下腔静脉）进行测试，通过如图 4-51 所示的实验测试系统进行相关实验数据采集及 PIVview 系统分析。

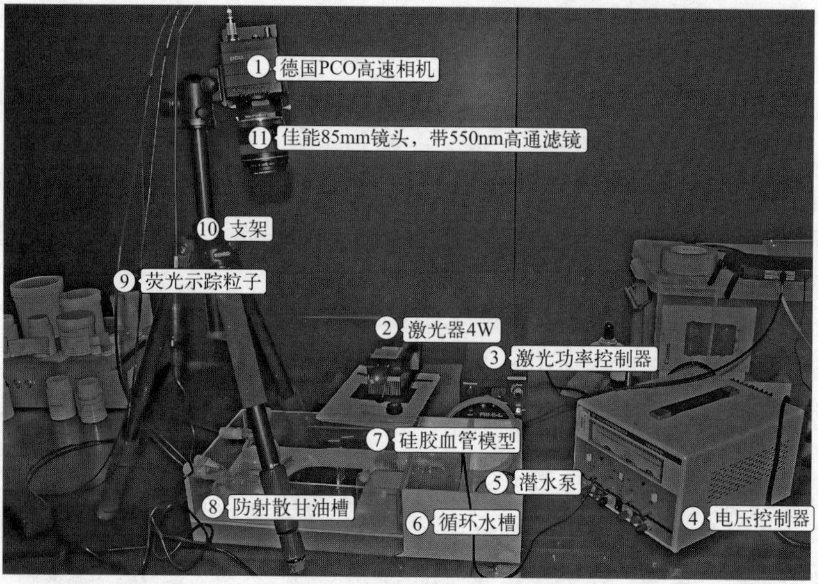

图 4-51　PIVview 实验测试系统

以先健滤器植入 70%狭窄血管模型为例，讨论滤器植入位置对血流特性的影响。从图 4-52 中可以看出，标尺 280 位置的滤器更接近下游进口段，320 位置是相对于 280 位置远离下游进口段 10mm 的位置，也就是 320 位置在下腔静脉的中游位置。本节 280 位置简称为 1 位置，320 位置简称为 2 位置。

从图 4-52(c) 可见，主流速度（高速）集中在左侧，而右侧为低速区，说明植入滤器对血流影响明显；最大速度达 0.22m/s，表明滤器加速作用显著。图 4-52

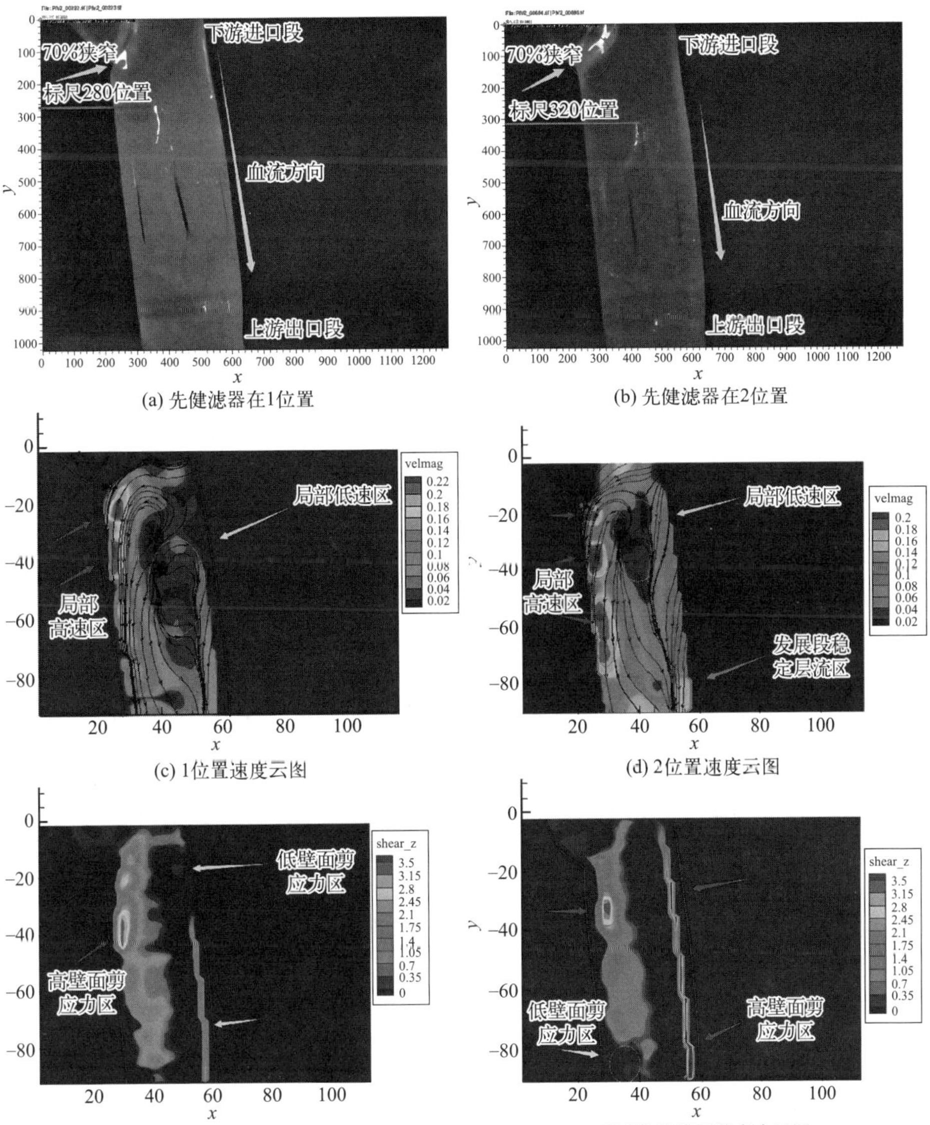

(a) 先健滤器在1位置　(b) 先健滤器在2位置

(c) 1位置速度云图　(d) 2位置速度云图

(e) 1位置壁面剪应力云图　(f) 2位置壁面剪应力云图

图 4-52　滤器植入位置对血流的影响

(d) 中，主流速度区域同样偏向一侧，但右侧也呈现相对稳定的流动，最大速度约 0.20m/s，可观察到上游两股主流在滤器后汇合形成层流。由此推断，滤器的扰流与血管内螺旋流动的耦合作用导致流态变化，并在上游位置产生高低速交汇及流动分离。

对比图 4-52(e) 和图 4-52(f) 的壁面剪应力（WSS）分布可见，图(f) 中

WSS分布更规整，最大值为3.5Pa，大于3Pa的WSS占比达到0.8%，没有明显的高低剪应力振荡区；而图(e) 中左侧下游进口段出现不规则高低剪应力区，大于3Pa的WSS占比为0.6%。在滤器2位置［图4-52(f) 对应工况］时，流速更趋层流，血液扰流小，且高壁面剪应力区有助于切碎血栓并加速溶解。

综上所述，滤器植入2位置（下腔静脉的中上段）对血液的扰流作用较小，过滤效果最佳。滤器植入2位置，能较好地加速血流，使血栓加速打到滤器网上，血栓易被切碎，有助于促进血栓的溶解，同时也证明了CFD模拟结果的正确性。

以上综合多物理场实验和数值模拟分析了下腔静脉滤器植入血管后对血流动力学影响规律，为介入医疗器械植入血管后的血流动力学定量分析提供了一套有效方法。

参考文献

［1］ 应捷，杨晖．传感器原理与智能检测应用［M］．北京：清华大学出版社，2024.

［2］ 马少平．深入浅出的人工智能［M］．北京：清华大学出版社，2024.

［3］ 周晓成，蒋心一，李欣鑫．虚拟现实交互设计［M］．北京：化学工业出版社，2024.

［4］ 陆剑峰，张浩，赵荣泳．数字孪生技术与工程实践［M］．北京：机械工业出版社，2022.

［5］ 高云，华驰，秦昌琪．物联网工程技术综合实训教程［M］．北京：化学工业出版社，2020.

［6］ 迈克尔．勒威克．设计思维手册斯坦福创新设计方法论［M］．高馨颖，译．北京：机械工业出版，2022.

［7］ 韩鹏飞．踝足矫形器足底压力检测装置的设计与研究［D］．呼和浩特：内蒙古工业大学，2024.

［8］ 宁天亮．3D打印踝足矫形器的设计与应用研究［D］．呼和浩特：内蒙古工业大学，2023.

［9］ 王坤，李方祺，吕伊凡，等．SLM增材制造弯管磨粒流抛光防过磨创新结构设计与试验研究［J］．表面技术，2025（3）：1-13.

［10］ 王坤，吕伊凡，李方祺，等．3D打印膝关节曲面磨粒流抛光数值模拟及实验研究［J］．表面技术，2024，53（22）：149-160.

［11］ Yang Y H，Zhao Y，Chen Z，et al. The effect of stent compression on in-stent restenosis and clinical outcomes in iliac vein compression syndrome［J］. Quantitative Imaging in Medicine and Surgery，2021，11（6）：2245-2252.

［12］ López J M，Fortuny G，Puigjaner D，et al. Hemodynamic effects of blood clots trapped by an inferior vena cava filter［J］. International Journal for Numerical Methods in Biomedical Engineering，2020，36（7）：1-23.

［13］ Szary C，Wilczko J，Zawadzki M，et al. Hemodynamic and radiological classification of ovarian veins system insufficiency［J］. Journal of Clinical Medicine，2021，10（4）：646-664.

［14］ Shea K，Aish R，Gourtovaia M. Towards integrated performance-driven generative design tools［J］. Automationin Construction，2005，14（2）：253-264.

［15］ Ma Y，Zhou C，Wang M Y. A generalized constraint-based lattice generation method for 3D printing［J］. Computer-Aided Design，2017，95：1-11.

［16］ 刘向东，郭慧，李炜．面向康复的矫形器智能设计方法研究［J］．医疗卫生装备，2021，42（6）：

75-79.

[17] 张蕾，陈俊龙，马华东．基于晶格结构的仿生拓扑优化设计研究 [J]. 机械工程学报，2020，56 (4)：159-167.

[18] Yang H，Huang X，Dong Z，et al. Additive manufacturing of personalized orthoses for rehabilitation：Design and fabrication [J]. Rapid Prototyping Journal，2020，26 (6)：1101-1114.

[19] 郭安东，陈振宇，王金南．仿生结构在生物医学工程中的建模与优化研究 [J]. 生物医学工程与临床，2022，26 (4)：45-51.

[20] DeVivo L，Boscariol P，Savio E. Biomechanical modelling for additive manufacturing of custom-fit orthopaedic devices [J]. Virtual and Physical Prototyping，2018，13 (3)：181-192.

[21] Zhou M，Gattulli V，Liu Y，et al. Topology optimization in biomechanical systems：A review with special focus on bone and bone-like structures [J]. Structural and Multidisciplinary Optimization，2021，64 (1)：1-25.

[22] 戴建平，刘颖．基于磨粒流的三维流场建模与预测 [J]. 表面技术，2020，49 (1)：189-196.

[23] Zhao G，Sun X，Li Z，et al. Prediction model and experimental validation of material removalinabrasive flow machining [J]. Journal of Manufacturing Processes，2018，31：768-778.

[24] 葛建民，黄睿．磨粒流多参数优化与抛光路径控制研究 [J]. 精密成形工程，2021，13 (3)：89-94.

[25] Li P，Chen Y，Zhang Y，et al. A review on functionally graded materials manufacturing via additive manufacturing [J]. Materials，2020，13 (17)：3855.

[26] 徐志刚，马俊岭．基于多物理场的结构优化方法研究 [J]. 机械设计与制造，2019 (7)：145-149.

[27] Xia M，Guo Y B. Multi-physics modeling of additive manufacturing for functionally graded materials [J]. CIRP Annals，2019，68 (1)：185-188.

[28] 王蕾，刘培德，李一凡．医疗康复器械多尺度结构建模及其增材制造探索 [J]. 中国医疗器械杂志，2021，45 (3)：231-235.

第5章

面向增材制造的网络化设计

5.1 网络化设计的技术基础

随着工业 4.0 和智能制造的深入推进，增材制造技术已从单一设备的工艺创新，逐步演化为涵盖设计、制造、服务全链条的复杂网络协同系统。在这一背景下，传统基于孤立设计单元和线性流程的范式已无法满足分布式制造、个性化定制和动态资源调度的需求，网络化设计（networked design）作为一种新型方法论应运而生。其核心内涵在于通过工业互联网、大数据和智能技术，构建一个跨学科、跨地域、跨生命周期的协同设计生态系统，使设计活动从静态封闭转向动态开放，从经验驱动转向数据与知识双轮驱动。

5.1.1 网络化设计范式框架

网络化设计范式框架是基于感知层、网络层、应用层构建的协同架构体系。感知层通过传感器、摄像头等终端设备实时采集物理世界数据，依托边缘计算实现数据清洗与初步处理，具备环境感知与异构数据整合能力；网络层依托 5G、物联网等技术实现数据高速传输，通过协议转换与负载均衡保障传输安全可靠，支持边缘节点与云平台的动态协同；应用层基于智能算法对数据进行深度分析，通过 API 与微服务架构支撑智慧城市、工业互联网等场景落地，实现跨平台业务优化与用户交互。该框架通过分层解耦实现系统弹性扩展，为数字化转型提供基础支撑。具体面向增材制造的网络化设计（图 5-1）如下。

（1）感知层

感知层是网络化的基础，实现感知、控制以及用户与系统交互的功能。感知层以多模态传感技术为基础，实现增材制造过程中微观组织演化、热力学状态、缺陷特征等关键参数的实时捕获与量化表征，同时通过嵌入式设备状态监测模块对打印头运动轨迹、送粉速率、激光功率等工艺参数进行同步采集，形成涵盖“材料-工艺-设备-环境”的全要素数字化感知能力。

(2) 网关层

网关层作为连接物理设备与数字系统的核心枢纽，承担异构协议转换、数据预处理及安全管控等关键功能，通过集成多协议模块（如 HTTP、MQTT、CoAP、AMQ）将分散的增材制造设备的实时数据统一封装为标准格式，同时依托边缘计算能力在设备端执行数据清洗、特征提取及轻量化分析，大幅降低云端传输带宽消耗并提升实时响应效率。

(3) 网络层

网络层依托工业物联网协议，构建异构数据融合通道，通过 OPCUA 统一架构实现多源异构数据的标准化接入；结合边缘计算节点对海量感知数据进行特征提取与预处理，继而通过数字孪生建模引擎将物理增材制造过程映射为包含几何特征、材料属性、工艺参数的多尺度虚拟模型；基于区块链技术建立分布式制造网络中的数据确权与安全共享机制，形成支撑跨地域协同制造的智能神经网络。

(4) 应用层

应用层基于云平台构建制造资源动态调度系统，通过云平台将感知层采集的多维数据与网络层构建的虚拟模型深度融合；通过深度学习算法对分布式制造节点的设备状态、材料库存、工艺能力进行实时优化匹配，结合虚拟调试技术实现远程工艺验证与迭代优化；同时开发面向个性化定制的自适应设计接口，将用户需求参数通过智能算法链自动转化为可制造设计方案。

5.1.2 网络化设计关键技术解析

(1) RFID 与 EPC 技术

RFID 是一种非接触式的自动识别技术，它通过射频信号自动识别目标对象并获取相关数据信息。作为快速、实时、准确采集与处理信息的技术，RFID 技术在生产、销售和流通等领域有着广泛的应用前景。

RFID 标签是 RFID 系统最基本的构成元素，如图 5-2 所示为 RFID 标签的基本结构及 3D 柔性电路。RFID 标签包含天线和芯片，而芯片包含无线信号调制器和解调器、编码器和解码器、数模转换器、内存和电源。图中虚线部分的电源系统是可选部件，被动式 RFID 标签不需要电源。

① 标签类别。RFID 标签可以分为被动标签、主动标签和半被动标签。其中，被动标签（passive tag）是指标签不需要电源，发射信号需要的能量完全由接收到的射频信号来供给；主动标签（active tag）是指标签发射信号需要的能

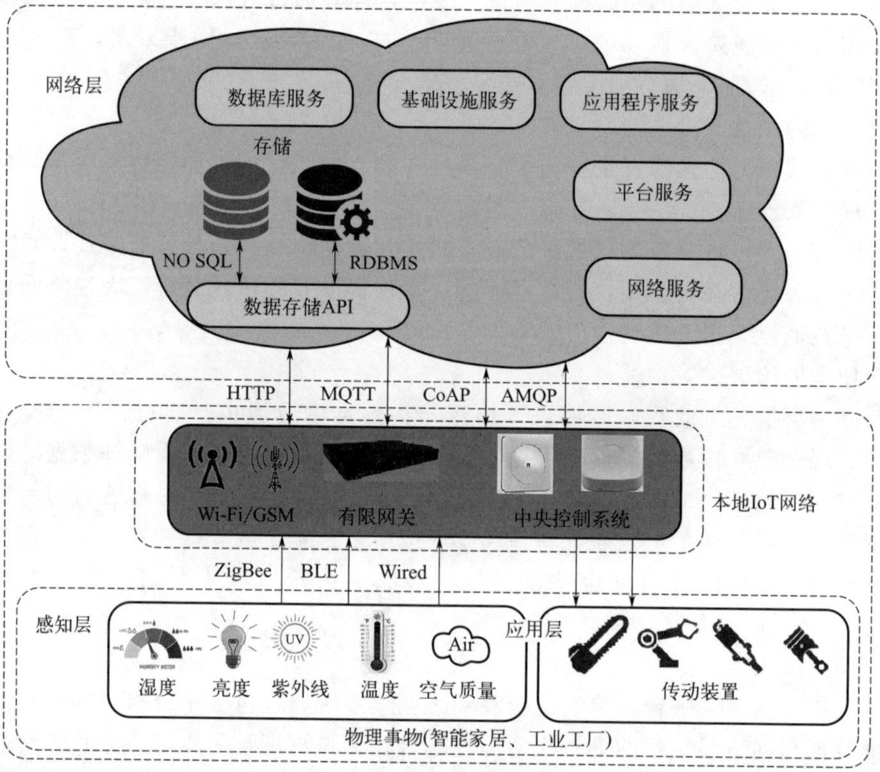

图 5-1　网络化技术与增材制造

NO SQL—非关系型数据库；RDBMS—关系型数据库管理系统；GSM—全球移动通信系统；Wired—有线；HTTP，MQTT，CoAP，AMQP，ZigBee，BLE—传输协议

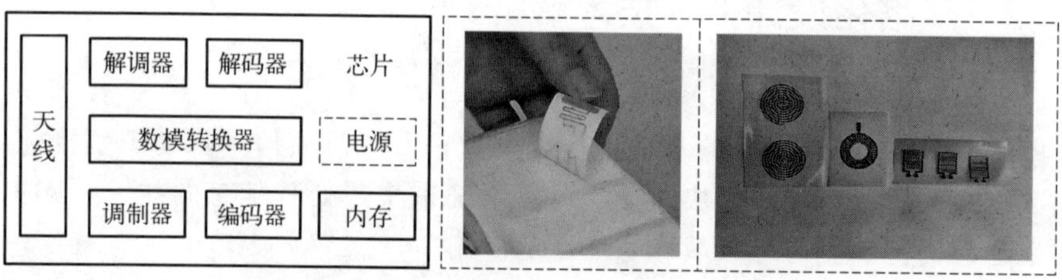

图 5-2　RFID 标签的基本结构及 3D 柔性电路

量由电池来供应。

② 标签形状和尺寸。RFID 标签具有不同的尺寸和形状。小的 RFID 标签可以仅有几毫米大小，比如日立公司（Hitachi）生产的 μ-Chip，其每个边长小于 0.4mm，主要内嵌在纸张中，用来跟踪办公环境中的纸质文档。RFID 标签的尺寸也可以很大，Fast Lane 和 E-ZPass 电子收费系统中的标签有一本书那么大，

其中包含天线和可以使用五年的电池。

③ 标签数据。EPC（电子产品代码）编码规则是与 EAN（欧洲商品编码）/UCC（美国统一代码）编码规则兼容的新一代编码标准。它由 4 部分内容组成，依次为：版本号、管理域、类别和序列号。版本号用来决定整个 EPC 的位数；管理域用于表示产品的厂商信息，类别用于表示商品种类；序列号用于唯一表示一件物品。EPC 可以分为 64 位、96 位和 256 位 3 种类型。由于成本的限制，目前广泛使用的是 64 位或者 96 位 EPC。

表 5-1 是 96 位 EPC 的一个例子，其中版本号由 8 位二进制数表示，管理域由 28 位二进制数表示，类别由 24 位二进制数表示，序列号由 36 位二进制数表示。在示例行中的数字是十六进制数，1 位十六进制数表示 4 位二进制数。

表 5-1　一个 96 位 EPC 的例子

项目	版本号	管理域	类别	序列号
位数	8 位	28 位	24 位	36 位
示例	01	0000A29	00016F	000169DC0

④ 防冲突。如果在一个读写器的读取范围内有多个电子标签，不同电子标签向读写器同时传送的信号可能相互影响，这样电子标签之间就会互相干扰、冲突，阻碍了标签的快速识别。在这种情况下，电子标签需要采用防冲突协议来保证获取正确的标签信息。

标签防冲突协议可以分为基于阿罗哈（Aloha-based）的协议和基于树的协议两类，这两类方法各有利弊。基于阿罗哈的协议使得标签在不同的时间发送信息，从而减小标签发生冲突的可能性。但是基于阿罗哈的协议不能完全防止标签冲突，而且可能导致“标签饥饿问题（tag starvation problem）”，也就是说某个标签可能在很长的时间范围内不能被识别。

⑤ 集成传感器。标签芯片还可以包含传感器，典型的例子有使用气压传感器来监控轮胎的充气程度，还有温度传感器、湿度传感器等。在这样的情况下，标签芯片可以在内存中暂时存储传感器感知的结果，或者直接将这些结果报告给读写器。

⑥ RFID 在增材制造企业中的应用。通过给产品、零部件、人员等贴上 RFID 电子标签，在企业的重要部位（仓库、生产线工厂的出入口、物料流转的路径等）安装 RFID 读写器，使其覆盖企业的库存、生产线，甚至是职员、办公环境等，从而构建基于 RFID 的企业信息系统，可以在一定程度上自动、实时、准确、详细地获取企业的相关数据，更好地组织和管理产品的制造过程。

北美福特公司于 1995 年就已经开始使用 RFID 技术来跟踪发动机的生产。RFID 标签被置于载有发动机的托盘上，在装配开始时，发动机被放置在托盘上，将一个序列号写入标签。当发动机沿着不同的装配工位移动时，相关的制造信息被不断地写入。这样，RFID 标签可用来追踪每项作业的时间等相关数据，收集质量控制数据，并且产生一个特定的发动机装配记录。当完成所有工序时，托盘经过最后一个读写器，将所有关于装配的信息传送到制造商的数据库中。然后托盘再装载其他发动机，实现了生产线上的电子标签的循环利用。如图 5-3 所示为基于 RFID 的增材制造企业信息系统体系结构。

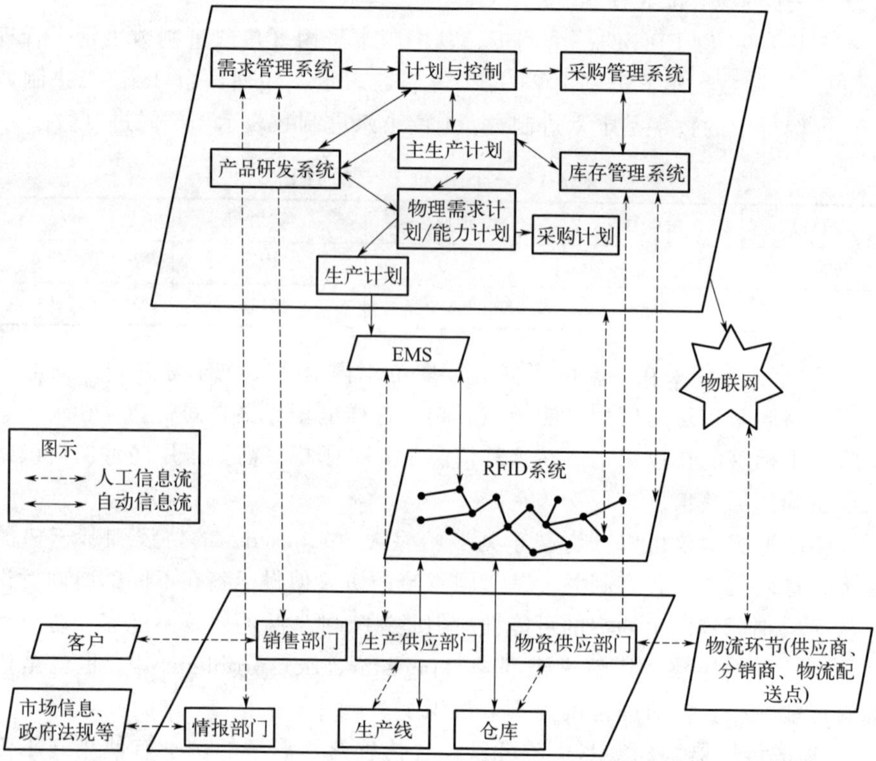

图 5-3 基于 RFID 的增材制造企业信息系统体系结构

(2) 云计算技术

云计算采用计算机集群构成数据中心，并以服务的形式交付给用户，使用户可以像使用水、电一样按需购买云计算资源。因此，云计算是一种计算模式，它将计算与存储资源、软件与应用作为“服务”通过网络提供给用户。

云计算对于 AIoT（人工智能物联网）应用系统的开发是非常有价值的一种服务方式。一个 AIoT 应用系统被开发出来之后，用户不需要自己搭建网络与计算环境，而是去租用云服务。用户完成一项计算需要 24 个 CPU、240GB 内存，用户可以将需求提交给云，云就从资源池中将这些资源分配给用户，用户连接到云并使用这些资源。当完成计算任务之后，这些资源将被释放出来，以分配给其他用户使用。系统开发者可以在云计算平台上快速部署、运行 AIoT 应用系统。云计算的特征、服务模式与部署方法如图 5-4 所示。

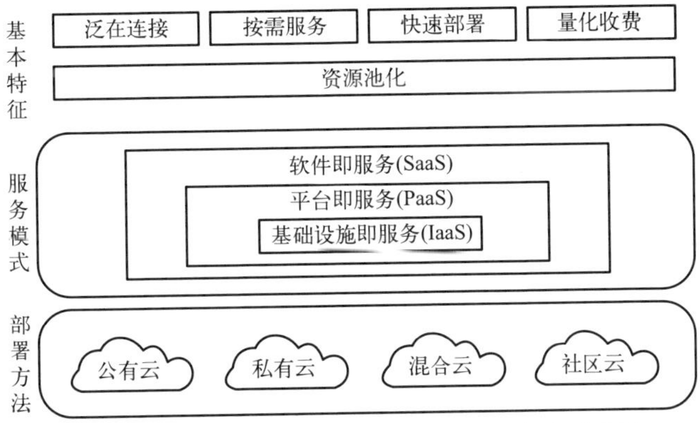

图 5-4　云计算的特征、服务模式与部署方法示意图

云计算具有泛在连接、按需服务、快速部署、量化收费、资源池化等特征。

① 泛在连接：云计算中心规模庞大，一般的数据中心通常拥有数十台服务器，一些企业的私有云也会有几百台或上千台的服务器。云计算作为一种利用网络技术实现的随时随地和按需访问、共享计算/存储/软件资源的计算模式，用户的各种终端设备［例如 PC（个人计算机）、智能手机、可穿戴计算设备、智能机器人和其他移动终端设备］都可以作为云终端，随时随地访问“云”。所有资源都可以从资源池中获得，而不是直接从物理资源中获取。

② 按需服务：云计算可根据用户的实际计算量与数据存储量，自动分配 CPU 数量与存储空间大小，伸缩自如，弹性扩展，可快速部署和释放资源，可避免由于服务器性能过载或冗余而导致服务质量下降或资源浪费。用户可以自主管理分配给自己的资源，而不需要人工参与。云服务通常依据服务水平协议中签订的条款，来约定云服务提供商与云用户之间的服务质量（如云计算的可用性、可靠性与性能），以及云服务限制等内容。

③ 快速部署：云计算不针对某些特定类型的网络应用，并且能同时运行多种不同的应用。在“云”的支持下，用户可以方便地开发各种应用软件，组建自己的网络应用系统，做到快速、弹性地使用资源和部署业务。

④ 量化收费：云计算可监控用户使用的计算、存储等资源，并根据资源的使用量进行计费。用户无须在业务扩大时不断购置服务器、存储器设备并增大网络带宽，无须专门招聘网络、计算机与应用软件开发人员，无须花很大的精力在数据中心的运维上，从整体上能降低应用系统开发、运行与维护的成本。同时，“云”采用数据多副本备份、节点可替换等方法，极大地提高了应用系统的可靠性。

⑤ 资源池化：云计算能够通过虚拟化技术将分布在不同地理位置的资源整合成逻辑上统一的共享资源池。虚拟化技术屏蔽了底层资源的差异性，实现了统一调度和部署所有的资源。云计算操作系统管理着一组包括计算、存储、网络，以及应用软件、服务的资源，按需提供给用户。对于使用资源的用户来说，云计算基础设施是透明的，用户不必关心基础设施所在的具体位置。

(3) 区块链技术

目前区块链在智能工业、供应链管理等领域已经有一些比较成熟的应用。区块链具有分布式、可信和不可篡改的特点，如能够检查到是谁查看了被保护对象的账户并修改了它，采取措施保护对象相关的信息不被盗用。

区块链涉及三个基本概念：交易（transaction）、区块（block）与链（chain）。交易是指一次对账本的操作，如添加一条转账记录，导致账本状态的一次改变。区块是指对当前状态，即记录一段时间内发生的所有交易和状态结果的一次共识。链是由一个个区块按照发生顺序串联而形成的账本状态日志记录的线性链表。

如果将区块链系统看作一个状态机，那么每一次交易就意味着一次状态改变，只允许添加账本，不允许删除账本；生成的区块就是参与者对其中交易导致的状态变化结果形成的共识。区块链网络是由多个独立的称作“节点”的计算机组成的网络。与传统的集中式数据库服务器上存储全部信息的数据库不同，区块链节点利用管理员的角色来保存整个数据库的副本。这样，即使一个节点发生错误，仍然可以从剩余的节点获得相应的信息。当节点加入区块链网络时，它会下载最新的区块链账本。每个节点负责用已校验的区块来管理和更新账本。

区块链的核心算法是哈希函数（Hash function）。为了确保账本不会被篡改，每一个区块依赖于前一个区块。没有前一个区块的哈希值，就无法生成新的区块。在账本中添加新的区块时，必须通过区块链中多数节点的验证。攻击者无法通过篡改一个节点的区块或对某一个区块做微小的更改而影响整个区块链，除非攻击者同时感染或攻击了区块链中数以百万计的节点。哈希函数又称为散列函数。它既可以应用于信息加密，又能用于数字签名方案。它可将随意长度的数据信息转换为具有固定长度的信息摘要。这个固定长度的信息摘要又叫作哈希值。在密码协议的设计过程中，正是由于哈希函数的特点，可以很好地增强数据安全性。如果出现一些特定的安全需求时，它可以验证数据来源是否可信，并且验证数据信息是否完整，因而哈希函数在现代密码学中起着举足轻重的作用。它是区块链底层的技术支持，也是加密领域的一大利器。哈希函数的主要形式 $P=H(x)$，x 是任意长度的输入值，P 是固定长度的哈希值。

(4) 大数据技术

大数据技术作为网络化架构中应用层的核心驱动力，通过对海量异构数据的高效采集、存储、处理与分析，构建起增材制造全生命周期的智能决策体系。其技术本质在于突破传统制造数据处理的线性模式，利用分布式计算、机器学习与数据挖掘技术，揭示制造过程中隐含的复杂关联关系。

大数据技术体系包含数据采集、存储、处理与分析四个核心环节。在数据采集层，工业传感器网络实时捕获 3D 打印设备的温度场、应力分布、激光功率等高频动态数据，同时通过视觉识别系统获取粉末床形貌、熔池状态等图像信息。存储层采用分布式文件系统（HDFS）与 NoSQL 数据库（如 MongoDB），支持非结构化数据的高效存储与快速检索。处理层借助 Spark Streaming 等流计算框架实现数据实时清洗与特征提取，确保每秒数万条数据的低延迟处理。分析层运用机器学习算法（如深度神经网络、随机森林）构建预测模型，解决工艺参数优化、缺陷检测等复杂问题。其核心特征通常概括为“5V”：volume（大量）、velocity（高速）、variety（多样）、veracity（真实性）和 value（价值）。

美国通用电气公司旗下的 GE 航空，为了确保飞机飞行安全，建立了一个覆盖每台喷气式发动机从生产装机、飞行到维修整个生命周期健康状态监控的 AIoT 大数据应用系统，用于发动机健康状态监控的 AIoT 大数据应用系统记录了每台发动机的生产数据以及安装到每架飞机上的记录。飞机在每次正常飞行的过程中，每台喷气式发动机中每个旋转设备的传感器与仪表将实时测量的飞行状态数据，通过卫星通信网发送到大数据分析中心，并保存在发动机状态数据库中。大数据分析中心的工作人员使用大数据分析工具，对每台发动机的数据进行分析、比较，评价发动机的性能、燃油消耗与健康状况，发现潜在的问题，预测可能发生的故障，快速、精准、预见性地针对每台发动机制订日常维护与维修计划，包括维修时间、地点、预计维修需要的时间以及航班的调度。这种方式可以大大地提高飞机飞行安全性，缩短飞机维修时间，减少发动机备件库存的数量，从而节约飞机维护成本，提高飞机运行效率。

5.2　增材制造拥抱大数据

5.2.1　面向增材制造的大数据驱动框架

随着信息和制造技术的发展，增材制造过程中会产生大量数据，这是传统架构处理这些数据的巨大挑战。随着时间的推移，对可持续和智能增材制造的需求正在增长，并且需要特殊的架构，这将帮助增材制造公司的工程师和管理人员提高他们的能力，满足不断增长的世界标准要求，增强市场竞争力。大数据技术对于增材制造企业来说非常重要，因为它能够收集和存储数据，以及清理、缩减、集成和转换数据，然后进行数据挖掘，从而帮助企业根据提取的大数据知识进行决策。

通过使用面向增材制造的大数据驱动的框架，可以确定地监测、控制和捕获增材制造产品生命周期 BOL（初始生命周期）阶段的实时和非实时数据，并通过使用通信和网络技术，将收集的数据传输并存储在数据库中。此外，提供预处理后可靠且可用的数据，以支持数据挖掘和决策，如图 5-5 所示。

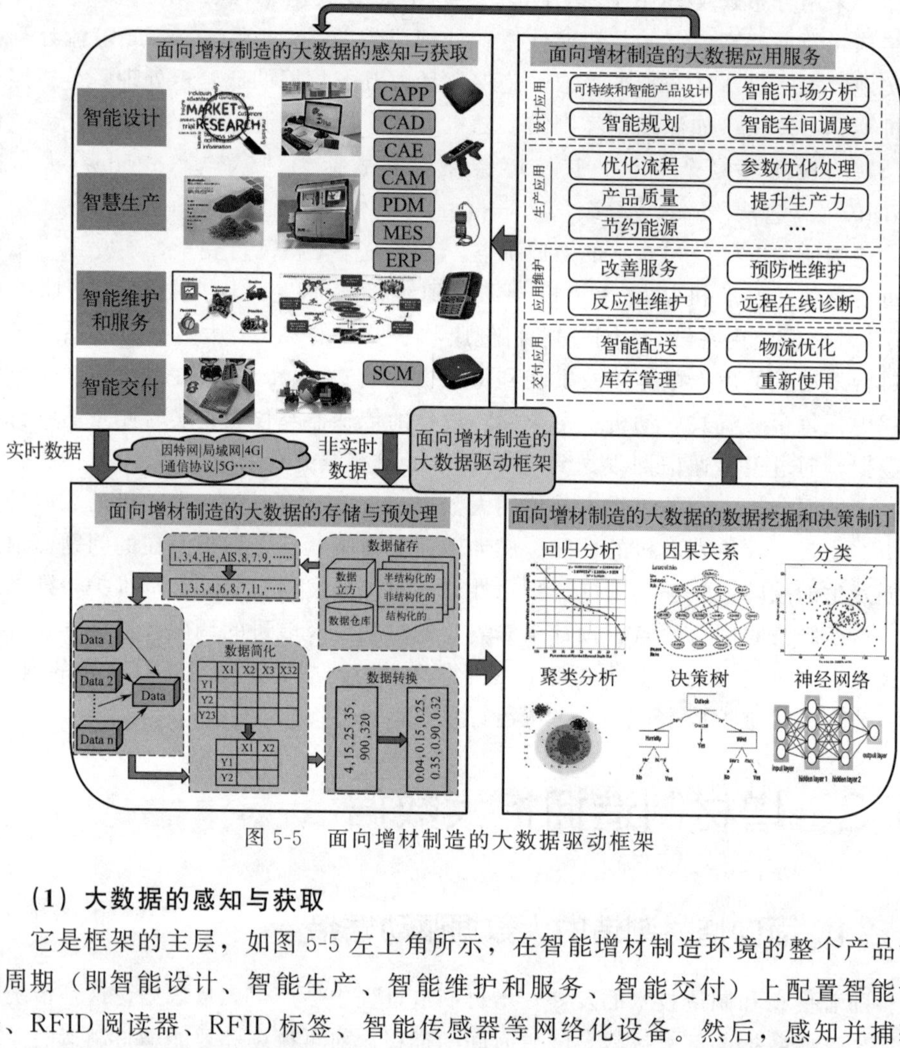

图 5-5　面向增材制造的大数据驱动框架

（1）大数据的感知与获取

它是框架的主层，如图 5-5 左上角所示，在智能增材制造环境的整个产品制造周期（即智能设计、智能生产、智能维护和服务、智能交付）上配置智能设备、RFID 阅读器、RFID 标签、智能传感器等网络化设备。然后，感知并捕获增材制造庞大的异构和多源数据，如产品规划和设计、材料和采购、增材制造系统、增材制造生产控制和状态、产品认证、能源消耗、产品交付以及客户反馈、维护和服务、产品回收等，以供进一步评估。智能传感器和校准设备用于根据客户要求控制和监控增材制造系统的工作和优质产品的制造。从生产到组装阶段的每个阶段，产品质量数据也受到监控和收集。然后，标准通信程序（即 Modbus、内网、Internet RS-485/232、5G 等）用于传输捕获的大量数据，以便下一次处理数据并生成决策。

(2) 大数据的存储与预处理

增材制造产品制造周期的实时数据和非实时数据，由大量的非结构化、结构化和半结构化数据组成。传统的数据存储和管理工具及其技术不足以进一步有效地处理过于庞大、复杂的数据。因此，通过使用可扩展标记语言（XML）、非 SQL（结构查询语言）数据模型（NoSQL）和分布式数据库系统（DDBS），该层支持存储、处理无序和大型数据集或数据立方体。已建立的数据仓库用于存储和管理制造周期数据立方体，并描述海量制造周期数据立方体之间的复杂逻辑关系。接下来，生成的制造周期多维数据集具有大量冗余，这些数据通过数据清理消除。此外，还通过元模型来整合包括设计、市场、生产、维护、尺寸质量、产品交付、物流等在内的大量数据。因此，通过数据缩减过程以获取数据集的简化插图，该数据集的体积要小得多，但它必须保持原始数据的真实性。最后，将预处理后的 SSAM（可持续智能增材制造）大数据存储在 DDBS 等各种数据管理系统中，以便在决策中进一步利用。

(3) 大数据的数据挖掘与决策制订

在增材制造的整个产品制造周期，以 5V（大量、高速、多样、真实性和价值）的形式产生大量数据，使用传统分析方法对其进行研究具有挑战性。通过应用数据挖掘模型（例如聚类、分类、关联、神经网络、预测等），结合增材制造产品加工分析方法和大数据挖掘方法，可以从这些增材制造产品制造周期数据集中揭示有价值的信息和知识。这些挖掘结果，将为增材制造企业提供用于应用服务的智能和可持续的增材制造产品决策。

(4) 大数据应用服务

大数据应用服务用于为最终用户提供基于挖掘信息和知识的重要实时和非实时应用程序。如图 5-5 右上角所示，对于各个制造周期阶段，在框架的这一层中规划了多种形式的应用程序服务。具体来说，有可持续和智能产品设计、智能车间调度、优化流程、参数优化处理、预防性维护等，有利于在可持续和智能增材制造环境中推进 CP（循环生产）战略。通过实施智能决策和实时反馈，上述服务应用于增材制造企业，以实现高效和可持续的智能生产。

5.2.2 多模态数据采集体系

多模态技术（multimodal technology）是指利用和融合多种感知模态的数据，进行信息处理和理解的技术。这些模态包括视觉（图像、视频）、听觉（音频、语音)、语言(文本)、触觉、嗅觉等。在自然界和人类社会中，信息通常以多模态的形式存在。人类在感知和理解世界时，会综合利用视觉、听觉、触觉等多种感官信息，形成对事物的全面认识。多模态技术旨在模仿人类的这种多感官感知和认知能力，通过融合不同模态的数据，提升机器对复杂环境和信息的理解和处理能力。

增材制造大数据采集体系构建于感知层传感器网络与边缘计算节点，形成覆盖物理空间、虚拟空间与知识空间的三维数据获取架构。物理空间数据通过分布式传感器阵列实时捕获，包括设备运行参数（激光功率、扫描速度)、材料状态（粉末粒度分布、熔体黏度)、环境参数（温湿度、粉尘浓度）等，采样频率最高达 10kHz。虚拟空间数据来源于数字孪生模型的多物理场仿真，包含热传导、应力分布、材料相变等预测数据。知识空间数据整合专家经验与历史案例，形成工艺规则库与缺陷解决方案库。

激光粉末床熔合（LPBF）技术尽管在制造复杂几何结构和新型材料方面展现出显著优势，但仍面临一系列关键挑战，包括高加热和冷却速率导致的裂纹、孔隙和表面粗糙度等缺陷问题，这些缺陷直接影响最终构件的力学性能和疲劳寿命；多激光粉末床熔合（mLPBF）虽通过并行加工显著提升生产效率（如构建速率提升至单激光的 2.7 倍)，但多激光协同扫描时易在重叠区域引发飞溅、熔池不稳定及局部热积累，降低构件密度和表面质量；现有工艺参数优化高度依赖试错法，需通过大量重复性实验结合后表征调整激光功率、扫描速度等参数，效率低且难以揭示深层机理；工业级多激光系统的原位观测手段匮乏，现有实验装置无法在真实生产条件下同步高分辨率监测激光-材料相互作用及缺陷动态，限制了新型扫描策略（如激光束整形、预/后加热）的开发；低成本传感器（如光电二极管、红外相机）虽能实时采集信号，但缺乏同步辐射 X 射线成像等“地面实况”数据支撑，导致信号解释困难且缺陷检测可靠性不足；激光钻孔初期动力学行为（如锁孔形成速率、深度波动）受功率与扫描速度的复杂耦合影响，易引发瞬态不稳定性并形成亚表面孔隙；此外，多激光协同作用下的熔池流体动力学和热力学行为尚未完全明确，制约了厚层粉末加工和材料性能优化。这些问题共同构成了 LPBF 技术在大规模工业化应用中的主要瓶颈。

Quad-ISOPR 硬件系统构建了四激光原位及工况下过程复制技术，也称为物理孪生。该 Quad-ISOPR 将雷尼绍 RenAM 500Q 的四重激光扫描振镜和原位过程复制腔室相结合，在 LPBF 期间处理粉末原料时具有广泛的相关成像功能。

(1) 硬件设计

工业级四激光粉末床熔合系统（Quad-ISOPR)，如图 5-6 所示，核心组件为包括 RenAM 500Q 多激光扫描头的四通道动态聚焦模块（每通道集成 500W 红外光纤激光器，波长 1070nm，光斑直径约 80μm，支持连续波与脉宽调制模

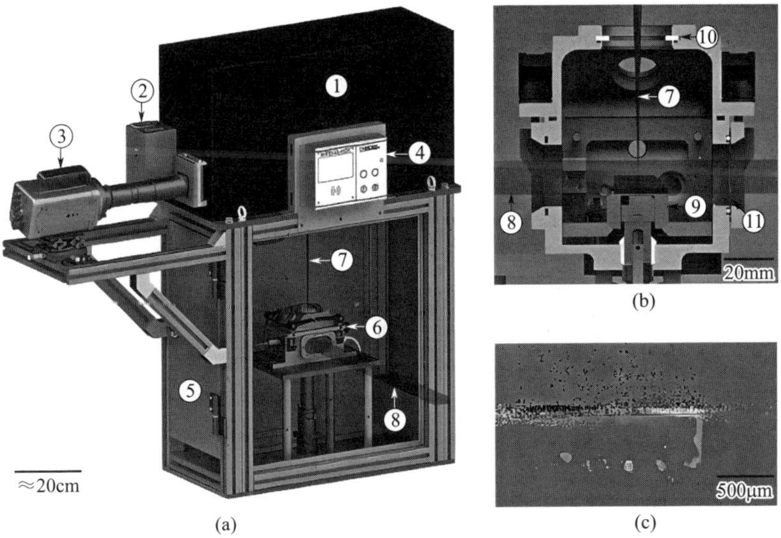

图 5-6 Quad-ISOPR 的 CAD 模型

1—RenAM 500Q 多激光扫描头；2—光电二极管模块；3—Photron Nova S12；4—IntelliLock 激光互锁系统；5—激光防护罩（符合 BS EN 60825-1：2014 标准）；6—ISOPR 腔室；7—激光束；8—X 射线束；9—样品架；10—ISOPR 激光窗口；11—X 射线窗口

式），通过定制化水冷系统保障热稳定性，并结合 Renishaw 控制器实现四激光与振镜的同步扫描［扫描速度由点距 d、曝光时间 t_e 与跳跃延迟参数 t_d 动态调控，公式为 $v=d/(t_e+t_d)$，范围覆盖 5μm 点距下的 250mm/s 至高速模式下的 2000mm/s］。其高速光学成像系统采用 Photron Nova S12 相机（最高 100 万帧/s，空间分辨率 3.7～16.2μm/像素），通过同轴光路与激光扫描路径同步，实现熔池表面辐射强度与动态行为的欧拉视角捕捉，并可选配 Cavitar HF810 激光照明光源提升表面特征分辨率。

光电二极管模块集成可见光与红外传感器，采样率可调（100～2000kHz），通过同轴光学路径实时采集熔池辐射信号，用于低成本缺陷监测。同步辐射兼容腔室（ISOPR 腔室）采用抗反射涂层熔融石英激光窗口（反射率<0.3%）与玻璃碳 X 射线窗口（高透射率），内部集成粉末床样品架（Ti-6Al-4V 基板，厚度 0.4～1mm）、粉末铺展机构（层厚约 60μm，首层误差±10μm）及惰性气体流动系统（顶部刀口气流与粉末床上方模拟气流），确保实验环境与工业条件一致。安全设计方面，通过 IntelliLock 激光互锁系统与符合 BS EN 60825-1:2014 标准的封闭式激光防护罩保障操作安全，同时整机采用模块化 19 英寸[1]机架集成控

[1] 1in(英寸)=0.0254m。

制设备（体积 1200×1200×350mm^3，质量约 100kg），便于运输至不同同步辐射设施。此外，系统支持外部监测设备（如离轴工业相机 Alvium 1800 U-500c）的扩展接入，通过 10Gb 以太网交换机实现远程控制与数据高速传输，最终在硬件层面构建了一个兼具工业真实性、高时空分辨率观测能力与多场景适应性的物理孪生实验平台。

（2）软件与同步控制

如图 5-7 所示，Quad-ISOPR 开发了基于 Python 的图形化界面，支持粉末铺展、气体流量调节及扫描参数动态编辑，结合 Common Layer Interface（CLI）文件与 Renishaw QuantAM 软件生成工业标准扫描路径，并利用 PySLM 库实现批量实验参数配置；同步控制方面采用 PandaBox 触发系统，通过精确时序管理协调激光、高速相机、光电二极管与同步辐射光束线设备（如 ESRF ID19）的毫秒级同步，最终通过多模态数据时空对齐（如 X 射线拉格朗日视角与光学欧拉视角互补）实现缺陷动力学与工艺参数的定量关联，为工业级多激光增材制造提供高可靠性控制与数据分析基础。

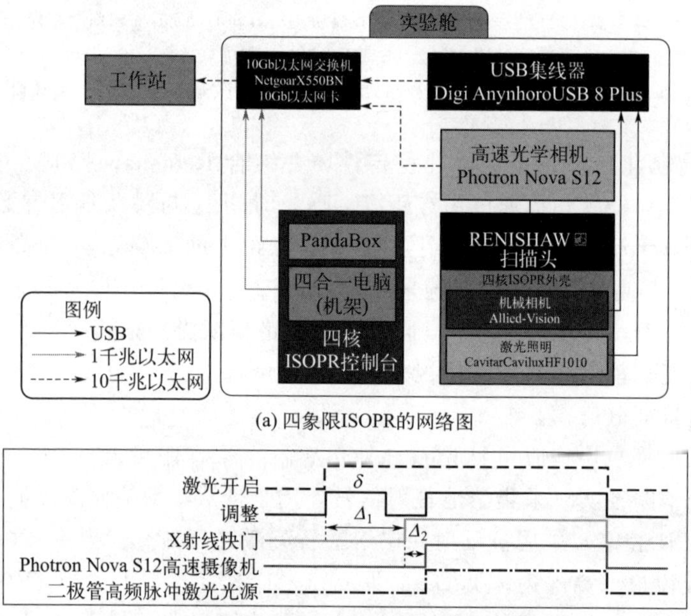

(a) 四象限ISOPR的网络图

(b) 四象限ISOPR传感器和光束线成像系统的触发图

图 5-7　Quad-ISOPR 的网络图

（3）Ti-6Al-4V 基板的激光焊接实验

如图 5-8 所示，在 Ti-6Al-4V 基板的激光焊接实验中（450W，1500mm/s），X 射线成像揭示了初始钻孔阶段（t_0～t_1）的瞬态锁孔（深度约 100μm）形成。

其对应的光学相机信号因熔池高辐射强度呈现显著尖峰，而光电二极管信号对此事件敏感度较低，表明光学成像在瞬态事件检测中更具优势。

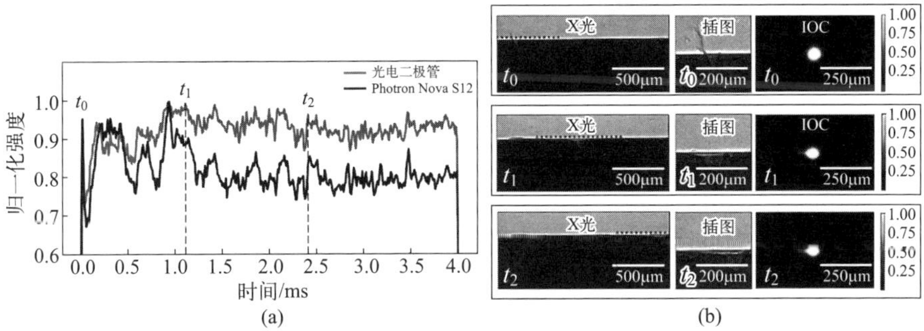

图 5-8　在 Ti-6Al-4V 基板上焊接（450W，1500mm/s）期间进行的相关测量示例显示

多模态数据互补性：稳态熔融阶段（t_1～t_2）的 X 射线图像显示锁孔几何趋于稳定（蒸气凹陷区长 400μm），同时光学与光电信号强度波动显著降低，验证了多模态数据在区分瞬态与稳态行为中的协同作用。

孔隙形成与频域特征：通过对比不同工艺参数（如 400W、750mm/s 与 450W、400mm/s）的 X 射线孔隙分布与光电信号连续小波变换（CWT）分析，发现孔隙形成与 CWT 尺度谱中 20kHz 以上的高频分量强相关，而稳定锁孔模式仅激发低频波动（<20kHz），为工业传感器缺陷检测提供了可量化的频域阈值。

激光钻孔动力学量化：如图 5-9 所示的激光钻孔试验中，激光功率与扫描速度对钻孔行为的非线性影响得到明确，例如 400W 激光下扫描速度从 1000mm/s 增至 1500mm/s 时，最大锁孔深度从 280μm 降至 180μm，而钻孔速率（3.4～5.3m/s）与激光功率正相关，揭示了工艺参数对熔池瞬态行为的调控机制。

多激光协同效应：双激光扫描实验（如 200W/400W 预加热与 400W/200W 后加热策略），如图 5-10 所示。激光束整形可以定义为两个激光束沿同一扫描矢量一起扫描，偏移量小于或等于激光束直径。两个（或多个）重叠的激光点在材料表面产生不同的热源分布。与传统的单激光扫描相比，蒸汽抑制区可以更深入地钻入材料中。在这两种情况下，蒸汽抑制深度都达到 300μm。两者都表现出稳定的熔化行为，并且在双激光扫描过程中不会形成孔隙。由于材料中的熔体深度更高，这使用户能够使用这种新颖的扫描策略处理更厚的粉末层，从而有可能提高生产率，为厚层粉末加工提供了新思路，还可以进一步开发计算模型。

通过多模态传感数据与大数据技术的深度融合，实现了增材制造工艺的多维度优化。通过超高速成像数据的卷积神经网络（CNN）训练为闭环控制系统提供关键反馈参数，最终形成的大数据平台整合了工艺参数、传感器信号与材料性

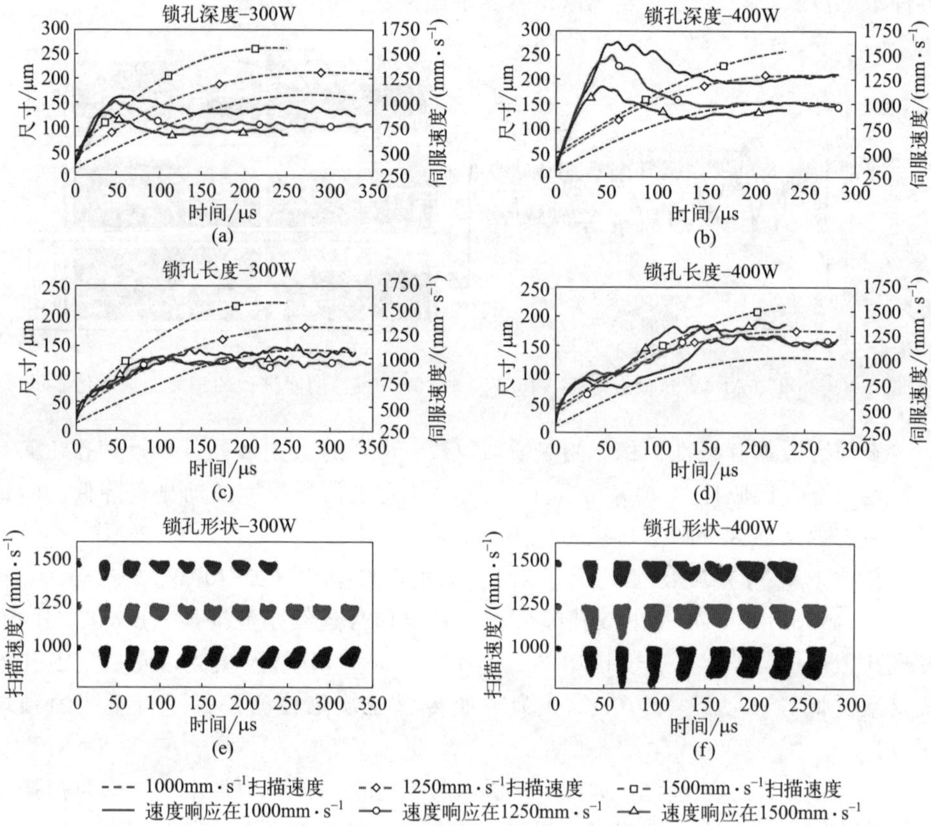

图 5-9 激光钻孔试验图

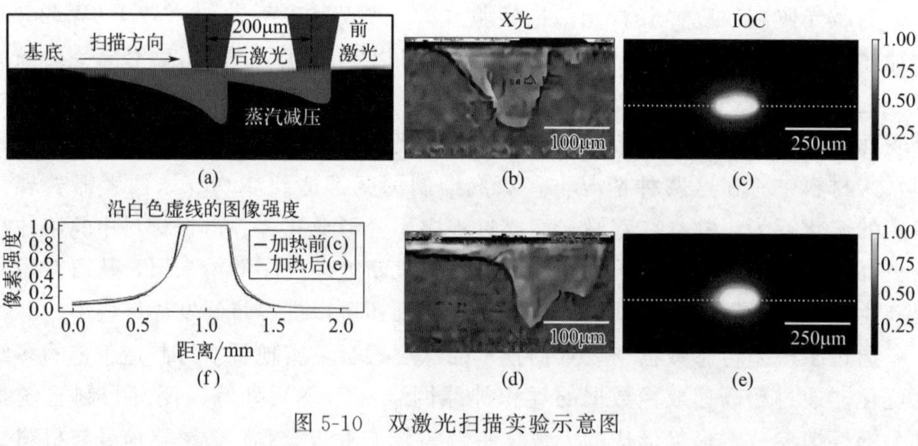

图 5-10 双激光扫描实验示意图

能的关联知识库，支持工业级增材制造工艺的智能优化与缺陷溯源，推动增材制造从经验驱动向数据驱动的范式转变。

5.2.3　全生命周期数据应用

全生命周期数据应用是指从增材制造产品的设计、仿真、打印、后处理、检测到服役维护的全过程中，通过大数据技术实现数据采集、分析、优化与价值挖掘的完整体系。其核心目标是构建“数据驱动设计-制造-服役”的闭环反馈系统，实现产品性能与制造效率的持续优化。

数据采集作为起点，依托多源异构传感网络实时捕获设计阶段的 CAD 模型参数、拓扑优化结果及多物理场仿真数据，同时集成制造过程中的激光功率、熔池温度、层间冷却速率等关键工艺参数，通过高速工业相机与光谱分析仪获取熔池形貌动态变化与材料成分波动；检测阶段则利用工业 CT 扫描生成高分辨率三维体数据，结合表面粗糙度仪、残余应力分析仪量化微观缺陷与力学性能分布；服役阶段通过嵌入式传感器网络持续监测产品的应变、温度、振动等工况数据，并与用户操作日志、维护记录同步，构建覆盖产品全生命周期的多模态数据池。

数据管理环节采用分层存储架构，针对实时性需求差异将数据划分为热、温、冷三个层级：热数据（如熔池温度曲线）通过内存数据库（Redis）实现微秒级响应，温数据（如检测报告）存入 NoSQL 数据库（MongoDB）支持快速查询，冷数据（如历史服役记录）归档至分布式文件系统（Hadoop HDFS）供长期分析。数据湖技术实现原始多模态数据的全量保存，确保信息完整性，同时基于知识图谱技术构建“材料-工艺-性能”语义网络。例如将 Ti-6Al-4V 粉末的激光功率区间、孔隙率阈值与疲劳强度关联为三元组知识单元，支持智能化语义检索与因果推理，解决传统关系型数据库难以处理复杂关联的瓶颈。

数据分析层通过机器学习与统计模型挖掘数据价值，例如采用 3D 卷积神经网络（3D-CNN）对 CT 扫描数据进行自动缺陷检测，识别孔隙、裂纹的尺寸、位置及分布模式，结合流处理引擎（Apache Flink）对熔池温度波动进行实时监测，当检测到异常梯度变化时触发工艺中断指令，避免缺陷扩大。服役寿命预测则融合有限元仿真与生存分析算法，建立多物理场耦合模型，量化等效应力、温度载荷与材料蠕变的关系，动态计算剩余寿命概率分布。例如航空发动机叶片的振动频谱数据经快速傅里叶变换后输入随机森林模型，预测精度可达 95%以上，误差低于 3%。资源调度优化引入数字孪生与强化学习（DRL）技术，通过虚拟映射实时同步全球分布式制造节点的设备状态、材料库存与订单负载，动态生成最优任务分配方案。

数据优化环节聚焦于闭环反馈与动态迭代，例如医疗植入物领域通过术后生物力学数据反向驱动设计优化，利用拓扑生成对抗网络（TopoGAN）根据骨整合反馈调整多孔结构孔隙率与连通性，使翻修率下降40%；工艺参数优化则基于贝叶斯优化算法，在激光功率、扫描速度、层厚等多维空间中寻找帕累托最优解，兼顾表面质量与制造效率。

5.3 云边协同创新

5.3.1 云边协同技术体系架构

云边协同是云计算与边缘计算的互补协同，边缘计算模型的提出，对云计算集中式模型的不足提供了新的解决思路。边缘计算是适应技术发展需求的产物，但不能完全取代云计算，两者是协同运作的。

云边协同技术体系架构通过分层融合云计算与边缘计算的互补优势，构建面向增材制造全流程的智能化计算框架。其核心架构由边缘感知层、网络传输层、云端智能层与协同决策层四大部分构成，各层功能深度耦合，形成数据实时采集、近端快速响应、云端全局优化的闭环体系。

(1) 边缘感知层

边缘感知层作为架构的物理基础，由部署在增材制造设备本体的嵌入式计算节点（如NVIDIA Jetson AGX Orin、Intel Movidius Myriad X）及高精度传感器网络组成，实现制造现场数据的实时采集与初步处理。边缘节点集成激光功率监测模块（采样频率≥10kHz）、熔池成像系统（帧率≥1000fps，分辨率4K）、振动传感器（灵敏度±0.1g）及氧含量检测单元（精度0.01%），通过OPCUA协议实时采集设备状态数据（如振镜偏转角度误差、铺粉厚度波动、舱室温度梯度），并运行轻量化AI模型（Tensor RT加速的ResNet-18）对熔池形貌进行实时分析，提取关键特征（长宽比、飞溅颗粒数）并压缩传输，数据预处理效率较传统模式提升15倍，带宽占用减少80%。

(2) 网络传输层

网络传输层采用5G URLLC（超可靠低时延通信）与TSN（时间敏感网络）混合组网技术，构建分级通信通道以适配增材制造多模态数据传输需求。高优先级通道（时延≤1ms，可靠性99.9999%）承载工艺控制指令（如激光功率动态调整信号、紧急停机指令），基于IEEE 802.1Qbv标准实现流量调度；中优先级通道（1ms<时延≤10ms）传输实时监控数据流（熔池视频、声发射信号）；低优先级通道（10ms<时延≤100ms）处理非实时数据（设备日志、质量检测报告）。同时，引入区块链轻节点技术（如IOTA Tangle）实现数据包来源验证与完整性保护，防止中间人攻击与数据篡改，确保工艺参数传输可信度。

(3) 云端智能层

数字孪生引擎：基于物理的实时仿真系统（ANSYS Twin Builder），通过多物理场耦合模型（热-力-流）预测残余应力分布，仿真精度误差≤3%，支持工艺参数虚拟调试。

深度学习训练平台：采用 PyTorch 分布式框架训练工艺优化模型［如 PPO（最近邻策略优化）强化学习算法］，基于历史数据（20 万组 SLM 工艺记录）生成帕累托最优参数集，能量密度优化效率提升 37%。

大数据分析中枢：利用 Apache Spark 处理 PB 级跨工厂数据，通过关联规则挖掘（Apriori 算法）揭示材料特性-工艺参数-力学性能的隐性关联，构建动态更新的材料工艺知识图谱（Neo4j 图数据库存储）。

弹性资源调度器：基于 Kubernetes 的自动扩缩容机制，在突发性拓扑优化任务（如卫星支架轻量化设计）中实现千核 GPU 资源 15min 内就绪，计算成本降低 42%。

(4) 协同决策层

协同决策层通过微服务架构（Spring Cloud）封装智能算法为可插拔式服务模块，提供面向不同场景的决策支持：通过实时工艺控制，融合边缘层熔池特征与云端预测模型，动态调整激光功率（响应延迟≤50ms），将飞溅发生率从 12% 降至 2.5%；利用分布式任务调度，采用改进型遗传算法（NSGA-Ⅲ）优化全球设备资源分配，在宝马集团案例中实现 32 台 DED（定向能量沉积）设备负载均衡，任务完成时间缩短 28%；实现跨域知识共享建立联邦学习框架（TensorFlow Federated），允许各制造节点在数据不出本地的前提下协同训练缺陷检测模型，模型泛化能力提升 23%；最后使得能效优化，结合数字孪生与强化学习，实时调节设备运行模式（如激光器待机策略、辅机功耗），使某航天部件生产的单位能耗从 18.7kWh/kg 降至 11.2kWh/kg。

5.3.2　云端协同优化技术

云端协同优化技术通过整合云计算的高性能算力、边缘计算的实时响应能力以及智能算法的动态决策机制，构建面向增材制造全流程的多维度优化体系。其核心技术涵盖边缘端轻量化数据预处理、云端多物理场仿真建模、跨域智能算法协同、动态资源调度以及安全可信计算五大核心模块，通过数据流与决策流的深度耦合实现从工艺参数优化、设备资源分配到全局能效管理的全链条效能提升。

在边缘端，嵌入式计算节点（如 NVIDIA Jetson AGX Orin、瑞萨 RZ/G2L）搭载轻量化 AI 模型（TensorRT 优化的 YOLOv5s）实时处理高帧率熔池监控数据（4000fps，4K 分辨率），提取熔池长宽比、飞溅颗粒密度等 14 项关键特征；结合振动传感器（Kistler 8766A）与氧含量检测单元（Sensirion SCD40）采集的设备状态数据，通过 5G URLLC 超低时延通道（端到端时延≤1ms）上传至云端数字孪生系统；同时本地执行激光功率微调（±10W）、紧急停机等高优先级控制指令，确保工艺中断响应时间≤3ms，避免熔池坍塌等重大缺陷。云端智能分析层依托分布式 GPU 集群（NVIDIA A100）构建多物理场耦合仿真模型（ANSYS Mechanical＋COMSOL），模拟激光-粉末相互作用过程，预测残余应力分布（误差≤3MPa）、热影响区范围及晶格畸变趋势；结合历史工艺数据库（20 万组 SLM 参数记录）训练深度强化学习模型（PPO 算法），生成帕累托最优参数集，在钛合金航空叶盘案例中实现能量密度降低 18%、疲劳寿命提升 25%；通过 OPC UA over TSN 协议将优化参数实时下发至边缘设备，形成“感知-分析-决策-执行”闭环。

针对分布式制造场景，云端协同优化技术采用改进型遗传算法（NSGA-Ⅲ）与联邦学习框架（TensorFlow Federated）实现跨地域设备资源智能调度。在宝马集团全球 32 个工厂的案例中，通过分析设备能力矩阵（激光功率范围、材料兼容性、历史良品率）与任务需求（几何复杂度、交付周期、成本约束），动态匹配最优生产节点，使设备利用率从 58%提升至 82%，任务平均完成时间缩短 28%。同时利用同态加密（Microsoft SEAL）与差分隐私技术保护各节点工艺数据，确保跨组织协作中的商业机密安全。在能效管理维度，融合数字孪生与强化学习［DQN（深度 Q 网络）算法］构建能耗预测模型，实时优化激光器待机策略。

为实现制造知识的高效流转，构建材料-工艺-性能三元组知识图谱（Neo4j 图数据库），通过关联规则挖掘（Apriori 算法）揭示 316L 不锈钢最优层厚（30μm）与扫描间距（80μm）的隐性关联，支持工艺专家制订自适应参数策略。同时利用生成对抗网络（StyleGAN3）合成小样本场景下的训练数据，使新材料工艺开发周期缩短 65%。

5.3.3 面向增材制造的云端协同

云制造（CM）与 3D 打印（3DP）的结合是一种网络化、智能化的制造模式创新。云制造通过云计算、物联网（IoT）、大数据等技术，将分散的制造资源（如 3D 打印机、材料、设计软件等）虚拟化并整合到统一平台中，实现资源的按需分配与协同调度；而 3D 打印则作为物理执行层，通过逐层堆积材料的增材制造方式，完成复杂结构的实体化生产。二者的协同形成了“云端设计-分布式制造-实时监控”的闭环，如图 5-11 所示。

① 资源共享与优化：云制造平台通过虚拟化技术将全球分布的 3D 打印机、材料库和设计资源整合为共享资源池，用户可远程调用最优资源，避免设备闲置和重复投资。

② 数字化流程整合：从 CAD 设计、STL 文件生成到 G 代码转换，云平台实现全流程数字化管理，支持多用户协同设计与任务分发，提升设计迭代效率。

③ 智能化调度与控制：基于网络化传感器和大数据分析，云平台实时监控打印设备状态、材料消耗及环境参数，动态调整任务优先级和资源分配，确保生产稳定性。

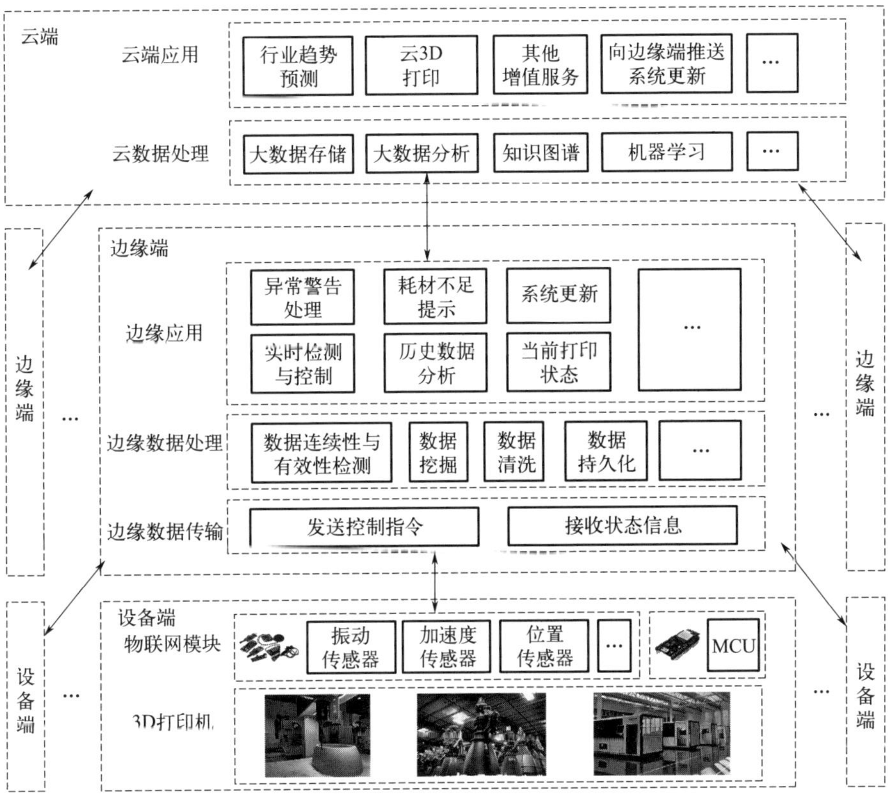

图 5-11　云边协同 3D 打印架构

MCU—多点控制单元

云边协同 3D 打印服务流程如图 5-12 所示。服务提供方（3D 打印机所有方，也称服务商）通过云端发布加工服务，其加工服务状态根据边缘端上传的 3D 打印机状态数据以实时更新（可用、正在使用、已下架）。服务需求方（需要 3D 打印加工服务的用户）通过云端发布加工需求，其粒度同发布的加工服务一样，通常也是零件级粒度以上。经过云端的服务分解、需求分解、匹配、优化调度等生成加工方案，待需求方选择。需求方选择并确认加工方案后，云端生成订单，并将加工任务和订单信息发送至边缘端。边缘端收到加工任务，对需求方上传的加工模型进行切片等操作，再将生成的 G 代码逐条发送至边缘端 3D 打印机，实现实时加工服务。打印机执行G代码后，将G代码执行结果反馈至边缘端，边缘端经过数据处理后将数据发送至用户端浏览器，浏览器中3D打印机模型同步3D打印机实体状态。当打印机处于正在加工状态时，边缘端将状态信息反馈至云端，云端状态切换为“正在使用”后，云端下达给服务提供方以在后续加工任务优先选择其他空闲3D打印机。完成加工后，将完成信息返回至云端，同时再次更新当前状态为“可用”。待服务需求方在云端收到来自服务提供方的确认后，完成此次加工服务。

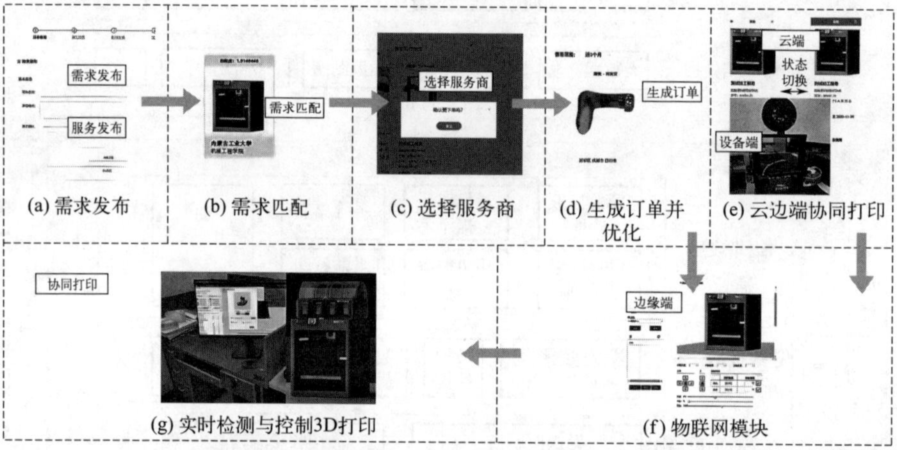

图5-12　云边协同控制3D打印机执行加工任务

通过云制造与3D打印的协同模式实现了生产效率提升，通过云平台调度多台3D打印机并行作业，打印时间缩短70%，资源利用率提高30%～50%，设备空闲率降低至10%以下。通过云平台优化设计文件，降低支撑结构需求，节约后处理成本。通过计算机辅助设计和改进的制造工艺在结构中实现定制，通过数字技术可以构建复合体，实现拓扑优化结构，材料用量减少40%的同时保持力学性能，并能通过云平台远程控制多地点打印机，在偏远地区协同3D打印。

5.4　区块链赋能增材制造

5.4.1　基于区块链的共享增材制造

区块链技术与增材制造（3D打印）的深度融合正重塑全球制造业的底层逻辑。区块链凭借去中心化信任机制、数据不可篡改特性及智能合约自动化能力，为传统制造流程注入透明性与安全性；而增材制造通过逐层堆积的生产模式，实现了从复杂结构制造到个性化定制的范式突破。

共享制造可以通过集中式或分布式模式实现，集中式和分布式系统之间进行需求处理的选择会显著影响制造业中的资源部署。在集中式系统中，资源分配决策通常是根据需求信息的集合做出的，这使制造商能够通过使生产能力与总需求保持一致来优化资源利用率。分布式系统使制造商能够更好地控制需求的选择，从而可能实现更高程度的资源专业化和定制。然而，如果制造商难以获得足够的需求量，这也可能导致资源利用不足。了解每种方法的优缺点对于开发合适的方案以实现最佳资源部署，从而应对客户需求和市场动态至关重要。

共享制造系统的主要目的是通过从传统的独立生产系统转向协作制造网络来减少对未使用资源的使用。与现有的云制造概念相比，共享制造的概念侧重于最大化资源和服务的效用（以提高可持续性），而云制造的目的主要集中在增加公司间协作的便利性。从共享经济的角度来看，共享制造使制造商能够以点对点方式组织，从而确保制造提供商的自组织权。

(1) 典型增材制造产品开发的流程

如图 5-13 所示为典型增材制造产品开发的流程。

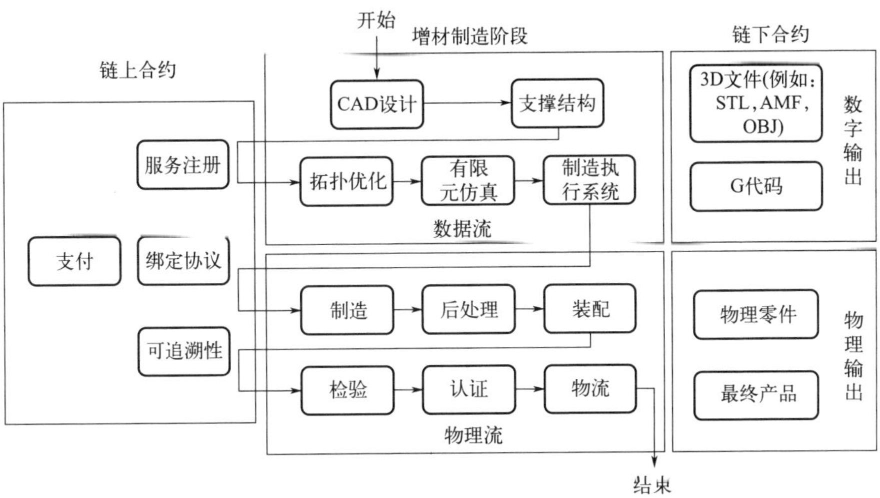

图 5-13　典型增材制造产品开发的流程

① 产品设计与仿真阶段。使用 CAD 软件创建三维模型，定义产品的几何形状、结构特征和功能需求，通过有限元分析软件验证设计的力学性能，进行拓扑优化以减轻重量或增强结构强度，确保设计满足功能性要求。根据增材制造工艺特性（如熔融沉积、粉末床熔融等），设计必要的支撑结构以防止打印过程中的

变形或坍塌。

② 制造准备阶段。利用计算机辅助制造（CAM）模块对三维模型进行分层切片，生成逐层打印的路径规划文件（如G代码），适配具体增材制造设备的参数（层厚、填充密度等）。然后根据材料特性（金属粉末、聚合物等）和打印技术（如SLS、SLM、EBM），设置温度、激光功率、扫描速度等关键工艺参数。

③ 增材制造执行阶段。清洁打印平台，装载指定材料（如金属粉末、光敏树脂），校准设备以确保精度。增材制造设备根据G代码指令逐层沉积或熔融材料，完成实体产品的构建。打印过程中实时监控温度、压力等参数以避免缺陷。

④ 后处理阶段。通过机械切割、化学溶解或热处理移除临时支撑结构。然后进行喷砂、抛光或机加工（如CNC）以降低表面粗糙度，满足外观或装配要求。最后根据材料需求实施热处理（如退火、淬火）或化学处理（如电镀、氧化）以提升机械性能或耐腐蚀性。

⑤ 质量检测与认证阶段。使用三坐标测量机（CMM）、光学扫描仪或CT扫描验证产品尺寸精度和内部结构完整性。通过拉伸、疲劳或冲击试验来评估产品的强度、韧性等性能指标。针对特定应用领域（如航空航天、医疗），依据ISO/ASTM等标准完成材料认证和工艺合规性审查。

⑥ 物流与交付阶段。根据产品特性定制防振、防潮包装，标注唯一标识码以支持全生命周期追溯。通过区块链技术记录物流信息（如运输时间、成本），确保透明性和可追溯性；智能合约自动触发支付流程，减少人工干预。

⑦ 全流程数字化与区块链集成。在区块链平台上共享设计文件、制造能力和订单需求，实现跨企业资源调度。通过区块链记录设计变更、制造协议和支付条款，确保数据不可篡改和交易可追溯。收集制造与使用阶段的数据（如设备利用率、客户评价），利用数字孪生技术迭代优化设计与工艺。

（2）基于区块链的共享增材制造协议

基于区块链的共享增材制造（BBSAM）协议通过深度融合区块链技术与增材制造（AM）的分布式特性，构建了一个去中心化的资源共享网络，有效提升了制造系统的功能韧性与结构韧性，如图5-14所示。其核心机制依托区块链的智能合约、不可篡改账本和分布式共识，实现跨地域AM设备的高效协同与动态调度。

通过容量池化机制将分散的AM设备整合为虚拟资源池。参与企业将闲置设备注册至区块链网络，智能合约根据实时需求动态分配订单。当某企业面临突发性订单激增时，协议通过链上智能合约自动匹配池内可用设备，优化全局资源利用率，减少冗余，满足安全产能需求。

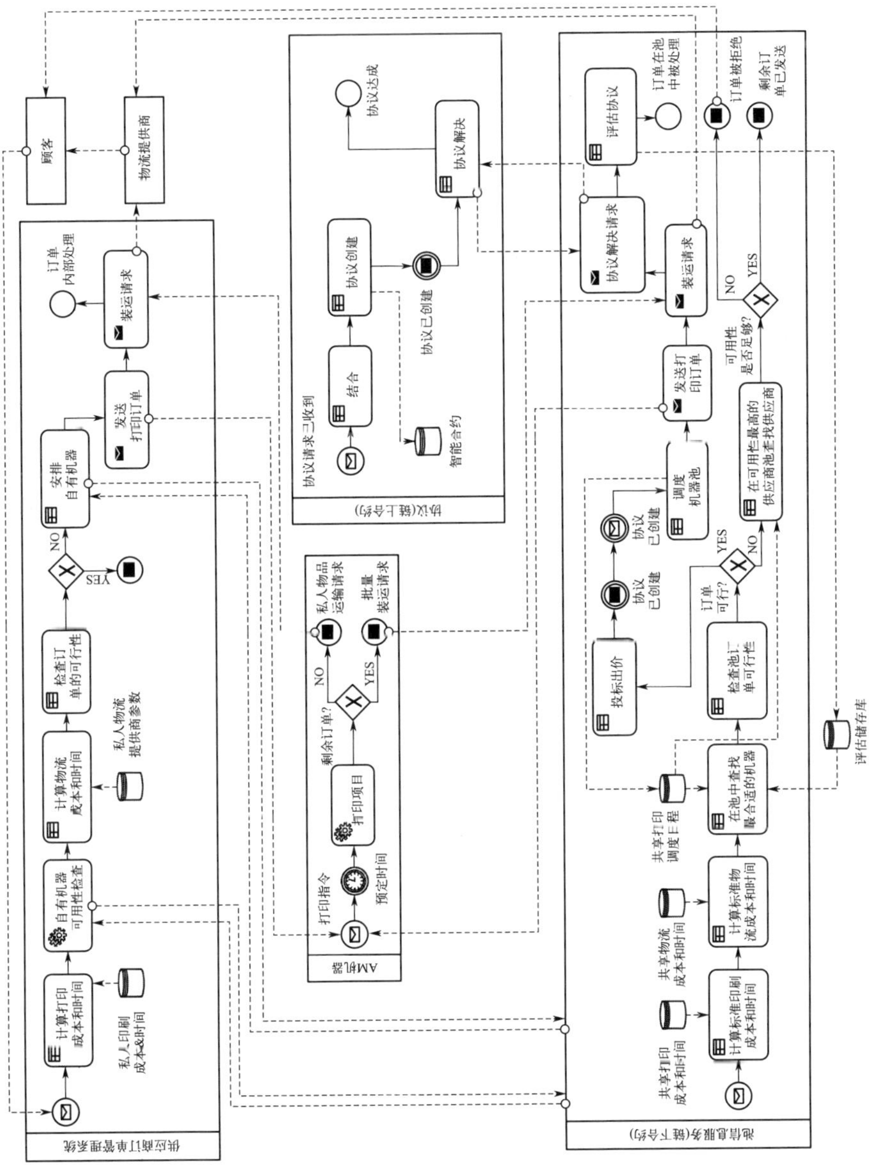

图 5-14　基于区块链的共享增材制造协议

通过智能合约驱动的全流程自动化增强系统应对需求波动的能力。订单管理系统（OMS）与池信息服务（PIS）模块协同运作：本地OMS优先匹配企业自有资源，若容量不足，PIS触发跨池竞标流程，基于预设规则（如最低成本、最短交期）筛选最优供应商。协议通过区块链记录订单绑定、支付预存与交付验证，确保交易不可篡改。一旦被接受，客户需将款项锁定至智能合约，待交付确认后自动释放给供应商，杜绝违约风险。

利用区块链的分布式账本与容错机制抵御物理或网络层中断。首先，数据在全节点间冗余存储，即使部分节点因攻击或故障下线，其余节点仍可维持系统运行，确保制造服务的连续性。其次，智能合约内置的行为管理模块通过链上历史记录评估参与者信用。供应商的履约率、交付质量等关键绩效指标（KPI）被永久记录，企业可据此规避高风险合作方，形成自洽的信任生态。此外，协议的开放式架构支持快速恢复：若主链遭遇不可逆破坏（如51%攻击），备选链可通过多数节点共识迅速激活，最大限度降低业务中断损失。

区块链的共享增材制造协议通过区块链技术重构了增材制造的资源协作模式，在提升设备利用率、增强系统抗风险能力的同时，为分布式智能制造提供了可扩展的技术范式。其核心价值在于通过算法信任替代传统中介，实现制造资源的可信共享与弹性配置。

5.4.2 面向知识产权的生命周期管理

区块链是一种分布式账本，即一个去中心化的数据库，涉及形成计算机化网络的多台计算机（称为对等体）。其信息记录不存储在一个地方，并且假设设置得当，不受单个实体的控制。区块链逐步将新的数据记录存储在使用加密技术链接的块中。即，每个新区块都包含前一个区块的数字指纹（也称为哈希值），它将每个新区块与前一个区块联系起来，最终形成一个区块链。每个区块都带有时间戳，这允许其内容经过公证（在数字意义上），因此对IP资产有好处。也就是说，区块链可以用作注册表，存储有关原创作品创作的证据，以及其他可能的应用。

结合机器学习与区块链技术的知识产权（IP）生命周期管理流程通过数据固化、资产监测、侵权评估和资产维护实现全链条管理。如图5-15所示，该流程以资产创建为起点，通过哈希算法将IP资产（如3D模型、设计图纸或代码）

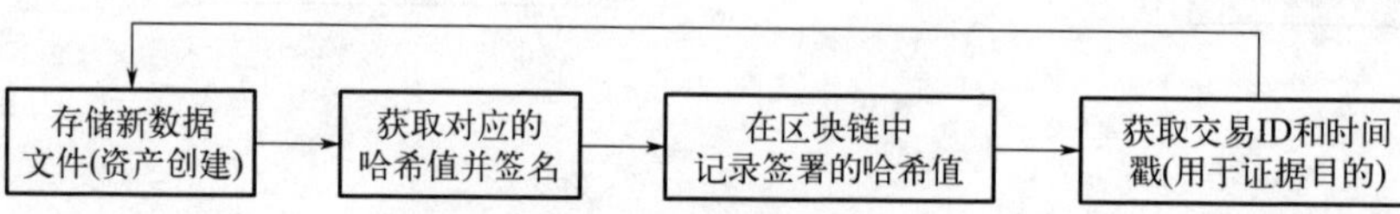

图5-15 使用区块链获得知识产权

转化为唯一数字指纹，利用私钥签名后存储于区块链，生成包含时间戳和交易 ID 的不可篡改记录。同时，原始文件加密存储于本地服务器并与链上信息关联，形成完整证据链。

在资产监测阶段，系统通过网络爬虫实时采集公开数据（如电商平台产品图片、专利数据库文档），利用卷积神经网络（CNN）或对比语言图像预训练模型（CLIP）提取特征并转化为向量。基于余弦相似度算法或欧氏距离计算，将新数据与自有 IP 资产库进行比对，触发预设阈值（如相似度＞90%）时生成预警信号。

侵权评估环节采用“时间戳验证＋法律标准匹配”双轨机制。首先通过区块链浏览器验证自有资产的创作时间早于竞品，随后调用法律数据库（如 LexisNexis）进行权利有效性检索，结合机器学习生成的相似度报告（如 98%匹配度），由 IP 律师依据“实质性相似”原则判定侵权可能性。决策层根据评估结果制订应对策略：侵权成立时启动法律程序或协商许可，否则优化 IP 布局。如图 5-16 所示为使用机器学习进行知识产权执行。

资产维护阶段通过版本管理系统记录每次迭代，同步更新哈希值与时间戳，确保历史版本可追溯。机器学习模型持续分析行业专利地图和技术趋势，预测高价值领域并提示风险。系统还集成自然语言处理（NLP）技术自动生成资产价值评估报告，为商业化决策提供数据支持。

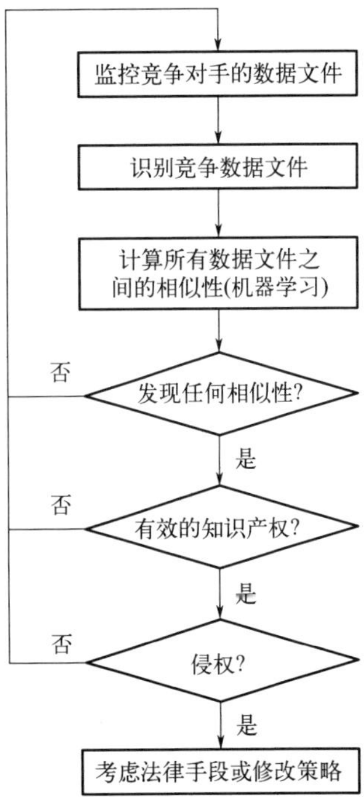

图 5-16　使用机器学习进行知识产权执行

在技术实施层面采用联盟链架构确保合规性（如司法链），选用预训练模型（如 ResNet）降低特征提取成本，通过向量数据库（Milvus）实现毫秒级相似度计算。法律适配方面，系统遵循欧盟 eIDAS 法规对电子签名的要求，定期更新算法以适应司法实践中“相似性”判定标准的变化。风险控制机制包括敏感数据加密存储、多层阈值过滤和异常行为审计，确保全流程安全可靠。

如表 5-2 所示，基于结合机器学习与区块链技术的知识产权生命周期管理流程，对柏拉图多面体实验的 2D 图像相似性与 3D 模型几何属性相似性进行比较，结果显示：通过卷积神经网络提取的 2D 图像特征相似性分数（S）与基于 3D 模型精确属性（包括组合属性、惯性张量和分类属性）计算的余弦相似性（S_c），以及3D模型数值向量特征的余弦相似性（S_f）具有高度相关性。统计分析表明：在视角变化或数据缺失情况下，2D图像相似性仍能有效反映3D模型的几何特征。例如，如表5-2中立方体与八面体的2D相似性为92%，与3D属性计算的93%高度吻合。这验证了基于2D图像的机器学习方法在无法获取3D数据时的有效性，为通过公开渠道图像进行IP侵权监测提供了技术依据。结果表明，2D相似性分数可作为3D模型相似性的可靠替代指标，其误差范围在司法实践可接受范围内。

表5-2　3D对象生成的2D图像计算的相似性比较

模型	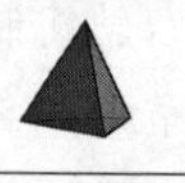				
	S=100 S_c=100 S_f=100	91 92 88	94 94 97	90 90 85	92 91 92
	91 92 88	100 100 100	92 93 92	90 96 88	91 91 89
	94 94 97	92 93 92	100 100 100	92 92 91	94 96 98
	90 90 85	90 96 88	92 92 91	100 100 100	91 90 95
	92 91 92	91 91 89	94 96 98	91 90 95	100 100 100

5.5 网络安全

5.5.1 三维防护架构

增材制造的网络化设计打破了传统制造的物理边界，但也将安全威胁从单一设备延伸至全球协作网络。从设计数据在云端传输时的中间人攻击，到分布式打印节点可能植入的硬件木马，从协同平台的知识产权泄露到供应链上游的原材料污染，安全风险呈现出跨维度、跨周期、跨主体的复杂特征。三维防护架构的提出，正是为了应对这种立体化威胁——它从技术、管理和协同三个维度构建纵深防御体系，将安全能力嵌入设计、制造、服务的全链条，使安全不再是外挂的“锁链”，而是内生的“免疫系统”。这一架构的本质，是通过层级递进的控制逻辑与动态演化的防护策略，在开放协作与风险管控间找到精准平衡。

(1) 技术防护层

技术防护层是三维防护架构的基石，聚焦于数据、设备与网络的基础安全能力。在数据安全领域，增材制造的全生命周期涉及敏感信息流动：设计文件的几何参数、工艺仿真的热力学模型、在线监测的熔池影像，任何环节的泄露都可能导致核心技术外流或产品缺陷。端到端加密（E2EE）与同态加密（HE）的结合成为解决该问题的关键技术——设计数据在传输与计算过程中始终以密文形式存在，即使被截获也无法破解。美国通用电气（GE）在其航空发动机设计云平台中部署了量子抗性加密算法（如CRYSTALS-Kyber），确保即使未来量子计算机突破现有加密体系，历史数据仍保持安全。设备安全则需应对物理篡改与固件攻击，德国通快（TRUMPF）的金属打印机采用可信平台模块（TPM）与远程证明技术，每次启动时向云端发送硬件指纹，一旦检测到未授权修改（如激光器控制板被替换），立即触发自锁并通报安全中心。网络安全层面，时间敏感网络（TSN）与软件定义边界（SDP）的融合解决了实时控制与访问控制的矛盾：TSN保障关键指令（如紧急停机信号）的毫秒级确定性传输，而SDP通过“零信任”原则隐藏网络拓扑，即使攻击者渗透至内网，也无法发现未授权的设备与服务。洛克希德·马丁的卫星部件制造网络通过此组合，将网络入侵响应时间从小时级压缩至秒级，误报率降低至0.1%。

(2) 管理防护层

管理防护层的核心是通过策略与流程将安全实践制度化，弥补纯技术方案的盲区。首先，数据主权与合规性管理成为焦点。欧盟《通用数据保护条例》（GDPR）与《人工智能法案》要求企业明确数据采集边界与用途，这对跨国协作的增材制造项目构成严峻挑战。西门子推出的“数据分类引擎”基于本体论与自然语言处理，自动识别设计文件中的敏感信息（如军工零件的拓扑结构），并根据所在国法律动态调整访问权限。例如，某德法联合研发的无人机部件项目中，法国团队无法直接访问德国端的原始设计文件，而是通过安全飞地（Secure Enclave）执行加密计算，仅获得合规的输出结果（如应力云图）。其次，人员安全意识与能力建设是管理层的薄弱环节。波音公司曾因工程师误将测试数据上传至公共存储桶，导致某新型航天器设计参数泄露。为此，构建了“安全能力矩阵”，将增材制造相关岗位的安全技能细化为37项指标（如识别钓鱼邮件、正确处理工艺日志），并与绩效晋升直接挂钩。更关键的是供应链安全管理——某汽车厂商因二级供应商的金属粉末掺杂杂质，导致3D打印的刹车部件批量开裂。

三维防护架构要求采用区块链赋能的供应链溯源系统，将每个材料批次从矿山开采、精炼加工到运输仓储的全流程数据上链存证，并通过智能合约自动验证是否符合 ASTM 标准。特斯拉的“电池护照”系统已将此理念落地，实现钴、锂等关键材料的全链追溯，将原材料风险导致的召回率降低 67%。

(3) 协同防护层

协同防护层针对网络化设计的核心特征——跨组织协作，构建信任与风险共担机制。传统企业边界消失后，设计方、制造方、用户甚至竞争对手可能在同一平台交互，如何确保竞争性协作的安全成为难题。联邦学习（federated learning，FL）与安全多方计算（MPC）提供了技术解方：在医疗植入物定制平台中，多家医院可联合训练缺陷预测模型，而无需共享患者 CT 数据，数据始终保留在本地，仅加密的模型梯度上传至云端聚合。MIT 的联邦学习框架 FATE 已将此应用于骨科植入物设计，使模型准确率提升 40%的同时，满足 HIPAA（健康保险流通与责任法案）医疗隐私要求。知识产权保护则需更精细的权限控制，法国达索系统的 3DEXPERIENCE 平台引入数字版权管理（DRM）与微许可证技术，设计师可设定文件的使用次数（如仅允许打印 5 次）、编辑权限（如禁止修改支撑结构）甚至地理围栏（如仅限欧洲设备解密），每次使用均生成不可篡改的区块链记录。在争议最多的数据资产收益分配领域，基于 Shapley 值的贡献度算法成为行业标杆——某开源设计平台通过分析每位参与者对最终方案的边际贡献（如 A 提供了拓扑雏形，B 优化了应力分布），自动分配销售收入。这种机制在宝马与初创公司的联合开发项目中，成功化解了 78%的知识产权纠纷。

三维防护架构的实践效能在多个行业得到验证。在航空航天领域，洛克希德·马丁的“数字线安全体系”整合三维防护：技术层采用军用级加密与硬件安全模块（HSM）保护 F-35 零件设计数据；管理层通过 NIST SP 800-171 标准严控供应商准入；协同层利用区块链智能合约实现美、日、意等国工厂的信任协作。该体系将设计泄露事件归零，并将跨国协作的合规审批周期从 90 天缩短至 7 天。在医疗领域，强生公司的 3D 打印膝关节定制服务，通过技术层的同态加密实现患者 CT 数据的安全分析，管理层的 HIPAA 审计自动化工具确保全球合规，协同层的联邦学习平台连接 12 国医院联合优化植入物设计，术后感染率下降 55%。更值得关注的是中小企业的创新——荷兰 3D 打印服务商 Shapeways 构建了“安全即服务”模型，为缺乏资源的中小客户提供一站式防护：技术层托管其设计文件于量子安全云，管理层代持 GDPR 合规责任，协同层通过 DAO（去中心化自治组织）治理实现客户间的安全知识共享，使小微企业的安全成本降低 80%。

5.5.2 核心技术

增材制造的网络化设计安全体系需要依赖一系列底层核心技术，这些技术不仅需应对传统工业场景的物理威胁，更要解决数字化协同带来的新型风险——从设计文件的量子级加密到分布式节点的信任验证，从实时熔池数据的抗干扰传输到全球供应链的不可篡改溯源。这些技术的本质，是通过数学原理与工程实践的深度耦合，在开放协作的生态中构建“可证明的安全”，将风险防线从被动防御转为主动免疫。以下从数据安全、设备安全与协同安全三大领域展开剖析支撑网络化设计安全的核心技术体系。

(1) 数据安全：从静态加密到动态隐私计算

设计文件与工艺数据是增材制造的核心资产，其泄露可能导致知识产权侵权或产品被恶意仿制。传统加密技术（如 AES-256）虽能静态保护数据，但在协同设计场景中，频繁的数据解密与共享会暴露攻击面。同态加密（homomorphic encryption，HE）通过允许对密文直接进行计算，破解了这一矛盾。例如，某航空企业将涡轮叶片设计文件加密后上传至云端仿真平台，仿真算法无需解密即可完成应力分析并返回加密结果，全程数据始终处于保护状态。微软 Azure 的 HE 库已支持对 STL 文件的加密处理，使第三方服务商在无法窥视原始模型的前提下完成拓扑优化，将协同设计的数据泄露风险降低至零。然而，HE 的计算开销巨大（可能延长处理时间百倍），硬件加速成为关键——英特尔 SGX 安全飞地与 GPU 加速的同态运算芯片（如 IBM 的 FHE Accelerator）可将计算效率提升 30 倍以上，使 HE 技术在实时工艺仿真中具备可行性。

更高阶的威胁来自量子计算机对传统加密体系的颠覆性破解能力。抗量子加密算法（如基于格的 CRYSTALS-Kyber 与基于哈希的 SPHINCS+）成为必选项。美国 NIST 已将其纳入后量子加密标准，并要求军工领域在 2025 年前完成迁移。某国防承包商在其导弹部件设计系统中部署了 CRYSTALS-Kyber，即使未来量子计算机突破 RSA 加密，历史设计数据仍无法被反向破解。此外，动态数据脱敏技术通过 AI 实时识别敏感信息（如关键尺寸公差、材料配方），并替换为等效但无实际意义的参数，进一步降低数据暴露风险。德国通快（TRUMPF）的激光参数优化平台采用此技术，使外部合作伙伴仅能获取工艺趋势数据，而无法反推具体功率曲线。

(2) 设备安全：从硬件信任到自毁机制

增材制造设备（如金属 3D 打印机）的物理与固件安全直接决定产品质量。攻击者可能通过替换打印头控制板植入恶意代码，或在材料输送系统中掺杂缺陷粉末。美国 Stratasys 的 FDM（熔融沉积成型）打印机已集成此技术，成功阻截了三起针对军工零件生产的硬件攻击。更极端场景下（如设备被物理劫持），自毁机制通过化学腐蚀或电磁脉冲损毁关键芯片，确保核心技术不外泄。DARPA 的“物质卫士”项目开发了纳米级自毁涂层，当检测到非法拆卸时，涂层释放酸性物质溶解存储芯片内的数据层。

针对材料污染风险，光谱指纹溯源技术成为创新解决方案。每批金属粉末在出厂时通过激光诱导击穿光谱（LIBS）生成唯一化学指纹，打印前设备自动比对粉末光谱与设计文件中的预设指纹，若偏差超过阈值（如杂质含量超标），立即停止供粉并追溯供应商责任。某汽车厂商采用此技术后，因材料问题导致的零件报废率从12％降至0.5％。在生物打印领域，细胞材料的活性与纯度同样关键，微流控芯片集成传感器可实时监测生物墨水中的细胞存活率与污染指数，异常数据触发打印中止并通知质控中心。

(3) 协同安全：从联邦学习到区块链智能合约

跨组织协作中，数据主权与知识产权保护是最大挑战。联邦学习通过在本地训练模型并仅共享参数更新，实现知识共创而不暴露原始数据。某跨国医疗联盟联合开发骨科植入物优化模型时，各医院保留患者CT数据，仅上传加密的梯度信息至中心服务器聚合，使模型准确率提升40％且符合欧盟GDPR要求。更复杂的场景需要安全多方计算（MPC），例如，三家竞争车企希望共同优化某轻量化结构，但不愿公开各自设计参数，MPC允许各方输入加密数据参与联合计算，输出优化结果而无需解密任何输入。以色列初创公司Duality的MPC引擎已应用于某航天联盟的推进器设计项目，节省研发成本35％。

参考文献

[1] 曹龙超，周奇，韩远飞，等. 激光选区熔化增材制造缺陷智能监测与过程控制综述 [J]. 航空学报，2021，42 (10)：199-233.

[2] Kim Y，Baytar F. Product development of compression tops using 3D virtual prototyping technology and human participant tests [J]. Fashion Practice，2025，17 (1)：74-104.

[3] Jeong Y，Kim D，Byun K. A novel deep learning-based approach for reconstruction of historical long-term high-quality gridded meteorological dataset [J]. Journal of Hydrology，2025，654：132850.

[4] Hocine S，Marussi S，Farndell A，et al. Physical twin of an industrial quad-laser powder bed fusion machine for high-speed multi-modal sensing measurements [J]. Materials&Design，2025，252：113767.

[5] 薛静艳，夏佳楠，霍蕊莉，等. 基于深度学习的OCT/OCTA视网膜图像分析方法综述 [J/OL]. 计算机科学：1-18 [2025-03-24]. https://link.cnki.net/urlid/50.1075.tp.20250321.1633.037.

[6] 李正网. 基于数字孪生的挤压铸造计算机辅助工艺规划系统研究 [J]. 机械制造，2024，62 (10)：43-48.

[7] Azab A，Osman H，Baki F. CAPP-GPT：A computer-aided process planning-generative pretrained transformer frame work for smart manufacturing [J]. Manufacturing Letters，2024，41 (S)：51-62.

[8] 赵春辉. 逆向工程技术的研究与实践 [J]. 模具制造，2025，25 (01)：39-41.

[9] 吉顺平. 工业物联网的智能交互模型的研究 [J]. 自动化应用，2024，65 (24)：156-159.

[10] Zhang Y，Luo X，Tao F，et al. Cloud manufacturing：A new service-oriented networked manufacturing model [J]. Computer Integrated Manufacturing Systems，2014，20 (1)：1-9.

[11] Tao F，Qi Q，Liu A，et al. Digital twin-driven product design，manufacturing and service with big

data [J]. The International Journal of Advanced Manufacturing Technology，2018，94（9-12）：3563-3576.

[12] 周宏仁，方滨兴．网络化制造：中国制造业信息化的战略选择 [J]. 中国工程科学，2003，5（8）：22-27.

[13] 刘智勇，刘波．面向增材制造的网络化协同设计模式研究 [J]. 机械设计与研究，2021，37（6）：56-61.

[14] Wu D，Thames J L，Rosen D W，et al. Cloud-based design and manufacturing：A new paradigm in digital manufacturing and design innovation [J]. Computer-Aided Design，2015，59：1-14.

[15] Qi Q，Tao F，Zuo Y，et al. A cloud-based big data analytics framework for product life cyclemanagement [J]. The International Journal of Advanced Manufacturing Technology，2016，84（1-4）：1-14.

[16] 孟凡伟，李磊，陈光．面向增材制造的大数据平台架构及关键技术 [J]. 机械设计，2022，39（7）：107-113.

[17] Li L，Xu X，Wang L. Integration of edge computing and cloud computing for smart manufacturing [J]. Journal of Manufacturing Systems，2021，60：419-429.

[18] 黄晨东，张大鹏．云边协同制造系统体系架构及发展趋势研究 [J]. 制造业自动化，2020，42（12）：34-37

[19] Lu Y，Xu X，Wang L. Smart manufacturing process and system automation-A critical review of the standards and envisioned scenarios [J]. Journal of Manufacturing Systems，2020，56：312-325.

[20] Reyna A，Martín C，Chen J，et al. On block chain and its integration with IoT. Challenges and opportunities [J]. Future Generation Computer Systems，2018，88：173-190.

[21] 韩旭，马智亮，陈文昊．区块链赋能制造业的研究进展与趋势 [J]. 计算机集成制造系统，2022，28（1）：1-15.

[22] Jiang P，Wang H，Wu Y，et al. The block chain-based sharing model for the manufacturing industry [J]. IEEE Access，2018，6：63594-63605.

[23] 王彤，孙萍．增材制造数字化设计的知识产权保护机制研究 [J]. 制造业自动化，2022，44（1）：122-127.

[24] Li K C，Wang W，Zhang H. Cyber security for additive manufacturing：Attackt axonomy and secure cloud-based solutions [J]. Journal of Manufacturing Systems，2020，56：277-286.

[25] 胡伟东，刘巍．增材制造网络安全的三维防护模型研究 [J]. 信息网络安全，2021（4）：97-103.

第6章

面向增材制造的智能化设计

6.1 面向增材制造的智能化设计范式框架

在智能设计与制造领域，智能化设计（智能设计）的技术基础是推动行业创新发展的核心动力。对于智能产品设计、研发、生产及相关领域的工程师、技术人员、设计师以及高校与科研院所的研究人员而言，深入理解这些技术基础，是掌握智能设计前沿方法、提升设计能力的关键。本节将从智能设计范式框架、智能设计参数对增材制造的影响以及增材制造约束建模三个方面展开，全面阐述智能化设计的技术基础。

6.1.1 智能化设计范式框架

智能化设计的核心在于构建数据、算法、反馈与进化的协同体系，如图 6-1 所示。通过以下四个维度的有机融合，推动设计从经验驱动向数据与算法双轮驱动的范式转型。

(1) 数据驱动

在智能化设计中，数据是一切的基础。设计过程不再仅仅依赖于设计师的经验和直觉，大量的设计数据、用户需求数据、生产制造数据等成为设计决策的重要依据。通过收集以往产品的性能数据，可以分析出产品在不同工况下的表现，为新产品的设计提供参考；通过分析用户在使用产品过程中的反馈数据，能够精

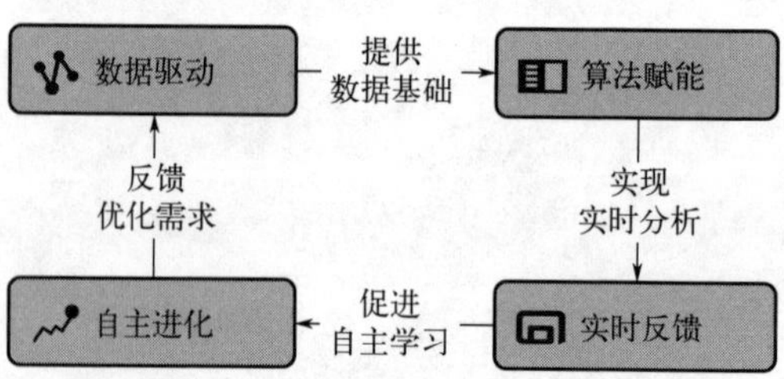

图 6-1 智能设计四要素

准把握用户需求，优化产品设计。数据驱动使设计更加科学、精准，能够更好地满足市场需求。

(2) 算法赋能

算法是智能化设计的核心驱动力。机器学习算法、深度学习算法等能够对数据进行分析、挖掘和建模，实现设计的自动化和智能化。机器学习使计算机能够从数据中学习并改进其性能，而无需明确编程。算法赋能使设计过程更加高效、智能，能够突破传统设计的局限。

(3) 实时反馈

实时反馈是智能化设计的重要特征，指通过传感器、物联网等技术实时采集产品运行数据（如航空发动机的温度、压力），经提取关键特征后，与预设标准对比分析偏差，进而基于有限元分析（FEA）等工具，动态调整设计或工艺参数的闭环过程。其核心在于通过数据驱动的即时优化，实现产品性能与制造效率的持续提升。

(4) 自主进化

自主进化是智能化设计的高级目标。通过不断学习和优化，设计系统能够自主地改进设计方案，实现设计的不断创新和提升。例如，利用遗传算法、强化学习等算法，设计系统可以在大量的设计方案中进行搜索和优化，自动生成更优的设计方案。自主进化使得设计系统具有更强的适应性和创新性，能不断适应市场变化和用户需求。

6.1.2 智能设计参数对增材制造的影响

增材制造作为智能制造的典型代表，其设计与制造过程需深度融合参数化、智能化技术。智能设计参数通过约束建模、材料本构分析及缺陷预测等环节，直接影响增材制造的可行性、效率与质量。以下从工艺约束建模、各向异性材料本构模型及层间缺陷预测模块三个维度，解析智能设计参数如何支撑增材制造的精准化与创新化发展。

(1) 工艺约束建模

工艺约束建模是增材制造范式框架中的关键环节，它致力于将增材制造过程中的各类工艺限制以数学模型的形式呈现，从而为设计与制造流程提供精准指导。

① 几何形状约束，指由制造工艺特性决定的几何限制。以激光选区熔化（SLM）工艺为例，最小特征尺寸是不可忽视的约束参数。其数值受激光光斑大小、粉末颗粒尺寸及材料烧结特性共同影响。一般而言，金属粉末的 SLM 工艺最小特征尺寸大致处于 0.1～0.2mm 范围。若设计师在零件设计时，特征尺寸不在此范围，极有可能致使特征无法成形，或成形后质量欠佳。此外，悬垂结构设计也受悬垂角约束。在 SLM 工艺中，通常最大悬垂角设定在 45°～60°区间，

一旦超过该角度，未凝固的材料在重力作用下易发生坍塌。通过数学公式 $\theta_{max}=\arctan(h/d)$（其中 h 为层高，d 为悬垂长度），能够定量计算悬垂角，以此助力设计过程，保障悬垂结构契合工艺要求。

② 制造过程参数约束，指工艺参数间的协同影响。继续以 SLM 工艺为例，激光功率、扫描速度和扫描间距等参数相互关联，共同左右零件质量。激光功率决定材料吸收的能量，功率过高会使材料过度熔化、飞溅，功率过低则无法令材料充分烧结。扫描速度和扫描间距决定单位面积的能量输入。若扫描速度过快或扫描间距过大，能量输入不足，材料无法完全熔化，易产生孔隙等缺陷；反之，若扫描速度过慢或扫描间距过小，能量输入过高，可能导致零件变形。凭借大量实验数据与模拟分析，能够构建这些参数与零件质量间的关系模型，例如基于回归分析的经验模型，用于指导实际生产中的参数设定。

③ 时间相关约束，指与时间相关的工艺控制。打印时长影响设备稳定性（如大型零件长时间打印导致热积累），层间冷却时间（SLM 中通常为 5～15s）不足会引发热应力集中，需通过热分析优化时间参数，平衡效率与质量。借助热分析与实验研究，能够确定适宜的打印时间和层间冷却时间范围，并构建相应的时间约束模型，确保打印过程顺利推进。

这些约束通过数学建模（如悬垂角方程）、工艺参数优化及实时反馈机制，确保增材制造从设计到生产的全流程可控。

(2) 各向异性材料本构模型

增材制造材料的逐层堆积特性导致力学性能呈现各向异性，该特性显著影响零件性能，各向异性材料本构模型旨在运用数学手段精准描述材料在不同方向的力学行为。

以弹性模量为例，借助张量分析，可将其表示为二阶张量。在笛卡儿坐标系下，该张量包含 9 个分量，这些分量能够全面反映材料在不同坐标轴方向以及不同坐标平面内的弹性特性。例如，对于 SLM 制造的金属材料，平行于打印层方向与垂直于打印层方向的弹性模量通常有所不同。通过本构模型中的张量表达式，能够精确算出材料在不同受力方向下的弹性响应。

在实际应用场景中，当设计承受复杂载荷的增材制造零件时，结合各向异性材料本构模型与有限元分析等方法，能够精准模拟零件在不同工况下的应力、应变分布。设计师依据模拟结果，可合理规划零件的取向与结构，充分发挥材料在不同方向的性能优势，提升零件的承载能力与使用寿命。

(3) 层间缺陷预测模块

层间缺陷是增材制造中常见且对零件质量影响重大的问题，层间缺陷预测模块借助特定算法，可有效预测层间缺陷的产生。

Voronoi 图在层间缺陷预测模块中发挥重要作用。它是一种空间分割图，在增材制造领域，可用于描绘粉末颗粒的分布以及层与层之间的材料堆积状况。通过将增材制造过程中的几何信息，如粉末颗粒位置、熔池形状等，转化为 Voronoi 图形式，为后续的神经网络分析提供数据基础。

神经网络算法是该模块的核心。通过大量增材制造实验数据对神经网络进行训练，这些数据涵盖不同工艺参数下的 Voronoi 图特征以及对应的层间缺陷情况，如孔隙、裂纹等。在训练过程中，神经网络学习 Voronoi 图特征与层间缺陷之间的复杂映射关系。

在实际生产时，增材制造设备开始打印后，系统实时采集打印过程数据，并将其转化为 Voronoi 图输入已训练好的神经网络模型。模型依据学习到的关系，预测当前打印过程中是否会出现层间缺陷，以及缺陷可能出现的位置和类型。一旦预测到缺陷，系统可即刻采取措施，如调整工艺参数、暂停打印进行人工干预等，避免缺陷扩大，提升零件制造质量。层间缺陷预测模块流程如图 6-2 所示。

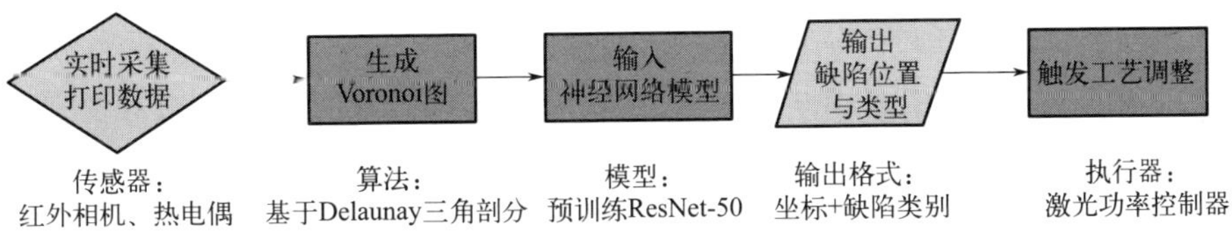

图 6-2　层间缺陷预测模块流程图

6.1.3　增材制造约束建模

(1) 工艺限制的数学表达

① 悬垂角约束方程：在增材制造过程中，悬垂结构容易出现变形、坍塌等问题，因此需要对悬垂角进行约束。悬垂角约束方程可以通过数学方法表达悬垂结构的角度限制，确保在增材制造过程中悬垂结构的稳定性。其公式如下：

$$\theta_{\max}=\arctan\frac{\mu\rho g d}{E} \tag{6-1}$$

其中，$\theta_{\max}$ 为最大悬垂角；μ 为粉末流动性系数；ρ 为粉末密度；g 为重力加速度；d 为粉末粒径；E 为材料弹性模量。对于不同的材料，其参数会有所不同，典型材料的参数可参考 ISO/ASTM 52900 标准，表 6-1 为部分典型材料参数示例（实际使用时需根据具体情况查询更准确的数据）。

表 6-1　部分典型材料参数示例

材料	μ/MPa	ρ/(g/cm^3)	E/GPa
Ti-6Al-4V	0.85	4.43	110
AlSi10Mg	0.62	2.67	70

例如，对于熔融沉积成形（FDM）工艺，也可根据式(6-1) 结合具体材料特性确定悬垂角限制。通过满足悬垂角约束方程，可以有效避免悬垂结构在制造过程中出现缺陷。

② 热变形补偿模型：增材制造过程中，材料的熔化和凝固会导致温度场的变化，从而引起零件的热变形。为了减少热变形对零件精度的影响，需要建立热变形补偿模型。热变形补偿模型可以通过有限元分析等方法，模拟增材制造过程中的温度场和应力场分布，预测零件的热变形情况，并根据预测结果对设计模型进行补偿。例如，通过热变形补偿模型，可以在设计阶段对零件的尺寸进行预调整，使其在制造后达到预期的精度要求。

(2) 开源工具演示：使用 PyAM 构建 SLM 工艺约束库

PyAM 是一个用于增材制造工艺建模和仿真的开源 Python 库。以 SLM 工艺为例，使用 PyAM 可以构建工艺约束库，对 SLM 工艺中的各种约束条件进行建模和管理。

① 安装和配置 PyAM：首先需要在本地环境中安装 PyAM 库。可以通过 pip 命令进行安装：pip install pyam。安装完成后，需要配置相关的依赖项和参数，确保 PyAM 能够正常运行。

② 定义 SLM 工艺参数：在 PyAM 中，可以通过定义参数对象来描述 SLM 工艺的各种参数，如激光功率、扫描速度、扫描策略、粉末材料特性等。例如：

```
import pyam
#定义 SLM 工艺参数
slm_params=pyam.Parameters()
slm_params['laser_power']=200#激光功率,单位:W
slm_params['scan_speed']=1000#扫描速度,单位:mm/s
slm_params['scan_strategy']='chessboard'#扫描策略
slm_params['powder_material']='Ti6Al4V'#粉末材料
```

③ 构建工艺约束：根据 SLM 工艺的特点和要求，可以使用 PyAM 构建各种工艺约束。

```
#构建悬垂角约束
class Constraint:
    def__init__(self,name:str,condition:callable,params:dict):
        """
        :param name:约束名称(如"overhang_angle")
        :param condition:约束条件函数,输入工艺参数返回布尔值
        :param params:约束参数字典(如{'max_angle':45})
```

```
        """
        self.name=name
        self.check=lambdax:condition(x,**params)#生成约束检查 Lambda

#典型材料参数库(单位符合 ASTM F3184 标准)
MATERIAL_PARAMS={
    'Ti6Al4V':{'τ_powder':85,'ρ':4.43},#MPa,g/cm3
    'AlSi10Mg':{'τ_powder':62,'ρ':2.67}
}

def_overhang_condition(params,max_angle):
    material=params['powder_material']
    τ=MATERIAL_PARAMS[material]['τ_powder']
    θ_cal=np.arctan(τ/(params['ρ']*9.8*params['layer_thickness']))
    returnθ_cal<=np.deg2rad(max_angle)

#构建悬垂角约束实例
overhang_constraint=Constraint(
    name='overhang_angle',
    condition=_overhang_condition,
    params={'max_angle':45}
)
slm_params.add_constraint(overhang_constraint)
```

④ 仿真和验证：使用 PyAM 可以对构建的工艺约束库进行仿真和验证，评估不同设计方案在 SLM 工艺下的可行性和性能。例如，通过模拟不同设计方案的制造过程，分析悬垂结构的稳定性、热变形情况等，为设计优化提供依据。

以上对智能设计范式框架、关键技术栈解析以及增材制造约束建模的全面阐述，可以帮助读者深入了解智能化设计的技术基础，为在实际工作中应用智能化设计方法提供坚实的理论支持和技术指导。在智能产品设计、研发和生产过程中，充分利用这些技术基础，能够提高设计效率、提升产品质量、推动创新发展，满足智能制造时代对设计的更高要求。同时，随着技术的不断发展和创新，智能化设计的技术基础也将不断完善和拓展，为行业的发展带来更多的机遇和挑战。科研人员和工程师需要持续关注技术发展动态，不断学习和探索，将新技术应用于实际工作中，为智能制造和智能设计领域的发展贡献力量。

6.2 智能设计技术基础

6.2.1 通用技术体系

(1) 机器学习技术

机器学习是通过数据训练模型以实现预测或决策的核心技术，其核心在于从数据中自动提取规律。核心分支包括：监督学习，基于标注数据学习输入输出映射关系，例如通过回归分析预测材料强度，通过分类算法筛选最优设计方案；无监督学习，从未标注数据中挖掘潜在模式，如聚类分析材料性能特征或降维处理高维数据；强化学习，通过“交互-奖惩”机制，让智能体学习最优行为策略，适用于路径规划与工艺参数优化。典型算法有决策树、支持向量机（SVM）、卷积神经网络（CNN）、循环神经网络（RNN）。在智能设计场景下，其应用十分广泛。例如在材料性能预测方面，收集海量材料的化学成分、微观结构、加工工艺等数据，以及对应的材料性能参数，如强度、硬度、电导率等，利用监督学习算法，像决策树、支持向量机和神经网络等，对这些数据进行训练。

以金属材料的强度预测为例，将不同合金成分、热处理工艺参数作为输入特征，材料强度作为输出标签，训练神经网络模型。使用 Python 的 scikit-learn 库进行简单演示。假设已经收集到包含多种金属材料成分（如铁、碳、镍等元素的含量）以及对应拉伸强度的数据。首先，对数据进行预处理，将其分为特征矩阵 $\boldsymbol{X}$（材料成分数据）和目标向量 $\boldsymbol{y}$（拉伸强度）：

```
import numpy as np
from sklearn.model_selectionimport train_test_split
from sklearn.linear_model import LinearRegression
#假设已有数据,这里随机生成一些模拟数据
X=np.random.rand(100,5) #100个样本,每个样本5个特征(代表材料成分)
y=200+50*X[:,0]+30*X[:,1]-20*X[:,2]+np.random.randn(100) #模拟拉伸强度数据,与材料成分相关
#将数据分为训练集和测试集
X_train,X_test,y_train,y_test=train_test_split(X,y,test_size=0.2,random_state=42)
#创建线性回归模型并进行训练
model=LinearRegression()
model.fit(X_train,y_train)
#对测试集进行预测
```

```
y_pred=model.predict(X_test)
```

在上述代码中，利用线性回归算法对模拟的材料成分与拉伸强度数据进行建模训练，训练完成后对测试集数据进行预测。实际应用中，可根据具体情况选择更复杂的算法，如决策树、神经网络等，以提高预测的准确性。机器学习技术能够帮助设计师在材料选择阶段做出科学决策，减少实验次数，大幅缩短产品研发周期。

（2）拓扑优化技术

拓扑优化技术致力于在给定设计空间内，寻找材料的最优分布，以实现特定设计目标，如最大化结构刚度、最小化结构重量等。变密度法（SIMP）是拓扑优化中常用的方法之一。该方法通过引入密度变量来描述结构中材料的分布状态，将连续的拓扑优化问题转化为离散的数学规划问题。引入密度变量 ρ 描述材料分布，通过迭代优化求解：

$$
\begin{aligned}
&\min_{\rho} C = \boldsymbol{u}^{\mathrm{T}} \boldsymbol{K} \boldsymbol{u} \\
&\text{s. t.} \quad \sum \rho_i V_i \leqslant f V_0 \\
&\qquad\quad 0 < \rho_{\min} \leqslant \rho_i \leqslant 1
\end{aligned}
\tag{6-2}
$$

其中，$\boldsymbol{u}$ 为位移场；ρ_i 为单元 i 的密度变量（$\rho_i=1$ 为实体材料，$\rho_i=0$ 为空）；C 为结构柔顺度，与刚度成反比；$\boldsymbol{K}$ 为刚度矩阵；V_i 为单元体积；V_0 为设计空间总体积；f 为体积分数上限（如 $f=0.3$ 表示保留 30%材料）。

在实际应用中，比如设计航空航天领域的飞行器机翼结构，以机翼的刚度最大化为目标，同时满足体积约束条件。利用 SIMP 方法，在设计空间内不断迭代更新材料的密度分布，逐渐去除对结构刚度贡献较小的材料区域，保留关键承载区域的材料。通过数学理论证明，SIMP 方法在合理设置迭代算法与参数的情况下，能够收敛到全局最优解或接近全局最优解，从而确保优化结果的可靠性，为设计出高性能、轻量化的结构提供有力工具。

（3）多物理场耦合分析

在增材制造及其他众多实际工程场景中，多物理场耦合现象广泛存在。多物理场耦合分析旨在综合考虑多种物理场之间的相互作用关系。有限元方法是实现多物理场耦合分析的重要手段。以激光选区熔化（SLM）这一增材制造工艺为例，在打印过程中，激光能量输入引发材料的热传导过程，使粉末材料快速熔化与凝固，同时伴随着材料的热胀冷缩，产生热应力与变形，涉及热物理场与结构力学场的耦合。运用有限元方法，将描述热传导的能量方程与描述结构力学的平衡方程进行耦合求解。首先，将零件模型离散为有限个单元，对每个单元分别应用热传导和力学平衡方程。通过迭代计算，逐步求解出整个零件在打印过程中的温度场分布、热应力分布以及变形情况。这些分析结果为优化打印工艺参数，如激光功率、扫描速度、扫描策略等提供了理论依据，有助于减少零件内部缺陷，提高打印质量。

以热-结构多物理场耦合为例，涉及热传导方程和结构力学平衡方程的耦合。热传导方程为：

$$\rho C_{\mathrm{p}} \frac{\partial T}{\partial t} = \nabla \cdot (k \nabla T) + Q \tag{6-3}$$

其中，ρ 为材料密度；C_{p} 为比热容；T 为温度；t 为时间；k 为热导率；Q 为热源项。该方程描述了热量在材料中的传递规律。

结构力学平衡方程在笛卡儿坐标系下可表示为：

$$\frac{\partial \sigma_{ij}}{\partial x_j} + f_i = 0 \tag{6-4}$$

其中，σ_{ij} 为应力张量分量；x_j 为坐标分量；f_i 为单位体积的外力分量。

6.2.2 前沿技术突破

(1) 生成对抗网络（GAN）

生成对抗网络（GAN）作为前沿技术，给智能设计领域带来了创新性的设计思路。GAN 由生成器和判别器两个神经网络组成，二者相互对抗、协同训练。生成器负责生成新的数据样本，判别器则对生成的数据样本与真实数据样本进行区分。在智能设计场景下，特别是在产品外观设计、概念设计等方面，GAN 展现出独特优势。例如在产品外观设计中，收集大量风格各异、成功的产品外观图像数据作为训练集。生成器学习这些图像的特征分布后，生成全新的产品外观设计方案；判别器对生成的设计方案进行评估，判断其是否符合真实产品外观的特征分布。随着对抗训练的不断进行，生成器生成的设计方案质量逐步提升，能够为设计师提供丰富多样、具有创新性的设计灵感，突破传统设计思维的局限，极大地拓展了设计的可能性。

(2) 量子优化算法

量子优化算法借助量子力学原理，在解决复杂组合优化问题方面具有传统算法难以比拟的优势。D-Wave 量子退火器是量子优化算法的典型应用实例。在增材制造的工艺规划过程中，存在诸多组合优化问题，如多个零件在打印平台上的最优布局、打印路径的最优规划等。传统优化算法在面对大规模、复杂的组合优化问题时，计算时间长，且容易陷入局部最优解。而 D-Wave 量子退火器利用量子隧穿效应，能够在量子态下快速搜索解空间，探索更多潜在的解。例如在有限的打印平台上安排多个不同形状和尺寸的零件时，以最大化平台利用率和保证打印质量为目标，D-Wave 量子退火器通过量子优化算法，能够在短时间内找到比传统算法更优的零件摆放方案，有效提高增材制造的生产效率和资源利用率。

(3) 大语言模型驱动的设计

大语言模型（LLMs），如 GPT 系列、Deepseek 等，在设计需求转化方面正引发行业变革。传统上，设计需求的提取与转化依赖设计师与客户的反复沟通，过程烦琐且易产生误解。大语言模型凭借其强大的自然语言处理能力，能够直接处理客户用自然语言描述的设计需求。

在这一过程中，以 DeepSeek 为例，DeepSeek 作为先进的智能分析工具发挥了重要作用。它能够依据大语言模型转化后的设计需求以及相关的设计分析结果，生成详细的工艺指导文档。例如，加工椅子的场景中，针对选定的铝合金材料，DeepSeek 会根据其加工特性，在文档中详细说明椅架的加工工艺，包括合适的切割、焊接参数；对于碳纤维复合材料椅面，给出成形工艺建议，如采用何种模具、怎样的固化温度和时间等。在结构组装环节，文档会提供清晰的组装步骤和质量检测要点。生成的工艺指导文档涵盖从材料采购、加工制造到产品组装的全流程指导，为后续的产品制造提供了明确、详细的操作指南，有效提升设计需求转化为实际产品的效率和准确性。

6.2.3 AM 与智能设计技术融合创新

(1) 路径规划强化学习算法

在智能设计与增材制造的交叉领域，路径规划强化学习算法对于提升打印效率和零件质量具有关键作用。在增材制造过程中，打印头的运动路径规划直接影响打印过程的时间消耗和零件的最终质量。传统的路径规划方法往往基于经验或简单的几何算法，难以适应复杂零件的多样化打印需求。强化学习算法通过构建一个智能体（通常是打印头控制模块），让其在打印环境中不断尝试不同的路径策略，并根据环境反馈的奖励信号，如打印时间的缩短、零件表面质量的提升等，来调整自身的路径规划策略。

A 算法是经典的路径搜索算法，在二维空间中应用广泛。为适应增材制造三维空间的路径规划需求，需对 A 算法进行改进。在三维空间中，A 算法的状态空间维度从二维的 (x, y) 拓展到三维的 (x, y, z)。其时间复杂度在最坏的情况下为 $O(b^d)$，其中 b 是每个节点的分支因子（即每个节点可扩展的子节点数量），d 是搜索空间的深度。在三维增材制造空间中，由于打印头在每个位置可能的移动方向更多，分支因子 b 也会增大；同时为达到目标位置可能需要在 z 方向上进行多层移动，搜索深度 d 也增加，这使传统 A 算法在三维空间中的计算量急剧上升。

改进的 A 算法引入了基于三维空间几何特征的启发式函数。例如，根据打印零件的三维模型，预先分析不同区域的打印难度和重要性，对启发式函数进行加权调整。对于复杂结构区域，增加启发式函数的权重，使算法优先探索可能的最优路径；对于简单区域，适当降低权重，平衡搜索效率和准确性。通过这种改进，在保证找到最优路径的前提下，降低了算法在三维空间中的时间复杂度。实验数据表明，在处理复杂增材制造零件的路径规划时，改进后的 A 算法相较于传统算法，计算时间可缩短 30%～50%，有效提高了路径规划的效率，为增材制造复杂零件的高效打印提供了有力支持。

(2) 熔池动态监控的闭环控制（视觉识别动态检测技术）

熔池动态监控的闭环控制技术是智能设计与增材制造融合创新的核心技术之一。在增材制造工艺，如激光选区熔化过程中，熔池的状态，包括温度、形状、尺寸等，对零件的质量有着决定性影响。通过实时监测熔池动态，并利用智能算法对打印参数进行自动调整，形成闭环控制系统。在实际应用中，利用高速摄像机和红外传感器实时采集熔池的图像和温度信息，将这些数据输入基于机器学习的智能控制系统中。系统依据预先设定的质量标准以及实时采集到的数据，判断熔池状态是否处于正常范围。一旦检测到熔池温度过高、形状异常等情况，系统会自动调整激光功率、扫描速度等关键打印参数，使熔池恢复到正常状态。

(3) 跨尺度缺陷预测模型（深度学习，实现模型预测）

增材制造零件的缺陷往往在不同尺度上呈现，从微观层面的孔隙、裂纹，到宏观层面的变形等。传统的缺陷预测方法大多针对单一尺度进行分析，难以全面、准确地预测零件在不同尺度下的缺陷情况。跨尺度缺陷预测模型则整合了微观材料特性、介观制造工艺以及宏观零件结构信息，利用深度学习等智能算法构建多尺度关联模型。以金属增材制造零件的缺陷预测为例，模型在构建过程中，同时考虑粉末颗粒的微观特性（如粒度分布、形状、化学成分等）、激光扫描过程中的介观热物理过程（包括激光能量吸收、热传导、材料熔化与凝固等），以及零件整体的宏观结构受力情况。通过对大量实验数据的学习与分析，模型能够准确预测不同尺度下可能出现的缺陷位置、类型和严重程度。

6.3 AIGC 驱动的产品创新

AIGC，即人工智能生成内容（artificial intelligence generated content），是指通过人工智能技术自动生成的各种形式的内容。这些内容可以包括文本、图像、音频、视频等多种媒体形式。随着近年来深度学习和自然语言处理技术的快速发展，AIGC 已经广泛应用于多个领域，并展现出巨大的潜力。

6.3.1 生成式 AI 技术及 DeepSeek 应用

生成式 AI（generative AI）技术，即利用人工智能技术自动生成新内容的技术。它通过学习大量数据中的模式和特征，能够生成与训练数据相似但又具有独特性的新内容。生成式 AI 已经在多个领域展现出巨大的潜力，包括文本生成、图像生成、音频生成、视频生成等。

（1）扩散模型实现高分辨率设计概念图合成

扩散模型（diffusion model）是近年来在生成式 AI 领域备受关注的技术，它通过逐步添加噪声并逆转这一过程来生成数据。在创新产品设计中，扩散模型在实现高分辨率设计概念图合成方面表现出色。在产品设计的初期阶段，设计师通常需要快速生成大量的概念图来探索不同的设计方向。传统的手绘或基于简单图形软件的设计方式效率较低，且难以满足对细节和创意的高要求。扩散模型则可以根据设计师输入的文本描述、草图或参考图像，生成高分辨率、细节丰富的设计概念图。扩散模型在高分辨率设计概念图合成中的技术实现基于其独特的正向噪声添加与逆向去噪迭代机制，其中潜在扩散模型（LDM）通过在预训练自动编码器的潜在空间中应用扩散过程，显著降低了计算复杂度并保持了细节完整性。这一技术通过将图像压缩至低维潜在空间，利用感知损失和对抗性损失保留关键视觉信息，同时在生成阶段通过跨注意力机制实现多模态条件控制（如文本描述或草图输入）。

潜在扩散模型（latent diffusion models，LDM）是扩散模型的一种改进和扩展。Stable Diffusion 则在潜在扩散模型的基础上，结合 ControlNet 架构，在工业设计领域得到了创新应用，充分展现了其与 ControlNet 架构的技术协同优势。该技术体系通过复用预训练 U-Net 网络的参数化特征提取能力，结合零卷积层构建的双通道控制机制，实现了多模态条件的精准注入与语义对齐。如图 6-3 是 Stable Diffusion 在没有提示的情况下在各种条件下控制稳定扩散所输出的图像，第一行是输入条件，而所有其他行都是输出。使用空字符串作为输入提示，所有模型都使用通用域数据进行训练，模型必须识别输入条件图像中的语义内容才能生成图像。

① Stable Diffusion 的基础架构：Stable Diffusion 本质上是一个带有编码器、中间块和解码器的 U-Net。编码器和解码器各包含 12 个块，整个模型共有 25 个块，其中 8 个是下采样或上采样卷积层，17 个是主块，每个主块包含 4 个残差网络（ResNet）层和 2 个视觉变换器（ViTs），ViT 包含交叉注意力和自注意力机制。文本提示通过 CLIP 文本编码器编码，扩散时间步通过时间编码器进行位置编码。

② ControlNet 的架构设计：ControlNet 为神经网络块添加额外条件。对于

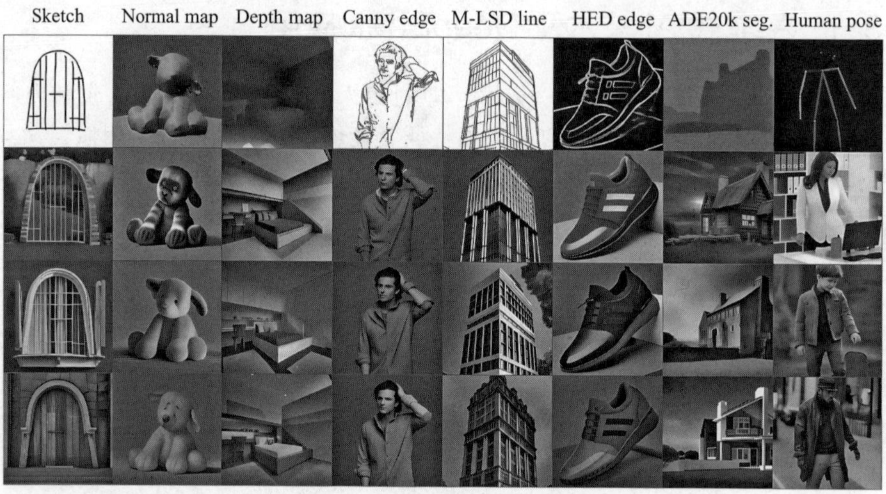

图 6-3 Stable Diffusion 模型

一个训练好的神经块 $\mathcal{F}(\cdot;\Theta)$，它将输入特征图 $\boldsymbol{x}$ 转换为输出特征图 $\boldsymbol{y}$[$\boldsymbol{y}=\mathcal{F}(\boldsymbol{x};\Theta)$]。添加 ControlNet 时，锁定原始块的参数 Θ，同时克隆一个可训练副本，参数为 Θ_c。可训练副本接收外部条件向量 $\boldsymbol{c}$ 作为输入。可训练副本和锁定模型通过零卷积层（zero convolution layer）$Z(\cdot)$ 连接，零卷积层是权重和偏差都初始化为零的 1×1 卷积层。最终，ControlNet 的输出 $\boldsymbol{y}_c$ 由公式 $\boldsymbol{y}_c=\mathcal{F}(\boldsymbol{x};\Theta)+Z\{\mathcal{F}[x+Z(\boldsymbol{c};\Theta_{z1});\Theta_c];\Theta_{z2}\}$ 计算得出。在训练开始时，由于零卷积层参数为零，$\boldsymbol{y}_c=\boldsymbol{y}$，这确保了训练初期有害噪声不会影响神经网络层的隐藏状态。

③ 二者的协同原理。

a. 结构协同，ControlNet 的结构应用于 Stable Diffusion 的 U-Net 的每个编码器级别。具体来说，为 Stable Diffusion 的 12 个编码块和 1 个中间块创建可训练副本，这些副本的输出被添加到 U-Net 的 12 个跳跃连接和 1 个中间块中。由于 Stable Diffusion 的 U-Net 结构特点，这种 ControlNet 架构很可能也适用于其他类似模型。

b. 训练协同，在训练过程中，二者共享相同的训练目标。给定输入图像 $\boldsymbol{z}_0$，图像扩散算法逐步添加噪声生成噪声图像 $\boldsymbol{z}_t$，模型学习预测噪声。

训练目标为：

$$\mathcal{L}=\mathbb{E}_{z_0,t,c_t,c_f,E\sim\mathcal{N}(0,1)}[\|\boldsymbol{\varepsilon}-\boldsymbol{\varepsilon}_\theta(\boldsymbol{z}_t,t,\boldsymbol{c}_t,\boldsymbol{c}_f))\|_2^2] \tag{6-5}$$

其中，$\boldsymbol{\varepsilon}$ 为真实噪声，作为模型学习的目标值；$\boldsymbol{\varepsilon}_\theta$ 为模型预测的噪声，θ 代表模型的参数，$\boldsymbol{\varepsilon}_\theta$（$\boldsymbol{z}_t,t,\boldsymbol{c}_t,\boldsymbol{c}_f$）表示模型以 $\boldsymbol{z}_t$（含噪声图像）、t（扩散步骤相关参数）、$\boldsymbol{c}_t$（文本提示）、$\boldsymbol{c}_f$（任务特定条件）作为输入，预测得到的噪声。

此外，训练中随机用空字符串替换 50% 的文本提示 $\boldsymbol{c}_t$，提高了 ControlNet 直接识别输入条件图像语义的能力，从而更好地与 Stable Diffusion 协同工作。

c. 推理协同，在推理阶段，通过无分类器引导分辨率加权（classifier-free guidance resolution weighting，CFG-RW）和组合多个 ControlNets 来进一步控制图像生成。对于 CFG-RW，根据 Stable Diffusion 的块分辨率调整条件图像在不同连接中的权重，以平衡无分类器引导（classifier-free guidance，CFG）的强度，避免在添加条件图像时完全消除或过度增强指导效果。多个 ControlNets 的输出可以直接添加到 Stable Diffusion 模型中，实现多条件控制，如同时使用深度和姿态条件生成图像。

以青花瓷文化基因传承与可持续设计为例说明 Stable Diffusion 的应用：

首先，研究团队构建了包含 375 幅青花瓷图像的多维美学特征库，通过扎根理论的三级编码（开放编码、轴向编码、选择性编码）提取了视觉特征（如植物纹、几何纹、蓝白对比）、工艺特征（如釉下彩技法、线条流动性）及文化内涵（如吉祥符号、宗教哲学主题）。随后，基于 Stable Diffusion 平台，结合 LoRA（低秩自适应）技术对模型进行微调，通过数据增强（旋转、缩放、翻转）和 BLIP 工具生成文本标签，训练出专用模型“qinghua_art”，学习率设为 0.0001，批量大小为 4，训练 100 个 Epoch（轮次）以捕捉青花瓷的细节特征。

在生成阶段，采用双采样器配置：KSampler（1）通过 60～100 步长、CFG 值 8.0、DPM++2M 采样器确保图案细节精度；KSampler（2）以 20 步长快速预览生成效果。正向提示词（如“元代青花瓷鱼藻纹盘，钴蓝层次分明”）与反向提示词（如“低分辨率、噪点”）的结合，精准引导模型生成符合要求的图案。实验显示，复杂图案需 5～8 次迭代优化，简单图案单次生成即可达标。如图 6-4 是青花瓷创新设计工作流程。

这一实践验证了 Stable Diffusion 在文化遗产数字化中的潜力，其生成的“鱼藻纹盘”等作品经专家评估，美学保真度达 92%，文化基因传承度评分 8.9/10，为非物质文化遗产的创新传承提供了技术范式。

(2) 生成对抗网络（GAN）在拓扑结构生成中的应用

生成对抗网络（GAN）由生成器和判别器组成，二者相互博弈、协同进化。生成对抗网络（GAN）模型架构如图 6-5 所示。在传统的产品拓扑结构设计中，工程师往往依赖经验和反复试错来寻找最优的结构形式，这不仅耗时费力，而且难以突破传统设计思维的局限。而 GAN 通过对大量优秀拓扑结构数据的学习，能够生成具有创新性的拓扑结构。

基于生成对抗网络的拓扑优化技术是一种半监督学习技术，利用生成对抗网络来生成最优的结构拓扑形状。该技术将结构输入生成器网络中，生成器网络学

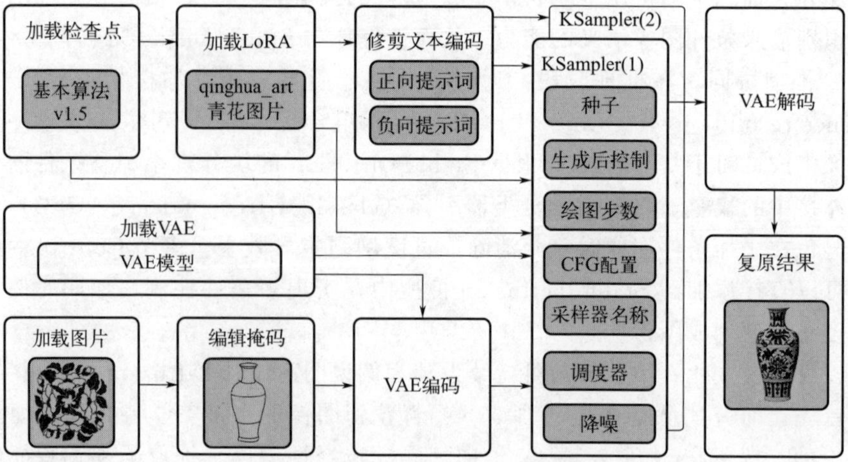

图 6-4 青花瓷创新设计工作流程

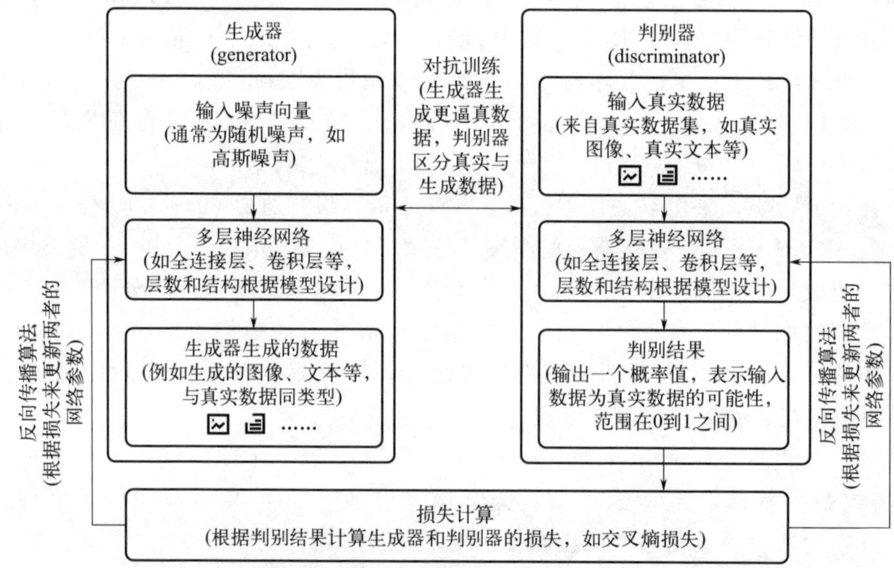

图 6-5 生成对抗网络（GAN）模型架构

习结构拓扑形状与性能之间的关系，并生成最优的结构拓扑形状。同时，该方法也使用判别器网络来评估生成器网络生成的结构拓扑形状的质量，从而不断地优化生成器网络使其生成结构性能更优的结构拓扑形状。

以铸钢支座节点底板的拓扑结构优化为例说明 GAN 的应用：

该研究以铸钢支座节点底板设计为研究对象，生成对抗网络（GAN）模型的输入内容主要有：通过拓扑优化得到不同工况（分管顶部承受如 1kN、1.5kN

等竖向均布荷载)、不同密度阈值及不同制造工艺约束(惩罚系数设为 1.4、考虑有无棋盘格控制、最小成员尺寸取 30mm 或 40mm 等)下的支座底板拓扑模型图片，以此构成深度学习的数据集。同时，生成器输入采样于均值为 0、标准差为 1 的正态分布且维度为 100 的噪声向量 $\boldsymbol{z}$。

生成器由 5 个转置卷积层堆叠。输入的噪声向量 $\boldsymbol{z}$ 先通过全连接层映射及 Reshape(重塑)操作输出 7×7×1024 的三维矩阵，随后使用转置卷积做卷积上采样。除最后一层外，采用批归一化(batch normalization)对输入样本特征做归一化处理，解决神经网络中的梯度消失问题。最后一层激活函数为 tanh 函数，利用其在迭代过程中扩大特征效果，其余层使用 ReLU 函数添加模型的非线性因素，进而生成与真实数据相似的图片。

判别器接收真实图片和生成器生成的图片。对于输入的 64×64 的灰度图，经过 5 次卷积操作提取图片特征，再通过全连接层输出判别输入图片是真实图片的概率大小。在判别器中，最后一层使用 Sigmoid 函数作为激活函数，其余层使用 LeakyReLU 函数(设 $\alpha=0.2$)作为激活函数。

生成器和判别器相互博弈，在此过程中，两者依据最小二乘生成对抗网络(LSGAN)的损失函数进行调整。

生成器的损失函数为：

$$\min_{G} V_{\mathrm{LSGAN}}(G)=\frac{1}{2}\mathbb{E}_{\boldsymbol{z}\sim p_{z}(\boldsymbol{z})}\left[\{D[G(\boldsymbol{z})]-c\}^{2}\right] \tag{6-6}$$

其中，G 是生成器，接收噪声 $\boldsymbol{z}$ 生成图片 $G(\boldsymbol{z})$；D 是判别器，输出对 $G(\boldsymbol{z})$ 真伪的判别值(概率)；$p_z(\boldsymbol{z})$ 为噪声 $\boldsymbol{z}$ 的先验分布；c 为生成器目标输出值。

判别器的损失函数为：

$$\min_{D} V_{\mathrm{LSGAN}}(D)=\frac{1}{2}\mathbb{E}_{\boldsymbol{x}\sim p_{\mathrm{data}}(\boldsymbol{x})}\{[D(\boldsymbol{x})-b]^{2}\}+\frac{1}{2}\mathbb{E}_{\boldsymbol{z}\sim p_{z}(\boldsymbol{z})}\left[\{D[G(\boldsymbol{z})]-a\}^{2}\right] \tag{6-7}$$

其中，$p_{\mathrm{data}}(\boldsymbol{x})$ 是真实图片 $\boldsymbol{x}$ 的分布；b 为判别器对真实图片的目标输出(设定为 1，表示“真”)；a 为判别器对生成图片的目标输出(设定为 0，表示“假”)。

当设定 $b-c=1$ 和 $b-a=2$ 时，在最小化目标函数的同时，实际上也在最小化 $p_{\mathrm{data}}+p_{\mathrm{x}}$ 和 $2p_{\mathrm{g}}$ 的 Pearsom χ^2(卡方)散度。其中，p_{x} 为生成图像的分布；p_{g} 为生成图像的判别概率。这样做能够避免应用 JS(Jensen-Shannon)散度时可能出现的梯度为 0 的问题，保证训练过程能够顺利进行，使生成器和判别器在不断对抗中逐渐达到纳什平衡状态，此时双方的策略都是最优的，生成器生成的图片质量较高，判别器也具备了较强的辨别能力。

经过 4622 次迭代训练后，判别器与生成器的损失函数值趋于稳定，表明对抗过程收敛，双方达到最优。生成的支座底板二维设计方案明亮度、清晰度和对比度理想，黑白色彩差异鲜明，纹理过渡处理得当，孔洞细节还原充分，具有新颖性，与训练集中的模型均不同且无失真和畸变情况。生成的支座底板相较于初始支座底板重量减轻、最大等效应力降低、最大位移减少，相比于拓扑优化支座底板力学性能进一步提升，还具有良好的可加工性与美观度。如图 6-6 是拓扑优化的流程图。

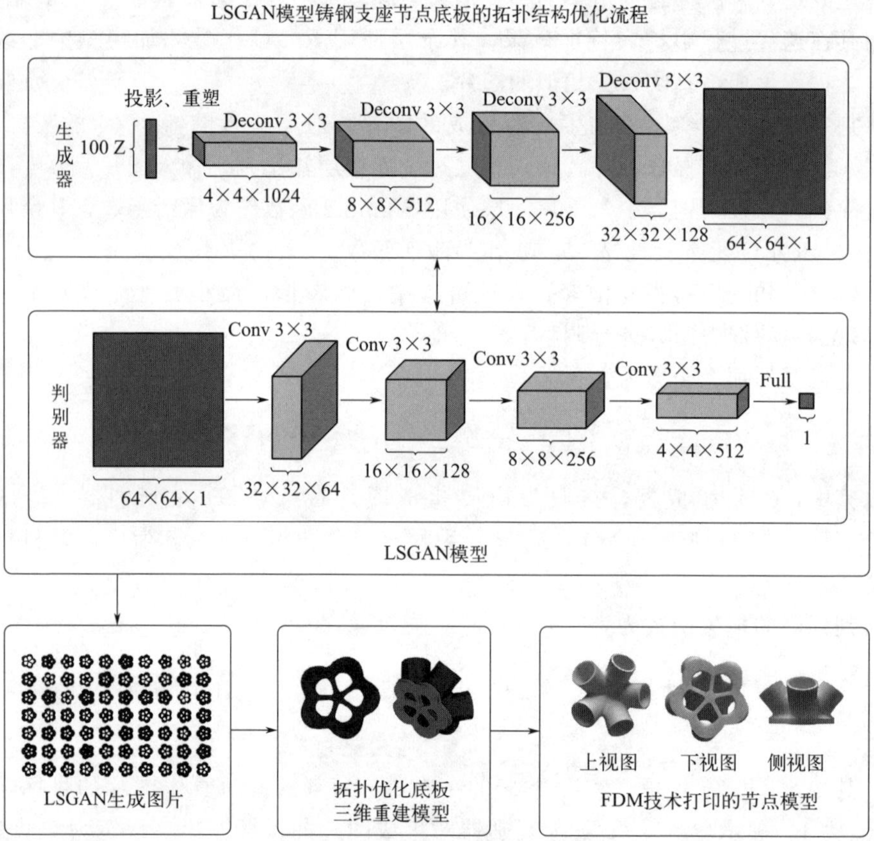

图 6-6　拓扑优化的流程图

(3) 利用 DeepSeek 的生成式设计应用案例

在人工智能图像生成领域，DeepSeek 与 Midjourney 的组合为创作者提供了强大的创作工具。利用 DeepSeek 与 Midjourney 进行生成式设计，核心在于通过 DeepSeek 构建高质量提示词，结合 Midjourney 的参数调整实现创意可视化，二者协同完成从概念到图像的高效转化。以下从方法与应用实践两方面展开说明。

① 提示词结构的五大关键维度：

a. 主体。首先需明确设计对象的基础属性与独特形态。例如设计一把椅子，需清晰界定“现代休闲椅”的定位，并突出核心形态特征，如“整体呈侧卧数字‘8’的流畅曲线轮廓”，让模型快速抓取设计主体的视觉锚点。避免模糊表述，确保“现代”“休闲”等风格关键词与“曲线轮廓”“扭曲金属椅腿”等形态描述相结合，为后续细节刻画奠定基础。

b. 材质。分层描述材质是关键，需区分主体材质与细节材质。以椅子为例，主体材质如“深灰色绒面”包裹椅座与椅背，细节材质如“金色金属”打造扭曲椅腿、“黑色实木”底座配“金色包边”，形成材质对比。同时，融入工艺细节，如“靠枕表面的菱形缝线”“椅座内部的高密度海绵填充”，甚至功能结构如“靠枕可调节 45°角”，让模型理解设计的实用性与工艺复杂度。色彩方面，可加入“撞色搭配”“渐变光影”等描述，增强视觉层次。

c. 功能与使用场景。结合功能特性与应用场景能提升设计合理性。例如在椅子设计中，需说明“椅座深度 50cm，适合长时间舒适倚靠”“底座承重 200kg”等实用功能，同时隐含使用场景，如“放置于客厅落地窗旁，搭配浅色地毯与绿植”，引导模型生成适配的环境氛围，避免孤立展示物体。

d. 风格。明确艺术设计风格能更准确地生成。风格上，可指定“现代极简主义”“北欧轻奢”等倾向，帮助模型构建符合预期的形态，避免风格偏差。

e. 构图。通过视角与构图指令控制画面呈现。例如“3/4 侧面视角”可完整展示椅身曲线与底座轮廓，“特写椅腿扭曲细节”能突出设计亮点，“背景虚化”可聚焦主体，“全景展示”则适合呈现产品与环境的搭配，确保生成图像的构图符合设计意图。

② 参数调整的四大关键维度：

a. 质量。Midjourney 的--quality 参数（0.25～2）直接影响图像精细度，高质量模式（如--quality 2）适合刻画绒面纹理、金属反光等细节，而低质量模式（如--quality 0.5）可用于初稿快速预览，节省生成时间。此外，--detail high 等指令能进一步强化复杂结构的细节，如扭曲金属椅腿的曲面过渡。

b. 风格。--style 参数可选择基础风格，如 realistic 呈现写实效果，精准还原材质质感；cartoon 生成卡通风格，通过夸张线条与高饱和度色彩增强创意感；fantasy 则营造奇幻氛围，如让椅子散发柔和光芒。配合--stylize 参数（1～1000＋），可控制艺术化程度，数值越高，画面越抽象，适合探索创意变体。

c. 构图。--ar 参数设置长宽比，如 16∶9 适合广告海报的宽屏展示，完整呈现椅子与场景的搭配；1∶1 适配社交媒体的正方形构图，方便分享；2∶3 竖版比例则适合产品详情页，聚焦椅身细节。此外，--v 参数指定模型版本（如--v 6），高版本通常具备更强的细节生成能力。

d. 氛围。通过--lighting 参数调整光照风格，如“soft natural light”模拟室内自然光，突出温馨感；“dramatic studio lighting”强化光影对比，适合艺术展示。--color scheme 可限定配色方案，如“monochromatic gray and gold”确保色彩统一，强化设计主题。

以现代休闲椅设计为例说明生成设计方案的方法。

初始输入与 DeepSeek 优化。首先向 DeepSeek 输入基础描述：“我需要利用 Midjourney 生成一个融合现代简约与舒适功能的休闲椅，整体形状类似侧卧的‘8’，深灰色绒面包裹椅座椅背，金色金属椅腿设计成扭曲丝带造型，黑色实木底座配金色包边，椅背顶部有可调节靠枕。请帮我输出提示词。”DeepSeek 会建议补充细节，如“椅座填充高密度海绵”“靠枕可调节 45°”“菱形缝线装饰”，用户需将这些建议融入提示词，形成更完整的描述：“现代休闲椅，侧卧‘8’型曲线轮廓，深灰色绒面材质亲肤舒适，椅座填充高密度海绵，金色金属椅腿如扭曲丝带，黑色实木底座边缘金色包边，靠枕菱形缝线可调节 45°，适合客厅休闲场景，自然光下绒面显柔和光斑，金属腿反射暖光，3/4 侧面视角展示整体造型。”同时向 DeepSeek 输入参数描述：“写实展示材质，精准还原材质质感；高质量图片，比例为 16∶9，适合广告海报的宽屏展示；完整呈现椅子与场景的搭配；模拟室内自然光，突出温馨感。”DeepSeek 会给出参数的相应设置关键词。

Midjourney 参数配置。将优化后的提示词输入 Midjourney，根据需求添加参数：若需写实展示材质，使用--quality 2--style realistic--ar 16∶9--lighting soft natural，确保绒面纹理、金属光泽与实木质感清晰呈现；若探索卡通风格，调整为--style cartoon--stylize 300--ar 1∶1，强化曲线夸张化与色彩对比。

迭代优化与成果输出。生成初始图像后，若出现颜色偏差（如金属腿偏银色），返回 DeepSeek 修改描述为“哑光金色金属椅腿”；若构图不理想（如底座未完整展示），在 Midjourney 调整--ar 16∶9 为--ar 2∶3。经过 2～3 轮迭代，最终生成符合预期的图像：写实版本清晰展现绒面的细腻触感与金属的奢华光泽，卡通版本以明快色彩与简洁线条突出设计感，均适配不同使用场景（如产品宣传图、社交媒体分享）。具体操作流程如图 6-7 所示。

DeepSeek 与 Midjourney 的组合，本质是“语义理解”与“视觉生成”的优势互补。DeepSeek 通过自然语言处理，将模糊的设计概念转化为结构化提示词，解决“如何准确描述创意”的问题；Midjourney 则通过参数调节，将文本转化为可视化图像，解决“如何精准控制效果”的问题。二者的迭代优化机制（提示词调整→参数微调→图像生成），让创作者能高效探索多种设计可能，既保留传统设计的细节把控，又借助 AI 拓展创意边界。无论是产品设计、艺术创作还是场景渲染，这种方法论均能显著提升效率，尤其适合需要高频试错、快速迭代的

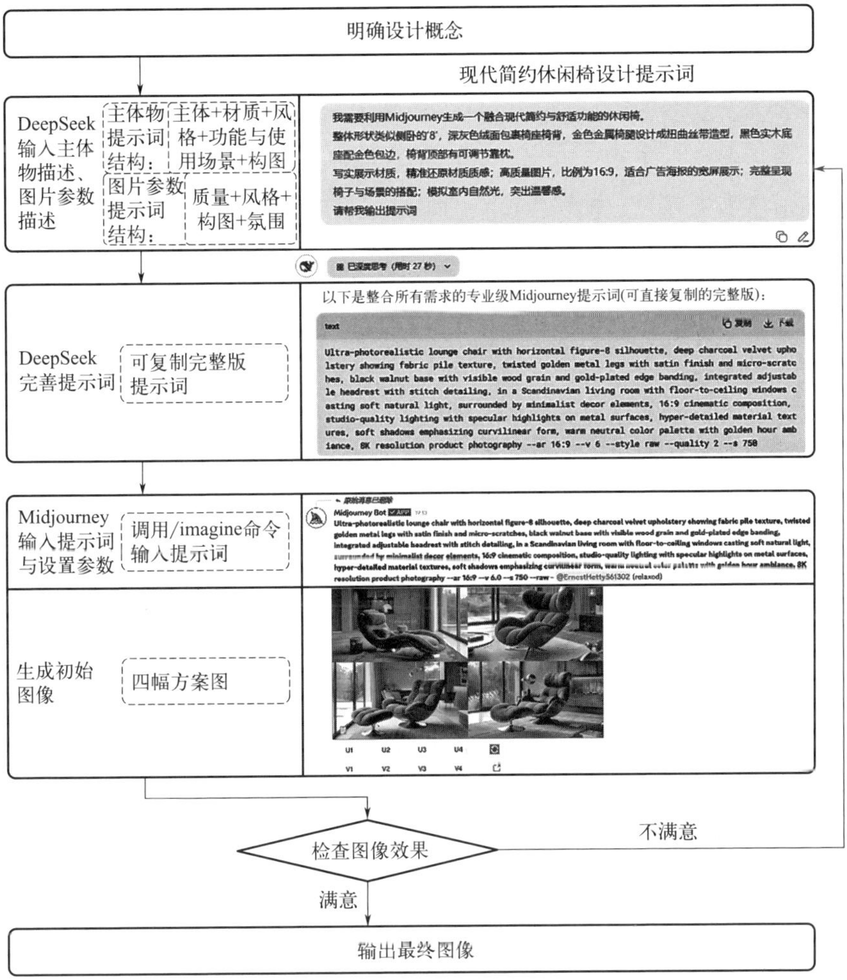

图 6-7　DeepSeek 与 Midjourney 组合生成设计方案

创意工作，为设计者提供了从“想法”到“视觉成果”的高效通道，推动生成式设计在各领域的实际应用。

总之，掌握提示词结构的五大维度与参数调整的四大策略，结合具体案例的迭代实践，设计者可充分发挥 DeepSeek 与 Midjourney 的协同优势，实现创意的精准可视化，为生成式设计工作流提供可复用的方法论框架。

6.3.2 跨模态设计技术

跨模态技术（cross-modal technology）是一种在不同感知模态之间进行信息交换和处理的技术，旨在将不同感知模态的信息进行相互转换和整合。

跨模态技术的持续发展和广泛应用催生了跨模态理解与重构的进化。跨模态理解（cross-modal understanding）是指在多个不同的感知模态之间建立联系，目的是将不同感知模态的信息进行整合，以促进更加全面、准确的理解和推理。例如，将文章中的图片、视频等多模态元素与文章内容结合起来，就可更好地把握文章主旨。跨模态重构（cross-modal reconstruction）是指利用一种或多种感知模态的信息来生成另一种感知模态的信息，目的是利用不同感知模态之间的相互关系来弥补信息缺失或丰富信息表达。例如，将音频转化为视频，或将图像转化为三维模型。

(1) 文本 3D 模型直接生成技术（如 Open AI Shap-E)

在传统的产品设计流程中，设计师往往需要依赖专业软件和复杂操作将抽象概念转化为实体模型，这一过程既耗时，又受限于个人经验。而跨模态重构的出现，通过打通文本、图像、3D 模型等多维度数据的关联通道，正在彻底改变这一局面。以文本到 3D 模型的直接生成技术为例，设计师仅需输入自然语言描述，系统即可自动生成高精度的可制造模型，这种能力在复杂结构设计和生物拟态创新中展现出巨大潜力。

以 OpenAI 发布的 Shap-E 为例，它能够根据用户输入的文本描述或图片直接生成 3D 模型，它能同时生成两种类型的 3D 表示形式：纹理网格（textured meshes）和神经辐射场（NeRF），使生成的 3D 模型既可以多样化渲染，也可导入其他 3D 应用程序中。其核心是通过跨模态深度学习框架，将文本语义与 3D 几何特征进行联合编码。

Shap-E 的工作原理分为编码阶段和生成阶段。在编码阶段，Shap-E 借助深度神经网络编码器对 3D 模型进行处理。该阶段以 3D 模型（例如点云、体素等常见的 3D 数据表示形式）作为输入对象，深度神经网络编码器通过内部复杂的特征提取与变换机制，将输入的 3D 模型数据进行编码映射，最终输出隐式函数的参数向量。此过程是对已有 3D 模型进行特征抽取与表达转换，旨在将具体的 3D 模型数据转化为一种更便于后续处理的参数化表示形式。生成阶段则采用条件扩散模型开展工作。该阶段以文本提示（如“具有未来感的飞行器”）或图像等外部条件作为输入，条件扩散模型基于扩散过程的原理，对输入条件进行理解与学习，在学习过程中逐步调整和生成隐式函数的参数向量。这些生成的参数向量可用于直接构建纹理网格和神经辐射场，进而实现高质量 3D 模型的生成，所生成的 3D 模型具备细腻纹理和复杂形状等特征。

Shap-E 在生成速度和准确性上具有优势，能快速创建准确的 3D 模型，从而节省设计师和工程师的时间和资源。它的成本效益显著，通过自动化 3D 建模过程，有降低劳动成本并简化工作流程的潜力。此外，Shap-E 可以创建具有精细纹理和精美形状的 3D 模型，支持在 CPU 或 GPU 上运行。它还可以基于文本提示生成 PLY 文件，使用户能够为虚拟现实、增强现实和 3D 打印应用创建 3D 模型。Shap-E 在游戏开发、动画制作、虚拟现实和 3D 打印等多个领域都展现出广泛的应用前景。

例如，设计师输入“a spherical robot with four movable legs and a camera on top”（一个顶部有摄像头、带有四条可活动腿的球形机器人），Shap-E 通过对文本语义的理解和对大量 3D 模型数据的学习，能够快速生成对应的 3D 模型。生成的 3D 模型不仅包含了基本的几何形状，还根据文本描述中的细节，如机器人腿的关节结构、摄像头的位置等，具有一定细节和精度。这种技术在产品设计、游戏开发、虚拟现实等领域具有巨大的应用潜力。在产品设计中，设计师可以快速将创意想法转化为 3D 模型，无需繁琐的建模过程，大大缩短了设计周期。在游戏开发中，游戏开发者可以根据游戏剧情和角色设定，快速生成各种游戏道具和角色的 3D 模型，提高游戏开发效率。

(2) 生物拟态创新

生物拟态是跨模态设计的重要方向之一，通过模仿自然界生物的结构和功能，为产品设计带来创新灵感。以模仿蜂巢结构的抗冲击装甲生成为例，展示生物拟态在创新产品设计中的应用。

蜂巢结构具有优异的力学性能，在保证强度的同时实现了轻量化。在设计抗冲击装甲时，利用 AIGC 技术模仿蜂巢结构。首先，对蜂巢的几何结构进行精确的数学建模，包括六边形的形状、壁厚、排列方式等参数。然后，将这些参数和抗冲击装甲的设计要求（如防护等级、重量限制等）输入 AIGC 系统中。

AIGC 系统利用生成式 AI 技术，在满足设计要求的前提下，对蜂巢结构进行优化和调整，生成适合抗冲击装甲的结构设计。通过模拟仿真分析，评估生成的结构在受到冲击时的应力分布和能量吸收情况，进一步优化结构参数。最终生成的抗冲击装甲不仅具有类似蜂巢结构的轻量化特点，还能有效地吸收和分散冲击力，提高防护性能。这种生物拟态创新设计方法，为抗冲击装甲等产品的设计提供了新的思路和方法，推动了产品性能的提升和创新发展。

6.3.3　AIGC 驱动的产品全流程设计

(1) 流程

创新设计流程重构是突破传统线性开发模式的关键变革，其核心在于构建需求驱动、算法赋能、制造协同的动态闭环体系。基于增材制造（AM）的技术特性与生成式 AI 的创新能力，现代设计流程已演变为“需求输入→潜在空间探索→物理可行性验证→增材制造工艺优化”的有机循环系统。该体系通过数据贯通与智能迭代，实现了设计自由度最大化与制造约束前置化的统一，为复杂功能部件开发提供了全新范式。

① 需求输入的精准映射：传统需求分析依赖人工经验归纳，易受主观认知偏差影响。新型流程通过构建基于自然语言处理（NLP）的需求解析引擎，将客户输入的模糊性需求（如轻量化率≥65%、耐温阈值>800℃）转化为量化参数体系。在航空发动机涡轮叶片设计中，系统可自动识别"高温工况下气冷效率提升"的核心诉求，同步关联材料数据库筛选镍基高温合金，并约束拓扑优化边界条件。这种结构化需求输出为后续算法驱动设计奠定了数据基础。

② 潜在空间的智能探索：生成对抗网络（GAN）与变分自编码器（VAE）的融合应用，使设计空间探索突破人类经验局限。以航天器支架轻量化为例，AI模型在输入载荷谱、材料属性、AM工艺参数后，可在72小时内生成超过2000种拓扑构型，较传统方法效率提升40倍。其中，基于多目标优化的Pareto前沿筛选算法可自动识别刚度-质量比最优的10组候选方案，并通过可视化交互界面辅助工程师决策。这种机器智能与人类判断的协同机制，显著缩短了概念设计周期。

③ 物理可行性的多尺度验证：数字孪生技术在此阶段构建虚拟验证闭环，通过热-力-流多物理场耦合仿真预判设计缺陷。某医疗植入物企业开发髋关节臼杯时，利用基于物理的神经网络对生成式AI提出的多孔结构进行力学模拟，3天内完成传统需2周的计算任务。关键创新点在于将AM特有的层间残余应力、各向异性等制造特征嵌入仿真模型，使设计验证精度从85%提升至97%，避免后期试制迭代造成的资源浪费。

④ 增材制造的工艺优化：工艺参数智能寻优系统是衔接设计与制造的核心枢纽。以电子束熔化（EBM）钛合金构件为例，机器学习模型通过分析历史生产数据，建立激光功率、扫描速度与致密度之间的非线性关系图谱。当接收新零件三维模型时，系统自动匹配最优工艺包，并将支撑结构生成耗时从8h压缩至20min。更关键的是，实时熔池监测数据通过边缘计算反馈至设计端，形成"制造缺陷→参数修正→模型更新"的自适应调节闭环。

创新设计流程重构本质是制造范式从"经验驱动"向"数据驱动"的跃迁。通过深度融合生成式AI的创造性潜能与增材制造的成形优势，企业能够突破传统设计制造的链式壁垒，构建需求响应速度、设计创新维度、制造质量控制的三重竞争力。随着数字主线（digital thread）技术的深化应用，这种端到端集成体系将持续推动产品创新进入智能自进化阶段。

(2) 案例

① 航空发动机涡轮导向器的AI-AM协同开发案例。某航空企业针对新一代涡扇发动机开发需求，启动基于生成式AI的涡轮导向器创新项目。需求端明确要求：在1350℃燃气冲刷环境下实现5000小时寿命，重量需较传统铸造件减轻30%。设计团队运用深度强化学习算法，在约束空间内生成具有仿生冷却流道的

新型结构，经多物理场验证确认散热效率提升 42%。增材制造阶段采用激光粉末床熔合（LPBF）技术，AI 工艺优化模块根据实时熔道形貌监测数据，动态调整层厚与扫描策略，将成形件孔隙率控制在 0.02%以下。最终试制件通过台架测试后，热疲劳数据自动回流至需求数据库，驱动下一代设计规则迭代。该项目实现从概念到量产周期缩短 58%，综合成本降低 27%，完整展现了智能驱动流程的核心价值。

② MX3D 的 3D 打印金属桥梁设计案例。MX3D 是一家位于荷兰的公司，专注于使用电弧增材制造（wire arc additive manufacturing，WAAM）技术进行大型金属结构的 3D 打印。MX3D 与 Autodesk、Heijmans 和 AMS Institute 等合作伙伴共同设计并制造了一座全尺寸的不锈钢步行桥，该桥跨越阿姆斯特丹的 Oudezijds Achterburgwal 运河，大桥的顶视图以及实景如图 6-8 所示。这个项目展示了 AIGC 技术和增材制造如何结合，实现复杂结构的设计和制造，并满足高强度、美观性和功能性的要求。

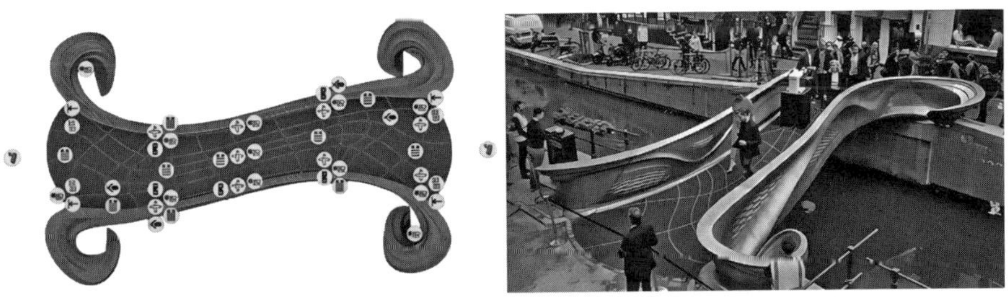

图 6-8　MX3D 及合作伙伴设计的桥梁

a. 需求输入：MX3D 及其合作伙伴首先明确了项目的需求，即设计一座高耐久性、美观且功能性强的步行桥，能够跨越运河并承受行人通行的负荷。这些需求被转化为具体的技术参数，并输入 AIGC 系统中，作为设计的基础。

b. 潜在空间探索：使用 Autodesk 的 Dreamcatcher 软件结合 AIGC 技术，生成了多个符合设计目标的桥梁设计方案。通过定义桥梁的关键设计参数，如形状、支撑结构和材料分布，生成算法生成了多种具有独特几何特征和材料布局的设计选项。然后，根据预设的性能指标（如强度、重量和美观性），对生成的设计方案进行了初步筛选，选出了最具潜力的几个候选方案。

c. 物理可行性验证：利用 Autodesk Fusion 360 进行有限元分析（FEA），评估不同设计方案的结构强度。通过 ANSYS Mechanical 进行热力学分析，评估桥梁在不同温度条件下的表现。基于仿真结果，进一步优化设计参数，确保桥梁在高负荷条件下仍能保持足够的强度，并具备良好的耐久性。

d. 增材制造工艺优化：使用电弧增材制造（WAAM）技术进行桥梁的实际制造。在制造过程中，通过实验和仿真优化了关键工艺参数，如焊接电流、电压和扫描速度，以确保高质量的零件成形。为了防止变形和翘曲，设计了合适的支撑结构，并在制造过程中实时监控和调整。最后，对制造完成的桥梁进行了必要的后处理，如去除支撑结构、表面抛光和热处理，以满足最终产品的质量要求。

通过 AIGC 技术生成的桥梁设计方案，在结构上更加复杂且优化，实现了高强度和美观性的双重目标。桥梁不仅满足了功能性需求，还在美学上体现了现代艺术感。新设计的桥梁在实际测试中达到了预期的强度和耐久性要求，确保其能够在长期使用中保持稳定。相比传统设计方法，AIGC 技术能够快速生成和评估大量设计方案，显著缩短了设计周期，使得从概念到成品的时间大大缩短。增材制造技术使得复杂几何形状的制造成为可能，减少了材料浪费和加工工序，降低了制造成本。此外，通过优化支撑结构和制造工艺，进一步提高了生产效率。

6.4 面向增材制造的智能设计案例

6.4.1 数据驱动智能设计案例

(1) 数据驱动的需求建模与知识融合案例

① 自然语言处理（NLP）技术栈。在智能产品设计中，用户需求往往以自然语言的形式表达，如产品说明书、用户反馈、市场调研问卷等。这些非结构化的文本数据蕴含着丰富的信息，但难以直接被计算机处理和分析。自然语言处理技术栈是实现需求结构化解析的核心手段。

在众多 NLP 模型中，BERT（bidirectional encoder representations from transformers，基于变换器的双向编码器表征）模型表现出色，能够高效地提取需求特征。BERT 作为一种强大的预训练语言模型，在自然语言处理领域发挥着重要作用。它通过双向 Transformer 架构，能够对文本进行深度理解，捕捉词汇、句子甚至篇章层面的语义特征。在需求提取任务中，BERT 可以将用户需求文本转化为向量表示，这些向量包含了文本的语义信息，为后续的分析和处理提供了基础。在设计需求解析场景下，它可以从客户用自然语言描述的需求中精准提取关键信息。例如，当客户需求为“我需要一个能在户外使用的具备防水功能且携带方便的小型收纳盒”时，BERT 模型能够识别出“户外使用”“防水”“携带方便”“小型收纳盒”等关键特征。借助 Hugging Face 库，可以方便地使用 BERT 模型进行需求特征提取。以下是简单的代码示例：

```
From transformers import Auto Tokenizer,AutoModelForSequenceClassifi-
cation import torch
```

```
# 加载预训练的 BERT 模型和分词器
tokenizer=AutoTokenizer.from_pretrained('bert-base-uncased')
model = AutoModelForSequenceClassification.from_pretrained('bert-base-uncased')
# 输入需求文本
demand_text="我需要一个能在户外使用的具备防水功能且携带方便的小型收纳盒"
inputs=tokenizer(demand_text,return_tensors='pt')
# 获取模型输出
outputs=model(**inputs)
logits=outputs.logits
# 可以进一步对 logits 进行处理,例如进行分类等操作,这里简单打印
print(logits)
```

通过上述代码，利用 Hugging Face 加载预训练的 BERT 模型，对输入的需求文本进行处理，输出的 logits 可进一步用于分析和提取需求特征。这种方式能够将非结构化的自然语言需求转化为结构化的特征数据，为后续的设计决策提供有力支持。

② 知识图谱构建。知识图谱是一种语义网络，它以图形化的方式展示了实体之间的关系和属性。在用户需求建模中，构建知识图谱可以将从文本中提取的需求信息进行结构化组织，便于知识的查询、推理和应用。通过将不同的需求实体（如产品功能、性能指标、用户群体等）及其关系（如"属于""关联""影响"等）整合到知识图谱中，设计师可以更直观地理解需求之间的内在联系，发现潜在的需求模式。

知识图谱的构建进一步增强了需求解析的系统性。例如，在空客 A350 的起落架设计需求分析中，团队利用 Neo4j 图数据库整合了航空材料性能指标（如屈服强度、热胀系数）、流体动力学参数（如压力阈值、流速限制）及适航规范（如 FAA/EASA 标准）。知识图谱通过实体关系（如"镍基合金→耐温性→≥800℃"）的显式表达，辅助设计人员快速匹配材料（如 Inconel 718 合金）并推导出表面粗糙度 $Ra\leqslant 3.2\mu m$、疲劳寿命 $\geqslant 10^6$ 次循环等 32 项参数。

为提升可解释性，可引入注意力权重可视化展示 BERT 模型对关键术语（如"抗腐蚀""轻量化"）的关注度分布，其数学表达式为：

$$\text{Attention}(\boldsymbol{Q},\boldsymbol{K},\boldsymbol{V})=\text{Softmax}\left(\frac{\boldsymbol{Q}\boldsymbol{K}^{\mathrm{T}}}{\sqrt{d_{\mathrm{k}}}}\right)\boldsymbol{V} \tag{6-8}$$

其中，$\boldsymbol{Q}$、$\boldsymbol{K}$、$\boldsymbol{V}$ 分别为查询、键、值矩阵；d_{k} 为维度缩放因子。该机制使设计人员能够追溯需求特征与输出参数间的逻辑关联。

以麻省理工学院团队提出的基于 Transformer 的文本驱动设计框架为例，说

明数据驱动的需求建模与知识融合：

通过整合 CLIP（对比语言-图像预训练模型）和 VQGAN（矢量量化生成对抗网络），实现从自然语言描述（如“钢的规则晶格”“多孔骨组织支架”）到三维可打印材料结构的端到端生成。该方法无需复杂几何编程，直接通过文本指令驱动创新设计，为仿生材料、机械超材料等领域提供了高效工具，如图 6-9 是基于 Transformer 的文本到材料设计全流程。

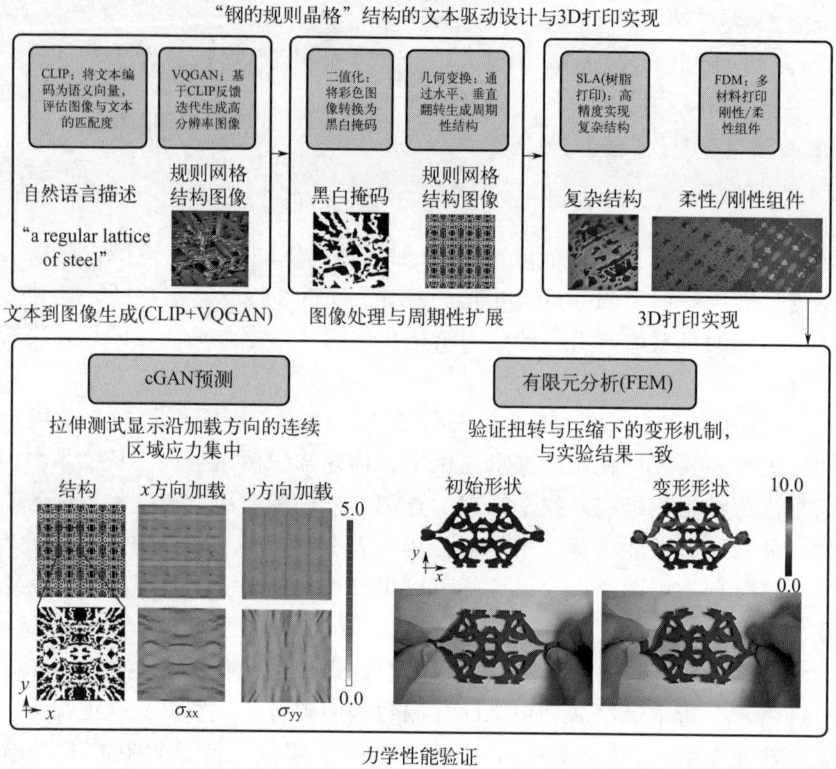

图 6-9　基于 Transformer 的文本到材料设计流程

① 文本到图像的生成与优化：系统通过 CLIP 和 VQGAN 的协同工作，将自然语言转化为高分辨率的材料微观结构图像。CLIP 作为跨模态分类器，基于预训练的 Vision Transformer 架构（8600 万参数），通过对比文本与图像的语义相似性评估生成结果。VQGAN 则结合 CNN 的局部特征提取与 Transformer 的长程依赖建模，通过迭代优化（约 4000 步）逐步调整图像，直至最大化 CLIP 的匹配分数。例如，输入“蜘蛛网状晶格”可生成具有生物启发特征的多孔结构，输入“多孔骨组织支架”则能生成适合组织工程的三维孔隙网络。

② 图像后处理与三维建模：生成的图像需经过后处理以适配增材制造。使

用 OpenCV 对图像进行二值化、平滑处理，去除孤立区域，生成黑白掩码（黑色为实体，白色为孔隙）。随后通过水平/垂直镜像操作将单胞扩展为周期性结构，确保打印的连续性。例如，输入“黑色和白色高对比度规则晶格”可生成具有清晰相分离的周期性晶格，通过几何变换实现无限扩展的可打印设计。

③ 增材制造与力学验证：生成的三维模型通过 SLA 树脂打印或 FDM 多材料打印实现物理样品。SLA 技术支持透明树脂打印以观察内部结构，FDM 技术则可结合刚性与柔性材料制造复杂功能部件。力学性能验证通过有限元分析（FEA）和条件生成对抗网络（cGAN）完成，例如“规则钢晶格”结构在拉伸测试中表现出各向异性应力分布，拓扑夹持器结构通过扭转或对角压缩实现可控变形，与 FEA 预测高度一致。

该技术实现了自然语言驱动的材料设计全流程自动化，显著提升了创新效率与设计多样性；实现了多样化的材料设计，生成结构涵盖仿生、生物医学及机械超材料（如蜘蛛网状晶格、多孔骨组织支架、拓扑夹持器），通过微调文本输入（如“周期性”“高对比度”）可精确控制微观结构；提高了制造可行性与精度，SLA 和 FDM 打印试件与设计的体积分数偏差小于 5%，验证了复杂结构的可制造性；力学机制上，开发的拓扑夹持器通过可控变形展示了新型机械响应模式，为软体机器人等领域提供了新思路；突破传统 CAD 工具的几何限制，支持“描述即设计”的直观交互；利用预训练模型的泛化能力，无需大规模定制数据集即可生成新颖结构；单次迭代耗时约 10min（GPU 加速），结合 3D 打印快速验证，缩短材料开发周期。

(2) 多目标智能优化设计实例

在智能产品设计领域，多方案智能推演通过多目标优化算法与数字孪生技术的协同作用，为复杂工程问题的决策提供科学依据。本节以 NSGA-Ⅱ算法与 ANSYS Twin Builder 的整合应用为主线，系统阐述多目标优化与虚拟验证的完整技术框架。

① 多目标优化算法原理与工程实现。多目标优化算法是 NSGA-Ⅱ在性能、成本、重量权衡中的应用。在智能产品设计中，往往存在多个相互冲突的设计目标，如产品性能、成本和重量等。如何在这些目标之间找到最佳的平衡，是设计过程中的关键挑战。多目标优化算法能够在满足一定约束条件下，同时优化多个目标函数，生成一组非劣解（Pareto 最优解），为设计师提供多种可行的设计方案选择。

NSGA-Ⅱ是一种广泛应用的多目标遗传算法。它通过模拟生物进化过程中的遗传、变异和选择机制，在设计空间中搜索最优解。NSGA-Ⅱ算法通过引入非支配排序机制和拥挤度计算，有效解决了传统优化方法难以平衡目标间竞争关系的难题。

算法首先随机生成一组初始设计方案（种群），然后对每个方案进行评估，计算其目标函数值。通过非支配排序和拥挤度计算，将种群中的方案分为不同的等级，选择较优的方案作为父代，通过交叉和变异操作生成子代。经过多代进化，算法逐渐逼近 Pareto 前沿，生成一组在性能、成本和重量之间达到不同平衡的设计方案。设计师可以根据实际需求和偏好，从这些方案中选择最适合的设计。

以某型涡扇发动机设计为例，算法实施分为四个阶段：

a. 设计空间初始化：确定涵道比（1.5～3.2）、涡轮前温度（1600～1800K）等 12 项关键设计参数范围，生成包含 200 个初始方案的种群。

b. 多目标评估：每个方案需同步计算推重比（需最大化）、单位推力成本（需最小化）和结构质量（需最小化）三项指标。

c. 进化策略实施：采用模拟二进制交叉（SBX）算子实现设计参数重组，多项式变异算子维持种群多样性，精英保留策略确保优势基因传承。

d. Pareto 前沿提取：经过 500 代迭代后，获得包含 38 个非劣解的最优解集，解集分布揭示了推重比每提升 0.1 将导致成本增加约 120 万美元的量化关系。

以基于机器学习与多目标优化的胶结膏体充填的智能设计为例，说明多目标优化的工程实现：

该研究提出了一种集成智能设计框架（IIDF_CPB），通过结合梯度提升回归树（GBRT）与粒子群优化（PSO）的机器学习建模和非支配排序遗传算法Ⅱ（NSGA-Ⅱ）的多目标优化，实现胶结膏体充填（CPB）工艺参数的全局优化。

a. 数据预处理与建模。首先收集增材制造过程中不同工艺参数组合下的实验数据（如 316L 不锈钢的激光功率、扫描速度、层厚等），并通过物理测试获取对应性能指标（如拉伸强度、表面粗糙度、孔隙率）。使用梯度提升回归树（GBRT）建立工艺参数与性能指标的非线性映射模型，结合粒子群优化（PSO）优化模型超参数，确保预测精度（如强度预测相关系数 $R>0.97$）。

b. 多目标优化算法实施。采用 NSGA-Ⅱ算法，以最大化强度、最小化表面粗糙度和打印时间为目标，定义工艺参数约束（如激光功率范围 100～200W）。算法通过快速非支配排序和拥挤度比较，生成帕累托（Pareto）前沿解集，确保解的多样性和分布均匀性。在优化过程中，通过交叉（概率 0.9）和变异（概率 0.2）操作探索新解，迭代 1000 代后收敛至稳定解集。如图 6-10 所示为不同水泥标号下全尾砂和分级尾砂的坍落度与 28 天无侧限抗压强度（UCS）的多目标优化对比图，箭头表示解的更新方向。

c. 参数调整与验证。从帕累托前沿中选择代表性解进行实验验证。例如，某解对应层厚 0.05mm、激光功率 180W、扫描速度 1200mm/s，实现强度

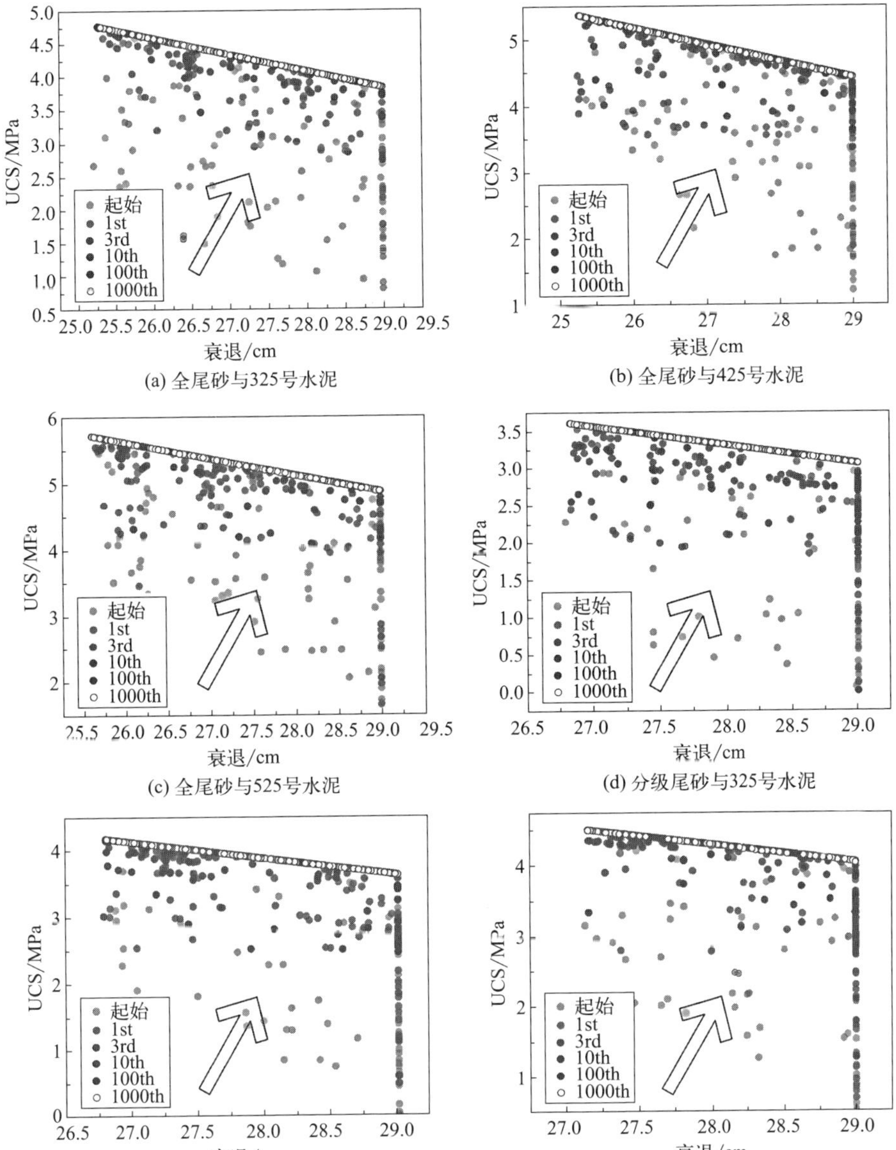

(a) 全尾砂与325号水泥　(b) 全尾砂与425号水泥

(c) 全尾砂与525号水泥　(d) 分级尾砂与325号水泥

(e) 分级尾砂与425号水泥　(f) 分级尾砂与525号水泥

图 6-10　不同水泥标号下全尾砂和分级尾砂的坍落度与 28 天无侧限抗压强度的多目标优化

注：箭头表示解的更新方向。

950MPa、表面粗糙度 Ra5.2μm、打印时间 45min，较传统单目标优化分别提升强度 15%、降低粗糙度 20%、缩短时间 30%。通过有限元分析（FEA）验证优化后结构的应力分布，确认无明显缺陷。

该多目标优化框架显著提升了增材制造工艺的综合性能：权衡强度（800～980MPa）、表面粗糙度（4.5～7.0μm）和打印时间（30～60min）的关系，支持工程师根据具体需求选择最优妥协解；优化后参数组合使零件强度提高15%，表面质量改善20%，同时打印效率提升30%，材料利用率提高22%；NSGA-Ⅱ在1000代内稳定收敛，解集多样性指数达0.85，适应不同材料（如钛合金、尼龙）和设备的工艺优化需求。

② 数字孪生验证。数字孪生验证是通过ANSYS Twin Builder实现虚拟方案测试。数字孪生是一种与物理实体相对应的虚拟模型，它能够实时反映物理实体的状态和行为。在多方案智能推演中，数字孪生技术为虚拟方案测试提供了有力支持。通过建立产品的数字孪生模型，设计师可以在虚拟环境中对不同的设计方案进行测试和验证，提前发现设计缺陷，优化设计方案。

以汽车发动机设计为例，利用ANSYS Twin Builder软件建立发动机的数字孪生模型。该模型集成了发动机的热力学、动力学、流体力学等多学科物理模型，能够准确模拟发动机在不同工况下的性能表现。将NSGA-Ⅱ生成的不同设计方案输入数字孪生模型中，进行虚拟测试。通过模拟发动机的启动、加速、稳态运行等过程，获取发动机的功率、扭矩、燃油消耗、排放等性能指标。

通过数字孪生验证，可以对不同设计方案的性能进行量化评估，对比分析各方案的优缺点。例如，发现某个设计方案虽然在功率输出方面表现出色，但燃油消耗过高；而另一个方案虽然成本较低，但发动机的可靠性存在隐患。根据数字孪生验证的结果，设计师可以对设计方案进行针对性的调整和优化，提高设计方案的可行性和可靠性。

在某新能源汽车电驱系统开发中，工程师将NSGA-Ⅱ输出的56组设计方案导入数字孪生平台，实现了三大验证突破：

a. 动态工况映射：构建包含城市道路、高速巡航等12种典型驾驶场景的载荷谱，实时采集绕组温升、电磁扭矩脉动等关键参数。

b. 跨尺度失效预警：基于材料微观组织仿真，预测永磁体在200℃工作环境下不可逆退磁风险，提前淘汰5个存在可靠性隐患的方案。

c. 多目标权重动态调整：根据验证结果反馈，将NVH（噪声、振动与声振粗糙度）性能指标权重从0.15提升至0.23，触发算法二次优化，生成更侧重振动控制的新解集。

经实测对比，经数字孪生验证的方案较传统设计方法，原型机测试迭代次数减少62%，开发周期缩短41%。

多目标优化的核心在于处理设计空间中相互冲突的性能指标，而数字孪生技术通过构建虚拟镜像系统，可实现物理实体与数字模型的双向数据交互。二者的深度融合不仅突破了传统单线程设计验证的局限性，更通过种群进化机制与实时仿真反馈的闭环优化，显著提升了复杂工程系统的设计迭代效率。这种技术整合的价值在于，既保留了 NSGA-Ⅱ算法在 Pareto 前沿搜索方面的数学严谨性，又充分发挥了数字孪生在高保真度系统建模方面的工程实践优势，最终形成可量化、可追溯的智能决策支持体系。

6.4.2 算法赋能智能设计案例

(1) 参数化快速建模

在现代设计中，参数化建模已成为提高设计效率和灵活性的重要手段。Grasshopper 作为一款可视化编程插件，广泛应用于建筑、机械等设计领域，它允许设计师通过搭建图形化的算法逻辑来构建模型。而 Python 作为一种强大的编程语言，拥有丰富的库和工具，能够实现复杂的数据处理和算法运算。将 Grasshopper 与 Python 联合使用，可以充分发挥两者的优势，开发出高度定制化的参数驱动模型。

在 Grasshopper 中，设计师可以通过直观的图形界面，将各种几何元素和运算节点连接起来，构建出初步的模型框架。例如，使用点、线、面等基本几何元素，通过拉伸、旋转、布尔运算等操作，创建出产品的大致形状。然后，借助 Python 脚本，实现对模型参数的精确控制和动态调整。Python 可以读取外部数据，如设计规范、用户需求数据等，并根据这些数据自动计算和更新模型参数。同时，Python 还能实现复杂的算法逻辑，如优化算法、数据拟合算法等，进一步完善模型的设计。

在参数化建模与自适应优化的协同过程中，数据在 Grasshopper、Python 以及传感器之间流动。首先，设计师在 Grasshopper 中构建模型框架，Python 脚本从 Grasshopper 获取模型相关数据进行处理和计算。然后，传感器实时采集实际模型的运行数据（如压力、温度等），反馈给 Python。Python 根据这些反馈数据调整模型参数，再将调整后的参数传递回 Grasshopper，实现模型的自适应优化。其数据流如图 6-11 所示。

① 阿迪达斯 Futurecraft 系列跑鞋的迭代开发案例。本节通过鞋类产品参数

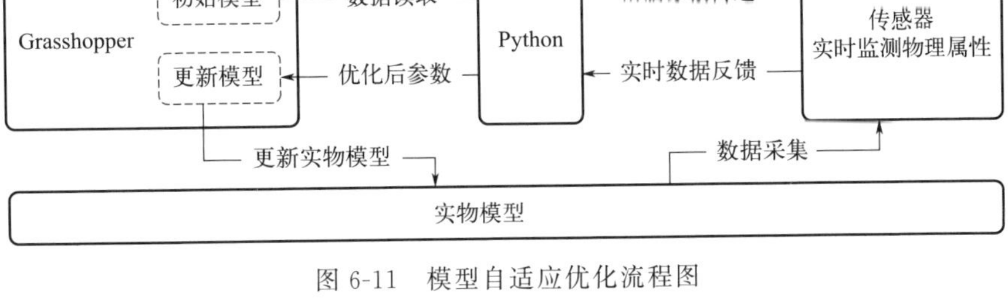

图 6-11　模型自适应优化流程图

化设计这一典型工业案例，系统阐述可视化编程与脚本控制相结合的实现方法。该技术方案已被广泛应用于阿迪达斯 Futurecraft 系列跑鞋的迭代开发过程，其核心在于构建基于足部生物力学的参数驱动体系。

Grasshopper 的可视化编程界面为设计师提供了直观的算法构建环境。设计流程始于足部扫描点云数据的输入，通过曲面重建电池组生成三维足模。关键参数节点包括跖趾关节曲率半径 R、足弓支撑角度 θ、跟腱贴合系数 K 等生物力学指标，这些参数通过 Python 脚本与运动捕捉数据库进行动态关联。其中，足底压力分布函数可表示为：

$$P(x,y)=\sum_{i=1}^{n}\frac{w_i}{\sigma_i\sqrt{2\pi}}\mathrm{e}^{-\frac{(x-x_i)^2+(y-y_i)^2}{2\sigma_i^2}} \tag{6-9}$$

其中，$P(x,y)$表示足底在二维平面坐标（x,y）处的压力值；n 为高斯分布数量；w_i 为第 i 个高斯分量的权重系数；σ_i 为第 i 个高斯分量的标准差；（x_i,y_i）为第 i 个高斯分量的中心坐标。

该数学模型通过 Python 的 NumPy 库实现快速计算，计算结果实时映射到 Grasshopper 的网格变形系统。参数化鞋底纹路生成算法的工作流程，包含数据采集、特征提取、参数映射、几何生成四大模块，每个模块均设有双向数据校验机制。

在 Python 脚本开发层面，重点实现了动态参数优化算法。以下代码段展示了足弓支撑结构的自适应调整逻辑：

```
Import rhinoscriptsyntax as rs
Import numpy as np

def optimize_arch_support(pressure_data):
    #压力数据标准化处理
    normalized_data＝(pressure_data-np.min(pressure_data))/(np.max
(pressure_data)-np.min(pressure_data))

    #关键参数计算
    arch_angle＝15＋25*np.mean(normalized_data[3:5])
    support_thickness＝3.2＋2.8*np.percentile(normalized_data,75)

    #几何参数约束
    arch_angle＝max(10,min(40,arch_angle))
    support_thickness＝max(2.5,min(5.0,support_thickness))
```

```
    retur narch_angle,support_thickness

#从 Grasshopper 获取压力传感数据
pressure_matrix=rs.GetMatrix("pressure_sensor_data")
optimal_angle,optimal_thickness=optimize_arch_support(pressure_ma-
trix)
```

该算法通过实时分析压力分布特征，动态调整足弓支撑结构的倾角与厚度参数，确保在满足支撑需求的同时实现材料的最优分布。在 Grasshopper 层面，参数调整结果通过变形器电池组作用于基础模型，形成具备力学适应性的拓扑结构。

技术验证阶段，开发团队建立了参数敏感度分析矩阵，系统评估了 12 个关键参数对产品性能的影响权重。测试数据显示，当足跟缓冲系数 β 控制在 0.45～0.55 区间时，跑鞋的能量回馈效率可提升 23%±2.7%，这为参数阈值的设定提供了实验依据。模型迭代过程中，Grasshopper 的 History Record 功能完整记录了 178 次参数调整过程，形成可供追溯的设计版本树。

这种融合方法显著提升了设计迭代效率，传统手工建模需要 2～3 周的开发周期，通过参数化系统可缩短至 48h 内完成。更关键的是，Python 实现的智能算法能够自动检测参数组合的物理可行性，当检测到相邻参数存在力学冲突时，系统会触发预警机制并推荐优化方案，例如当前掌弯曲刚度与前倾角度的乘积超过阈值时，自动建议调整中底材料的邵氏硬度参数。

在制造端，参数化模型通过 Grasshopper 的 Bake 功能直接转换为 NURBS 曲面，经有限元分析验证后，经由 Python 脚本生成增材制造所需的 G 代码。这种无缝衔接的工作流程，使阿迪达斯能够实现从用户足型扫描到定制鞋款交付的 72 小时快速响应，创造了运动装备个性化生产的新范式。

该案例充分展现了 Grasshopper 与 Python 协同开发的技术优势：可视化编程降低了参数化设计的认知门槛，脚本控制则赋予了系统强大的计算能力和扩展性。在工业 4.0 背景下，这种融合开发模式正在重塑产品设计方法论，推动制造业向智能化、个性化方向加速演进。

② 五层钢结构模块建筑住宅参数化平面建模和设计案例。该研究围绕五层钢结构模块建筑住宅，深入探究了参数化平面多目标优化与结构智能化设计的完整流程，提出了参数化平面建模方法，借助 Python 脚本达成智能化结构设计，并开展多目标优化以降低建筑能耗与结构用钢量，为钢结构模块建筑的产业化与标准化提供了坚实的技术支撑。钢结构模块建筑参数化平面优化及结构智能化设计流程图如图 6-12 所示。

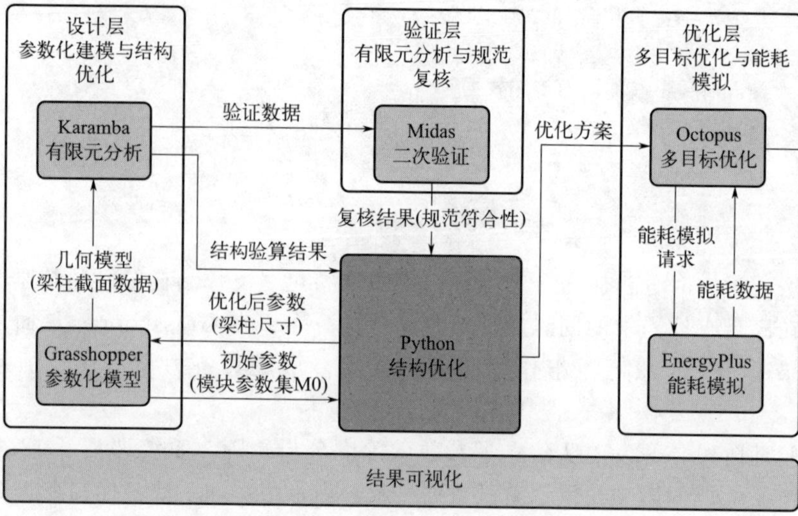

图 6-12　钢结构模块建筑参数化平面优化及结构智能化设计流程图

研究基于 Rhino/Grasshopper 平台构建了钢结构模块建筑的参数化平面模型。通过可视化编程，将建筑划分为私密、公共、交通 3 类模块单元，包含主卧、客厅等 12 类功能房间。设计过程中严格遵循模数化规则（3M 倍数，即以 300mm 为单位），设定房间面积（如客厅 16～24m^2）、长宽比（0.5～2）等约束条件，并通过整数规划算法生成邻接关系合理的平面布局。例如，主卧长（3～4.2m）、宽（3.6～4.5m）作为自变量，其他房间尺寸随其联动变化，次卧宽度可通过主卧宽度减去固定差值（如 0.6m）计算，餐厅长度可按主卧长度的一定比例（如 0.8 倍）确定。

Grasshopper 的“矩形”电池用于生成房间轮廓，通过“点坐标”和“邻接关系”定义房间位置。例如，以主卧左下角点为原点（0，0），次卧的位置由主卧右侧延伸确定。邻接关系通过“空间句法”定义，确保客厅邻接餐厅和阳台，卫生间位于卧室之间。模数化约束通过“模数除法”和“区间限制”电池实现，确保房间尺寸为 300mm 的整数倍。

通过编写 Python 脚本，实现了结构设计的自动化优化流程。首先赋予梁柱截面初始尺寸（如首层柱高 300～400mm、厚 12～16mm），脚本自动迭代调整截面参数。结构验算涵盖以下关键指标：

a. 构件安全：梁（受弯）强度需满足应力比：

$$\sigma=\frac{M}{W_n}\leqslant 0.85 \tag{6-10}$$

其中，M 为弯矩；W_n 为净截面模量。

b. 柱（压弯）稳定性：其验算采用《钢结构设计标准》（GB 50017—2017）

公式：

$$\frac{N}{\varphi_x A f}+\frac{\beta_{mx} M_x}{\gamma_x W_{px}\left(1-0.8\frac{N}{N'_{Ex}}\right)}\leqslant 1.0 \tag{6-11}$$

其中，N 为轴心压力设计值；φ_x 为轴心受压构件在弯矩作用平面内的稳定系数；A 为钢材的截面积；f 为钢材的抗压强度设计值；β_{mx} 为等效弯矩系数；M_x 为弯矩作用平面内的弯矩设计值；γ_x 为截面塑性发展系数；W_{px} 为截面在弯矩作用平面内的塑性截面模量，N'_{Ex} 为欧拉临界力。

c. 整体安全：层间位移角（弹性状态下风荷载/地震作用）：

$$\theta=\frac{\Delta u}{h}\leqslant\frac{1}{250} \tag{6-12}$$

其中，θ 表示层间位移角；Δu 表示层间位移；h 表示层高。

Python 示例脚本如下：通过循环逻辑实现参数调整：

```
#结构优化循环逻辑
def optimize_section():
  for height in range(300,400,5):
    for width in range(300,400,5):
      #计算截面特性
      area=height * width
      moment_of_inertia=(height * * 3 * width)/12
      #模拟荷载计算
      load=calculate_load()
      #结构分析
      stress=calculate_stress(load,area,moment_of_inertia)
      deflection=calculate_deflection(load,height,moment_of_iner-
tia)
      #约束检查
      if stress<0.85 * f_y and deflection<L/250:
        steel_quantity=calculate_steel quantity(height,width)
        yield(height,width,steel_quantity)
```

若指标不满足规范，脚本逐步增大截面尺寸（如柱高每次+5mm），直至所有约束达标，最终输出用钢量最低的设计方案。

利用 Karamba 插件进行有限元分析，验证结构强度、刚度及稳定性，结果导入 Midas 进行二次验证。结合 Octopus 平台开展多目标优化，以建筑总能耗和结构用钢量为目标函数，采用SPEA2（强度帕累托进化算法2）多目标遗传算法（种群数量100，迭代50代），通过惩罚函数（目标值×3）淘汰不满足结构安全的解。

能耗模拟基于EnergyPlus引擎，设定固定围护结构参数［如外墙传热系数0.065W/（m^2·K）］，计算全年制冷/采暖能耗（kW·h）。结构用钢量通过Grasshopper电池计算，归一化为单位面积指标（kg/m^2）。

最终生成93个Pareto最优解，用钢量范围为65.97～86.90kg/m^2，能耗范围为34.17～43.45kW·h，其中最优解A点综合性能为73.88kg/m^2 与38.94kW·h。相关性分析表明，次卧宽与用钢量呈正相关（0.299），客厅宽与用钢量呈负相关（−0.259），主卧长与能耗呈强负相关（−0.706）。最优解集中不同变量与各房间尺寸参数对应关系如图6-13所示。

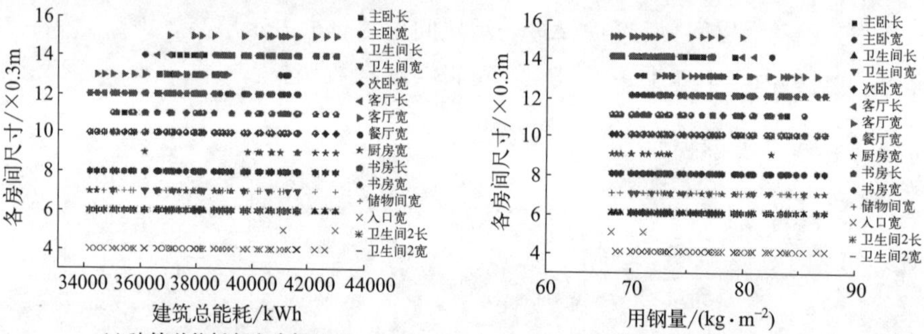

图6-13　最优解集中不同变量与各房间尺寸参数对应关系

（2）实时自适应优化

实时自适应优化是AI草模生成过程中的关键环节，它能够根据实时反馈的信息，自动调整设计参数，使设计方案不断趋近最优解。强化学习作为一种有效的优化方法，通过智能体与环境的交互，根据奖励信号来学习最优策略。在AI草模生成的实时自适应优化中，设计一个合理的强化学习框架至关重要。强化学习框架包括状态空间（几何误差、应力分布）、动作空间（尺寸调整量）、奖励函数（性能提升率）。

① 状态空间：状态空间定义了智能体对环境的感知信息。在草模优化中，状态空间主要包括几何误差和应力分布等关键信息。几何误差反映了当前草模与理想设计模型之间的几何形状差异，通过计算草模的关键尺寸、形状特征与目标值之间的偏差来衡量。应力分布则体现了草模在受力情况下的力学性能，通过有限元分析等方法获取草模内部的应力分布情况。这些信息能够帮助智能体了解当前设计方案的状态，为决策提供依据。

② 动作空间：动作空间定义了智能体可以采取的行动。在草模优化中，动

作空间主要是尺寸调整量。智能体可以根据当前的状态信息，决定对草模的各个尺寸参数进行调整的幅度。例如，对于一个机械零件的草模，智能体可以调整其长度、宽度、厚度等尺寸参数，以优化零件的性能。

③ 奖励函数：奖励函数是强化学习的核心，它定义了智能体采取行动后获得的奖励信号。在草模优化中，奖励函数通常基于性能提升率来设计。当智能体采取某个动作（如调整尺寸参数）后，如果草模的性能（如力学性能、功能性能等）得到提升，智能体将获得正奖励；反之，如果性能下降，则获得负奖励。通过不断追求最大奖励，智能体逐渐学习到最优的调整策略，实现草模的自适应优化。

本节以汽车控制臂增材制造的热变形补偿为应用场景，系统阐述框架核心要素的升级方向与技术实现路径。

当前状态空间需整合几何误差与应力分布的多模态数据。几何误差的量化可引入连续型参数空间描述，例如通过三维点云配准算法计算关键特征面的曲率偏差；应力分布则需融合实时有限元分析的张量数据，采用降维技术提取主应变方向等核心指标。状态空间的表征应兼容离散特征（如局部超限报警）与连续变量（如形变梯度），并通过归一化处理以提升模型收敛效率。

针对尺寸调整量的连续型动作空间，DDPG（深度确定性策略梯度）算法相比传统离散方法更具工程适用性。该算法通过 Actor-Critic 网络架构，可在连续参数空间内生成精确的调整量指令，例如喷头移动速度的调节精度可达 ±0.05mm/s。同时引入动作噪声的自适应衰减机制，在训练初期设置较大探索幅度（高斯噪声 $\sigma=0.3$，随训练进度指数衰减至 $\sigma=0.05$），平衡探索与利用的矛盾。

基础性能提升率指标需细化为多目标优化函数：

$$R_t=\alpha\frac{\Delta P}{P_{base}}-\beta\frac{\Delta E}{E_{max}}+\gamma\frac{T_{stable}}{T_{total}} \tag{6-13}$$

其中，α、β、γ 为动态权重系数，分别对应尺寸精度提升、能耗约束和工艺稳定性，且 $\alpha+\beta+\gamma=1$；ΔP 表示某种性能参数（如精度、强度等）的变化量；P_{base} 是该性能参数的初始基准值；ΔE 表示能量消耗（或其他相关负面指标）的变化量；E_{max} 为能量消耗（或对应负面指标）可接受的最大值；T_{stable} 是制造过程中系统达到稳定状态的累计时长；T_{total} 为制造过程的总时长。

基于边缘计算架构部署轻量化推理引擎，采用模型量化技术将网络权重压缩至 FP16 精度，使单次推理耗时控制在 35ms 以内，满足每秒 17 次调整的实时需求。在汽车控制臂打印案例中，系统通过激光位移传感器（采样率 1kHz）与红外热像仪（帧率 120fps）构建闭环反馈，结合时序预测模型提前 300ms 预判热变形趋势。实际生产数据显示，该方案使关键尺寸公差从±0.15mm降低至±0.06mm，同时降低27%的支撑材料消耗。

该框架的创新点在于将AutoML的超参数搜索能力嵌入强化学习训练过程，通过动态神经网络架构搜索（DNAS）自动优化Critic网络的层宽与激活函数，使模型在8h内完成适配新材料的迁移学习，相比传统固定网络结构节省68%的调参时间。

6.4.3 实时反馈智能设计案例

（1）数字主线（digital thread）构建

数字主线作为智能设计与增材制造全流程集成的关键支撑，旨在实现产品全生命周期中各个环节的数据无缝流动与共享。而基于OPC UA（open platform communications unified architecture，开放平台通信统一架构）的数据贯通标准则是构建数字主线的核心技术。OPC UA是一种独立于厂商的工业通信协议，它定义了一套统一的信息模型和服务接口，能够跨越不同的硬件设备、操作系统和软件平台，实现数据的互联互通。

在智能设计与增材制造的场景中，设计软件、制造设备、质量检测系统等各个环节都可能来自不同的供应商，使用不同的数据格式和通信协议。OPC UA通过标准化的数据接口，将这些分散的系统连接在一起，使设计数据、工艺参数、生产进度、质量检测结果等信息能够在各个系统之间自由传输。例如，设计软件生成的三维模型数据可以通过OPC UA接口直接传输到增材制造设备，设备根据这些数据进行产品制造；制造过程中的实时数据，如温度、压力、打印进度等，又可以通过OPC UA反馈到生产管理系统，为生产决策提供依据。

以西门子NX AM从设计到质检的13个系统无缝对接为例，说明数字主线构建：

西门子NX AM（NX Additive Manufacturing，NX增材制造）展示了基于OPC UA的数据贯通在实际应用中的强大效能。西门子NX AM作为一款集成了设计、仿真和制造功能的综合性软件平台，它与包括CAD设计软件、3D打印设备、质量检测软件等在内的13个系统深度集成，包括NX CAD、Simcenter 3D、Teamcenter等。这些系统涵盖了产品设计、工程分析、数据管理、生产规划和设备控制等各个环节。

在设计阶段，工程师使用西门子NX CAD软件进行产品设计，生成的三维模型数据通过OPC UA接口实时传输到NX AM中。NX AM根据设计要求和增材制造工艺特点，对模型进行优化处理，生成可用于3D打印的文件。在打印过程中，3D打印设备（如EOS的金属3D打印机）通过OPC UA与NX AM保持通信，实时接收打印指令和工艺参数，同时将打印过程中的实时数据反馈给

NX AM。

打印完成后，产品进入质检环节。利用基于 OPC UA 的质量检测系统（如 GOM 的光学测量设备）对产品进行检测，检测数据同样通过 OPC UA 传输回 NX AM。NX AM 根据质检数据对产品进行评估，若发现质量问题，可追溯到设计和制造环节，进行针对性的优化调整。通过这一基于 OPC UA 的数据贯通体系，实现了从设计到质检的全流程数字化管理，大大提高了生产效率和产品质量。

（2）实时闭环优化系统

实时闭环优化系统是智能设计与增材制造全流程集成的核心机制之一，它通过实时采集生产过程中的数据，并根据这些数据对设计和制造过程进行动态优化，实现产品质量和生产效率的持续提升。实时闭环优化系统架构如图 6-14 所示。

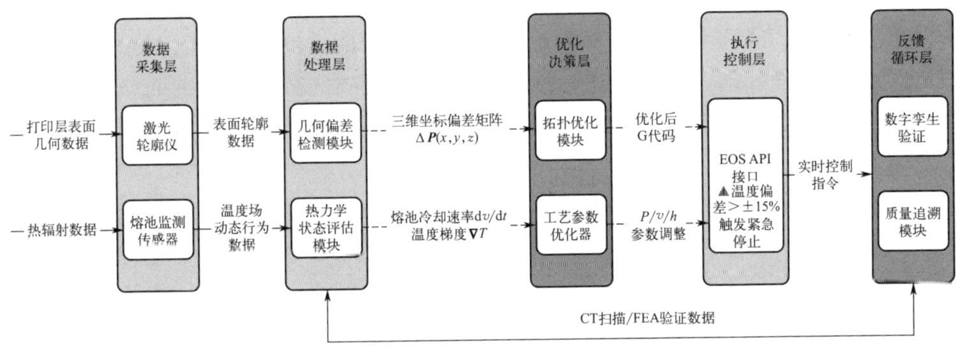

图 6-14　实时闭环优化系统架构图

① 在线检测数据反馈机制（激光轮廓仪→拓扑优化模块）。在线检测数据反馈机制是实时闭环优化系统的关键环节。

以激光轮廓仪在增材制造中的应用为例，激光轮廓仪能够实时采集 3D 打印过程中产品的表面轮廓数据。这些数据被实时传输到拓扑优化模块，拓扑优化模块根据采集到的实际轮廓数据与设计模型进行对比分析，识别出可能存在的偏差和缺陷。例如，若发现打印过程中某个部位的尺寸偏差超出允许范围，拓扑优化模块会根据预设的优化算法，对后续打印过程的参数进行调整，如调整激光功率、扫描速度等，以纠正偏差，确保产品质量。

② 自适应性工艺参数调整（EOS API 实时控制激光功率）。自适应性工艺参数调整是实时闭环优化系统的另一个重要组成部分。在增材制造过程中，不同的材料、零件结构和打印环境等因素都会对打印质量产生影响。因此，需要根据实时监测的数据，自动调整工艺参数，以实现最佳的打印效果。

EOS 作为全球领先的增材制造设备供应商，提供了 EOS API（application programming interface，应用程序接口），允许用户通过编程方式实时控制 3D 打印机的工艺参数。例如，在打印过程中，通过安装在设备上的传感器实时监测熔池温度、粉末铺展情况等数据。当监测到熔池温度过高或过低时，系统通过 EOS API 实时调整激光功率，使熔池温度保持在合适的范围内，确保粉末能够充分熔化并均匀堆积，从而提高打印质量和精度。这种自适应性工艺参数调整机制，能够根据实际生产情况实时优化制造过程，有效减小废品率，提高生产效率。

③ 基于数字孪生的分布式制造系统。工业 4.0 强调通过物联网、大数据、人工智能等技术实现制造业的智能化升级。基于数字孪生的分布式制造系统是智能设计与增材制造在工业 4.0 背景下的重要集成方案。数字孪生是指通过数字化手段对物理实体进行虚拟建模，实现对物理实体的实时映射和状态监测。

在分布式制造系统中，每个制造节点（如工厂、车间、设备等）都有对应的数字孪生模型。这些数字孪生模型通过物联网与物理实体相连，实时采集和更新物理实体的状态数据。例如，在一个由多个工厂组成的分布式制造网络中，每个工厂的 3D 打印设备都有对应的数字孪生模型，这些模型实时反映设备的运行状态、生产进度、能耗等信息。

通过对数字孪生模型的分析和优化，可以实现对分布式制造系统的全局优化。例如，根据市场需求和各工厂的生产能力，通过数字孪生模型进行生产任务分配和调度；在设备出现故障前，通过数字孪生模型的预测性维护功能，提前安排维修计划，避免生产中断。基于数字孪生的分布式制造系统，实现了制造资源的优化配置和协同运作，提高了整个制造系统的灵活性和响应速度。

6.4.4 自主进化智能设计案例

(1) 多物理场耦合优化

在许多复杂的工程系统中，如航空航天发动机、新能源设备等，多种物理场相互作用，共同影响着系统的性能和可靠性。热-力-流耦合问题就是其中常见的一种，涉及热传导、力学变形和流体流动等多个物理过程的相互耦合。传统的数值求解方法，如有限元法（FEM），虽然在一定程度上能够解决这类问题，但往往计算成本高昂，且对于复杂的几何形状和边界条件适应性较差。

物理信息神经网络（PINN）作为一种新兴的求解方法，为热-力-流耦合问题提供了新的解决方案。PINN 将物理规律（如控制方程、边界条件等）融入神经网络的训练过程中，使得神经网络不仅能够学习数据中的模式，还能满足物理约束。在求解热-力-流耦合方程时，PINN 首先构建一个包含输入变量（如空间坐标、时间、材料属性等）和输出变量（如温度场、应力场、速度场等）的神经网络模型。然后，通过最小化损失函数来训练神经网络，损失函数由数据拟合项和物理约束项组成。数据拟合项用于使神经网络的输出与已知的观测数据相匹配，物理约束项则通过将控制方程和边界条件转化为损失函数的形式，强制神经网络的输出满足物理规律。

以火箭发动机喷注器的一体化设计为例，展示多物理场耦合优化在实际工程中的应用。火箭发动机喷注器是将推进剂均匀喷射到燃烧室的关键部件，其性能直接影响火箭发动机的燃烧效率和推力。喷注器在工作过程中，不仅要承受高温、高压燃气的热载荷和机械载荷，还要保证推进剂的高效喷射和冷却效果，因此需要同时满足结构强度和冷却效率的要求。

利用物理信息神经网络（PINN）进行喷注器的一体化设计，首先建立喷注器的热-力-流耦合模型。考虑喷注器内部的流体流动、热传导以及结构力学响应，将相关的控制方程（如 Navier-Stokes 方程、能量方程、弹性力学方程等）和边界条件（如进出口条件、壁面条件等）融入 PINN 的训练过程中。通过输入喷注器的几何参数、材料属性和工作条件等信息，PINN 可以预测喷注器内部的温度分布、应力分布和流体速度分布。

在设计过程中，以结构强度和冷却效率为优化目标，通过调整喷注器的几何形状、材料分布等设计变量，利用 PINN 进行多物理场耦合分析和优化。例如，通过优化喷注器的冷却通道结构和尺寸，提高冷却效率，降低热应力；同时，通过合理设计喷注器的支撑结构和材料选择，保证其在高温、高压环境下的结构强度。经过多次迭代优化，最终得到满足结构强度和冷却效率要求的火箭发动机喷注器一体化设计方案，为火箭发动机的高性能运行提供了保障。

在现代航空航天工程中，热-力-流多场耦合问题广泛存在于涡轮发动机燃烧室、高超声速飞行器热防护系统等关键部件中。这类问题涉及流体流动、热传导和结构变形的强非线性耦合，传统数值方法面临计算效率与精度难以兼顾的挑战。物理信息神经网络（physics-informed neural networks，PINN）通过将控制方程作为软约束嵌入网络训练，为解决此类复杂问题提供了新范式。本节以某型航空发动机燃烧室的热-力-流耦合分析为例，系统阐述 PINN 在该领域的创新应用。

该燃烧室工作时，高温燃气（温度 1500K，雷诺数 $Re=1.2\times10^5$）与冷却结构［材料热导率 $\lambda=25\text{W}/(\text{m}\cdot\text{K})$］之间存在强烈的热交换，同时结构热膨胀（线胀系数 $\alpha=1.5\times10^{-5}\text{K}^{-1}$）与流体压力（马赫数 $Ma=0.3$）共同作用导致应力集中。传统有限元法（FEM）需对燃烧室复杂几何（包含 200 万网格节点）进行多场迭代求解，单次计算耗时超过 2000h，且实验测量的离散温度数据（含 5%噪声）难以有效融入模型。针对这一问题，研究团队构建了基于 PINN 的热-力-流耦合求解框架。首先建立多场耦合数学模型：流体流动由 Navier-Stokes 方程描述，热传导采用能量方程，结构变形通过热弹性力学方程表达。控制方程如下：

$$\begin{cases}\nabla \cdot \boldsymbol{u}=0 \\ \dfrac{\partial \boldsymbol{u}}{\partial t}+(\boldsymbol{u} \cdot \nabla)\boldsymbol{u}=-\nabla p+\dfrac{1}{Re}\nabla^2\boldsymbol{u}+RiT\boldsymbol{k} \\ \dfrac{\partial T}{\partial t}+\boldsymbol{u} \cdot \nabla T=\dfrac{1}{Pe}\nabla^2 T+\dfrac{\beta}{\rho C_p}\nabla \cdot (\boldsymbol{\sigma} \cdot \boldsymbol{u}) \\ \boldsymbol{\sigma}=\lambda(\nabla \cdot \epsilon)\boldsymbol{I}+\mu[\nabla\epsilon+(\nabla\epsilon)^{\mathrm{T}}]-\alpha T\boldsymbol{I}\end{cases} \tag{6-14}$$

其中，$\boldsymbol{u}$ 为流体速度矢量；t 为时间；p 为流体压力；Re 为雷诺数；$Ri=0.02$，为理查森数；T 为温度；$\boldsymbol{k}$ 是沿重力方向的单位矢量；$Pe=1000$，为佩克莱数；$\beta=2.5$，为热应力系数；ρ 是流体密度；C_p 是定压比热容；$\boldsymbol{\sigma}$ 是应力张量；λ 为拉梅常数；ϵ为应变张量；μ 为剪切模量；α 为线胀系数；$\boldsymbol{I}$ 是单位张量。

PINN 模型采用双分支网络结构：温度场分支接收空间坐标（x,y,z）和时间 t 作为输入，输出温度 T；应力场分支以温度场和流场数据为条件，预测等效应力 $\boldsymbol{\sigma}$。网络参数通过最小化包含数据拟合项和物理约束项的损失函数进行优化：

$$\mathcal{L}=\omega_{\mathrm{d}}\mathcal{L}_{\mathrm{d}}+\omega_{\mathrm{p}}\mathcal{L}_{\mathrm{p}} \tag{6-15}$$

其中，数据拟合项 $\mathcal{L}_{\mathrm{d}}$ 包含 32 个热电偶温度数据和 16 个应变片应力数据的均方误差；物理约束项 $\mathcal{L}_{\mathrm{p}}$ 通过自动微分计算控制方程残差的平方和；ω_{d}、ω_{p} 为权重系数，分别控制 $\mathcal{L}_{\mathrm{d}}$ 与 $\mathcal{L}_{\mathrm{p}}$ 的贡献程度。为提升计算效率，研究团队采用域分解策略：在高热流密度区域（占燃烧室体积的 15%）使用 PINN 实时预测温度场，其余区域通过谱元法（SEM）求解流场和应力场。通过 Robin 边界条件实现多场耦合：

$$(\nabla T_{\mathrm{SEM}} \cdot \boldsymbol{n}+RT_{\mathrm{SEM}})|_{\Gamma}=(\nabla T_{\mathrm{PINN}} \cdot \boldsymbol{n}+RT_{\mathrm{PINN}})|_{\Gamma} \tag{6-16}$$

其中，T_{SEM} 表示通过谱元法计算得到的温度场；T_{PINN} 表示通过 PINN 方法计算得到的温度场；$\boldsymbol{n}$ 表示边界 Γ 上的单位法向量；R 表示与温度相关的热通量系数或者边界条件中的热交换系数。

系数 R 通过自适应算法动态调整，确保能量守恒误差小于 0.5%。

实验结果表明，该框架在 NVIDIA A100 GPU 集群上实现了突破性进展：温度场预测平均相对误差为 0.87%，应力场预测误差为 1.23%，较传统方法分别提升 42%和 35%；在包含 5%噪声的情况下，模型仍能保持稳定，显示出强鲁棒性；计算效率提升尤为显著，单次完整模拟耗时仅 48h，其中 PINN 训练占比 25%，硬件成本降低 73%。

该案例验证了 PINN 在热-力-流耦合问题中的独特优势：通过将物理规律编码为网络约束，有效解决了传统方法中多场迭代收敛困难的问题；域分解策略实现了计算资源的优化配置，在保证精度的同时大幅提升效率；噪声鲁棒性设计使其能够直接融合实验数据，显著增强了模型的工程实用性。

进一步分析表明，PINN 在捕捉非线性耦合效应方面表现优异。例如，在燃烧室喉部区域，模型准确预测了由湍流脉动引发的温度振荡（频率 120Hz），并揭示了其对应力集中的放大效应。这种动态耦合特性是传统方法难以捕捉的，为结构疲劳寿命预测提供了关键依据。

该技术已成功应用于某型航空发动机燃烧室优化设计，通过调整冷却通道布局，使局部热应力降低 18%，热疲劳寿命延长 23%。同时，基于 PINN 的数字孪生模型支持实时工况监测，在极端条件下的预测误差控制在工程允许范围内（温度±3K，应力±5MPa）。

值得注意的是，该案例的成功依赖于三项关键技术创新：其一，开发了多物理场自适应权重机制，动态调整流场、温度场和应力场的约束强度，确保多场误差平衡；其二，构建了基于梯度增强的边界条件生成算法，显著提升了壁面热流密度反演精度；其三，实现了 GPU 加速的 PINN-SEM 协同计算架构，突破了传统串行计算的性能瓶颈。

（2）超材料逆向设计

超材料是一种具有独特物理性质的人工复合材料，通过微观单元的几何拓扑设计（如形状、尺寸、排列方式）实现自然界中不存在的超常物理特性（如负折射率、逆多普勒效应等）。在超材料设计中，逆向设计是一种重要的方法，它通过给定目标性能，反推材料的微观结构和组成。传统的超材料逆向设计方法通常依赖于数值模拟和优化算法，计算过程复杂且效率较低。

① 傅里叶特征网络实现电磁特性逆向求解。傅里叶特征网络为超材料的电磁特性逆向求解提供了一种高效的解决方案。傅里叶特征网络通过引入傅里叶变换，将输入数据从空间域转换到频率域，从而更好地捕捉数据的高频特征。在超材料逆向设计中，傅里叶特征网络以超材料的目标电磁特性（如介电常数、磁导率、反射系数等）为输入，通过网络的学习和映射，输出超材料的微观结构参数（如单元结构形状、尺寸、排列方式等）。

网络的训练过程基于大量的超材料结构-性能数据对，通过最小化预测结构与目标结构之间的差异，不断调整网络的参数，使网络能够准确地实现从电磁特性到微观结构的逆向映射。与传统方法相比，傅里叶特征网络具有更高的计算效率和更强的泛化能力，能够快速准确地生成满足特定电磁特性要求的超材料微观结构。

② 增材制造：连接设计与制造的桥梁。增材制造，也就是人们常说的 3D 打印技术，为超材料从设计到实际应用提供了强有力的支持。传统的材料制造工艺在实现超材料复杂微观结构时存在诸多限制，而增材制造技术凭借其独特的逐层制造原理，能够精确地构建出各种复杂形状和精细结构。这一特性使超材料的设

计不再受限于制造工艺，设计师可以充分发挥创造力，实现以往难以制造的超材料结构。

在超材料逆向设计流程中，增材制造环节紧密承接傅里叶特征网络生成的设计方案。一旦傅里叶特征网络输出了满足目标电磁特性的超材料微观结构设计，增材制造技术就能够将这些虚拟的设计转化为实际的物理样品。通过控制增材制造设备的参数，如打印材料、打印精度、打印速度等，可以精确地制造出具有特定微观结构的超材料。而且，增材制造还具备快速迭代的优势，当设计方案需要优化或调整时，能够迅速制造出新的样品进行测试和验证。

以5G毫米波滤波器的生成式设计（工作频段28GHz±0.5GHz）为例，说明超材料逆向设计：

在5G通信系统中，毫米波滤波器是关键的射频器件，其性能直接影响通信质量和信号传输效率。传统的毫米波滤波器设计方法往往需要大量的人工调试和优化，设计周期长且难以满足高性能要求。利用傅里叶特征网络进行5G毫米波滤波器的生成式设计，为这一领域带来了新的突破。

首先，根据5G通信系统对毫米波滤波器的性能要求，确定目标电磁特性，如在工作频段28GHz±0.5GHz内的高选择性、低插入损耗和高带外抑制等。然后，将这些目标电磁特性作为输入，输入训练好的傅里叶特征网络中。网络通过学习和推理，生成满足目标电磁特性的毫米波滤波器的微观结构设计方案。

生成的设计方案包括滤波器的单元结构、排列方式和材料参数等。通过数值模拟和实验验证，对生成的设计方案进行评估和优化。如果设计方案不满足性能要求，可以将模拟结果反馈给傅里叶特征网络，进一步调整网络参数，重新生成设计方案。经过多次迭代优化，最终得到性能优良的5G毫米波滤波器设计方案，目标电磁特性被量化为频域响应约束条件。傅里叶特征网络生成的结构方案（如周期性谐振单元、梯度介电常数分布）经实验验证显示：在28GHz频段内插入损耗低于0.5dB，带外抑制优于40dB，较传统设计周期缩短60%以上。这一成果凸显了生成式设计在高频、高集成度射频器件中的应用价值。这种生成式设计方法大大缩短了滤波器的设计周期，提高了设计效率和性能，为5G通信技术的发展提供了有力支持。

该技术凭借特征空间降维与非线性关联建模，使网络推理速度较传统遗传算法提升2～3个数量级；具备多尺度兼容性，能支持从亚波长微结构到宏观器件的一体化设计，广泛适用于太赫兹通信、超透镜等前沿领域；同时结合增材制造与微纳加工技术，可快速实现从仿真到原型制备的闭环，加速超材料在6G通信、智能蒙皮等场景的落地应用；其技术方向与全球超材料产业趋势高度契合，尤其在通信与尖端装备领域，凭借专利布局与产业化进展（如光启技术的规模化量产），已形成显著竞争优势。

(3) 功能梯度材料设计

功能梯度材料（FGM）是一种材料组成和性能在空间上连续变化的复合材料，通过合理设计材料的分布，可以实现材料在不同部位具有不同的性能，以满足复杂的工程需求。在功能梯度材料设计中，如何优化材料的分布，使其在满足性能要求的同时，成本最低、制造工艺可行，是一个关键问题。

高斯过程作为一种强大的概率模型，为功能梯度材料的材料分布优化提供了有效的工具。高斯过程通过对已知数据点的学习，建立一个概率分布模型，用于预测未知数据点的取值。在功能梯度材料设计中，以材料的性能（如硬度、弹性模量、热胀系数等）为目标函数，以材料的组成和分布参数为设计变量，利用高斯过程建立材料性能与设计变量之间的映射关系。

通过在设计空间中选择一些初始样本点，进行材料性能测试或数值模拟，得到这些样本点的性能数据。然后，利用高斯过程对这些数据进行学习和建模，预测设计空间中其他点的性能。根据预测结果，选择性能较好的点进行进一步的测试和模拟，不断更新高斯过程模型，逐步逼近最优的材料分布方案。在优化过程中，还可以考虑制造工艺约束和成本约束，确保生成的材料分布方案具有实际可行性。

以人工关节的硬度梯度设计为例，展示功能梯度材料设计在生物医学领域的应用。

人工关节作为一种重要的医疗器械，需要在长期使用过程中具备良好的耐磨性和生物相容性，同时要能够适应人体骨骼的力学环境。通过功能梯度材料设计，在人工关节的表面形成耐磨层，内部形成弹性层，可以有效提高人工关节的性能和使用寿命。在生物医学工程中，钛合金/羟基磷灰石（Ti/HA）功能梯度材料已被成功应用于人工关节的制造。

利用基于高斯过程的材料分布优化方法，首先确定人工关节的性能要求，如表面硬度、内部弹性模量以及两者之间的过渡特性等。然后，选择合适的材料体系（如金属基复合材料、陶瓷基复合材料等）和设计变量（如材料成分比例、层厚分布等）。通过有限元模拟或实验测试，获取初始样本点的性能数据，利用高斯过程建立材料性能与设计变量之间的模型。

在优化过程中，以最小化表面磨损和提高力学性能匹配度为目标，通过高斯过程预测和实验验证相结合的方式，不断调整材料的分布参数，得到最优的硬度梯度设计方案。例如，在表面层增加耐磨材料的比例，提高表面硬度；在内部层调整材料成分，降低弹性模量，使其更接近人体骨骼的力学性能。通过这种功能梯度材料设计，人工关节能够更好地满足临床需求，提高患者的生活质量。

根据 ASTM F2028 进行 100 万次循环磨损测试，设计变量包括钛合金与羟基磷灰石的体积分数梯度分布（如沿厚度方向的成分变化函数），目标函数为表面硬度（HV≥800）和内部弹性模量（$E\approx18$GPa），约束条件包括梯度过渡的平滑性（避免界面应力集中）及制造工艺可行性（如3D打印层厚限制）。

假设材料性能 f（$\boldsymbol{x}$）与成分分布 m（$\boldsymbol{x}$）的关系服从高斯过程：

$$f(\boldsymbol{x})\sim\mathcal{GP}[m(\boldsymbol{x}),k(\boldsymbol{x},\boldsymbol{x}')] \tag{6-17}$$

其中，$\boldsymbol{x}$ 为设计变量（如位置坐标和成分比例）；协方差函数 k 常选用径向基核（RBF）：

$$k(\boldsymbol{x}_i,\boldsymbol{x}_j)=\sigma^2\exp\left(-\frac{\|\boldsymbol{x}_i-\boldsymbol{x}_j\|^2}{2l^2}\right) \tag{6-18}$$

其中，σ^2 为信号方差；l 为长度。

通过有限元模拟或实验获取初始数据集$\{(\boldsymbol{x}_i,\boldsymbol{y}_i)\}$（如不同梯度分布下的力学性能），训练高斯过程模型。

采用贝叶斯优化框架，通过期望改进（expected improvement，EI）函数选择下一个采样点：

$$\mathrm{EI}(\boldsymbol{x})=\mathbb{E}\{\max[f(\boldsymbol{x})-f^*,0]\} \tag{6-19}$$

其中，f^* 为当前最优性能。

最终优化结果表明，当表面钛含量为85%、内部梯度过渡至30%时，人工关节的磨损率降低40%，且弹性匹配度提升25%（实验数据参考相关临床研究）。

以下为基于scikit-learn库的高斯过程回归简化代码，用于预测材料硬度与成分分布的关系：

```
from sklearn.gaussian_process import Gaussian ProcessRegressor
from sklearn.gaussian_process.kernels import RBF,WhiteKernel
import numpy as np

#模拟数据:X为成分比例(0~1),y为硬度值(HV)
X=np.array([[0.2],[0.5],[0.8]])#实验数据点
y=np.array([400,650,900])

#定义核函数(RBF+噪声项)
kernel=RBF(length_scale=0.1)+WhiteKernel(noise_level=1)
gp=GaussianProcessRegressor(kernel=kernel,alpha=0.1)

#模型训练
gp.fit(X,y)

#预测新成分点的硬度
X_new=np.linspace(0,1,100).reshape(-1,1)
y_pred,sigma=gp.predict(X_new,return_std=True)
```

在优化中需考虑 SLM 3D 打印的工艺限制，例如最小层厚（通常为 20～50μm）和梯度过渡的连续性。通过将工艺参数作为约束条件加入高斯过程模型，可生成可直接用于制造的梯度分布方案。实验研究表明，梯度过渡区长度需大于 1mm 以避免层间剥离（参考梯度功能材料在航天与生物医学领域的应用案例）。

通过上述方法，功能梯度材料（FGM）设计不仅实现了多性能协同优化，还为个性化医疗器件（如人工关节、牙科植入体）提供了理论和技术支撑。未来结合机器学习与高通量实验，将进一步加速高性能 FGM 的开发与应用。

以基于 PINN 的 FGM 结构智能设计方法为例，说明 FGM 的设计步骤：

在高精高稳航天器的设计中，传统热控系统难以满足高精度需求，因此提出了一种基于物理信息神经网络（PINN）的功能梯度材料（FGM）结构智能设计方法，旨在通过优化材料梯度分布调控结构温度场和基频，实现无需依赖外部热控装置的热力性能协同优化，设计方法如图 6-15 所示。

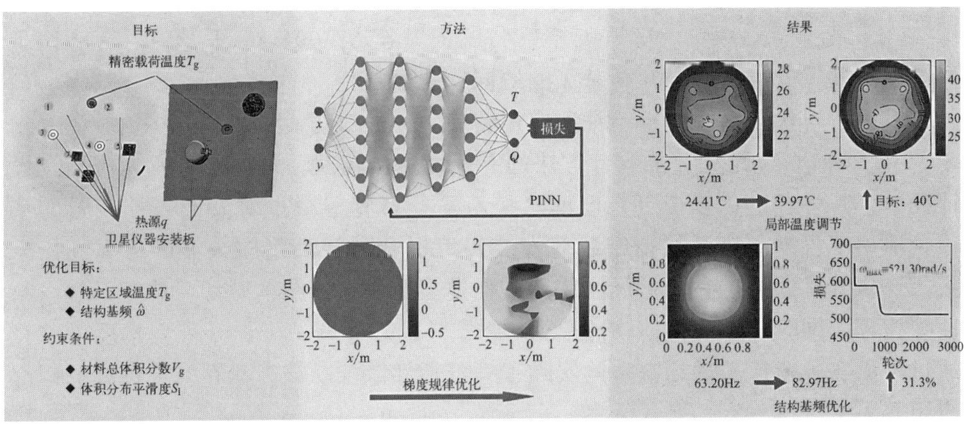

图 6-15　面向航天器结构热力响应调控的 FGM 结构 PINN 设计方法示意图

这一方法的第一步是构建物理信息神经网络（PINN）模型。PINN 将热传导方程、振动方程、边界条件及优化目标整合到损失函数中，直接求解逆问题，即已知目标温度和基频，反推材料梯度分布。热传导控制方程为

$$\frac{\partial}{\partial x}\left(\lambda \frac{\partial T}{\partial x}\right)+\lambda\left(\frac{\partial^2 T}{\partial x^2}+\frac{\partial^2 T}{\partial y^2}\right)+q(x,y)=0 \tag{6-20}$$

其中，λ 为热导率；$q(x,y)$为热源分布；T 表示温度场。

振动控制方程基于 Kirchhoff 板假设，通过特征方程计算结构固有频率：

$$\boldsymbol{K}-\omega^2\boldsymbol{M}=\boldsymbol{0} \tag{6-21}$$

其中，$\boldsymbol{K}$ 是 Kirchhoff 板的刚度矩阵；$\boldsymbol{M}$ 是板的质量矩阵；ω 是结构的固有角频率。

损失函数包含温度场残差、基频残差、材料体积分数约束及平滑度约束。在

实现过程中，采用 Adam 和 L-BFGS 优化器训练网络。为确保优化结果符合物理规律，避免非物理解，还提出了权重预训练策略。例如，在对含复杂热源的卫星仪器板进行温度场预测时，PINN 能够准确预测温度分布，与有限元解的全局相对误差为 1.28×10^{-3}，验证了该模型的准确性。

接着，利用训练好的 PINN 模型进行优化求解。通过该模型可以对 FGM 结构的材料梯度分布进行优化。在局部温度调控方面，以卫星仪器板上的精密载荷为例，通过优化陶瓷体积分数分布，能够将精密载荷处温度从 24.41℃提升至 39.97℃，接近目标温度 40℃，误差仅 0.03℃。在结构动力学调控方面，在重量约束下，能够有效改变结构基频。例如基频可从 63.20Hz 提升至 82.97Hz，提高了 31.3%，或者降低至 55.33Hz，降低了 12.5%，充分证明了材料梯度对动力学特性的有效调控。在热力性能协同调控中，针对航天器多区域需求（如精密载荷区升温、敏感电子元件区降温，同时调控基频），模型可实现：敏感电子区通过降低陶瓷体积分数（增加高导热材料，散热），将温度控制在 22.71℃（目标 23℃，误差 0.29℃）；基频从 63.20Hz 提升至 67.00Hz（+6%），这验证了多区域温度（升温+降温）与基频的协同优化可行性。

最后，对优化结果进行验证和应用拓展。通过对仿真结果的分析，验证了基于 PINN 的 FGM 结构智能设计方法的有效性和优越性。该方法为航天器结构设计提供了一种轻量化、低复杂度的热控新途径，有望减少对外部热控装置的依赖，适用于含复杂热源的精密载荷安装板，提升高精高稳航天器的可靠性。未来，这一方法还可进一步扩展应用到其他类型的航天器结构，如可展开天线、柔性结构等。同时，结合流体-结构-热耦合分析，能够进一步提升模型精度，并且通过地面实验验证了理论方法的实际工程可行性，推动该方法在航天领域的广泛应用。

通过以上对多物理场耦合优化、超材料逆向设计以及功能梯度材料设计的全面阐述，读者可以深入了解结构-功能协同智能设计的技术原理和实践应用。在实际的智能产品设计和研发工作中，充分运用这些技术方法，能够实现产品结构与功能的高度协同，提升产品的综合性能和竞争力。随着人工智能、材料科学、计算科学等技术的不断发展，结构-功能协同智能设计将迎来更多的创新机遇和发展空间，为推动智能制造和智能设计领域的进步作出更大的贡献。

参考文献

[1] Hu X, Chen Y, Leng J, et al. A bi-contrast self-supervised learning framework for enhancing multi-label classification in industrial Internet of things [J]. Journal of Industrial Information Integration, 2025, 44: 100777.

[2] 杜文凤，王英奇，王辉，等. 基于拓扑优化和深度学习的新型结构生成方法 [J]. 计算力学学报，2022，39 (04)：435-442.

[3] 陈圣格，周婷，陈志华，等．模块建筑参数化平面优化及智能化结构设计方法．重庆大学学报，2021.44（9）：51-66.

[4] 蔡肖．网络化控制系统的性能分析和控制器设计［D］. 成都：电子科技大学，2023.

[5] Jiao T，Lian Q，Lian W，et al. Properties of collagen/sodium alginate hydrogels for bioprinting of skin models［J］. Journal of Bionic Engineering，2023，20（1）：105-118.

[6] 袁磊．面向 3D 打印的轻量化结构研究［D］. 呼和浩特：内蒙古工业大学，2020.

[7] 斯科特・克鲁斯．3D 打印革命：增材制造如何改变世界［M］. 北京：中信出版集团，2018.

[8] Angelo S，Mehwish A，Femke O，et al. Knowledge graphsinthe age of language models and neuro-symbolic AI［M］. IOS Press，2024.

[9] 何山，肖晰，张嘉玲．面向领域知识图谱的实体关系抽取模型仿真［J］. 吉林大学学报（理学版），2025，63（02）：465-471.

[10] Tao F，Sui F，Liu A，et al. Digital twin-driven product design framework and its implementation in the context of intelligent manufacturing［J］. Journal of Intelligent Manufacturing，2019，30（8）：2835-2850.

[11] 杨小虎，张学工，胡卫东．增材制造面向智能设计的数字建模与优化方法研究［J］. 机械工程学报，2021，57（16）：89-98.

[12] 王克杰，李少远．增材制造约束下的结构优化设计方法综述［J］. 中国机械工程，2022，33（6）：631-640.

[13] Qi Q，Tao F，Hu T，et al. Enabling technologies and tools for digital twin［J］. Journal of Manufacturing Systems，2021，58：3-21.

[14] 王旭，周志华．面向智能制造的知识驱动与数据驱动产品设计方法研究［J］. 机械设计与研究，2022，38（3）：90-96.

[15] 徐鸣．增材制造与人工智能融合发展的技术路径研究［J］. 制造业自动化，2022，44（2）：1-6.

[16] Chen X，Li X，Wang Z. Artificial intelligence in additive manufacturing：A review［J］. Additive Manufacturing，2021，36：101568.

[17] Du J，Li W，Jiang J. Generative design for additive manufacturing using generative adversarial networks［J］. Computer-Aided Design，2021，133：102971.

[18] Open AI. Shap-E：Generating 3D assets from text and images［EB/OL］.（2023-05-05）［2025-04-16］. https：//openai. com/research/shap-e.

[19] DeepSeek-V2. 开源中文生成式人工智能模型：技术原理与应用白皮书［R］. 北京：深言科技，2024.

[20] 王天翊，黄健柏．AIGC 赋能下的产品创新设计新范式［J］. 工业设计，2023（9）：42-46.

[21] 孙宇亮，陈磊．基于生成模型的产品设计智能化方法研究［J］. 包装工程，2023，44（6）：59-66.

[22] Goodfellow I，Bengio Y，Courville A. Deep learning［M］. Cambridge：MIT Press，2016.

[23] 邵乐峰，李少远．数据驱动的产品创新设计方法研究综述［J］. 机械科学与技术，2022，41（8）：1173-1180.

[24] 刘建平，王泽东．智能设计中的反馈机制与演化策略分析［J］. 计算机集成制造系统，2021，27（12）：3156-3164.

[25] 蔡志军，彭章泉．自主进化设计在制造系统中的应用研究［J］. 机械设计与制造，2023（3）：119-122.

第7章

面向增材制造的数字孪生与虚拟现实

7.1 数字孪生技术

7.1.1 数字孪生基本概念

数字孪生（digital twin）是通过物联网（IoT）、大数据、人工智能等技术，构建物理实体在虚拟空间中的动态映射模型，实现物理与数字世界的实时交互与协同优化的技术体系。其核心是通过数据驱动的仿真、预测和决策支持，优化物理系统的全生命周期管理。其以数字化的方式建立物理实体的多维、多时空尺度、多学科、多物理量的动态虚拟模型，来仿真和刻画物理实体在真实环境中的属性、行为、规则等。

由于数字孪生具备虚实融合与实时交互、迭代运行与优化，以及全要素、全流程、全业务数据驱动等特点，目前已被应用到产品生命周期各个阶段，包括产品设计制造、服务与运维等。

数字孪生的发展历程如图7-1所示，数字孪生的概念最初于2003年由Grieves教授在美国密歇根大学产品生命周期管理课程上提出，作为物理实体的虚拟映射模型。2011年，首篇学术论文探讨其在航空器寿命预测中的应用，次年NASA正式定义数字孪生并用于航天器健康管理，标志着其从理论迈向工程实践。2014年后，随着工业物联网（IIoT）和云计算技术的突破，数字孪生突破航空领域局限，向制造、能源、医疗等多行业渗透。2018年，Gartner将其列为十大战略性技术趋势，加速了实时优化、预测性维护等数据驱动应用的发展。2019年，北京航空航天大学陶飞教授团队提出了以“物理实体-虚拟实体-数据-

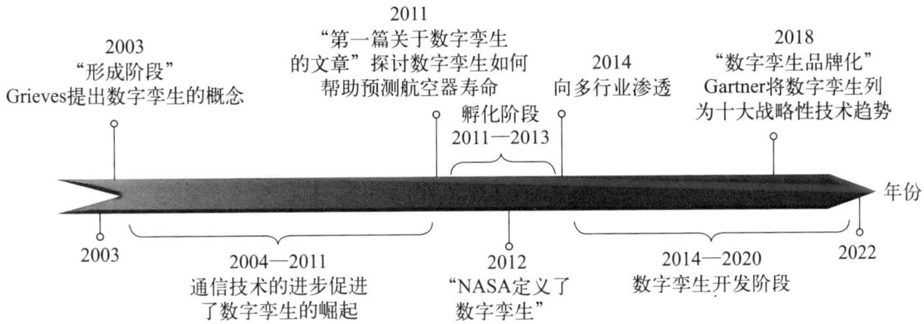

图 7-1　数字孪生的发展历程

服务-连接"为核心的数字孪生五维模型，如图 7-2 所示，该模型从多维度定义了数字孪生的核心架构与运行机制，为智能制造与工业 4.0 提供了系统性理论框架，进一步扩展了其内涵。

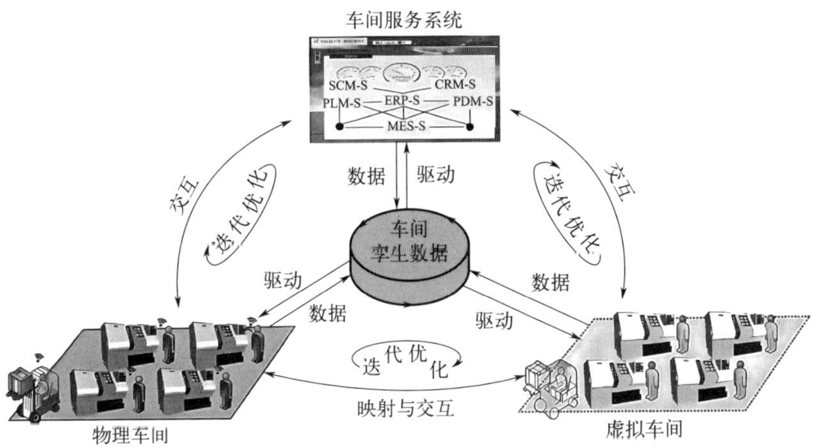

图 7-2　数字孪生五维模型

（1）物理实体（physical entity，PE）

物理实体是数字孪生技术的基础，指现实中的设备、系统或流程（如增材制造设备、航天器）。通过传感器、物联网实时采集其运行数据（如温度、振动、能耗），形成数字孪生的数据源。物理实体的动态变化直接驱动虚拟模型的更新与优化，是实现虚实协同的前提。

（2）虚拟实体（virtual entity，VE）

虚拟实体是物理对象的全维度数字化镜像，包含几何模型（三维结构）、物理模型（材料力学仿真）、行为模型（动态响应预测）及规则模型（逻辑约束）。通过多学科仿真与 AI 算法融合，虚拟实体可高精度模拟物理实体的实时状态，例如预测 3D 打印中的热应力分布，避免工件变形。

(3) 服务 (services, Ss)

服务层基于数据与模型提供智能决策支持，涵盖预测性维护（如设备寿命评估）、工艺优化（如激光功率动态调整）、远程监控等功能。

(4) 数据 (data)

数据层整合多源异构信息，包括物理实体数据（传感器实时流）、虚拟模型数据（仿真结果）、领域知识（专家规则）及融合数据（跨系统关联）。

(5) 连接 (connection, CN)

连接层通过协议（如 OPC UA、MQTT）与边缘计算技术，保障物理与虚拟实体的实时双向通信。该层需实现毫秒级数据同步与低延迟反馈控制，例如在增材制造中实时调整打印路径，避免层间缺陷。

该数字孪生五维模型突破了传统三维模型的局限，首次将“服务”与“数据”独立为关键维度，奠定了数字孪生在智能制造、智慧城市等领域的理论基础。

7. 1. 2 数字孪生的集成架构

本节将以黏结剂喷射 3D 打印工艺为例，探讨数字孪生的集成架构。当前，该工艺的数字孪生研究仍处于起步阶段，缺乏系统性的技术实现框架。随着研究的深入，越来越多的智能化特性和功能将集成到数字孪生系统中，因此需要标准化的框架作为参考。河北工业大学孟德状等人提出了一种基于增材制造设计、制造、质检、服务四个阶段的数字孪生实现技术框架，以展示数字孪生如何在复杂制造过程中进行集成与应用，其框架如图 7-3 所示。

该数字孪生集成架构涵盖了复杂制造过程中的全应用场景。在零件设计阶段，数字孪生模型首先对 CAD 模型进行可行性分析，提供加工零件打印结果的先验预测，并最终实现模型设计的自主优化；在制造阶段，该模型模拟并耦合多尺度、多物理场融合的复杂 3D 打印过程，实现虚实平行运行与实时交互；在质量检测阶段，数字孪生模型能够实时融合工艺参数与原位传感器数据，监控物理实体的打印状态，并基于机器学习模型预测零件质量偏差；在产品服务阶段，该模型可提供信息加密服务，并通过云边协同实现加工过程的云同步，使客户能够参与产品的更新与再设计。此外，该技术框架还包括数字孪生体的组成部分、构建孪生模型所使用的软件工具与方法，以及关键技术支撑，对构建完整的数字孪生系统具有重要的指导意义。

7. 1. 3 增材制造中实施数字孪生的关键技术

增材制造是基于逐层添加材料的生产过程的总称，其与数字孪生技术高度契

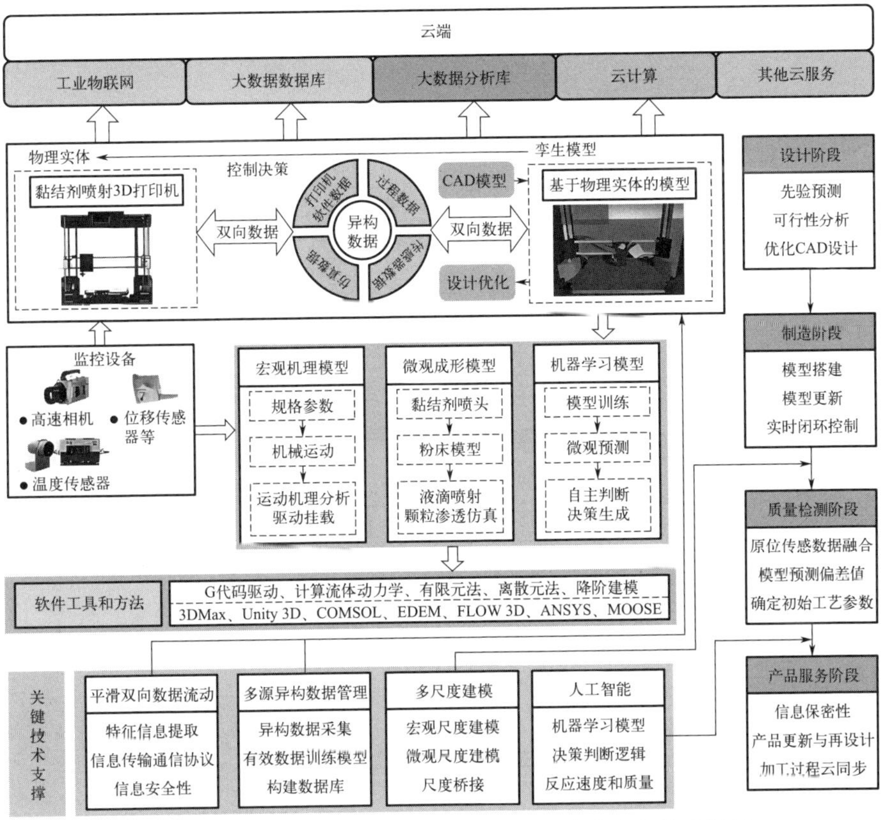

图 7-3　黏结剂喷射 3D 打印工艺中实施数字孪生的技术框架

合，增材制造表现出对数字化技术的高度依赖，打印机工作时生成大量的过程实时数据，这些数据在 4 个方面可以应用于增材制造中的数字孪生，如图 7-4 所示。

（1）构建多尺度数字孪生体模型

增材制造是一个多尺度过程，涵盖宏观与微观状态的子系统。要借助孪生模型实时监测加工过程，需研究材料成形过程中的应力、温度等微观数据与成形轮廓、设备状态等宏观数据的关联。多尺度、多物理场建模的信息互联是关键，其目标是构建完整的数字孪生体模型，揭示不同尺度数据间的因果关系。

核心在于子模型的建立及尺度间耦合算法的应用，即通过“尺度桥接”方法（如投影、分割、细化和边界方法）将微观数据转换并传递至宏观尺度。一个完善的尺度桥接过程能够基于微观研究增材制造，并整合多个小尺度模型来反映宏观现象。然而，该过程面临诸多挑战，例如粉末床熔融工艺中的粉末扩散、熔池和残余应力等微观子模型相互作用（如图 7-5 所示）。在多尺度建模时，精准刻

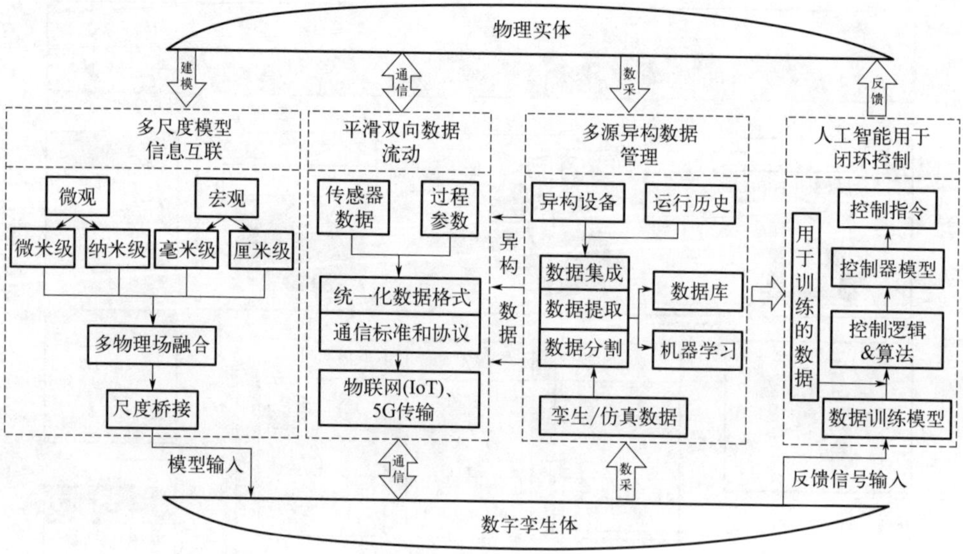

图 7-4　增材制造数字孪生的关键技术框架

画这些子模型的耦合关系至关重要，直接影响数字孪生的准确性。

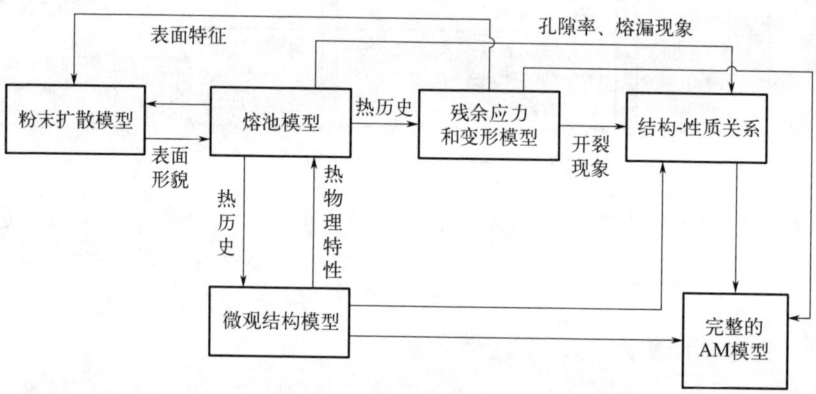

图 7-5　粉末床熔融工艺中子模型间的相互作用关系

（2）构建双向数据通信

由前面所述的数字孪生五维模型可知，数据传输是连接各部分的桥梁，其真实性和实时性直接影响模型的可靠性。在增材制造过程中，大量数据若未能及时处理，可能导致关键数据丢失或错误。因此，实现稳定、双向的数据流动是构建增材制造数字孪生体的核心难题。

目前，针对孪生过程中的数据传输问题，已提出了一些技术方案和实施方法。其中，OPC UA 作为开源实时通信标准，被认为能够解决跨平台模型集成、信息互操作及数据共享问题。如图 7-6 所示，KIM 等采用 OPC UA 并基于 ISO 23247 数字孪生标准，构建了通用数字孪生实现架构，以提升数字孪生模型与增材制造物理实体的互操作性。此外，物联网、5G 传输技术及强大算力等也是优化数据传输的重要支撑，但目前这些技术的应用仍处于初步阶段，实现增材制造数字孪生的数据实时稳定交互仍需进一步研究。

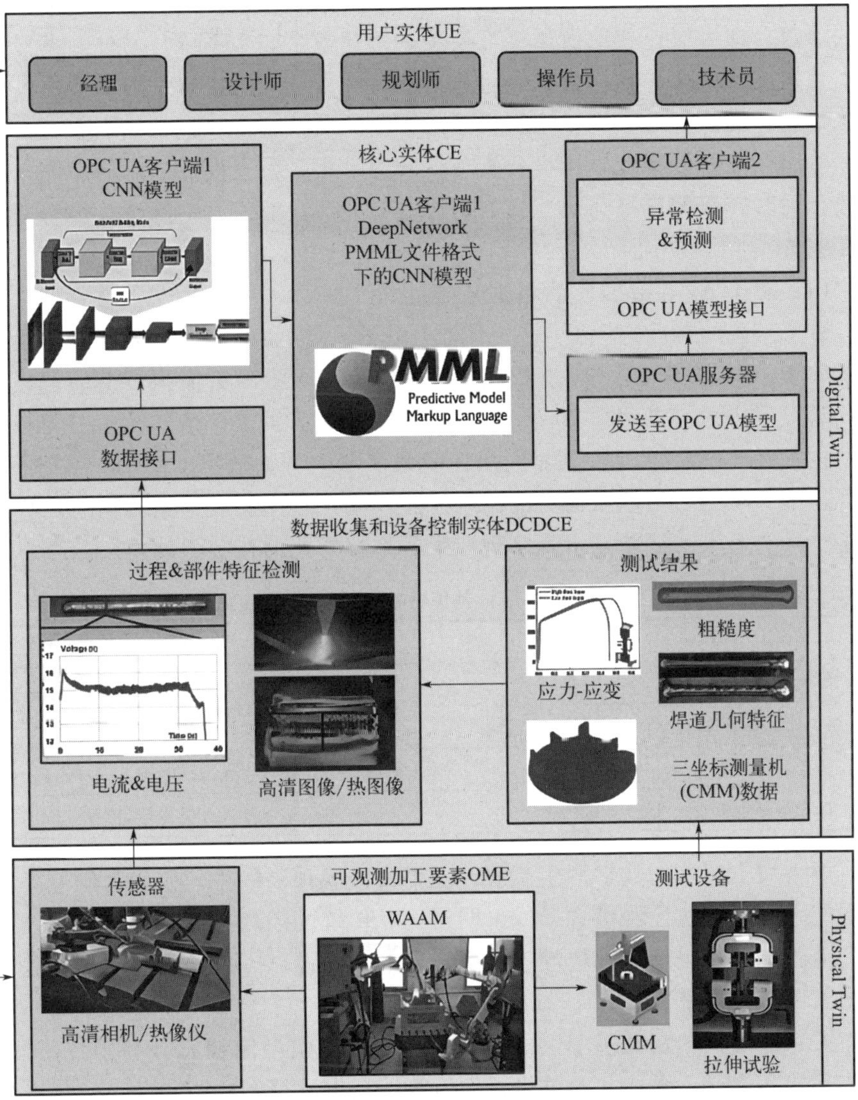

图 7-6　基于 ISO23247 标准的通用数字孪生实现架构

(3) 精准数据采集和多源数据管理

增材制造的高度自动化依赖多种异构设备协同作业，如激光发射器、送丝装置、给料系统、机械臂和铺粉辊等，并依靠多种传感器进行信息采集，产生大量多源异构数据，包括传感器数据、运行历史及仿真结果。

这些多源异构数据主要应用于通用模型数据库的建立和模型训练。增材制造涵盖多种工艺，每种工艺可使用不同原料。若建模时需综合考虑各种加工环境，则需构建大量机器学习模型，并依赖大量数据进行验证与训练。通用数据库可整合各类增材制造工艺的标准模型，减少计算成本和时间开销，用户只需输入部分工艺参数，即可快速获取所需标准模型，构建数字孪生系统。另外，模型训练依赖大数据支持。多源异构数据经过分析和筛选后，可为机器学习模型提供高质量训练数据，提高训练效率，增强模型的预测准确性。

然而，现有方案在异构设备管理、数据采集、大规模数据库构建等方面尚不成熟，同时在数据连接和交互式数据传输的灵活性上仍面临挑战，仍需进一步优化和完善。

(4) 基于 AI 的数据反馈和质量控制

数字孪生的构建离不开 AI，不同应用场景对 AI 的依赖程度各异。面向增材制造的数字孪生模型，为了提高预测准确性，通常更需要 AI 的深度参与。PHUA 等人提出了四种不同层次的增材制造数字孪生，依次为隐式数字孪生、实例化数字孪生、接口数字孪生和智能数字孪生（如表 7-1 所示）。随着层次的提升，数字孪生的功能从简单的结果先验预测，逐步发展到全流程的实时预测与优化。其中，人工智能技术是实现数字孪生智能化的核心驱动力。

表 7-1 增材制造数字孪生的四种层次

数字孪生层次	特点	具体应用说明
隐式数字孪生	建模	对系统的虚拟变化进行可视化和建模
实例化数字孪生	感知	利用传感器观测物理系统并用于模型预测
接口数字孪生	控制	根据传感器数据和模型预测调节物理系统
智能数字孪生	智能调整	利用机器学习自主优化打印参数

融入人工智能的数字孪生系统，凭借其微观预测能力，使增材制造具备主动控制能力，与传统控制模式形成鲜明对比。传统的闭环控制基于已有偏差和已知修正措施进行宏观反馈，依赖工程师经验的被动控制方式难以满足高精度、高性能增材制造的需求。

人工智能技术在数字孪生中的应用，使预测模型能够充分利用传感器数据、工艺参数和运行历史，并通过机器学习算法挖掘数据间的因果关系，精准预测微观成形偏差并提供优化决策。具体而言，人工智能可作为自主前馈控制系统，调整参数、优化微观结构，并在缺陷发生前或发生时进行智能修正，从而提升增材制造过程的质量与稳定性。

7.1.4　面向增材制造的数字孪生系统

随着制造业由自动化向智能化、网络化不断转型，数字孪生技术逐渐成为增材制造系统中的关键支柱。通过构建动态、实时、双向交互的虚拟映射系统，数字孪生不仅提升了制造流程的可视化与智能化水平，还有效推动了工艺优化、故障预测与决策支持。本节将系统梳理数字孪生在增材制造系统中的搭建流程与应用路径，并结合典型案例分析其性能提升效果与工程化挑战。

面向增材制造数字孪生系统的实际搭建过程，如图 7-7 所示。

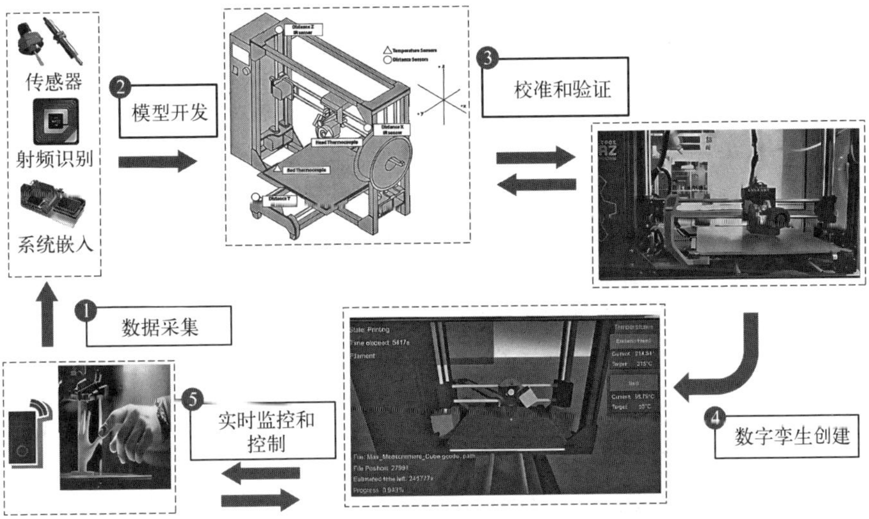

图 7-7　增材制造数字孪生系统的搭建过程

① 数据采集与通信链路构建：目标是获取可用、准确、稳定的实时数据，具体包括温度监控（如红外相机、热电偶）、熔池状态监控（高速相机、激光测振仪）、成形层检测（结构光扫描或激光轮廓仪）、设备状态监控（如平台位移编码器、驱动电流传感器、电机振动监测）等模块。所有数据通过工业网关接入系统，通信协议根据设备兼容性选用，如 OPC UA、Modbus TCP、MQTT 等。为保障系统响应速度，推荐将普通传感器的数据采样周期控制在 0.1～1s，而关键变量（如喷头温度、熔池光强）应以小于 200ms 的频率进行刷新，以支撑实时反馈控制与模型动态更新。

② 模型构建与平台搭建：目标是构建能真实映射增材制造过程的多源模型，并将其集成至孪生运行平台，相较传统单一物理建模，数字孪生更强调跨物理域、多尺度、多工艺融合建模。通常包括：热场模型（有限元法分析温度分布）、应力-变形模型（预测构件内应力和几何变形）、路径规划模型（G 代码解析或激

光扫描策略仿真）等。建模工具可选用 Matlab、COMSOL、Ansys 等工业仿真平台，要求模型结构具有良好的实时交互性与数据接口兼容性，支持实时数据流的写入与动态调用，以便嵌入孪生系统中持续运行与调整。

③ 校准验证与系统迭代：孪生系统预测可靠性和长期运行稳定性需要实验数据的持续校准与迭代优化，在典型工况下开展打印实验，采集温度构建误差、材料显微组织等数据，与模型预测结果进行对比分析。依据误差范围对场、应力场、材料热物性、边界条件、热源模型等关键参数进行修正。为保障系统开发的可追溯性和迭代效率，需建立版本控制机制和实验数据日志管理系统，同时引入自动误差分析工具或优化算法（如遗传算法、贝叶斯优化）对模型参数调节过程进行辅助。

④ 实时运行、反馈控制与远程交互：目标是将物理设备与数字模型实时耦合，实现过程监测、预测控制与远程操控等功能。系统通过边缘计算设备和 IoT 平台实现传感数据实时汇总，并将其输入到孪生模型中进行动态更新。模型可根据状态预测结果主动调整激光功率、路径策略等工艺参数，形成闭环控制。同时，系统提供三维可视化界面（如 Unity 3D 平台），远程用户可通过浏览器或终端查看制造状态、接收预警信息并发出指令，实现人机互动与远程调度。

为了更清晰地理解数字孪生的演化路径与独特价值，图 7-8 展示了南方科技大学熊异团队提出的数字模型→数字影子→数字孪生三种数字化系统的关系及差异。

图 7-8　数字模型、数字影子与数字孪生的数据交互对比图

数字模型仅依赖历史数据（historical data）构建，是最基础的静态仿真形式，无法反映当前系统状态，缺乏实时性与反馈能力；数字影子则引入了实时数据（real-time data），能够根据现场采集的数据动态更新虚拟模型状态，但数据流动仍为单向，即物理系统影响虚拟系统，虚拟系统无法反作用于物理实体；而数字孪生在此基础上实现了双向实时交互，虚拟模型不仅能够接收物理系统的实时数据，还能基于预测分析结果反向控制物理系统，实现优化控制与智能调度，具备预测性维护、异常预警、自主学习与智能决策等高级功能。

这也进一步强调了：数字孪生在智能性和反馈能力方面显著优于传统数字化

手段，已逐步从辅助工具转变为驱动增材制造系统创新与质量跃升的核心引擎，并在工业装备、智能医疗、智慧城市等领域展现出强大的应用潜力与系统集成优势。

近年来，多种增材制造工艺均已实现 DT 系统原型开发，具有代表性的包括：Pantelidakis 等人构建了 FDM（熔融沉积）工艺结合 Unity 引擎与传感器平台的孪生生态系统，实现三维实时可视化、设备状态监控与远程指令下发，该系统可实时更新喷头温度、进料状态与平台位置，每 10s 刷新一次状态模型，延迟小于 200ms。釜山大学 Noh 等人构建 DED 工艺（定向能量沉积）的系统集成 IMU 惯性传感器和三维视觉反馈模块，重构了沉积路径与实际构建层的几何误差模型，误差评估精度高于传统视觉检测 2.1 倍。谢菲尔德大学 Yeung 等人提出 PBF 工艺（金属粉床熔融）基于点扫描控制策略的数字孪生模型，集成温度预测与激光路径控制模块，系统可实时识别超热区域并调整扫描策略，优化能量分布。其稳定熔池占比由 73%提升至 95%。此外，还有研究团队将机器学习算法与 DT 系统深度融合，实现缺陷自动识别与参数预测。例如 Sampedro 等人提出的 3D-AmplifAI 系统，融合五种弱学习器用于打印缺陷检测，平均识别准确率达 96.3%。

在综合性能评估方面，数字孪生系统在提升增材制造整体效能方面表现突出。其在提高产品一次成品率、缩短制造周期、降低能耗、提升设备利用率与缺陷检测准确率等方面均有显著改善，体现了系统级的智能优化能力。斯法克斯大学的 Ben Amor 等人在对多个增材制造典型工艺的数字孪生集成效果进行系统性综述时指出，全面部署 DT 系统后，制造流程在多个关键性能指标上均实现了显著优化，具体改进情况如表 7-2 所示。

表 7-2　面向增材制造的数字孪生系统综合性能提升效果对比

评价指标	无 DT 系统	集成 DT 系统	改进幅度
产品一次成品率	78.3%	91.5%	16.9%
工艺缺陷识别率	58.4%	92.7%	58.7%
平均每件制造周期	3.8h	2.6h	31.6%
每月非计划性维护次数	6.2 次	2.7 次	56.5%
设备利用率	62.5%	84.2%	34.7%
能耗强度/(kWh/kg)	4.27	3.02	29.3%

综上所述，数字孪生技术正加速从实验验证走向增材制造领域的工程化应用，并在制造效率、质量控制与智能运维等方面展现出系统级优势。通过多工艺适配案例与性能评估数据可以看出，数字孪生不仅能够增强制造过程的可视化与

预测控制能力，还为个性化制造、绿色制造和高可靠性制造提供了关键支撑。然而，要实现其在产业层面的广泛落地，仍需在数据融合、跨尺度建模及标准化接口等方面持续突破技术瓶颈。总体而言，数字孪生已成为驱动增材制造系统向智能化、自适应方向发展的核心力量，值得在未来设计与应用研究中进一步深入探索与实践。

7.2 虚拟现实技术

7.2.1 虚拟现实技术概述

虚拟现实（virtual reality，VR）技术是一种通过计算机生成的三维虚拟环境，为用户提供沉浸式的视觉、听觉乃至触觉交互体验的前沿技术。用户通过头戴显示器（HMD）、手势识别设备、体感控制器等硬件，可与虚拟环境中的对象进行实时交互，仿佛置身其中。VR 广泛应用于游戏娱乐、教育培训、医学模拟、工业设计、远程协作等领域，具有沉浸性、交互性和想象性三大技术特征。随着图形处理能力、传感器技术、5G 通信和人工智能的发展，VR 正不断突破技术瓶颈，逐步向低成本、高精度、轻量化方向演进，成为构建“元宇宙”等新型数字生态系统的关键支撑技术之一。

如图 7-9 所示，VR 技术的发展历程可追溯至 20 世纪 60 年代，其初衷是通过技术手段模拟现实世界环境并实现沉浸式交互体验。1968 年，计算机图形学先驱 Ivan Sutherland 发明了首个头戴式显示器，被认为是现代 VR 的雏形。20 世纪 90 年代，随着图形处理能力的提升和设备成本的下降，VR 开始进入工业设计和军事训练领域。2012 年，Oculus Rift 原型机发布，开启消费级 VR 设备新时代。2014 年，Facebook 收购 Oculus，推动 VR 商业化浪潮，随后 HTC Vive、Sony PSVR 等产品陆续问世，标志着 VR 技术从实验室走向大众市场。

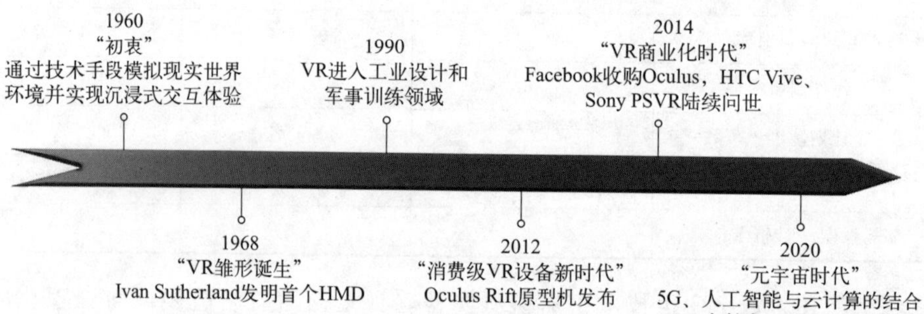

图 7-9　数字孪生的发展历程

2020 年后，随着 5G、人工智能与云计算的结合，VR 在教育、医疗、远程协作等领域加速落地应用，成为元宇宙生态中的关键支撑技术之一。

7.2.2　虚拟现实的系统构成

虚拟现实系统是一种集成多种软硬件技术的复杂信息系统，通常由以下四大核心模块组成：头戴式显示器、感知追踪系统、主机平台和交互控制器。这些模块协同工作，共同构建出用户沉浸、交互、感知于一体的三维虚拟环境，如图 7-10 所示。

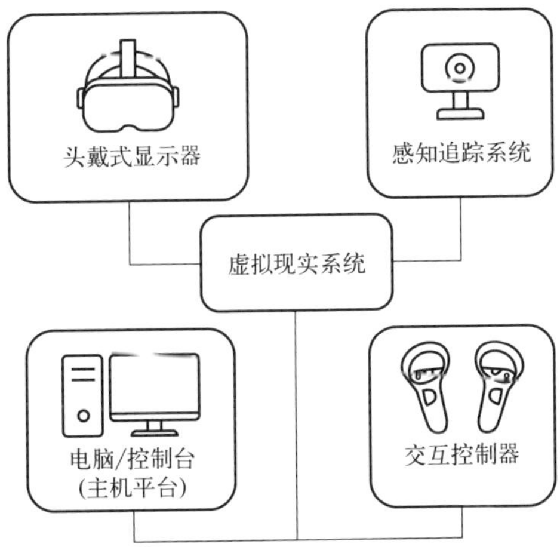

图 7-10　虚拟现实系统的组成

(1) 头戴式显示器

头戴式显示器是 VR 系统的主要显示输出设备，采用双屏或分屏成像方式，为左右眼提供带有视差的图像，进而在大脑中形成立体感知。现代 HMD 通常配备高分辨率、高刷新率的显示器件，以及陀螺仪、加速度计等内置传感器，实现对用户头部运动的实时响应。常见设备如 HTC Vive Pro、Oculus Quest 2 等，如图 7-11 所示。

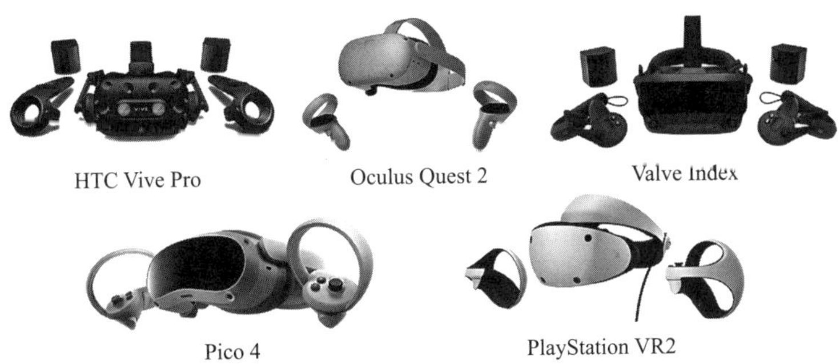

图 7-11　主流头戴式显示器设备

(2) 感知追踪系统

此模块用于获取用户的空间位置、姿态信息和运动轨迹。技术手段包括基于外部定位器（如激光基站）、视觉摄像头的 Inside-out 追踪，以及融合 IMU 传感器等方式。追踪系统对虚拟世界中用户行为的真实性和沉浸感具有决定性影响。

(3) 主机平台

主机系统负责运行 VR 应用、处理传感数据并驱动图形渲染。根据不同设备形态，可分为依赖PC的有线系统（如Valve Index）和内置处理器的独立运行设备（如Oculus Quest 2）。主机性能直接影响图像质量、延迟控制和交互复杂度。

（4）交互控制器

交互设备（控制器）是用户与虚拟环境之间的连接桥梁，形式包括手柄、触控器、体感手势识别器等。部分先进设备已引入手部追踪、眼动追踪与触觉反馈技术，进一步提升交互的自然性和沉浸感。

表7-3对当前主流虚拟现实设备在系统构成中的关键参数与技术特性进行了归纳与对比，旨在从硬件集成度、交互方式与运行模式等维度揭示不同设备在功能实现与应用适配方面的差异性。

表7-3 主流虚拟现实设备系统构成对比表

设备名称	追踪方式	控制器功能	是否独立运行
HTC Vive Pro	Lighthouse	双手柄，支持6DoF	否
Oculus Quest 2	Inside-out	触控控制器＋手势识别	是
Valve Index	Lighthouse	高精度手指追踪，自定义握力	否
Pico 4	Inside-out	手柄＋全手势识别	是
PlayStation VR2	光学追踪＋红外	Sense控制器＋触觉反馈	否

随着计算能力增强和传感技术演进，虚拟现实系统正朝着高度沉浸、自主运行、自然交互方向发展。all-in-one设备代表了系统集成的趋势，而眼动追踪、混合现实与空间音效等新功能也推动VR系统迈向更高水平的人机融合体验。

7.2.3 增材制造应用虚拟现实的核心技术

VR在增材制造中的实施不再局限于静态模型的可视化展示，而是逐步演进为服务于设计验证、过程监控、路径干预与操作培训的一体化技术工具。其实施的技术核心在于将复杂的制造过程数据与沉浸式可交互环境精准耦合，支撑制造任务的实时感知、智能调度与协同决策。实现这一目标，需构建以下三类核心技术支撑模块：

（1）实时数据传输与状态映射

为了支持动态过程可视化，VR系统需与增材制造设备形成高速数据互通机制，通常依赖工业通信协议建立与数控系统、热传感器、视觉单元的数据桥接接口。通过流数据管线技术，打印层高、喷嘴轨迹、温度场等关键制造状态可被实时映射至虚拟环境中，支撑过程的“所见即所得”式动态监控与模拟。

（2）多维几何与工艺建模协同机制

虚拟现实中的三维模型不仅需要反映构件几何，还必须同步体积重建、材料分布与路径策略。为此，需采用体素化建模（voxelization）、参数驱动的切片处理与路径预测算法协同构建一个“制造过程-结构形态”双向联动的模型引擎。一些研究如 Müller 等人提出的多分辨率虚拟切片引擎，已实现模型局部重建时间控制在 200ms 以内，可在交互过程中动态响应修改行为。

(3) 沉浸式交互与参数反馈控制体系

VR 系统的核心优势在于沉浸式交互，因此其实施必须支持多自由度操作控制接口，包括语音、手势、控制器与眼动追踪等输入通道。同时，系统需通过边缘反馈控制算法，将用户操作转译为设备工艺参数（如激光功率、扫描速度、层厚等）的实时调节指令，实现“虚拟操作-物理反馈”的闭环控制。Chen 等构建的基于 Unity 平台的 VR-AM 系统即实现了打印路径的可视干预与实时 G 代码更新功能，提升了路径规划效率与构件一致性。

综上，增材制造过程中实施虚拟现实系统的核心，在于实现结构建模、过程监控与人机交互的高度融合。其技术集成不仅提升了制造过程的透明度和交互效率，更为智能制造系统嵌入感知与反馈机制提供了虚拟支撑，是“可视、可控、可调”的复杂制造流程的重要组成部分。

7.2.4 面向增材制造的虚拟现实系统

虚拟现实技术与增材制造的协同制造代表了智能制造领域的一项前沿趋势。VR 技术通过构建沉浸式的三维虚拟环境，使设计、生产、质量控制和维护优化的全过程更加直观、高效。在高度数字化的增材制造过程中，VR 的引入能够极大地提升制造过程的可视化水平，优化协作方式，并增强质量检测的精确性。虚拟现实系统作为一种集成多种数字技术的综合平台，通常由数据采集、数据管理、虚拟建模与仿真、交互呈现与协作等核心模块构成。如图 7-12 展示了 Chheang 等人在增材制造中对 VR 的应用，系统整体可划分为以下几个核心模块。

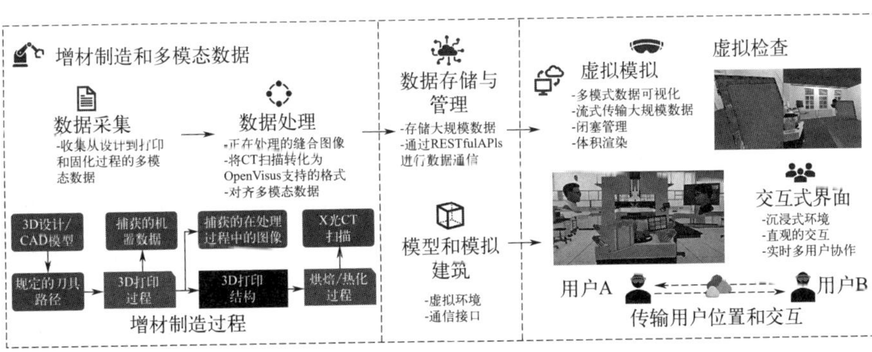

图 7-12　VR 与 AM 协同工作的一体化流程

(1) 多模态数据采集模块

该模块涵盖了从设计到制造各阶段的数据获取，数据源包括三维 CAD 模型、G 代码路径、打印过程图像、温度传感器数据、激光功率记录、X 射线 CT 扫描图像等（图 7-13）。系统通过建立统一的坐标映射关系与时间戳同步机制，确保多模态数据在空间与时间维度上可集成与对齐。

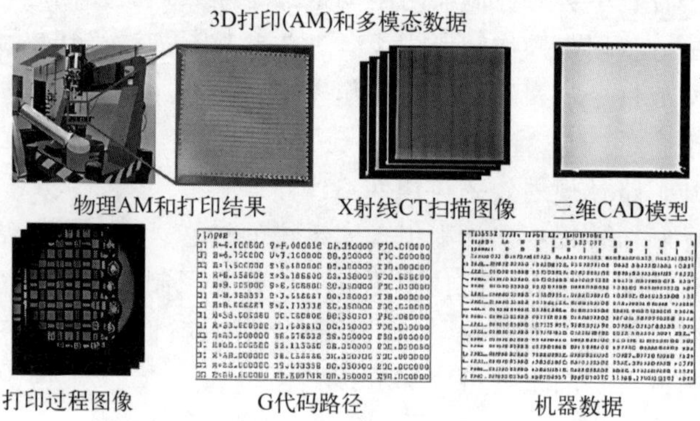

图 7-13 增材制造过程相关数据

在实际搭建中，可使用工业相机（如 FLIR 热像仪）、高分辨率 CT 设备，以及支持开放协议（如 OPC UA）的打印控制终端进行数据采集。系统搭建后，制造过程状态（如喷嘴轨迹与温度分布）可实时映射至虚拟环境中，实现“过程可视＋状态可控”。数据显示，与传统单一监控相比，多模态 VR 数据采集系统能将缺陷可视识别率提升约 45％。

(2) 数据存储与管理模块

系统使用时序数据库（Influx DB）＋RESTful API/Web Socket 通信机制，实现对实时制造数据的高频采集、存储与可视化访问。采用基于标签索引的存储方式，可支持子区域切片、历史轨迹回溯及批量导出功能。

部署该数据框架后，系统平均响应延迟控制在≤300ms，相较于传统文件格式读取方式，数据访问效率提升 3.2 倍。此外，为支持数据复现与教学训练，系统支持全过程数据录制与回放功能，便于后期分析与教学演示。

(3) 虚拟建模与物理仿真模块

本模块通过集成有限元分析（FEA）、计算流体力学（CFD）与路径规划算法，将增材制造过程还原为可交互的仿真场景（图 7-14）。热传导模拟可预测层间冷却速率，流场模拟可分析粉末行为，结构仿真可估算残余应力与形变趋势。

建模引擎基于 Unity 平台，结合 OpenFOAM 或 Ansys 进行仿真数据导入，系统支持多分辨率区域建模，局部区域重建响应时间控制在＜200ms。在教学实践中，学生可通过仿真路径调节观察变形趋势，掌握不同工艺参数对成形质量的实际影响。

(a)　(b)　(c)　(d)　(e)

图 7-14　VR 视角力学仿真效果图

(4) 沉浸式虚拟检验与协同优化模块

该模块是 VR-AM 系统的人机交互核心，用户可通过头戴设备（如 HTC Vive、Meta Quest Pro）、手势识别器（如 Leap Motion）或语音指令进行工艺路径干预与虚拟操作。系统还支持 G 代码接口，允许用户在虚拟环境中修改路径，更新指令后同步至物理设备，实现虚实闭环联动。

协同方面，系统支持多用户远程访问（如基于 Photon 或 WebRTC 构建的 VR 多人协作平台），设计人员、工艺人员与质检人员可同时进入虚拟制造现场，进行缺陷标注、路径讨论与语音共享，如图 7-15 所示。实验数据显示，该协作机制使多角色问题响应速度提升约 58%，平均制造参数调整时间缩短 35%。

图 7-15　多用户协作进行增材制造数据探索和检查

综上所述，面向增材制造的虚拟现实系统通过构建多模态数据采集、建模仿真、沉浸式交互与多用户协同等核心模块，实现了制造全过程的可视化、智能化与高效管控，显著提升了设计效率与质量控制水平。未来，随着人工智能、边缘计算等技术的融合发展，该系统将进一步增强实时响应与自适应能力，在复杂制造任务中的应用将更加广泛，成为智能制造体系中的关键支撑技术。

7.3　数字孪生在智能设计中的应用

7.3.1　数字孪生增材制造

数字孪生技术以其强大的数据融合、实时仿真和智能分析能力，在增材制造中提供精准的虚拟映射和数据驱动的决策支持。

电弧熔丝增材制造（WAAM）凭借其高沉积效率、低设备成本和材料灵活性的优势，在航空航天、武器装备等领域展现出巨大应用潜力。作为金属增材制造的重要分支，WAAM 通过逐层堆叠熔融金属实现大尺寸构件的快速成形，被视为推动高端装备制造升级的关键技术之一。然而，WAAM 在实际应用中面临工艺参数优化依赖经验试错、沉积层形貌与精度控制困难等问题，导致材料利用率低、制造周期长，严重制约了其规模化应用。

随着数字孪生技术的成熟，其为解决 WAAM 工艺复杂性提供了新思路。数字孪生通过构建物理制造系统与虚拟模型的双向动态映射，能够实时监控工艺状态、预测成形质量并优化参数配置，从而减少试验成本并提升制造效率。

图 7-16 展示了宁夏大学施袭纯等人开发的增材制造与数字孪生协同系统开发流程。研究通过整合专业建模软件（AutoCAD、3DMax）与 Unity3D 平台，构建了电弧熔丝增材制造（WAAM）的数字孪生系统（WAAM-DT）。系统硬件模型包括机械臂、焊接电源、工作台等组件，经格式优化后导入 Unity3D 虚拟环境。采用逆运动学算法（FABRIK 与 CCD）实现机械臂运动轨迹的精准模拟，并通过 UDP 通信协议实现切片数据与路径规划的实时传输。

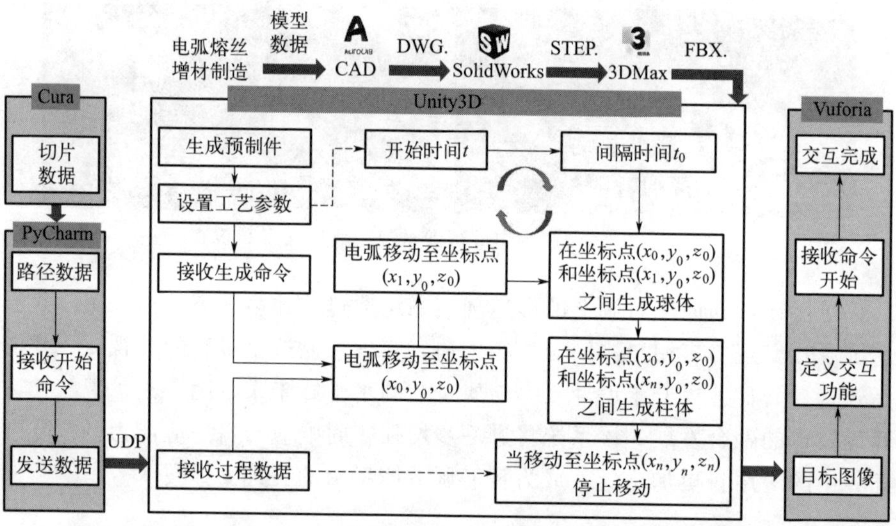

图 7-16　WAAM 数字孪生系统开发流程图

该研究针对 WAAM 工艺的非线性特征，提出液滴堆叠模型（DSM），突破传统路径留痕法的局限性。该模型通过热-力耦合模拟，建立熔滴半径与电流、电压、送丝速度的函数关系[$r=f(I,V,S)$]，并基于几何重叠算法预测多道沉积的搭接形貌，结合实验数据拟合表面粗糙度演化规律[$Ra=k(w/h)^{\alpha}$]，其中，Ra 为算术平均表面粗糙度，k 为经验拟合系数，w 为搭接宽度，h 为层厚，α

为幂律指数。

为实现动态误差补偿，采用激光扫描仪获取沉积层实际轮廓，通过迭代最近点算法（ICP）对比虚拟模型，实时修正机械臂轨迹（精度达±0.1mm）。此过程通过边缘计算节点（如 NVIDIAJetson）实现毫秒级响应，形成“感知-分析-决策-执行”的闭环控制链。

在交互优化层面，该研究引入增强现实与手势识别技术，如图 7-17 所示，构建沉浸式人机协同界面。通过 VuforiaSDK 将虚拟沉积过程叠加至真实设备视场，操作者可通过手势缩放/旋转模型，并利用语音指令实时调整工艺参数。同时，基于强化学习算法（DQN）开发自适应调控模块，当检测到熔池宽度偏差时，系统自动调节电流（$\Delta I \leqslant 5$A）与送丝速度（$\Delta S \leqslant 0.2$m/min），使沉积层高度波动降低 40%。

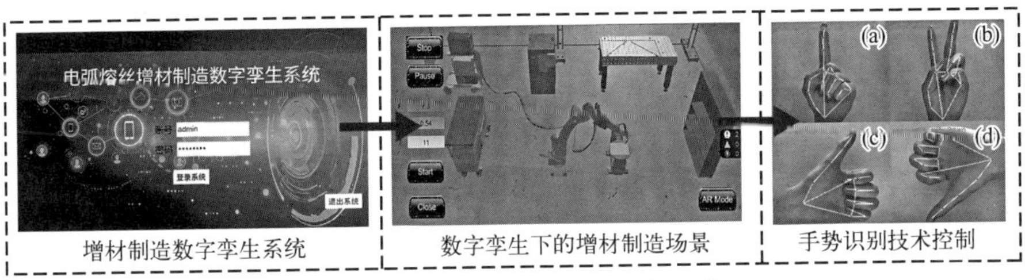

图 7-17　数字孪生系统级手势识别

经实验验证，该数字孪生平台显著提升了 WAAM 工艺的精度与效率。在 316L 不锈钢单道沉积中，虚拟模型预测的层宽与层高误差分别≤1.2%和≤1.8%，较传统有限元方法提升 3 倍精度；工艺优化周期从 24h（经验试错法）缩短至 2h，材料浪费减少 35%。在航空发动机叶片等复杂构件制造中，成形件表面粗糙度（Ra）稳定控制在 12.5μm 以内，尺寸合格率从 78%提升至 95%。这一成果标志着 WAAM 技术从“经验驱动”迈向“数据驱动”的新阶段，为高价值金属构件的智能化制造提供了可扩展的技术范式。

7.3.2　数字孪生车间的智能应用

数字孪生车间作为智能制造的核心载体，通过多维多尺度建模与边云协同配置技术，为智能设计与增材制造提供了高保真、动态响应的虚拟映射与优化支持。基于张超等提出的数字孪生制造单元（digital twin manufacturing cell，DT-MC）框架（图 7-18），该技术已在航空航天、医疗器械等领域实现广泛应用，显著提升了制造过程的智能化水平与工艺可靠性。

DTMC 通过物理空间（PS）、数据空间（DS）、虚拟空间（VS）、知识空间（KS）及业务交互空间（SS）五维共融模型，实现制造资源的全要素集成与动态

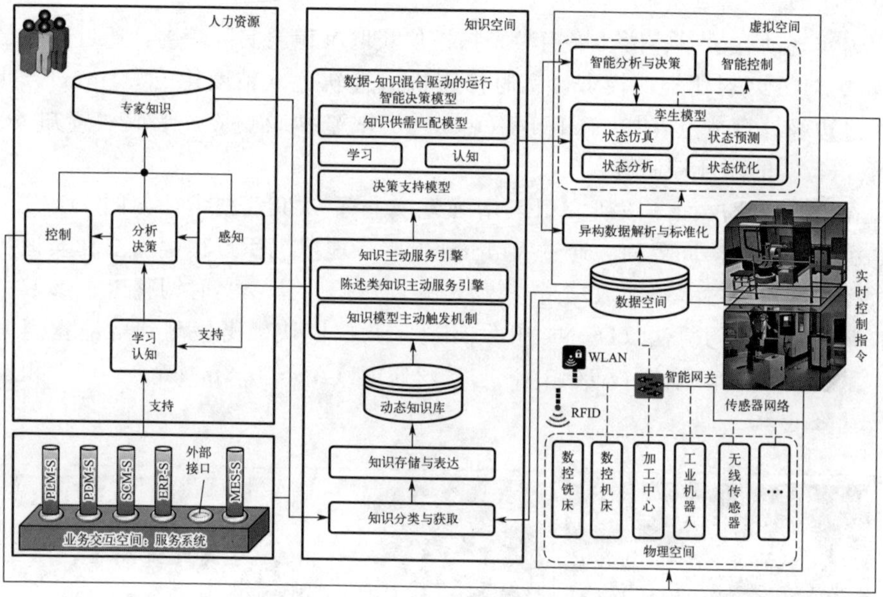

图 7-18 DTMC 五维共融模型

协同。在物理空间中，智能工件（SW）、智能制造设备（SMD）与工业物联网传感器实时采集加工状态数据（如工件位置、设备振动频率），并通过 OPC-UA 协议实现毫秒级数据传输（延迟＜10ms）。虚拟空间则基于 Modelica 语言构建高精度动力学模型，支持数控机床 Z 轴进给误差仿真（误差＜0.01mm），并结合支持向量回归（SVR）算法预测工件表面粗糙度（R^2＞0.98）。知识空间通过动态知识库与知识图谱（图 7-19）整合工艺规则与专家经验，例如在检测到层间形变时，自动触发支撑结构重构算法（响应时间＜2s），实现加工参数的自适应优化。

基于智能合约的边云协同架构（图 7-20）实现了 DTMC 的分布式决策与实时控制。在边缘端，设备孪生模型实时映射物理设备状态（如主轴温度、刀具磨损量），中间件节点（BN）通过智能合约（如 DHCC）快速响应时间敏感型扰动（如激光功率波动），调用高斯过程回归模型动态调整扫描速度（优化幅度达 15%）。云端则依托制造单元孪生模型（MCT）执行全局仿真，例如通过蒙特卡洛模拟评估航空叶轮加工中的多扰动叠加影响，并结合区块链技术实现工艺方案的可信存储与全生命周期溯源。

在航空发动机整体叶轮加工中，数字孪生车间通过虚实融合实现工艺闭环优化，如图 7-21 所示。设计阶段，虚拟空间仿真叶轮气动性能并生成轻量化结构（减重 20%），知识图谱推荐最优支撑策略。加工阶段，边缘端实时监测熔池温度（采样频率 1kHz），动态调整激光功率（±50W）以抑制热变形；云

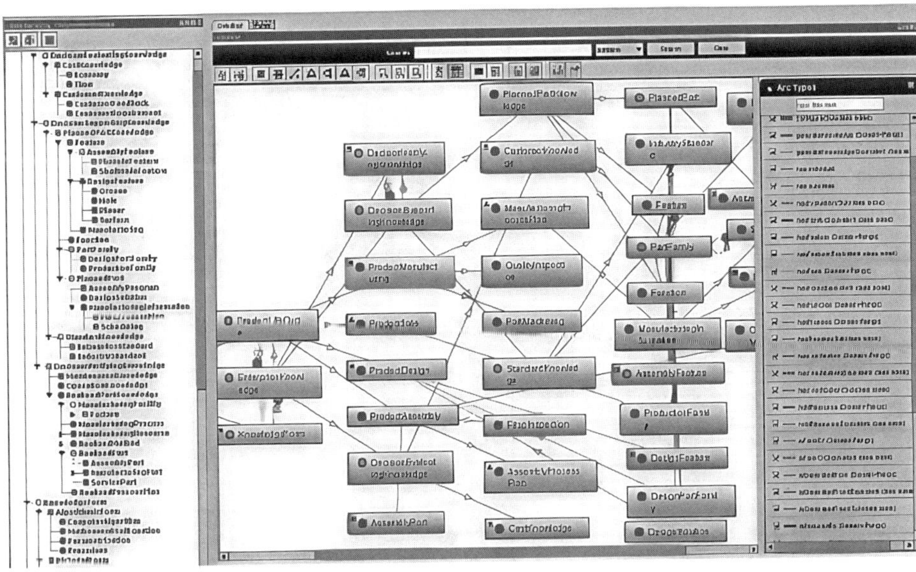

图 7-19　知识图谱结构

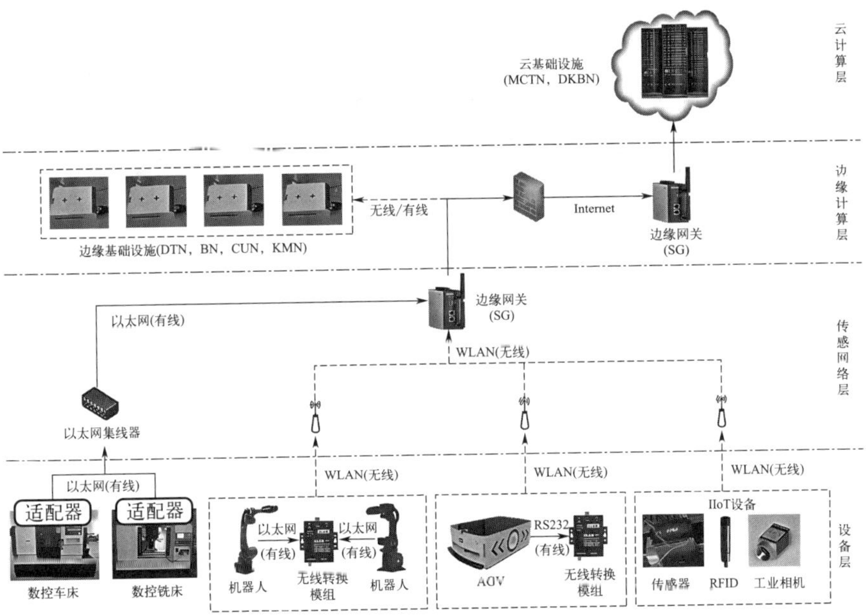

图 7-20　边云协同架构分层设计

端综合历史数据优化分层厚度（50μm→30μm），使表面粗糙度 Ra 从 1.2μm 降至 0.8μm。在医疗器械领域，基于患者 CT 数据定制髋关节植入体，通过虚拟空间优化孔隙率（60%→75%），边缘端实时修正打印路径，尺寸精度提升至±0.05mm。

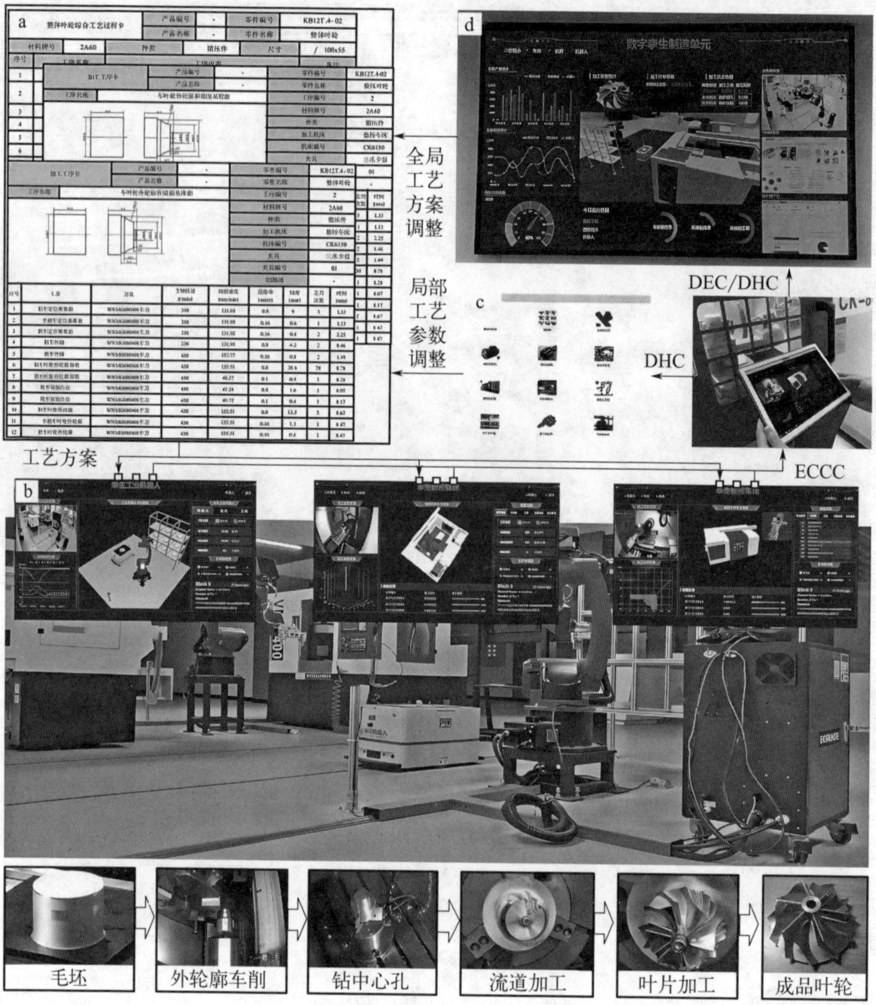

图 7-21　整体叶轮加工闭环优化实例

当前数字孪生车间面临多源异构数据融合的实时性挑战（需 5G＋TSN 网络支持），以及知识图谱动态更新与置信度评估难题（如工艺变更后的知识失效检测）。未来可结合强化学习实现工艺参数自优化，并扩展至金属-陶瓷梯度材料等复合增材制造场景，支持界面应力预测与多材料协同控制。

7.3.3　数字孪生医疗系统

数字孪生技术在医疗健康领域正逐步由概念验证走向实用落地。其核心在于实时映射患者的生理状态，构建动态更新的虚拟人体模型，并通过仿真预测、反馈调控与个性化服务，为慢病管理、康复指导、远程手术、老年照护等场景提供决策支持。医疗保健的DT通用框架如图7-22所示。

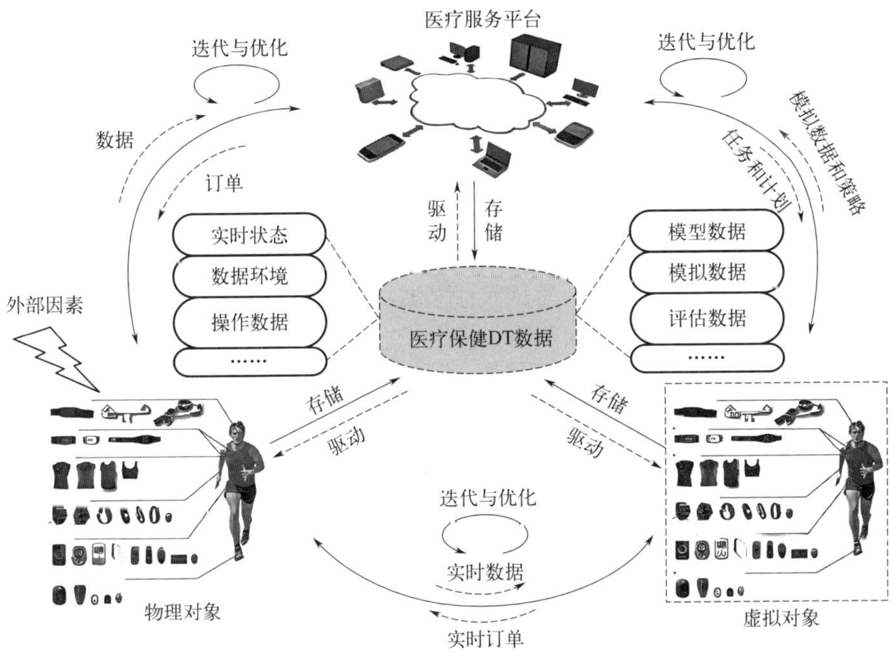

图7-22 用于医疗保健的DT框架

系统首先依托多源数据采集机制，整合可穿戴设备（如华为健康手环、Apple Watch）、医疗级传感器（如血压计、心电模块）以及电子健康档案（EHR）、CT/MRI等影像数据，实时获取个体心率、血氧、运动轨迹、睡眠状态等关键生命体征。在通信协议上，采用蓝牙BLE、ZigBee等低功耗网络将边缘设备与本地终端连接，再通过物联网网关上传至云端服务器，实现数据的持续汇聚与更新。实践中，如瑞典KRY远程医疗平台就通过这种模式实现了对高血压、心律不齐患者的连续监测，其异常识别准确率达到92%以上，为慢性病早期干预提供了可靠依据。

在数据传输与整合阶段，系统通过MQTT等工业通信协议与医院信息系统（HIS）和实验室信息系统（LIS）完成对接，形成患者数据的统一视图。通过引入区块链时间戳与AES加密机制，确保数据流转过程中的隐私安全与可追溯性。国内已有医院构建基于IoT+Cloud架构的糖尿病管理平台，可处理日均超过50万条穿戴设备数据，并与血糖监测结果进行实时关联建模，成功将误报率控制在2.7%以下。

建模与仿真层是系统的智能核心，其依托生理建模（如Guyton模型）、机器学习（如LSTM、XG Boost）、图神经网络等方法，对个体状态进行动态建模。平台可在Unity引擎或Python建模工具上构建三维人体仿真环境，实现对运动响应、代谢过程及病变趋势的预测与可视化。高校研发平台中已实现基于实时心率与运动数据的路径规划与康复强度优化，能够根据患者耐力情况动态生成训练场景与调整建议。

最终，该系统的所有分析结果将以直观的方式反馈给用户和医生。用户可通过手机APP获取运动建议、饮食推荐与生活方式改善方案，同时医生端可接收到高风险提醒与干预建议。在更高级的系统中，还融合了语音引擎与医疗知识图谱，构建“数字健康助理”，辅助用户完成健康打卡、药品提醒与行为引导。在中日友好医院老年照护平台的试点中，该类系统已将患者满意度提高36%，同时住院率下降约21%，显示出其在提升服务效率与患者依从性方面的显著成效。

综上所述，医疗数字孪生系统不仅是患者状态的可视呈现平台，更是支撑预测性医疗与数据驱动决策的关键基础设施。其技术路径已逐步清晰，具备高度推广价值，尤其适合高校在智能医疗、康养服务与健康工程领域的研究与教学中深入应用与拓展。

7.3.4 数字孪生车辆系统

随着智能网联汽车和自动驾驶技术的发展，数字孪生技术在汽车行业中的应用不断深化，从最初的虚拟样车开发扩展到整车控制系统测试、道路环境建模、能耗管理和预测性维护等多个环节。图7-23展示了一个典型的汽车数字孪生联合仿真框架，其核心是实现虚拟仿真平台与物理车辆之间的高效数据同步和控制协同。

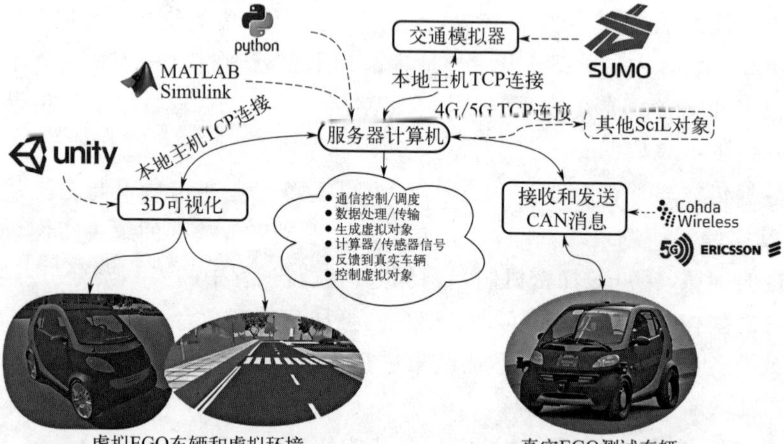

图7-23　汽车行业联合仿真数字孪生框架

该系统通过集成多个异构仿真平台构建联合仿真环境，包括车辆控制算法建模（使用 MATLAB/Simulink）、交通场景建模（基于 SUMO）、传感器数据处理与人机交互界面开发（通过 Python 与 Unity），共同支撑对车辆行为与驾驶环境的实时建模和动态映射。所有仿真模块通过本地主机或 TCP 协议接入服务器，服务器作为中心节点与真实车辆（EGO 车）进行 CAN 消息通信，实现“虚实映射、虚实协同”的数字孪生控制结构。

系统中，虚拟 EGO 车辆在 3D 建模环境中通过 Unity 引擎实现可视化动态展示，其运动状态与路径规划结果基于 SUMO 交通仿真平台实时更新，支持模拟复杂交通事件（如行人横穿、信号变化、道路封闭等），提升自动驾驶逻辑的鲁棒性与可靠性。与此同时，真实 EGO 测试车采集的传感器数据（如 GPS 位置、速度、油门/刹车状态）通过无线通信回传至平台，并与虚拟仿真场景进行高精度对比，完成闭环验证。

此外，该系统支持 4G/5G 通信与边缘计算，确保低延迟的数据交互与远程控制能力，可在车路协同、车车协同测试中高效运行。在智能算法方面，系统引入机器学习和数据挖掘方法，对车辆的运行状态进行特征提取与趋势建模。例如，在电动汽车能耗分析中，系统利用 LSTM 模型对电池剩余寿命进行预测，并动态优化充电策略，使整体电池利用效率提升约 16%，维护周期延长 12% 以上。

整体来看，该框架不仅满足智能汽车复杂功能的验证需求，也可作为高校或企业研发单位构建数字孪生实验平台的标准参考。通过部署该系统，可显著降低原型车测试成本、提高控制系统开发效率，并在虚拟环境中实现海量场景的快速迭代与验证，是面向未来智能交通与自动驾驶系统研究的重要基础设施。

7.4　虚拟现实在智能设计中的应用

7.4.1　虚拟数字人

虚拟数字人（virtual human）是虚拟现实技术与人工智能发展的重要融合产物，具备高度仿真外貌、行为逻辑和情感交互能力，广泛应用于数字文娱、虚拟导览、智能客服、教育培训等领域。在虚拟现实系统中，虚拟数字人不仅承担信息引导、交互反馈等功能，更成为实现“沉浸式人机交互”的关键媒介。

(1) 发展脉络与技术背景

虚拟数字人的概念可追溯至 20 世纪 60 年代，最早由 Ivan Sutherland 在构建头戴式显示系统的同时提出拟人角色的初步设想。20 世纪 80 年代至今，随着图形渲染、动画引擎、传感技术与人工智能的持续演进，虚拟数字人逐步从影视娱乐中的CG角色演变为具备智能交互与行为生成能力的数字系统。从“Max Headroom”到“Hatsune Miku”，再到拥有深度学习驱动能力的“AI TED演讲人”与“NVIDIA数字主播”，其发展历程可分为萌芽阶段、探索阶段、初级阶段与成长期四个阶段，图7-24展示出数据数字人从技术驱动向智能融合的典型路径。

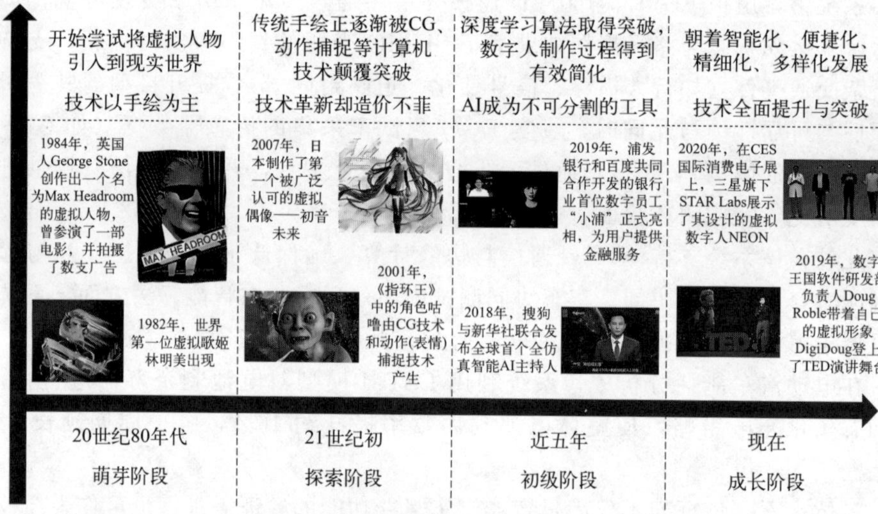

图7-24 数据数字人的发展历程

(2) 虚拟数字人的技术架构

虚拟数字人的系统架构通常由三大核心技术板块构成：形象构建、行为驱动与交互反馈。

形象构建是虚拟数字人最直观的外部表现，依赖计算机图形学、3D建模和材质渲染技术，通过手绘、CG建模或AI图像生成等方式实现高度仿真的人类形象。该过程通常包括人体网格构建、面部拓扑优化、骨骼权重绑定与高精度纹理贴图等步骤，最终输出可用于实时渲染的角色模型。

行为驱动模块是虚拟数字人实现“动起来”的技术基础，主要通过动作捕捉系统或程序化动画驱动模型进行实时控制。现有技术路径主要分为两类：一类是基于真人驱动的动作捕捉方式，通过光学、惯性传感器或深度摄像头获取人体动作与面部表情数据，并映射至数字骨骼系统，完成高还原度的动作复刻；另一类是基于AI预测的程序驱动方式，依托语音分析、语义识别与情感计算等模型，自动生成动作响应与表情联动。这些行为数据通过三维引擎实时解算后映射至数字人模型，实现自然的姿态变化与行为逻辑响应。

交互反馈系统则是虚拟数字人与用户之间构建交流关系的桥梁。通过语音识别（ASR）、自然语言处理（NLP）、表情动画生成与视线跟踪等手段，虚拟数字人能够理解用户语言内容、分析语义意图并做出多模态反馈。例如，当用户提问时，系统可以结合语音应答与表情变化，实现“语义-语调-表情”一致的拟人反应。这一层的技术实现强调实时性与自然性，是衡量虚拟数字人智能水平的重要指标。

（3）构建流程与开发工具

虚拟数字人的构建过程涉及图形建模、骨骼驱动、表情动画与交互逻辑等多环节技术的整合与调优。当前主流工具平台之一是由 Epic Games 开发的 Meta Human Creator，它通过集成高精度建模系统、参数化调节界面与实时渲染引擎，提供了数字人创建、编辑与行为绑定的一站式解决方案，在虚拟现实、数字展览、游戏开发、虚拟主播等领域广泛应用。

在浙江传媒学院吴昊等人的研究中，团队结合 Meta Human Creator 与面部三维扫描技术，完成了高度还原的虚拟数字人面部建模与表情驱动系统搭建。其整体流程如下：

首先，研究团队通过结构光扫描仪采集用户面部数据，并生成包含数百万面片的原始网格模型，随后使用三维建模软件进行噪声清理、拓扑优化与点云融合处理，最终导出标准化的面部网格文件（支持 OBJ、FBX、glTF 等格式），如图 7-25 所示。

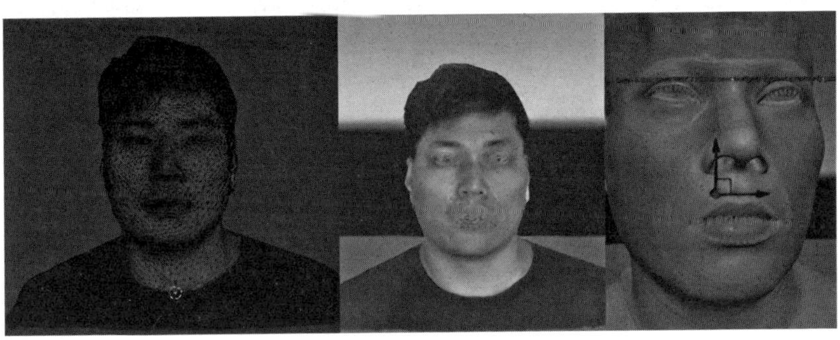

图 7-25　面部扫描与网格清理处理

用户将清洗后的模型导入 MetaHuman 系统中，并在 UE5 引擎中使用 MetaHuman 插件完成骨骼绑定、姿态设定与中性表情校准。此阶段通过自动化的权重匹配与特征点识别算法，实现面部肌肉群的运动驱动区域划分，支持后续动画解算与混合形态设置，如图 7-26 所示。

用户可通过 Meta Human 提供的混合模式系统，对眼睛、嘴部、眉毛等关键部位进行微调，精细化控制面部特征、表情范围与表面细节纹理。系统提供多个预设面孔模型与发型库，可通过滑块组合混合，生成个性化的数字人面貌。同时，支持语音驱动的自动表情合成与动画轨迹绑定，如图 7-27 所示。

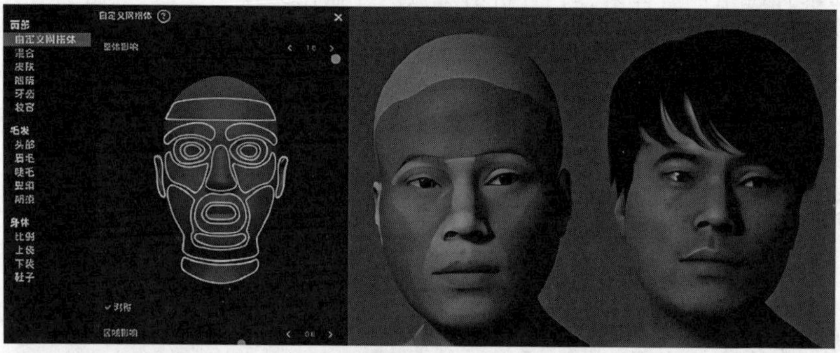

图 7-26　自定义网格体和角色模型各部分调节

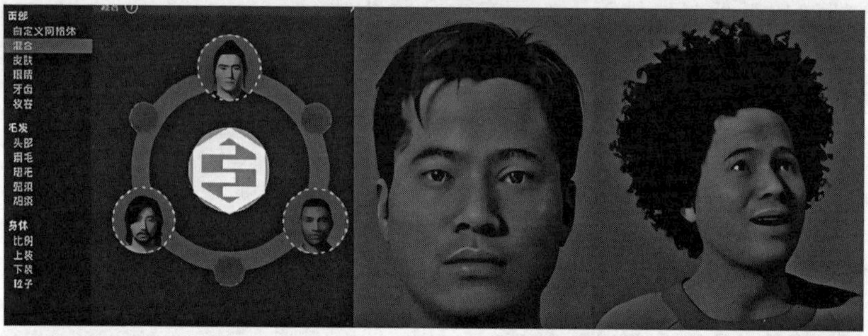

图 7-27　表情自定义设置界面

最后，完成的数字人模型通过 Bridge 上传至 Meta Human 云端账户，并可直接导入 Unreal Engine 项目中使用。结合 UE5 的动画蓝图系统与语音识别接口，开发者可为虚拟人物配置多种动作（如行走、挥手、眨眼等）与交互行为逻辑，并与其他平台（如 Adobe Mixamo、NVIDIA Omniverse）协同部署，实现跨平台、跨终端的高性能数字人呈现。

随着人工智能、图形渲染与人机交互技术的不断演进，虚拟数字人正在从“视觉角色”向“具有人格与记忆的智能体”加速演化。当前，虚拟数字人已经在数字营销、文旅导览、金融客服、内容直播、医疗陪护等场景中落地，并成为构建元宇宙空间中人机协同体验的核心元素。

7.4.2　虚拟康复医疗

虚拟现实技术正逐步成为康复医疗领域的重要辅助工具，特别是在物理治疗与运动重建方面展现出显著优势。传统康复训练常因过程枯燥、疼痛感强、缺乏交互反馈等问题而导致患者依从性较差。据相关研究统计，在标准康复方案中，约有 50%至 70%的患者存在中断或非持续训练的情况。VR 技术通过游戏化、实时反馈与沉浸式互动，正在有效缓解这一问题，重构康复体验流程。

图 7-28 所示为 Moisés Moreira 等人开发的一套基于 VR 的上肢康复系统，该系统结合了 Unity 引擎和 Oculus Quest 2 设备，构建了两个针对肩部功能障碍的康复游戏场景："Standing Row" 与 "External Rotation"。在 "Standing Row" 游戏中，患者需模仿站姿划船动作，完成肩胛骨收缩与手臂后拉的训练；而 "External Rotation" 场景则模拟肩部外旋，通过操控虚拟杠杆完成肩部外展和旋转练习。每项训练均设置了虚拟角色引导、实时分数反馈与动作提示机制，有效提高了训练的可玩性与任务完成度。

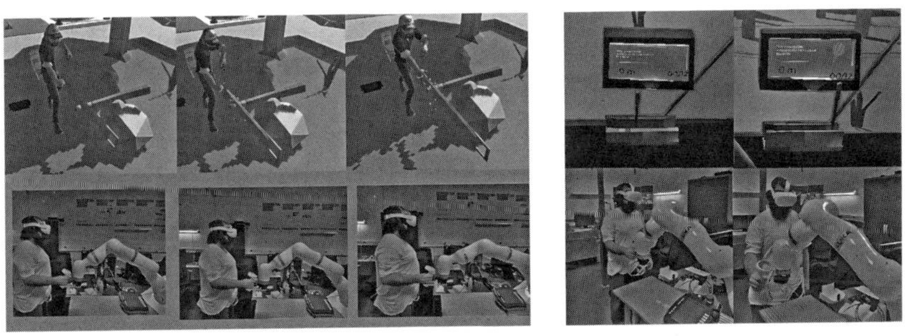

图 7-28　Standing Row 场景（左）和 External Rotation 场景（右）

在系统运行中，VR 设备实时捕捉用户的上肢运动轨迹，并将其与预设动作路径进行比对，给予即时反馈，如动作偏移提示、节奏调节与阶段性评分，从而增强患者对运动质量的感知与自我调整能力。初步评估结果显示，该系统在 6 周的试点训练中使患者康复计划的遵循率平均提升了约 38%，同时主观疼痛感评估值下降约 26%，显示出良好的康复促进潜力。

尽管 VR 康复技术正在快速发展，但在临床落地过程中仍面临多重挑战，包括设备成本较高、部分患者存在运动不适，以及系统初期适应门槛较高等。未来发展应重点围绕以下方向展开：一是通过改进人机交互设计与空间映射精度，进一步提升沉浸感与舒适度；二是结合人工智能技术，基于训练数据实现运动能力预测与训练方案动态调节；三是推动 "VR＋远程医疗" 融合，构建家庭康复训练平台，实现远程评估与远程指导，使康复服务更加灵活、高效。

综上，虚拟现实赋能下的康复系统不仅提升了训练的趣味性与互动性，更在技术层面推动了康复过程的可视化、可量化与可调控转型，是未来智能康复医疗模式的重要发展方向之一。

7.4.3　虚拟现实遗产保护

文化遗产，包括历史建筑、考古遗址、艺术品。手工艺品等物质文化遗产，以及语言、传统、信仰和仪式等非物质文化遗产，是连接过去与现在的桥梁。它不仅承载着人类历史的记忆，也是文化多样性和民族身份的象征。然而，文化遗产在现代社会正面临着前所未有的多重威胁，这些威胁既有自然因素，也有人为因素。

VR 与 AR 技术通过沉浸式体验和虚实融合能力，为文化遗产保护提供了创新解决方案。传统保护方法难以直观呈现历史街区的空间肌理和文化内涵，而 AR 技术可将数字重建的 3D 模型叠加于真实环境，使用户“穿越时空”观察历史街区的演变过程。以土耳其 Kocaeli 省 Kapanca 街区为例，Ibiş 等人通过开发 AR 应用“ARKON”，验证了该技术在文化遗产数字化保存、公众教育和旅游推广中的价值。研究结合激光扫描、无人机建模与 AR 交互技术，探索了历史街区保护的新模式。

在土耳其 Kapanca 街区的数字化保护中，技术实现始于高精度空间数据采集。研究团队采用地面激光扫描与无人机倾斜摄影，生成混合点云数据集，通过自适应降噪算法清洗干扰要素，剥离出 19 世纪建筑本体几何特征。建模阶段引入语义分割技术，利用三维卷积神经网络对复杂建筑构件分类，结合细节层次（LOD）系统优化模型，确保 VR 设备实时渲染性能，如图 7-29 所示。

图 7-29 “ARKON”街区点云采集可视化

VR 系统基于 Unity3D 引擎与混合现实工具包（MRTK）构建，通过空间锚点管理实现虚拟模型与真实环境毫米级对齐。开发动态光照适配算法，通过 Shader 实时调整虚拟材质参数，使数字建筑在不同光照下呈现真实质感。手势交互采用 LSTM 网络识别用户意图，触发构件拆解动画并同步触觉反馈。“ARKON”应用体验场景如图 7-30 所示。

为突破硬件限制，系统采用分布式渲染架构：HoloLens 本地处理位姿计算，5G 网络将高精度渲染任务分流至边缘节点，使单设备加载面片数提升 3.4 倍。通

图 7-30　“ARKON”应用体验场景

过眼动追踪预测用户视觉焦点，实现目标区域预加载与异步流式传输，关键遗产点加载延迟控制在 8ms 以内。实验验证中，时空对比模式通过 GAN 生成的材质老化模型，实现建筑立面的历史演变可视化，虚实叠加误差稳定在 1.2 像素级精度。

VR 技术为历史街区保护提供了“数字孪生-沉浸交互-公众参与”的全链条解决方案。未来研究需探索 AI 驱动的自适应叙事（如根据用户位置触发历史事件重现），并通过 5G 边缘计算降低渲染延迟。文化遗产的数字化不仅是技术挑战，更是文化话语权的重构——让 Kapanca 街区的石墙讲述自己的故事，或许是技术最深刻的使命。

7.4.4　虚拟现实博物馆

虚拟现实博物馆是文化遗产数字化保护与展示的一种创新路径，融合了三维建模、实时渲染、人机交互、语义标注等关键技术，为文物数字保存与科普教育提供了沉浸式解决方案。相较于传统实体展览，VR 博物馆不仅突破了时间与空间的限制，还可实现文物多维数据的交互查询与智能管理。图 7-31 展示了一个典型的虚拟现实博物馆系统从建模到平台部署的完整流程。该系统构建过程主要

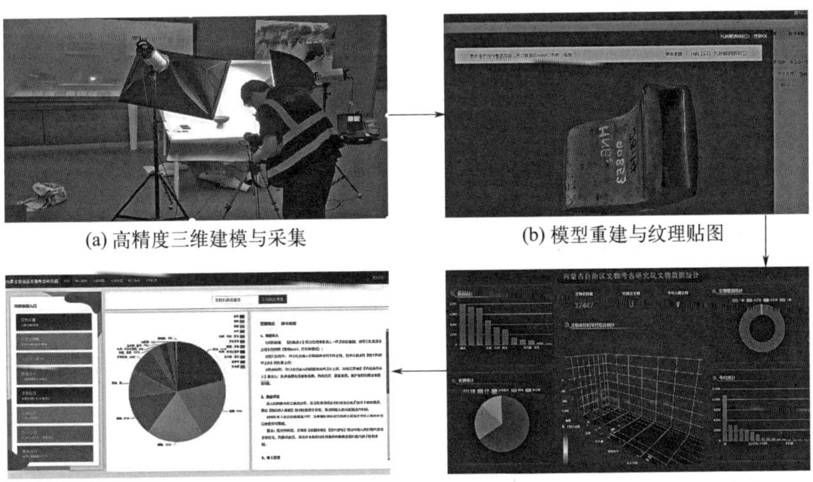

(a) 高精度三维建模与采集　(b) 模型重建与纹理贴图　(c) 虚拟平台搭建与交互功能实现　(d) 文物数据库与智能信息管理

图 7-31　虚拟现实博物馆的构建全流程

包括以下四个技术阶段：

(1) 高精度三维建模与采集

系统首先通过逆向工程手段完成文物数字化建模。采集环节采用全画幅数码相机、激光扫描仪或结构光扫描仪配合冷光源照明设备，对目标文物进行多角度高清图像与点云数据采集。为确保采集数据质量，采集前需完成文物的物理除尘与表面处理，并按照工艺规范进行分站位布光与拍摄。激光扫描阶段使用高精度脉冲激光器以每秒16帧频率采集点云数据，每帧分辨率可达110×90×110，配合专业软件（如3DF Zephyr、RealityCapture）完成图像重建与点云拼接。一个中型文物采集平均用时30～60min，三人小组操作效率每日可达15～20件文物。

(2) 模型重建与纹理贴图

完成原始点云处理后，需借助Geomagic、3DMax、Maya等软件完成模型重建与纹理映射。图像预处理环节包括噪声去除、镜头畸变校正、色彩还原与标准色卡校准。纹理贴图采用PBR（physically-based rendering）物理渲染流程，结合UV展开与材质通道分离，确保贴图贴合度与真实还原度。最终输出的成果包括：高保真三维模型（可用于教学与学术分析）、压缩轻量版展示模型（用于在线交互平台）、原始采集数据与处理日志文档，以满足后续多元需求。

(3) 虚拟平台搭建与交互功能实现

在虚拟平台搭建阶段，基于Unity 3D开发引擎进行三维场景构建与用户交互逻辑设计。平台支持自由行走、缩放、旋转、多模型切换等基础交互方式，并集成语音讲解、手势控制、视角导航与热点标注功能。用户可通过VR设备或桌面端访问虚拟博物馆，获得沉浸式展览体验。平台可嵌入多语言说明、专家解读视频、历史溯源信息等多媒体资源，拓展展览的深度与维度。

(4) 文物数据库与智能信息管理

平台背后配有一套文物信息管理系统，用于支撑三维模型与文物结构化数据的关联。数据库包含文物名称、时代、来源、尺寸、材质、损伤记录等基础属性，并关联每件文物的多版本模型（扫描源、重建件、展示件）及多视图图像。系统基于Web可视化组件提供文物分布、分类统计、使用热度等数据分析功能，支持管理员对展品进行虚拟修复记录、保护状态标记及展览更新管理。同时结合人工智能算法对文物相似度、主题相关性等进行深层分析，为文化资源再利用和主题策展提供智能支持。

综上所述，该虚拟现实博物馆系统以“高精度采集-真实建模-互动展示-数据管理”为主线，贯通了文物数字化的全过程，形成了可推广、可复用的VR展陈技术路径。未来，随着AIGC内容生成、多模态交互与语义计算的发展，虚拟博物馆将在教育、传播与研究层面释放更大的潜力，成为文化遗产数字化转型的重要支点。

7.4.5 基于虚拟样机技术的交互模拟

虚拟样机（virtual mock-up system，VMS）作为 VR 技术在工程教学中的重要延伸，为复杂设备系统的认知、操作训练和交互模拟提供了高精度、可交互的仿真手段。与传统 CAD 模型或动画演示不同，虚拟样机强调模型的结构真实性、功能响应性与用户操作的即时反馈性，通过构建可操作的三维模型，支持真实操作流程的模拟与系统行为的交互验证，已广泛应用于航空、制造、通信等领域的技能培训与知识可视化教学中。

虚拟现实技术的融入进一步拓展了虚拟样机的功能边界，使学习者能够在沉浸式环境中对设备进行结构理解、任务演练和故障应对。典型系统架构包括三大核心要素：高保真设备模型构建、功能行为仿真与沉浸交互设计。首先，基于逆向工程或原始 CAD 数据重建设备三维结构模型，并进行细节优化和材质贴图处理；其次，通过脚本控制、动画绑定或接口集成，模拟设备的实际运行逻辑与状态变化；最后，借助 VR 引擎（如 Unity）实现沉浸式操作界面，结合语音提示、触觉反馈和动态响应机制，构建完整的学习与演练环境。以 OSN7500 设备为例，虚拟样机系统搭建全流程如图 7-32 所示。

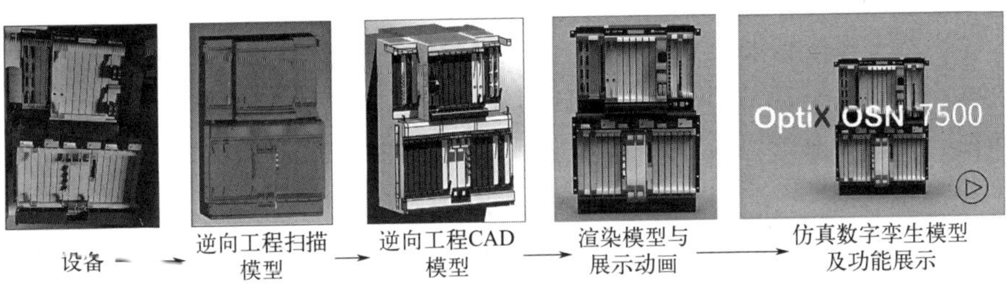

图 7-32 OSN7500 项目总体工作流程

虚拟样机平台可将其内部板卡结构、信号路径与使用流程精细还原，支持用户在虚拟环境中完成插卡模拟、故障识别、信息查询与场景漫游等任务。通过模块化分场景设计，平台划分为板卡展示、交互装配、故障诊断与虚拟巡检四个教学功能区。用户可通过 VR 控制器完成点击、旋转、拖拽等操作，系统同步响应并输出相应信息反馈。此类交互式虚拟训练相较传统实训平台，具有可重复性强、风险低、反馈即时、资源利用率高等优势。OSN7500 虚拟教学平台搭建流程如图 7-33 所示。

在虚拟教学平台的建设过程中，演示场景的搭建是核心环节之一，旨在通过交互式和沉浸式的体验帮助用户更好地理解设备结构和操作流程。具体场景包括板卡展示、插卡模拟、故障排除与虚拟漫游四大功能区，每个场景都经过精心设计，以实现高度互动和实时反馈。

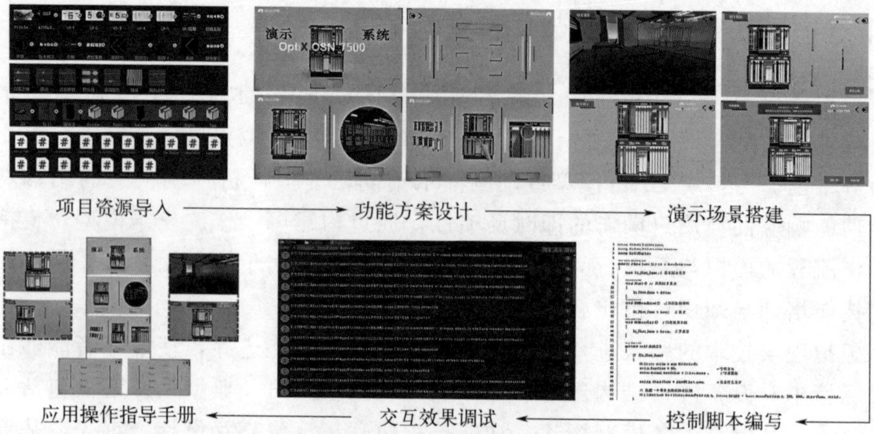

图 7-33　OSN7500 虚拟教学平台搭建流程

(1) 板卡展示场景

在此场景中，用户能够通过点击板卡查看其详细信息。点击后，板卡会旋转 90°并显示其相关技术规格与功能介绍。用户可以将光标悬停在不同板卡上，查看板卡名称，增强了设备的直观展示性和学习性。通过这一互动过程，用户不仅能了解每块板卡的工作原理，还能感知不同板卡在系统中的位置与功能。

(2) 插卡模拟场景

该场景模拟了 OSN7500 设备的插卡操作，用户可以通过拖拽板卡到空置卡槽进行以太网等连接功能的学习。场景提供了多个卡槽和待用板卡，用户可以根据视觉提示和操作反馈判断是否放置正确。当用户完成插卡操作后，系统会实时判断放置是否正确，若正确则跳转至连接成功页面，若错误则提示用户重新操作。

(3) 故障排除场景

在故障排除场景中，用户通过互动式操作来诊断设备故障。在该场景下，设备呈现出异常状态，用户可旋转视角，放大设备细节，识别可能的故障部位。通过点击不同的故障选项，用户可以测试故障原因，系统根据选择结果给出反馈。正确的故障判断将跳转至成功页面，并提供故障分析讲解，而错误选择则会引导用户重新进行故障排查。

(4) 虚拟漫游场景

虚拟漫游场景模拟了一个现代化的机房环境，用户可以使用键盘和鼠标自由控制视角和移动，深入观察设备运行的每个细节。该场景展示了多个设备同时运行并与监控大屏实时同步，用户可以自主选择感兴趣的设备并查看其工作状态。在此过程中，用户能够直观地感受到设备间的协同作业和系统的整体运行效率。

研究表明，基于 VMS 的交互模拟可显著提升学习者对设备结构与功能逻辑的理解深度。在企业的应用实践中，学生技能考核合格率提升约 32%，平均操作熟练时间缩短超 40%，体现了虚拟现实技术在复杂设备教学中的效率优势与认知支持价值。

总体而言，虚拟样机技术与虚拟现实技术的深度融合，为工程技术类教育提供了一种更具沉浸性、可操作性与可持续性的教学手段。其未来发展将进一步结合 AI 算法、数据驱动反馈与远程协同功能，推动智能化、网络化教学系统的建设，助力“虚实融合”型工程教育生态的形成。

参考文献

[1] 王乐，张小磊，张磊．面向数字孪生渲染的云边端协同技术 [J]．计算机技术与发展，2025，35 (07)：190-195.

[2] 杨晓哲．虚拟现实 [M]．北京：教育科学出版社，2022.

[3] Kumar A T，Shrikant T，Kumar S A，et al. Artificial intelligence-enabled digital twin for smart manufacturing [M]. Hoboken：John Wiley&Sons，Inc.，2024.

[4] Gahlawat M，Tanwar S. Digital twin and block chain for sustainable healthcare5.0：Real-life applications and case studies [M]. London：CRC Press，2025.

[5] 章蕾，张执．基于虚拟现实技术的康复训练系统设计与效果评估研究 [J]．计算机测量与控制，2025，33 (02)：317-324.

[6] 陶飞，刘蔚然，张萌，等．数字孪生五维模型及十大领域应用 [J]．计算机集成制造系统，2019，25 (01)：1-18.

[7] 孟德状，杨伟东，蔡子行，等．面向增材制造的数字孪生实施方法综述 [J]．计算机集成制造系统，2024，30 (04)：1171-1188.

[8] 张超，周光辉，肖佳诚，等．数字孪生制造单元多维多尺度建模与边—云协同配置 [J]．计算机集成制造系统，2023，29 (02)：355-371.

[9] Hananto A L，Tirta A，Herawan S G，et al. Digital twin and 3D digital twin：Concepts，applications，and challenges in industry 4.0 for digital twin [J]. Computers，2024；13 (4)：100.

[10] Tao F，Qi Q，Liu A，et al. Digital twin and big data towards smart manufacturing and industry 4.0：360 degree comparison [J]. IEEE Access，2018，6：3585-3593.

[11] Grieves M. Digital twin：Manufacturing excellence through virtual factory replication [R]. Florida Institute of Technology，2015.

[12] Qi Q，Tao F. Digital twin and big data analytics for cyber-manufacturing systems [J]. Manufacturing Letters，2018，17：38-41

[13] 陈勇强，赵征，庞博文，等．基于数字孪生的教研一体化电弧增材制造实验平台设计 [J]．实验室研究与探索，2024，43，(10)：60-64.

[14] 蒋周明矩，熊异，王柏村．面向工业 5.0 的人机协作增材制造 [J]．机械工程学报，2024，60，(3)：238-253.

[15] 陈博，曹宝华，董铁军．面向增材制造的数字孪生系统设计方法 [J]．机械科学与技术，2022，41 (5)：760-766.

[16] 林子骜，肖聚亮，赵炜，等．基于视觉定位与虚拟现实技术的机器人遥操作研究 [J]．天津大学学报（自然科学与工程技术版），2025，58，(1)：36-46.

[17] 刘鑫达，李康，耿国华，等．文化遗产保护中虚拟现实技术研究进展［J］．计算机辅助设计与图形学学报，2025.

[18] 张利东，孙富春．虚拟现实关键技术研究综述［J］．计算机工程与应用，2021，57（20）：13-22.

[19] 彭琳，韩静．面向增材制造的虚拟现实建模与交互系统研究［J］．制造业自动化，2022，44（4）：97-101.

[20] Fang B，Zhang H，Tao F，et al. Digital twin-driven smart manufacturing：Connotation，reference model，applications and research issues［J］. Robotics and Computer-Integrated Manufacturing，2020，61：101837.

[21] 龚俊，彭彬，马斌．面向车间层的数字孪生系统建模与应用［J］．机械设计与研究，2023，39（1）：55-60.

[22] 吴义强，胡宏．数字孪生医疗系统框架设计与研究进展［J］．生物医学工程学杂志，2022，39（3）：336-341.

[23] Hann，A，Benjamin M W，Niklas M，et al. Virtual reality in GI endoscopy：Intuitive zoom for improving diagnostics and training［J］. GUT，2019，68，（6）：957-959.

[24] 周翔宇，黄军伟．增材制造缺陷可视化检测的虚拟现实技术研究［J］．光学精密工程，2021，29（8）：2051-2059.

[25] 曾琳，朱杰．虚拟数字人研究综述［J］．计算机研究与发展，2023，60（2）：347-364.

[26] 邓清华，汤小丹．虚拟现实技术在康复医学中的应用研究［J］．中国康复医学杂志，2022，37（4）：448-453.

[27] 崔淼，王丽．虚拟现实技术在文化遗产保护中的应用研究［J］．文物保护与考古科学，2021，33（2）：121-128.

[28] 崔勇，宋一恒，胡庆雷，等．基于虚拟现实技术的智能车数字化实验教学平台设计及应用［J］．实验室研究与探索，2025，44，（3）：67-71，82.

[29] 李程程，刘建华．虚拟样机在产品设计中的互动仿真应用［J］．机械设计，2021，38（10）：102-108.

[30] Wu S S，Liu G D，Yang J，et al. Psychological effects of virtual reality intervention on breast cancer patients with different personalities：A randomized controlled trial［J］. International Journal of Nursing Sciences，2025，12，（2）：107-114.

第 8 章

面向增材制造的智能检测系统与智慧工厂

8.1 面向增材制造的智能检测技术基础

智能检测（intelligent detection）是指采用人工智能等方法和技术，实现检测的自动化及智能化。智能检测包含测量、检验、信息处理、判断决策和故障诊断等内容。智能检测设备模仿人类智能，具有测量过程自动化、智能化、测量速度快、精度高、灵活性高、多参数数据融合和功能强等特点。智能检测根据应用领域的具体问题有很多实现方法，人工智能及信息处理领域的很多方法可以应用其中。传感器技术、人工智能、信息处理技术、微电子技术和计算机技术的飞速发展，为智能检测技术的发展提供了强大的支撑和条件。

8.1.1 机器视觉与传感器技术

机器视觉（machine vision）与传感器技术在工业生产的自动化及智能化领域应用广泛，是智能检测领域的重要内容之一。

（1）机器视觉

机器视觉利用机器代替人眼进行目标对象的识别、判断和测量，主要研究用计算机来模拟人的视觉功能。机器视觉提供基于图像的自动检测和分析的技术和方法，广泛用于工业中的自动检测、过程控制和机器人引导等领域。机器视觉检测技术涉及目标对象的图像获取、图像信息的处理，以及目标对象的测量和识别等。基于机器视觉的产品在线检测可以节约人力成本，提高生产效率，避免因人员疲劳造成的误检与漏检。机器视觉检测技术具有检测精度高、响应速度快、准确和可靠等优点。机器视觉检测技术采用 CCD（电荷耦合器件）或 CMOS（互补金属氧化物半导体）摄像器件采集待测产品图像后，通过图像处理方法对产品进行精确的测量与识别。机器视觉检测技术可应用于打印零件尺寸缺陷检测——机械臂扫描产品在线检测（图 8-1）。

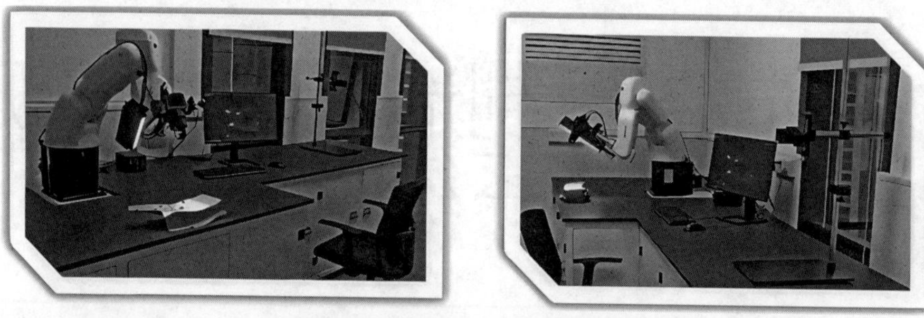

图 8-1　机械臂扫描产品在线检测

机器视觉检测系统主要包括图像采集系统、图像处理系统、执行机构及人机界面等部分。图像采集系统包括光学系统和图像采集卡等。选取合适的光学系统采集适合处理的图像，是完成视觉检测的基本条件。图像处理系统是机器视觉检测系统的核心部分，而稳定、先进的图像处理方法可以提高检测性能。可靠的执行机构和人性化的人机界面是实现系统功能的关键。以产品自动检测为例，机器视觉检测系统的工作流程如图 8-2 所示。

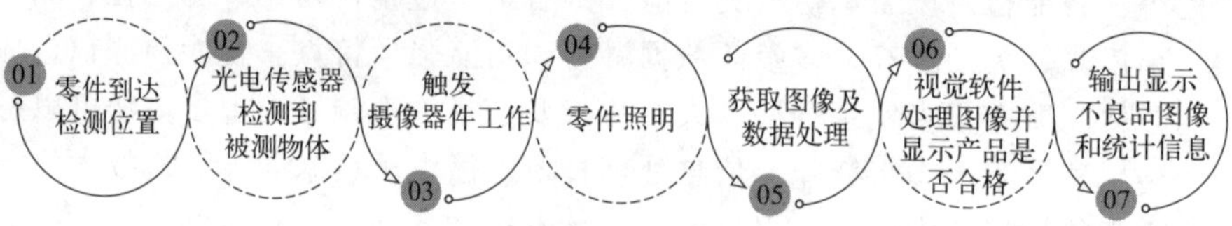

图 8-2　机器视觉检测系统工作流程

采集的图像取决于目标物体和光源的相互作用，因此，携带目标物体信息的光信号经光学系统传送到图像传感器，并转换为可以处理的电信号。光学系统的性能影响采集图像的质量，从而影响机器视觉检测系统的精度。光学系统的参数主要包括像素（pixel）、工作距离（working distance）、分辨率（resolution）、放大率（magnification）、景深（depth of field，DOF）和视场（field of view，FOV）等。

像素是图像最小的测量单位。图像传感器的像素数越多，越有利于分辨并检测较小的特征。图像中每个像素包含该像素在图像中的位置、光强度、黑白图像的灰度值或彩色图像的 RGB 色彩值等信息。工作距离是指从镜头前边缘到被测物体的距离。景深是指能够清晰成像的物体前后距离范围。景深随焦距和光圈的减小而增大，同时物体距离越远，景深越大。

在成像过程中，几何光学成像公式为

$$\frac{1}{u}+\frac{1}{v}=\frac{1}{f} \tag{8-1}$$

式中，u 为物距；v 为像距；f 为焦距。

放大率 M 为

$$M=\frac{h}{H}=\frac{v}{u} \tag{8-2}$$

式中，h 为像高；H 为物高。

视场（FOV）指能被视觉系统观察到的物体的尺寸范围，表示为

$$FOV=\frac{L}{M} \tag{8-3}$$

式中，L 为 CCD 芯片的高度或宽度。FOV 也常用视场角 θ 表示为

$$\theta=\arctan(L/2u) \tag{8-4}$$

分辨率 r 表示光学系统能够分辨的最小距离：

$$r=2p \tag{8-5}$$

其中，p 是 CCD 光敏单元的间距。

空间分辨率 R 表示能够测量的最小物体尺寸，表示为

$$R=\frac{r}{M} \tag{8-6}$$

(2) 传感器技术

传感器（sensor 或 transducer）作为获取信息的器件具有非常重要的作用。传感器能够检测环境的变化，例如温度、湿度、光照强度、压力等，然后对检测到的信息进行处理，显示出来或用于控制系统，便于人们了解环境的变化。传感器就像机器系统的感官，大量传感器构成了机器的感知神经系统。传感器广泛应用在工业生产、航空航天、医疗检测、物联网、虚拟现实和消费电子等多个领域。对于检测与控制系统，被测物理量的大小及状态需要通过传感器获得，从而实现精确、有效的控制。例如，空间站的交会对接、航空飞行器的监测与控制、无人驾驶汽车等，都需要大量的传感器实时监测各种信息；元宇宙与虚拟现实技术需要传感器感知用户的动作，然后实现显示与交互；物联网技术中传感器是核心部件，由其感知被测量并发送到网络，进而实现远程管理与控制。

增材制造智能检测中的传感器技术通过多维度物理信号的实时感知与融合分析，实现对打印过程的精准监控与缺陷预警。以金属激光熔融工艺为例，光学传感器（如高速 CMOS 相机与红外热像仪）通过捕捉熔池动态特征（如温度分布、凝固速率），可识别因能量输入不均导致的孔隙、裂纹等缺陷。例如，约翰斯·霍普金斯应用物理实验室开发的传感器系统，利用光电二极管阵列在微秒级捕捉熔池光谱与热异常，结合导弹防御技术的快速反馈机制，可在激光过热时实现纳

秒级关停，有效抑制钥匙孔缺陷的形成。此外，声学传感器通过监测打印舱内振动信号，结合机器学习算法对声纹特征进行分析，可定位缺陷声源并预测层间结合不良等问题，如雷尼绍的 InfiniAM Sonic 系统通过四传感器阵列实现缺陷位置的三角定位，提升检测精度。

在数据处理与闭环控制层面，多传感器融合技术通过整合光学、声学、力觉等多模态数据，构建更全面的工艺状态模型。例如，美国橡树岭国家实验室将近红外与可见光相机数据融合，结合 CT 扫描结果训练机器学习算法，实现 90% 的缺陷检测率，并通过实时反馈优化打印参数。苏州固结数字技术的专利系统则集成三维力传感器、位移传感器与红外测温仪，动态调整超声焊接参数，确保金属增材制造的质量一致性。深度学习算法进一步提升了信号分析效率，如卡内基梅隆大学利用声发射与热辐射数据推断熔池几何特征，在 1ms 时间窗口内实现缺陷识别，为复杂结构件的实时质量控制提供了新范式。这些技术的协同应用，不仅降低了对离线检测的依赖，还推动了增材制造向智能化、全流程可控方向发展。

8.1.2 基于 YOLO 的神经网络与深度学习 AI 模型

增材制造可直接制备高致密度、高力学性能的零部件，近年来在材料种类、成形精度与结构复杂度方面均取得快速发展。然而，针对诸如激光增材制造（LAM）等工艺，如何实时获取过程参数并实施闭环控制以减少缺陷、提升部件性能，仍是当下亟待解决的核心问题。为此，工业相机、线扫描相机、高速相机及多光谱成像设备等视觉检测装置，可分别用于识别层间裂纹、监测大尺寸工件表面质量、捕捉激光熔池动态及获取多波段材料特性。结合温度、力学、声学、光学和环境传感器的多模态数据采集，并应用深度学习算法，可实现缺陷预警与工艺参数优化。

神经网络（neural network）和深度学习（deep learning）是实现增材制造智能检测的重要方法，它们可以对机器视觉传感器提供的数据进行分析、处理与判断。人工神经网络（artificial neural networks，ANN）简称神经网络，是模拟人类大脑神经元联结网络进行决策判断的人工智能技术。目前飞速发展的 YOLO 目标检测算法便是在神经网络的基础上发展而来的，该算法在数据预测、产品检测与识别等领域性能较好，具有智能化、性能可靠、数据处理速度快、精度较高、简便和易于实现等优点。

(1) SLM 增材制造智能监测的 YOLOv11 模型

YOLOv11 网络结构分为 backbone（骨干网络）、neck（颈部网络）、head（检测头）三部分，如图 8-3 所示。

① 骨干特征提取：backbone 网络输入为尺寸 3×640×640 的图像，经

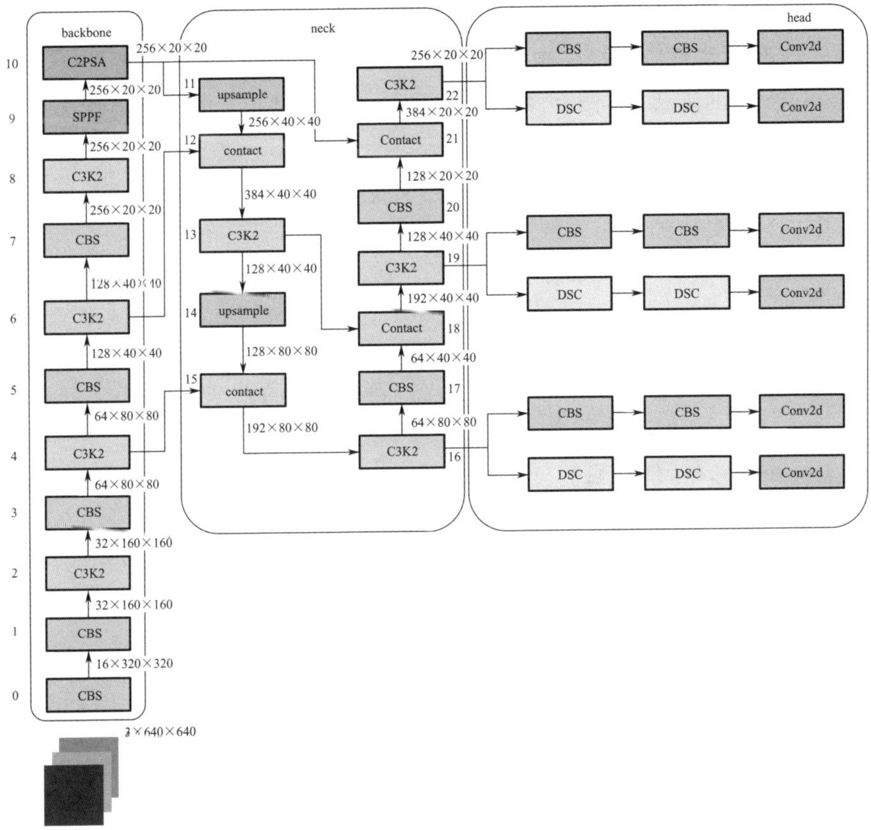

图 8-3　YOLOv11 网络结构

backbone 逐级提取特征。首先通过 CBS 模块（卷积＋批量归一化＋激活函数）完成基础特征提取；再利用 C3K2 模块通过跨阶段连接与卷积操作，在增强特征提取能力的同时降低计算量；后续引入 SPPF（空间金字塔池化快速版），对特征图进行多尺度池化，融合不同感受野的特征，提升特征鲁棒性；最后通过 C2PSA 模块（融合通道与空间注意力机制）优化特征表达，输出多尺度特征图（如 256×20×20、128×40×40 等），为后续处理提供基础。

② 特征融合优化：neck 以多尺度特征融合为核心，通过上采样（upsample）将高层特征图尺寸放大，与底层特征图匹配；利用 contact（特征拼接）操作融合不同尺度的特征，整合细节信息与语义信息；再借助 C3K2 等模块对融合后的特征进一步处理，增强跨尺度特征交互；最终输出多层特征（如 256×20×20、128×40×40 等），为检测头提供更丰富的特征输入。

③ 检测结果输出：head 接收 neck 处理后的特征，通过 CBS 模块调整特征图；再经 DSC 模块（检测专用模块）优化特征表达，使其更适配目标检测任务；最终通过 Conv2d 卷积层输出检测结果，包含目标的类别、边界框坐标及置信

度，实现对不同尺度目标的精准检测，完成整个网络的目标识别与定位功能。

（2）模型训练阶段的损失函数公式

YOLOv11 训练通过损失函数优化参数，总损失 L_{total} 由分类损失 L_{class}、定位损失 L_{loc}、置信度损失 L_{conf} 构成：

$$L_{total}=\lambda_{loc}L_{loc}+\lambda_{conf}L_{conf}+\lambda_{class}L_{class} \tag{8-7}$$

其中，λ 为对应的权重系数。

① 定位损失：采用改进的 IoU（交并比）相关计算，如 DiIoU（distance-IoU，距离交并比）或 CIoU（complete-IoU，完整交并比），衡量预测边界框（预测框）与真实缺陷框（真实框）的位置偏差。以 CIoU 为例：

$$L_{loc}=1-\mathrm{CIoU}=1-\left[\mathrm{IoU}-\frac{p^2(b,b^t)}{c^2}\right]-\alpha v \tag{8-8}$$

其中，$p^2(b,b^t)$是预测框与真实框中心点距离的平方；c 是包围两框的最小矩形对角线长度；α 是权重系数；v 衡量长宽比一致性。

② 置信度损失：区分有目标与无目标区域，采用二元交叉熵（BCE）计算：

$$L_{conf}=-[y\lg p+(1-y)\lg(1-p)] \tag{8-9}$$

其中，y 是真实置信度（有缺陷为 1，无缺陷为 0）；p 是模型预测的置信度。

③ 分类损失：对缺陷类别（如孔隙、裂纹）进行交叉熵计算，确保模型准确识别缺陷类型。

（3）检测推理阶段的坐标映射公式

YOLOv11 将特征图预测值映射为真实图像坐标。假设特征图尺寸为 $S\times S$，输入图像尺寸为 $W\times H$，某网格预测框参数为 (x,y,w,h)（归一化值），转换为真实坐标：

$$\begin{cases} x_{real}=[c_x+\sigma(x)]\dfrac{W}{S} \\ y_{real}=[c_y+\sigma(y)]\dfrac{H}{S} \\ w_{real}=w_0\mathrm{e}^w\ \dfrac{W}{S} \\ h_{real}=h_0\mathrm{e}^h\ \dfrac{H}{S} \end{cases} \tag{8-10}$$

其中，c_x、c_y 是网格左上角坐标；$\sigma(x)$、$\sigma(y)$ 是 Sigmoid 函数处理后的偏移量；w_0、h_0 是预设锚框尺寸。通过此公式，模型可精准定位 SLM 过程中缺陷在打印件图像中的实际位置，为工艺调整提供坐标依据。

（4）机器学习及 AI 算法

点云配准（point cloud registration）是将不同视角、不同坐标系下的点云数据对齐到同一坐标系下的过程，在三维重建、机器人定位与导航、自动驾驶等领域有广泛应用。迭代最近点（iterative closest points，ICP）算法是点云配准中最常用的算法之一。通过反复迭代寻找对应点，计算最优的旋转和平移变换，使两组点云尽可能重合，如图 8-4 所示。

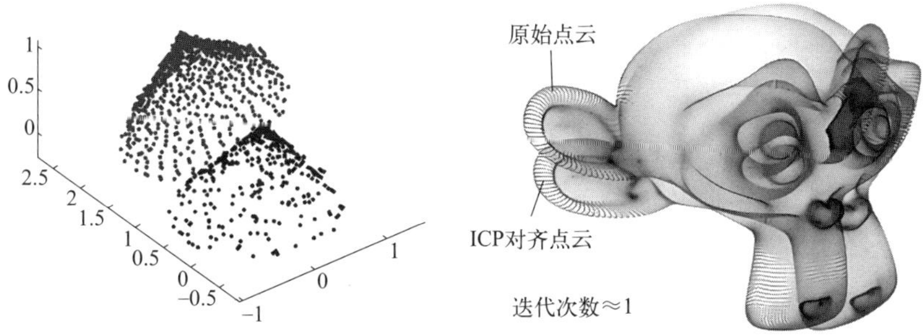

图 8-4　迭代最近点算法优化模型

原理步骤：

① 初始设定：有 $\boldsymbol{P}=\{\boldsymbol{p}_1,\boldsymbol{p}_2,\cdots,\boldsymbol{p}_n\}$ 和 $\boldsymbol{Q}=\{\boldsymbol{q}_1,\boldsymbol{q}_2,\cdots,\boldsymbol{q}_n\}$ 两组点云，目标是找到旋转矩阵 $\boldsymbol{R}$ 和平移向量 $\boldsymbol{t}$，使得 $\boldsymbol{P}$ 经过变换后与 $\boldsymbol{Q}$ 尽可能重合。

② 对应点寻找：在每次迭代中，找到点云 $\boldsymbol{P}$ 中的点 $\boldsymbol{p}_i$ 在点云 $\boldsymbol{Q}$ 中的最近点 $\boldsymbol{q}_i$，确定对应点。

③ 计算变换参数：最小二乘（least-squares）：通过最小化目标函数 $\sum_{i=1}^{n}\|\boldsymbol{q}_i-\boldsymbol{R}\boldsymbol{p}_i-\boldsymbol{t}\|^2$ 来求解旋转矩阵 $\boldsymbol{R}$ 和平移向量 $\boldsymbol{t}$。即寻找合适的 $\boldsymbol{R}$ 和 $\boldsymbol{t}$，让两组点云对应点之间的距离平方和最小。

奇异值分解（SVD）：对相关矩阵进行奇异值分解来求得最优的旋转矩阵 $\boldsymbol{R}^*$ 和平移向量 $\boldsymbol{t}^*$，其中：

$$\boldsymbol{R}^*=\underset{\boldsymbol{R}}{\arg\min}\frac{1}{2}\sum_{i=1}^{n}\|\boldsymbol{q}'_i-\boldsymbol{R}\boldsymbol{p}'_i\|^2 \tag{8-11}$$

$$\boldsymbol{t}^*=\boldsymbol{\mu}_q-\boldsymbol{R}\boldsymbol{\mu}_p \tag{8-12}$$

其中，$\boldsymbol{q}'_i$、$\boldsymbol{p}'_i$ 为去质心后的点坐标；$\boldsymbol{\mu}_p=\frac{1}{n}\sum_{i=1}^{n}\boldsymbol{p}_i$，$\boldsymbol{\mu}_q=\frac{1}{n}\sum_{i=1}^{n}\boldsymbol{q}_i$，是两组点云的质心。

④ 迭代更新：用计算得到的 $\boldsymbol{R}$ 和 $\boldsymbol{t}$ 变换点云 $\boldsymbol{P}$，然后重复步骤②和③，直到满足收敛条件（如变换参数的变化小于某个阈值、对应点距离平方和不再显著减小等）。

8.2 增材制造智能检测应用

8.2.1 增材制造智能检测系统

面向增材制造的智能检测系统是一种集机器人控制、三维扫描、人工智能分析与数据可视化于一体的智能化质量检测平台。该系统以自动化和智能化为核心，解决传统增材制造过程中的检测滞后、人工干预多、数据割裂等问题，实现对复杂零件在制造过程及成品阶段的实时监测和反馈调节。该系统总体架构如图 8-5 所示。

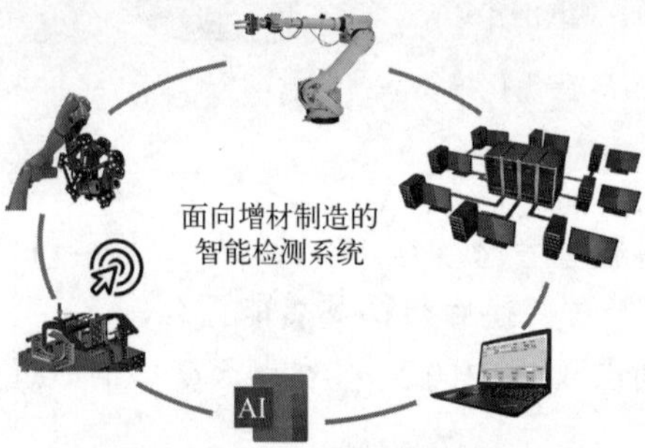

图 8-5 面向增材制造的智能检测系统总体架构

机械臂扫描单元是系统的核心执行模块。该部分由工业机器人与三维扫描设备组成，通过预设路径灵活移动，对增材制造完成或正在制造中的零件进行非接触式高精度扫描。机械臂具备高度的重复定位精度，可实现复杂曲面与内腔的多角度全面覆盖，保证扫描数据的完整性与可靠性。系统集成了三维重建与误差分析模块，负责对采集到的点云数据进行拼接、对齐和建模，并与原始 CAD 模型进行偏差比对分析。系统会生成颜色误差图和关键尺寸数据，精准定位零件的变形区域或超差部位，为后续质量判断提供基础依据。这一模块也支持自动提取标准检测点，输出统计型报表，提升了检测效率。

系统通过制造现场集成平台实现与增材制造设备的深度融合，使检测过程能够无缝衔接至制造流程中。通过 MES 或工业通信协议，检测系统可实时读取打印工艺参数、打印路径和层级信息，并与扫描结果进行关联，为打印过程中的质量趋势分析提供数据基础，逐步实现边打印边检测的功能。在智能分析方面，系统内嵌了 AI 智能识别与学习模块，基于机器学习和深度学习算法，可识别如支撑残留、分层开裂、热变形等增材制造特有缺陷。AI 模型通过对历史数据的学习不断优化识别精度，具备自适应能力，能根据不同材料与结构类型调整识别策略，为异常检测和预警提供更强支持。

系统配套的质量管理与数据可视化模块提供了直观、交互式的数据展示能力。检测结果可实时通过操作界面呈现，包括误差趋势图、分区合格率热力图、检测过程记录等，用户可快速定位问题区域并导出检测报告，满足企业在质量控制、产品追溯及审计等方面的需求。所有检测数据通过云端数据中心与系统集控平台进行统一管理，系统支持与企业 ERP（企业资源计划）、PLM（产品生命周期管理）等上层系统的数据对接，实现生产数据、检测数据与工艺数据的统一分析。同时具备远程访问与多终端支持功能，便于实现异地协同管理与跨工厂质量联动，是建设智能工厂和数字化车间的重要基础设施之一。

智能检测系统广泛适用于航空航天、医疗植入体、汽车轻量化结构件等对质量要求极高的增材制造领域，未来可向边打印边检测、实时修正、云端协同控制等方向发展，是实现增材制造智能化、数字化、质量可控的关键技术路径。

8.2.2 增材制造产品检测案例

(1) 机械臂扫描打印零件缺陷检测

工业机械臂对增材制造产品进行三维扫描检测如图 8-6(a) 所示，工作人员首先通过控制台设定扫描任务，包括选择产品类型、设定扫描精度和路径参数等。系统初始化后，启动自动化检测流程，确保扫描设备与机械臂联动运行。随后，增材制造产品被固定在工作平台或旋转台上，机械臂携带三维扫描仪移动至初始位置进行校准。该阶段确保扫描设备与产品之间的相对位置精准，为后续多角度数据采集奠定基础。在扫描过程中，机械臂按照预设路径灵活运动，扫描仪对产品表面进行非接触式全方位扫描。系统实时采集高密度点云数据，并通过软件自动拼接、滤波，逐步生成完整的三维模型。

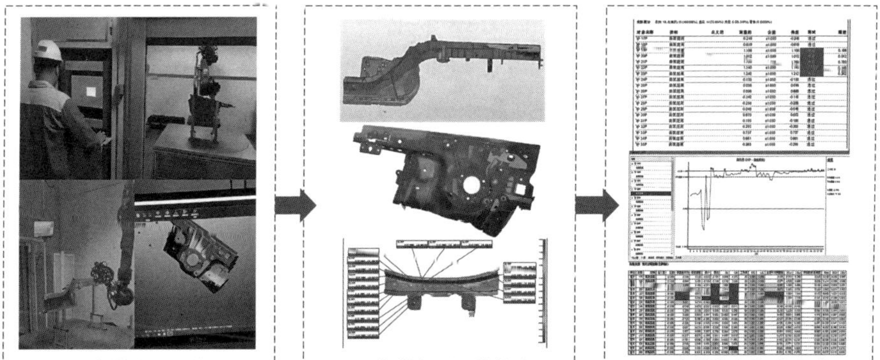

(a) 扫描检测过程　(b) 扫描检测系统输出　(c) 扫描检测报告生成

图 8-6　机械臂扫描打印零件缺陷监测

在完成机械臂三维扫描后，获取的点云数据被导入专业检测软件中进行数据处理与分析。第一步是将扫描得到的实测模型与标准 CAD 模型（理论模型）进行对齐，即进行配准操作。配准完成后，系统自动计算实测模型与理论模型在三维空间中的几何偏差，并通过颜色云图的方式直观地展示出来，如图 8-6（b）所示。绿色区域代表偏差在设定容差范围内，符合设计要求；蓝色和紫色区域表示实测数据低于理论表面，存在凹陷；而红色与黄色区域则显示实测数据高于理论模型，存在凸起。通过这种颜色分布，可以快速识别出产品形变、加工误差或装配偏差的集中区域。接下来进行进一步的误差分析，即针对关键尺寸点进行详细注释。系统在工件特定位置标出尺寸偏差值，并将其与理论值进行对比，每个检测点的数值均附带正负偏差标注以及是否超出公差的判定标签（通常用绿色表示合格，红色表示超差），便于质量工程师做出精准判断。这种定量分析不仅提升了检测的精度，也增强了检测结果的可追溯性和复查性。

在三维扫描完成、与 CAD 模型比对分析后，系统会自动生成结构化的检测报告，便于进行评估与决策。报告包括检测点位的误差统计表、偏差趋势图和多维表格分析图等核心内容。如图 8-6（c）所示，误差统计表列出了每个检测点的名称、理论值、实测值、偏差值及误差状态。其中，“状态”栏通过红色色块高亮显示超差数据，帮助迅速锁定不合格部位，避免遗漏关键质量问题。偏差趋势图用于直观观察工件在特定区域或全局范围内的形变量分布趋势，横轴为检测路径或点位顺序，纵轴为误差值。此图有助于判断零件是否存在系统性偏移、局部变形或工艺缺陷。例如，如果多个点连续偏离理论值，可能暗示模具磨损、夹具不良或加工应力集中等问题。多维表格分析图则为检测总览与合格率分析矩阵，以颜色编码的方式进行多点质量分布汇总：红色表示严重超差；黄色表示临界偏差；白色为合格。这种可视化矩阵使得用户能够一目了然地掌握各测量面、各功能区的整体质量状况，并评估当前批次零件的一致性与稳定性。此外，系统支持将报告导出为 PDF、Excel 等格式，自动包含所有检测数据、图表、统计结论及操作记录，便于归档、质量追溯与过程审计。通过这种检测报告的自动生成机制，大大降低了人工整理误差，提高了效率与准确性，实现了智能检测系统在实际制造中的闭环反馈作用。分析结果可反馈至上端增材制造工艺，实现工艺参数优化，达到质量闭环控制的目的。

（2）SLM 增材制造技术铺粉过程缺陷检测

利用 YOLOv11 网络训练模型进行铺粉缺陷检测的流程如图 8-7 所示。当有图像输入时，判断该图像的光照方向：若为侧向照明，由 YOLOv11 网络检测图中是否存在铺粉沟纹缺陷目标；若为铺粉远端照明，则检测图中是否存在小碎块、铺粉不足和铺粉过量缺陷目标。若存在缺陷目标，将同一类缺陷的边界框联合作为掩模，利用图像处理方法对掩模区域内的缺陷区域进行提取，直到所有存在的缺陷种类均被提取；若没有目标被检测到，则该层铺粉正常。

检测结果如图 8-8 所示，利用 YOLOv11 网络提前对缺陷进行定位和分类，

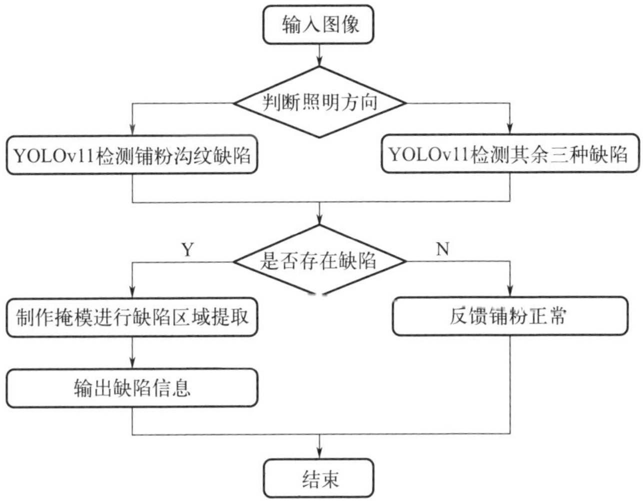

图 8-7　YOLOv11 网络训练模型进行铺粉缺陷检测流程

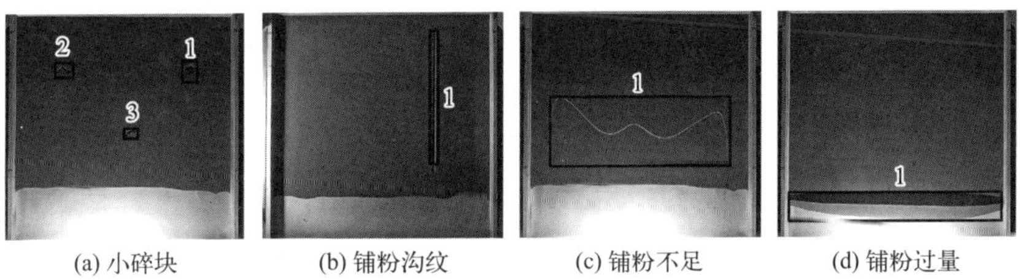

图 8-8　铺粉结果智能监测

使得铺粉缺陷区域提取方法被针对性地调用，降低了每一层铺粉图像的检测时间，使其不到完全图像处理方法的二分之一。召回率方面，铺粉沟纹这一类缺陷的召回率偏低导致综合召回率也较低，这反映了深度学习虽然免去了人工特征工程，但模型的样本准备、训练调优等工作是新的难点，在构建时需要具备深度学习所需要的大样本、高算力，运行时对设备算力也有要求，给实际应用带来了门槛。

8.2.3　多尺度缺陷检测技术案例

增材制造过程是一个涉及多物理场耦合、材料相变以及复杂工艺参数交互作用的复杂过程，这些因素使得在打印过程中极易产生各种缺陷。这些缺陷涵盖了从宏观到微观的多个尺度，例如宏观尺度的部件变形、分层，微观尺度的内部裂纹、气孔、显微组织缺陷以及成分缺陷等。这些多尺度缺陷的存在，会严重影响增材制造产品的质量、性能和可靠性。宏观残余应力、表面缺陷以及内部的气孔和裂纹等，会降低材料的强度和延展性，还可能促进疲劳裂纹的扩展，降低疲劳寿命，织构柱状晶粒会导致机械性能出现严重的各向异性。

传统缺陷检测手段，如人工目检、离线式三坐标测量等，在应对增材制造多尺度缺陷时，暴露出效率低、精度不足、实时性差等固有缺陷。人工检测依赖经验，难以辨识微米级微观缺陷；离线测量无法融入制造流程，无法实现实时监测与反馈。随着深度学习、多模态感知技术的飞速发展，多尺度缺陷检测迎来创新突破的契机。深度学习凭借强大的特征表征能力，可融合工业视觉、传感器技术等多源数据，精准捕捉不同尺度缺陷的复杂特征；结合多模态检测技术，更能构建覆盖微观到宏观的全尺度监测体系，为增材制造质量控制提供新路径。

增材制造技术在航空航天、医疗等领域的广泛应用中，晶格结构的内部缺陷检测一直是制约产品质量的关键难题。传统方法依赖人工分析 CT 切片，效率低且易受主观因素影响，尤其对小尺度缺陷（如微裂纹、未熔合点）的识别能力不足。例如，针对这一挑战，某航空航天制造企业联合科研团队开发了基于改进 YOLOv11 的多尺度缺陷检测技术，通过融合 K-medoids 聚类、FSRCNN（快速超分辨率卷积神经网络）超分辨率与多尺度特征提取，实现了对复杂晶格结构缺陷的高效精准检测。

实际零件缺陷的照片如图 8-9(a) 所示。CT 切片中可以看到两种类型的实际缺陷，图 8-9(b) 显示了两种缺陷类型的示例：未熔合部件和断裂点。CT 切片中的缺陷逐渐出现，产生缺陷的原因是金刚石结构的中心点没有完美打印。由于金刚石结构的特点，多个缺陷的特征与 CT 切片中多个缺陷的成像表现出高度相似性。从图 8-9(c) 和图 8-9(d)、图 8-10 中可以看出缺陷的鳞片和形状如何与 CT 切片的背景同时变化。

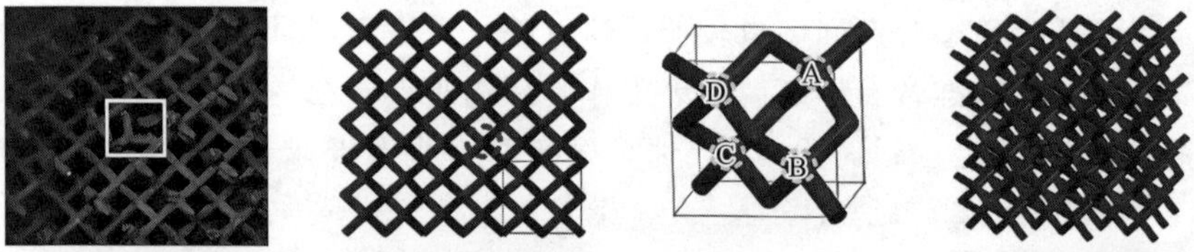

(a) 晶格缺陷（方框区域） (b) 设计模型的俯视图 (c) 晶胞中金刚石结构缺陷的中心点（白色虚线区域） (d) 结构模型（尺寸为3×3×3）

图 8-9 实际零件的照片

该案例通过多尺度特征融合与超分辨率增强，实现了对不同尺寸缺陷的协同检测。其工业级鲁棒性体现在对复杂背景的适应性和多材料兼容性。该技术已被纳入行业标准，为增材制造质量控制提供了智能化解决方案。

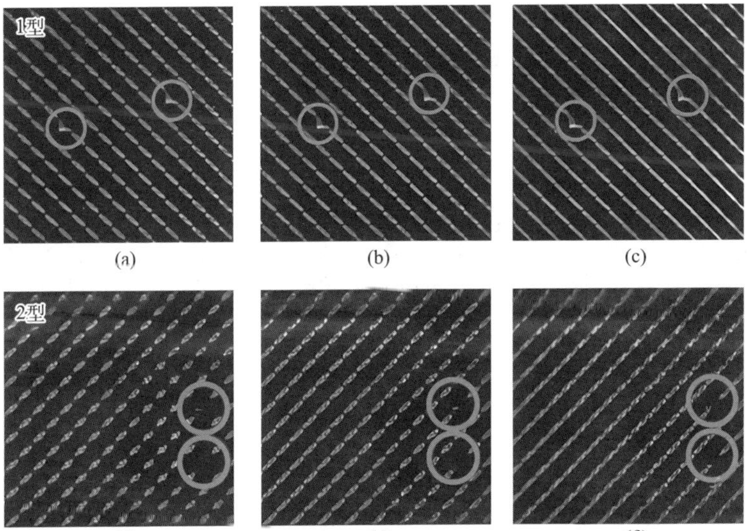

(a) (b) (c)

(d) (e) (f)

图 8-10　非熔合引起的 1 型缺陷和骨折引起的 2 型缺陷

注：缺陷和背景从图（a）到图（c）和从图（d）到图（f）逐渐变化。

8.2.4　增材制造实时过程监测案例

德国 EOS 公司的 EOS M 400-4 金属增材制造设备具备高功率、高效率的打印能力，并集成了实时过程监测系统，实现了对打印全过程的智能质量控制。如图 8-11 所示是 EOS M 400-4 金属增材制造设备。

以金属增材制造设备生产新型航空发动机的关键零部件为例，说明实时过程监测的过程。

EOS M 400-4 金属增材制造设备通过集成 EOSTATE 实时过程监测系统，构建了一个涵盖激光、熔池、粉床与系统环境的多维度智能监测闭环，该系统流程如图 8-12 所示。

（1）打印前准备阶段

在生产前，技术人员将零部件的三维模型导入 EOS M 400-4 设备的控制系统。根据模型特点和材料特性（此次选用高性能镍基合金粉末），在设备操作界面上设置详细的打印参数，如激光功率、扫描速度、

图 8-11　EOS M 400-4

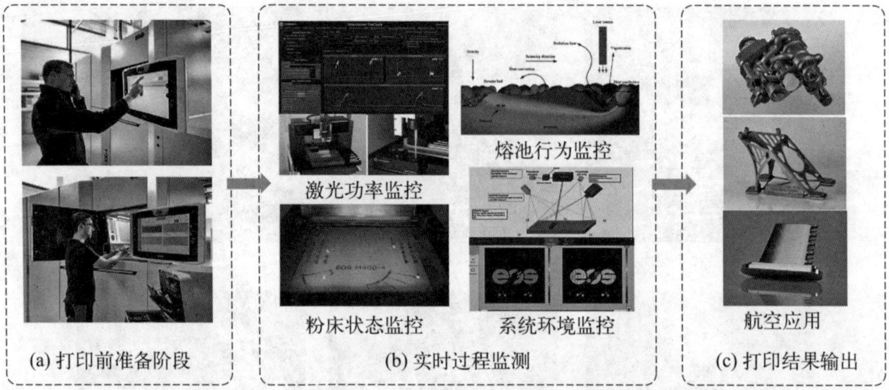

图 8-12　新型航空零件 3D 打印实时过程监测

粉层厚度等。同时，对 EOSTATE 实时过程监测系统进行初始化设置，确定监测的关键指标、阈值以及数据采集频率。例如，设定熔池温度的正常波动范围，以及激光能量密度的上下限等。

(2) 实时过程监测

EOS M 400-4 通过集成图 8-12(b) 中的四大模块，构建了一个全流程、全数据、可视化、可追溯的实时过程监测系统。如图 8-13 所示，它不仅支持用户在打印过程中对潜在缺陷的早期识别，还为后续的人工智能分析、闭环控制和产品质量认证提供了完整的数据基础。

EOSTATE Exposure OT（激光功率监控）模块用于对激光系统的功率输出进行全程监控。当激光扫描航空零件（如航空发动机叶片等精密结构部件）时，该模块实时记录每一次激光扫描路径，精确至零件复杂曲面、薄壁等精细结构区域；同时通过高精度传感器实时采集功率强度，与针对航空零件材料特性（如钛合金、高温合金等）及结构设计预设的功率值持续比对，监测功率稳定性。曝光时间亦被精准记录，形成每一次扫描的完整参数链。在扫描过程中，模块持续追踪激光轨迹，通过预设算法与实时数据比对，及时识别扫描路径是否出现中断或重复曝光异常。对于局部能量，模块分析扫描区域内功率与曝光时间的累积效应，例如在航空零件微小特征或拐角处，判断是否存在能量过高（可能引发材料过烧，改变微观组织）或过低（导致粉末未熔合，影响结构强度）的情况，确保激光能量输出严格契合航空零件高精密、高性能的制造要求，实现对激光扫描过程的精细化监测控制。

熔池是金属增材制造过程中最关键的微观过程区域，其行为直接决定了材料的致密性、微观组织与最终性能。EOSTATE MeltPool（熔池行为监控）模块借助高频红外传感器与光学采集系统，针对每一激光熔融点（这些点是构成航空

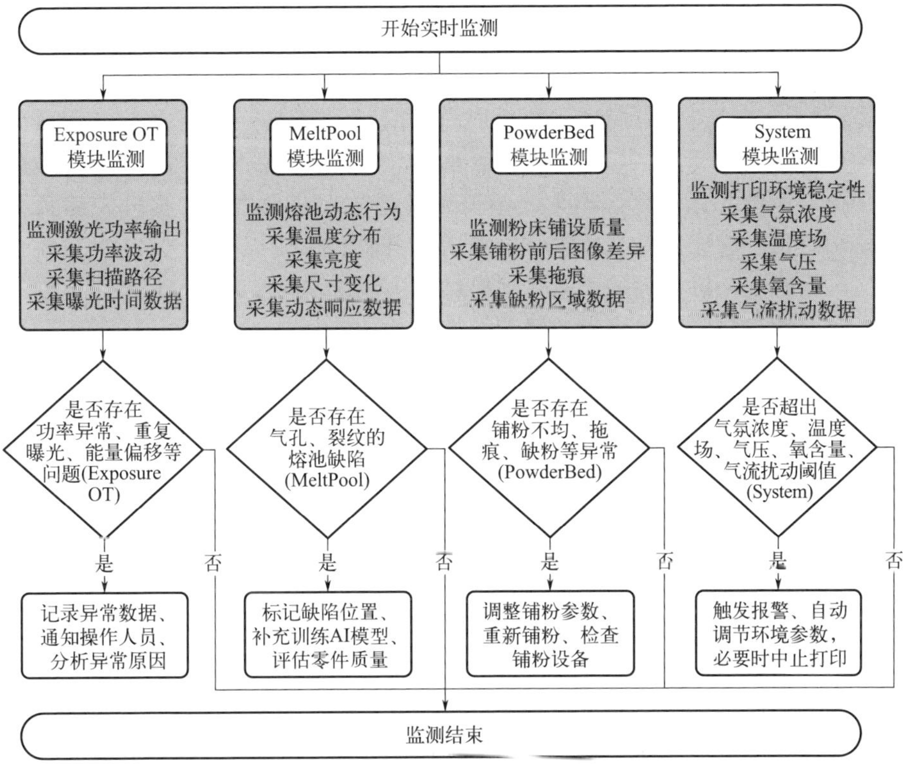

图 8-13　EOSTATE 监测模块

零件复杂精细结构的基础）开展实时监测，精确捕捉其亮度、温度分布、尺寸变化与动态特征，构建起熔池状态的热学与光学画像。该模块在航空零件监测中具备关键功能：检测熔池是否出现“过烧”现象，避免高温合金等航空材料组织粗化或产生气孔，防止涡轮叶片等零件强度与安全性受影响；识别因能量不足引发的未熔合风险，避免在航空零件关键承力结构中形成疲劳裂纹；采集熔池动态响应数据，为 AI 模型提供缺陷预测样本，确保航空零件制造的高可靠性。此外，模块可实现每层、每条扫描轨迹的高分辨率熔池记录，在后处理阶段通过数据比对，精准定位航空零件（如叶片复杂曲面、冷却通道等关键部位）的潜在缺陷位置，增强制品质量透明度，满足航空领域对零件质量的严苛标准与追溯要求。

在激光选区熔化工艺中，每层粉末铺设的均匀性与完整性是影响打印质量的重要因素。EOSTATE PowderBed（粉床状态监控）模块通过高分辨率工业相机对粉床状态实施全流程视觉监测。针对钛合金、镍基高温合金等难熔金属粉末的铺设质量，模块在铺粉前、铺粉后及激光扫描后三个关键节点，对粉床表面（尤其是零件薄壁结构、冷却通道、复杂曲面等精细区域）进行高清成像，并与前一层成形区域图像及基于零件 CAD 模型生成的标准铺粉图像进行像素级比对。监测过程精准识别三类异常：一是粉末均匀性缺陷，如目标区域（叶片榫头连接面、框架轻量化孔格）的粉末空缺、局部过厚或薄厚不均，避免熔合不良或尺寸超差；二是设备动作异常，如扫粉器拖痕（可能损伤已成形薄壁）、材料堆积（易引发熔池飞溅）、粉末脱落（导致层间缺陷）；三是零件成形缺陷，如热应力导致的局部变形或翘曲（如叶片缘板微小抬升）引发的粉床遮挡、错层。监测数据同步提取图像变化信息，作为图像识别模型的训练数据源，提升缺陷预判能力。模块将每层粉床图像及比对结果自动归档，形成与零件编号对应的可视化质量档案，为航空关键部件的质量追溯提供直接证据，确保制造过程符合航空工业对材料一致性与缺陷可追溯性的严苛标准。

金属 3D 打印过程中，整个打印舱内环境的稳定性对最终零件性能具有重要影响。EOSTATE System（系统环境监控）模块通过多维度传感器阵列，对打印舱内环境实施精准监控，确保满足航空材料（钛合金、镍基高温合金等）对活性保护、热力学稳定性的严苛要求。模块实时采集五大核心环境参数：通过高精度气体传感器监测氮气/氩气浓度（维持≥99.99%高纯惰性气氛）与氧含量（阈值≤0.005%），防止钛合金粉末氧化形成夹杂或晶粒粗大缺陷，一旦氧含量超标立即触发惰性气体吹扫并报警，持续超限则自动中止打印；利用红外热像仪与压力传感器测绘舱内温度场（精度±1℃）与压力波动（≤0.5kPa），重点控制粉床区域温度梯度，避免局部过热导致粉末团聚或过冷引发层间结合不良；通过风速传感器与高速摄像机捕捉铺粉时气流扰动，防止粉末在零件薄壁、悬臂结构处堆积或吹散，避免层间间隙缺陷。所有环境数据（气体浓度、温度、压力、气流速度等）以毫秒级频率与打印层编号、激光能量参数实时绑定存储，形成涵盖零件全制造过程的环境质量档案。这些数据不仅支撑实时异常诊断（如压力突变时自动关联对应层的熔池状态），更作为航空发动机部件适航认证的核心依据，确保制造环境符合 AS9100 体系对可控性与可追溯性的要求，从源头规避环境因素导致的材料性能劣化风险。

同时，系统还监测设备的运行状态，包括各电机的转速、温度，以及关键部件的振动情况等。通过对这些参数的实时监测，及时发现设备潜在的故障隐患，提前进行维护保养，确保设备稳定运行。例如，系统监测到某一电机的温度略有升高，虽未达到报警阈值，但技术人员根据系统提示进行检查，发现是电机散热风扇积尘导致散热不良，及时清理风扇后，电机温度恢复正常，避免了因电机故障导致的打印中断。

(3) 打印结果输出

通过 EOSTATE 系统对激光功率、熔池行为、粉床状态及系统环境的多维度实时监测与精准调控，最终输出的航空零件展现出优异品质与性能。如图 8-14 所示，这些零件结构复杂且精细。

(a) 发动机燃油喷嘴　(b) 航空支架　(c) 金属构件

图 8-14　航空零件 3D 打印

如图 8-14(a) 所示，发动机燃油喷嘴的内部流道与外部结构高度精密，确保燃油喷射的稳定性与效率；如图 8-14(b) 所示，航空支架在实现轻量化设计的同时，凭借监测系统对熔池及粉床的优化控制，保障了结构强度与可靠性；如图 8-14(c) 所示，金属构件表面光滑、尺寸精准，得益于激光功率与扫描轨迹的稳定监控，有效避免了过烧、未熔合等缺陷。监测系统对制造全环节的严格把控，确保了材料致密性与微观组织稳定性，使零件满足航空领域对可靠性、高性能的严苛标准，彰显了增材制造技术在航空领域的卓越应用价值。

8.3　面向增材制造的智慧工厂

在现代制造业迈向高端化、智能化、绿色化的进程中，增材制造作为核心技术之一，正在推动制造范式的根本变革。而“智慧工厂”则是这一技术变革的关键承载平台，是以高度自动化、信息化、柔性化为核心特征的生产系统，它整合了人工智能、物联网、数字孪生、机器人系统、边缘计算与大数据分析等新兴技术，致力于实现从设计、制造到检测、物流的全流程智能闭环管理。智慧工厂不再是简单的“自动化车间”，而是一个集“智能感知、自主决策、协同执行”于一体的智能生态系统，特别是在服务于高复杂度、定制化、短周期的增材制造任务中展现出显著优势。

从智慧工厂内部构造来看，其最直观的变革是制造设备形态和组织方式的全面智能化升级。如图 8-15 所示，车间中部署了多套六轴工业机器人系统，搭配激光扫描装置、在线视觉识别系统、柔性夹具装置等执行与感知模块，形成具备自我感知、自主路径规划、精准控制能力的自动制造单元。这些单元承担了打印件的抓取、检测、加工、分拣等多种后处理任务，不仅极大缓解了传统手动操作在重复性、强体力工种中的负担，也保证了制造品质的一致性与流程可追溯性。值得注意的是，这种自动化不再停留在单一设备层级，而是通过工业以太网或 TSN（时间敏感网络）技术将各单元连接成一个协同网络系统，使机器人间能够实现“任务感知—路径协同—实时通信”的高效联动。特别是在面向多品种、小批量的增材制造中，这种协同式自动化机制尤为关键，它打破了传统流水线式制造中“结构刚性”的局限，使制造系统真正具备柔性响应能力。

图 8-15 增材制造的智慧工厂

智慧工厂在增材制造流程中还强化了质量控制与在线检测能力。增材制造后的零件会被迅速送入具备非接触式激光扫描与 AI 视觉处理能力的检测单元，这些单元基于 3D 点云重建、缺陷模式识别与 CAD 模型比对等算法，能够实时识别出如翘曲、缩孔、支撑残留、层错等增材制造典型缺陷。更重要的是，通过将检测数据回传至中央制造执行系统（MES），可以实现质量反馈调节，即基于检测结果自动优化后续打印参数或引导机器人进行补偿处理。这种闭环质量控制机制，将传统“后处理检测”演进为“过程自感知”，大幅提升了整体制造良率与一致性，尤其适用于高精度、高复杂度的功能件制造任务。

在智慧工厂的信息支撑系统方面，MES（制造执行系统）与 ERP（企业资源计划）系统的集成贯穿整个制造流程。以 MES 为核心的信息中枢系统，承担着任务派发、设备调度、状态监控、能耗追踪、异常报警、工艺追溯等多维度信息处理任务。一旦接收到生产任务指令，MES 会基于数字模型自动计算打印路径，优化打印顺序，并生成机器人工作轨迹，随后将任务细化分发至各工作单元。例如，系统会自动判定零件几何特征，选定合适的后处理工位（如清理、切割、热处理或精加工）及合适的末端执行器类型，并按执行优先级排定机器人运行时序。同时，各类设备通过 OPC UA 或 MTConnect 等工业通信协议实时将状态数据上传 MES，实现对生产过程的全面可视化与可控化。这种信息架构不仅提升了系统响应效率，也为生产数据的归档与溯源提供了扎实基础。

在此基础上，智慧工厂通过构建数字孪生系统，进一步打通了虚实融合通道。每一台设备、每一件工装、每一套工艺流程都在数字空间中拥有一一对应的虚拟映像，生产过程中所有参数、状态、路径与反馈信息均实时同步至孪生模型，形成高度仿真与具备预测能力的虚实协同系统。在实际运行中，操作人员可在数字界面实时监控每一任务节点的进度、能耗、温度场分布、工艺残余应力变化等细节指标，甚至可在系统仿真环境中预判潜在瓶颈与质量风险，从而提前调整设备策略或路径规划。这种数字孪生与实时控制耦合的方式，为高风险复杂结构件制造提供了强有力的保障。例如在航空航天或医学植入物等领域，许多部件需通过多次增材-减材复合加工完成，通过数字孪生可有效控制中间残余应力演化趋势、表面质量劣化问题或关键结构的动态响应。

智慧工厂在增材制造领域的另一个显著优势在于其高度柔性的制造资源重组能力。不同于传统制造线，智慧工厂的生产系统以任务为中心动态组织制造资源。多个工作站均采用模块化移动设计，可在数小时内重新布局，完成“加工—检测—装配—搬运”任务路径的重构。这一设计尤其适用于需快速响应新产品迭代、定制化任务频发的制造场景。同时，配合 AGV 或智能物流系统的调度能力，增材制造原材料、打印成品、中间半成品等均可在不同工位之间实现高效流转，避免了“物等人”的资源滞后现象，极大提高了资源利用率与生产节拍协调能力。

智慧工厂的运行并非完全脱离人工，仍保留一定程度的人机协作接口，以增强系统鲁棒性和灵活应对能力。工作站设有人机交互界面与临时检修工位，操作员可在特定异常场景下介入处理，或在个别关键环节中进行经验式微调。为此，系统在设计之初即引入多层次安全控制机制，包括激光安全栅、电子围栏、动态避障算法与安全冗余通信通道等手段，确保人机协作场景下的作业安全。未来，随着协作机器人与语义识别、人机意图预测等技术进一步成熟，智慧工厂的人机融合程度将更深，操作体验也将更为友好。

智慧工厂也对传统增材制造流程提出了挑战。例如，打印任务不再孤立运行，而是需要与整个生产系统联动同步，包括打印平台预热时间、材料加载状态、环境温湿度影响、打印后工件冷却周期与变形趋势等因素都需纳入调度模型中。这就要求增材制造软件平台具备与其他制造系统深度集成的能力，既要支持多机协同打印、多材料路径规划，又要与机器人路径控制器、在线监测模块和数字孪生仿真模型实现无缝对接。为实现这一目标，许多智慧工厂开始采用开放式数据结构与云边协同架构，配合标准化接口协议构建统一的数据总线，推动系统从“数据孤岛”向“智能协同”演进。

面向增材制造的智慧工厂不仅仅是装备层面的自动化提升，更是制造逻辑、组织方式与管理体系的根本革新。它将打印设备、机器人系统、在线检测平台、信息决策系统与人机协作机制深度融合，构建出一个高效运行、精准控制、智能决策的制造闭环生态。未来，随着人工智能、边缘计算与绿色制造理念的进一步深化，智慧工厂将在能源优化、碳排放管理、全生命周期质量控制等方面发挥更重要的作用，成为支撑智能制造高质量发展的关键支柱。

参考文献

[1] 刘淼，夏雨虹，赵海涛，等．面向6G工业物联网的联邦学习：从需求、愿景到挑战、机遇［J］. 电子与信息学报，2024，46（12）：4335-4353.

[2] 曾海峰．探析基于ChatGPT的人工智能交互技术工业物联网平台［J］. 软件，2024，45（12）：39-41.

[3] 刘广超．电弧与视觉协同检测的弧焊机器人增材制造立体成形高精度智能控制技术［D］. 成都：西南交通大学，2021.

[4] 赵慧凯．航空激光增材制造零部件内部缺陷智能检测方法［J］. 自动化与仪器仪表，2019（07）：133-136.

[5] Zubayer H M，Xiong Y，Wang Y，et al. Enhancing additive manufacturing precision：Intelligent inspection and optimization for defect-free continuous carbon fiber-reinforced polymer［J］. Composites Part C：Open Access，2024，14：100451.

[6] Zhang Z W，Zhang Y Y，Wen Y T，et al. Intelligent defect detection method for additive manufactured lattice structures based on a modified YOLOv3 model［J］. Journal of Nonde structive Evaluation，2021，41（1）：1-14.

[7] 夏卫生，肖阳，张进叶，等．金属增材制造无损检测方法研究进展［J］. 电焊机，2021，51，（8）：99-104.

[8] 张玉燕，李永保，温银堂，等．基于FasterR-卷积神经网络的金属点阵结构缺陷识别方法［J］. 兵工学报，2019，40，（11）：2329-2335.

[9] Zou L，Liu A. Intelligent detection algorithm for concrete bridge defects based on SATH-YOLO model［J］. Sensors，2025，25（5）：1449.

[10] Szeliski R. Computer vision：Algorithms and applications［M］. 2nd ed. NewYork：Springer，2022.

[11] 王东辉，胡良伟．机器视觉检测技术综述［J］. 仪器仪表学报，2020，41（5）：89-96.

[12] 袁晨，王伟．传感器在增材制造过程监测中的应用综述［J］. 中国激光，2021，48（6）：0601001.

[13] Redmon J，Farhadi A. YOLOv3：An incremental improvement［J］. arXiv，2018：1804. 02767.

[14] Bochkovskiy A，Wang C Y，Liao H Y M. YOLOv4：Optimal speed and accuracy of object detection［J］. arXiv，2020：2004. 10934.

[15] Liu W，Yu Y，Bai Z，et al. Deep learning-based defect detection in metal additive manufacturing：A survey［J］. IEEE Access，2021，9：130202-130224.

[16] 胡晨，马良，周振．基于深度学习的金属增材制造质量检测研究综述［J］. 激光与红外，2022，52（4）：433-440.

[17] Tang S，Liu Y，Zhang G，et al. Smart in-situmonitoring and diagnosis in metal additive manufacturing：A review［J］. Journal of Manufacturing Systems，2022，62：728-744.

[18] 王继红，郑松，彭志强．增材制造过程的缺陷在线监测及检测方法［J］. 材料导报，2022，36（10）：10042-10050.
[19] 王晓宇，黄文胜．增材制造过程的视觉检测技术及其发展［J］. 光学技术，2021，47（3）：325-331.
[20] Zhao L，Li Y，Liu Z，et al. Intelligent quality control in additive manufacturing via real-time monitoring and machine learning［J］. Additive Manufacturing，2022，52：102636.
[21] 王超，杨志强．基于多尺度深度学习的缺陷识别方法研究［J］. 自动化仪表，2022，43（8）：56-62.
[22] 郑宇，赵新福．多源数据驱动的增材制造过程缺陷检测方法研究［J］. 制造业自动化，2023，45（2）：41-46.
[23] Wu P，Wang J，Zhao Y，et al. Intelligent process monitoring system for LPBF-based additivemanufacturing［J］. Procedia CIRP，2021，104：759-764.
[24] 高峰，余晨．面向智能制造的增材制造智慧工厂构建策略［J］. 智能制造，2023，5（2）：112-119.
[25] 徐明，李磊．增材制造与智慧工厂集成发展路径研究［J］. 制造业自动化，2022，44（7）：80-84.

第9章

面向增材制造的智能设计未来

9.1 增材制造驱动科技革命

9.1.1 增材制造助力商业航天与低空经济

商业航天与低空经济的迅猛发展，正在重塑全球产业格局。随着航天任务需求逐步走向多样化与高频次化，传统制造模式难以满足轻量化、复杂结构快速迭代和个性化生产的迫切需求，增材制造智能设计技术逐渐成为推动这一领域创新的重要引擎。

(1) 增材制造网络化编程制备航天涂层超高温热防护梯度材料

Space X公司的Raptor3火箭发动机中有60%的零部件采用了增材制造技术，实现了质量减轻36%、推力增加51%的性能提升。此外，SpaceX还利用增材制造技术来制造具有优化结构的燃料喷嘴、涡轮叶片等关键部件，进一步提高了发动机的性能和效率。高超声速飞行器的研制亟需发展适应于极端热环境的新型防热结构和新技术。利用增材制造“离散-堆积”的工艺优势，能够将耐烧蚀组分和隔热组分在空间位置上挤出成形，可实现个性化梯度结构防热涂层的网络化编程制造。如图9-1所示，基于微型螺杆的“在线计量-原位混合-连续变组分挤出-增材制造”的多组元增材制造系统原理，以及增材制造系统的高通量混合能力和梯度结构涂层的成形能力，能够制备连续线梯度结构、径向梯度结构、轴向交替/连续梯度结构。

(2) 城市低空载人飞行器复杂机构数字化设计及增材制造

低空经济中，无人机与城市空中交通（urban air mobility，UAM）产业迅

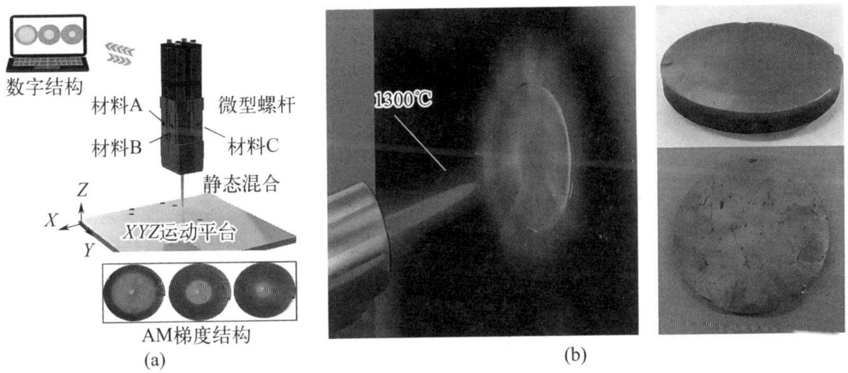

图 9-1 智能设计多组元增材制造设备结构与增材制造轴向交错航天涂层热防护梯度材料

速崛起，对定制化、高性能飞行器的需求剧增。低空载人航天飞行器制造面临的核心挑战是减重与结构优化，以降低发射成本、提高任务载荷并延长使用寿命。增材制造与智能设计结合，可生成超出传统工艺能力的复杂结构，实现结构的轻量化与功能集成。智能设计通过仿生拓扑优化与多尺度结构仿真，生成兼具轻量化与高强度特征的飞行器机身和部件。增材制造利用数字化设计、网络化协同、智能化控制等技术手段，满足市场上小批量、多样化、快速交付的需求，推动低空经济快速发展。如图 9-2 所示为城市低空载人航天飞行器回转支撑机构的优化设计及增材制造流程。

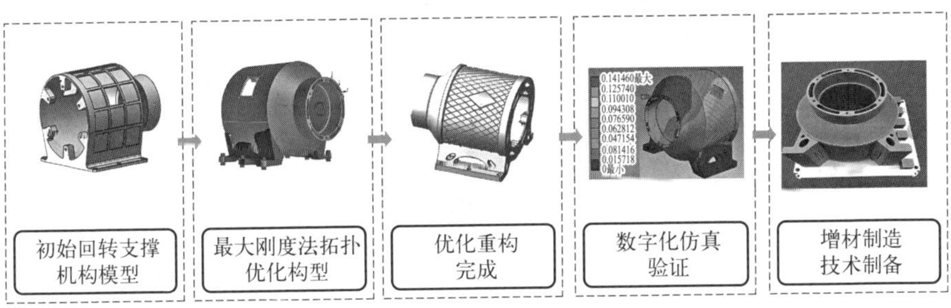

图 9-2 低空载人航天飞行器回转支撑机构的优化设计及增材制造流程

未来，增材制造的智能化设计将迈向“设计-仿真-制造”终端闭环范式，通过 AI 驱动的生成式设计、实时仿真验证与自主工艺决策，实现复杂构件的全流程动态优化。从拓扑结构创新、多物理场性能迭代到制造参数自适配，智能系统将突破传统人工干预瓶颈，形成“需求定义→自主演化→可靠输出”的认知制造新生态。面向太空环境的增材制造将面临极端条件下材料可靠性验证、多材料跨尺度一体化打印及自主化分布式制造网络构建等核心挑战，需通过智能设计技术实现突破：基于数字孪生与自感知材料的验证体系可应对微重力与辐射环境下的性能衰减；微纳尺度动态沉积工艺与AI驱动的材料-工艺匹配算法将推动金属-陶瓷-聚合物复合结构的精准制造；而依托近地轨道分布式制造节点、地外资源原位利用（ISRU）及AI-区块链协同的智能化空间制造系统，有望重构深空探索的供应链模式，实现从“地球依赖”到“太空自主”的范式跃迁。

9.1.2 增材制造驱动6G通信和自动驾驶

（1）柔性打印重塑6G高频通信器件

如图9-3所示，3D打印技术为液态金属基三维集成电路制造提供了一种高效、精准且可控的加工方式。依赖液态金属的流动性在柔性基底上形成导电路径，能够实现高密度3D互连、可编程电子电路，为6G高频通信设备提供颠覆性设计空间。例如，利用气溶胶喷印技术直接在曲面基板（如可折叠手机、卫星终端外壳）上集成毫米波天线阵列，实现信号传输与设备形态的深度融合。华为已通过纳米银墨水直写工艺开发柔性共形天线，在折叠状态下仍保持6G高频信号稳定性。此外，微纳3D打印的电磁超材料（如可重构智能反射表面）可动态调控太赫兹波束方向，解决6G信号覆盖盲区问题，其结构复杂度远超传统蚀刻工艺极限。

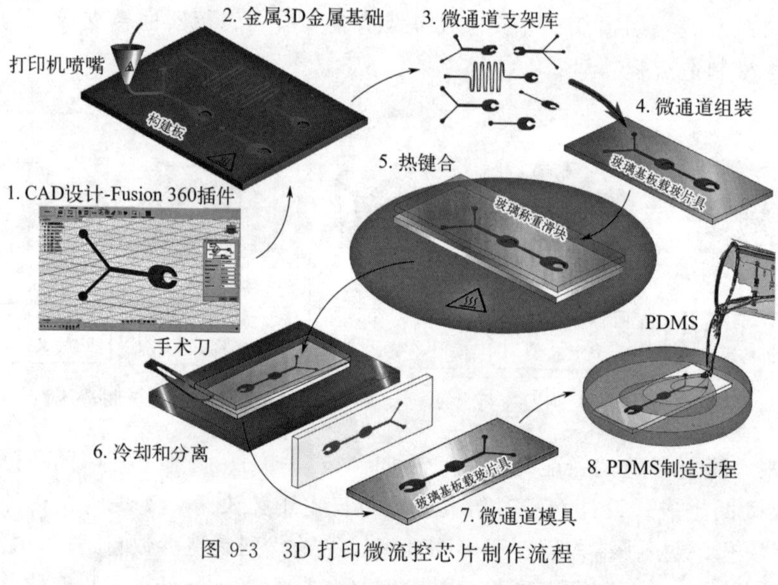

图9-3 3D打印微流控芯片制作流程

（2）柔性打印与微纳打印驱动自动驾驶感知升级

微纳尺度增材制造正突破自动驾驶传感器的物理限制。如图9-4所示，特斯拉FSD自动驾驶系统的双光子聚合技术可打印亚微米级光学衍射元件，将激光雷达体积缩减60%（如特斯拉新一代感知模块），同时实现160°超广角探测。柔性电子电路直写技术则颠覆传统汽车线束，直接在车身曲面打印嵌入式应变传感器网络，实时监测结构形变并降低线缆自重。德国博世已试验在轮胎内壁打印压电传感阵列，通过胎面压力分布数据优化自动驾驶车辆的抓地力控制算法，彰显“结构即传感器”的设计理念。

图 9-4　特斯拉 FSD 自动驾驶系统

9.1.3　增材制造人形机器人柔性关节的突破性应用

如图 9-5 所示，增材制造技术通过多材料梯度打印与智能拓扑优化，彻底革新了人形机器人关节的设计范式。如机器人的膝关节可采用钛合金骨架与柔性 TPU 的一体化梯度打印，实现刚柔并济的仿生运动性能，减重的同时提高承载能力。意大利理工学院 Istituto Italiano di Tecnologia（IIT）研发的探险救灾机器人，采用由铝、镁合金和钛制成的框架。这些轻质材料使 WALK-MAN 的质量减轻了 31kg，从 133kg 降至 102kg。尽管变得轻量化，但机器人的手臂强度仍提高了 40%，每个有效载荷容量为 10kg。

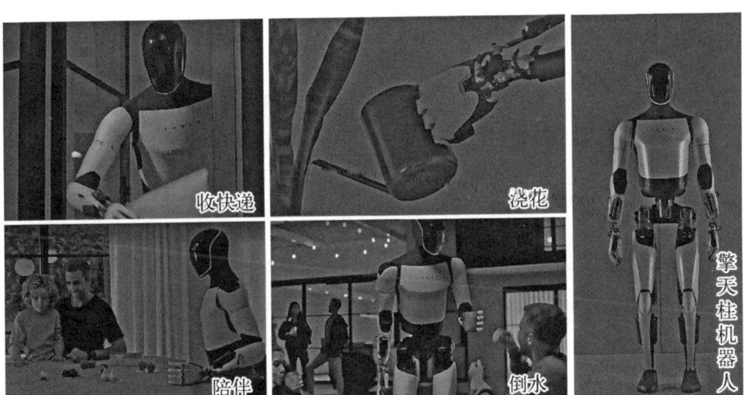

图 9-5　特斯拉 Optimus 二代机器人

微型化增材工艺进一步推动驱动与传感的深度融合。瑞士 ETHZurich 团队利用增材制造技术制造直径 2mm 的磁控电机，集成于手指关节实现 0.01°级精度控制，而嵌入式压电传感器可实时感知动态负载并回收 15%的运动机械能，赋能自供电路径。这些人形机器人能够自如运动离不开增材制造的柔性关节。未来，人形机器人的开发还会通过增材制造技术结合数字孪生驱动的“设计-打印-反馈”闭环系统实现性能迭代。

在增材制造柔性机器人中，肢体关节通常融合多种驱动方式，如图 9-6 所示，以实现高柔顺性与多功能协同控制。其中，电机驱动关节通过伺服电机或步进电机结合齿轮、连杆等结构实现刚性控制，适用于对精确角度与力矩响应有较高要求的场景；柔性线控关节利用高强度拉索或线缆，通过电机牵引改变张力驱动关节运动，结构轻巧，适合轻量化穿戴设备；气囊驱动关节基于软体气动执行器，通过调节腔体内气压实现柔性弯曲与伸展，具备良好的安全性与环境适应能力。此外，融合线控与气囊驱动的柔性关节兼具柔顺性、可控性与安全性，特别适用于康复辅助机器人中对人机交互舒适性和动作辅助柔和性的要求。利用增材制造技术，可实现这些复杂结构的一体化成形与个性化定制，显著提升康复机器人在医疗与家庭场景中的实用性与智能化水平。

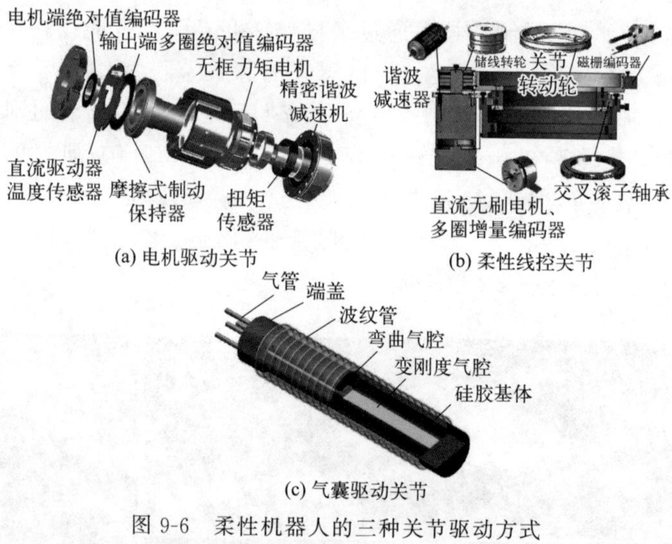

图 9-6　柔性机器人的三种关节驱动方式

内蒙古工业大学自主研发的可定制穿戴式下肢康复外骨骼机器人（图 9-7），为内蒙古科技厅支持的重点研发和成果转化项目（项目编号：2025YFHH0148），该产品通过定制化增材制造和智能设计方法实现了以人体运动生物力学特征为核心的个性化外骨骼模型，融合 IMU 姿态传感器、关节角度监测等多模态数据与深度学习算法，实现对患者步态的精准识别与重构。

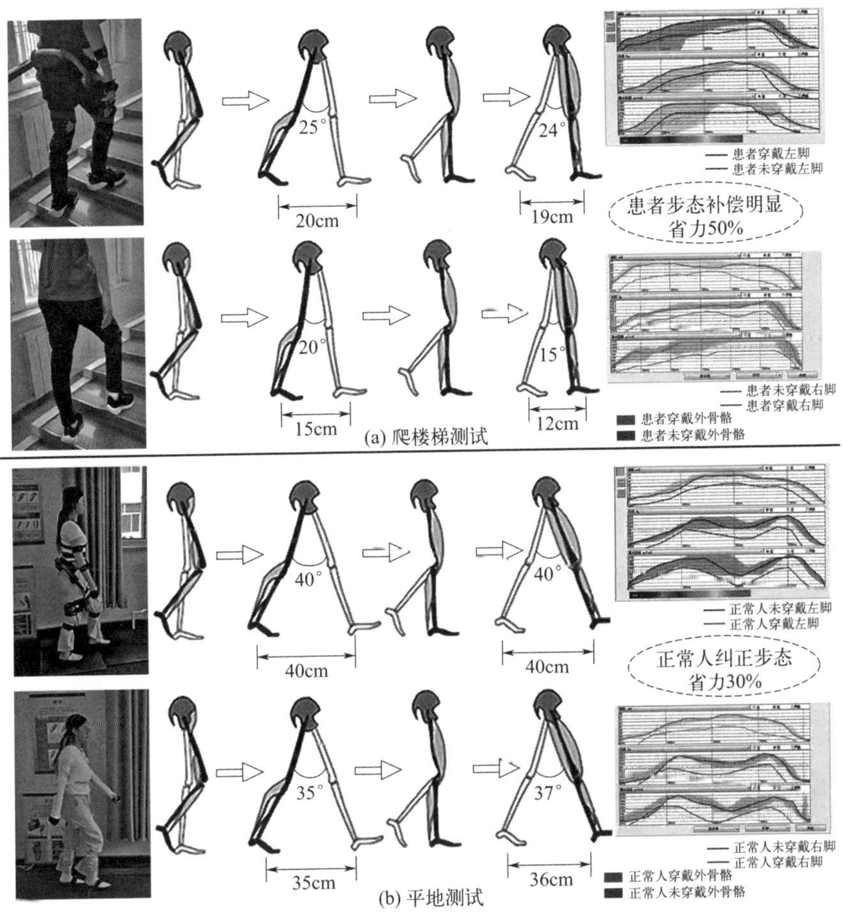

图 9-7　可定制穿戴式下肢外骨骼辅助步态周期对比图

如图 9-7 所示，外骨骼系统在患者与正常人群中的步态辅助效果均较为显著。患者在爬梯测试中穿戴外骨骼后，髋关节屈伸角提升至 25°，步幅由 15cm 增至 20cm，步态对称性显著改善，重心转移更平稳，整体省力效果约为 50%。在正常人进行的平地行走测试中，外骨骼辅助补偿功能使左右脚步态趋于一致，髋关节屈伸角稳定在 40°，左右脚的步幅和步频基本一致，整体省力效果约为 30%。

在控制策略方面，融合混合阻抗控制与模型预测控制算法，使系统能灵活适应多种行走场景，提升步态自然性与安全性。结构上，首次引入增材制造技术打造柔性关节，结合拓扑优化与功能梯度结构，实现关节在不减支撑性能前提下减重 15%，显著提升穿戴舒适性与响应速度。

综合来看，该外骨骼机器人系统在感知、控制与结构设计方面均实现了关键突破，面向脑卒中等下肢运动功能障碍人群提供了精准、高效的康复解决方案。

9.1.4 增材制造技术赋能量子科技领域

增材制造技术正在成为量子科技领域的关键赋能工具。从超导量子器件的精密加工到量子通信系统的组件创新，增材制造通过突破传统制造瓶颈，加速量子技术从实验室走向产业化应用。

(1) 超导量子器件的精密制造

增材制造技术为超导量子比特的制备提供了全新的工艺路径。如图 9-8 所示，电子束熔化（EBM）和微纳激光烧结技术可直接打印铝基或铌钛合金超导谐振腔与约瑟夫森结，表面粗糙度可控制在 $Ra<0.1\mu m$，显著降低微波信号传输损耗。IBM 通过该技术制造的超导量子芯片，量子比特相干时间提升了 30%。此外，多材料复合打印技术（如陶瓷与超导金属的异质集成）有望解决量子芯片在极低温环境下的热膨胀失配问题，进一步提升器件稳定性。

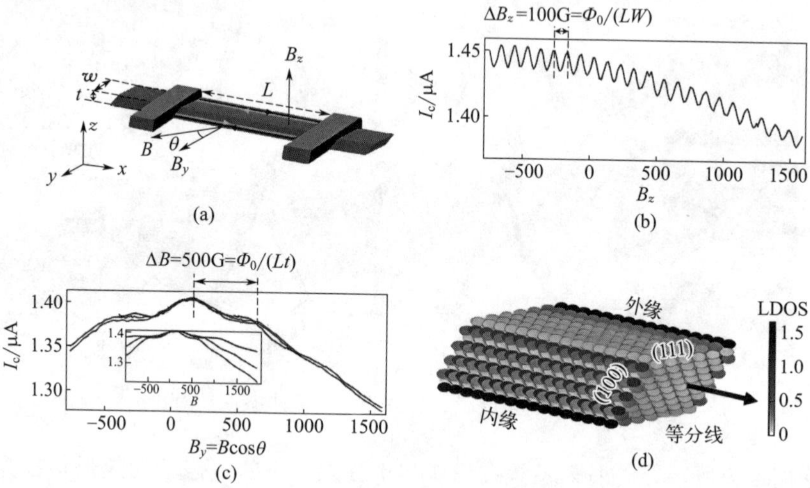

图 9-8 增材制造微纳技术加工超导材料的约瑟夫森效应研究

(2) 量子通信器件的复杂结构加工

在量子密钥分发（QKD）系统中，增材制造技术被用于制造微型化光学组件。如图 9-9 所示，采用飞秒激光直写技术打印亚微米级光子晶体结构，实现单光子级低损耗传输（损耗<0.05dB/cm），较传统蚀刻工艺效率提升 5 倍；通过激光选区熔化（SLM）技术制造 Invar 合金低温封装真空腔体，在 4K 超低温下尺寸稳定性误差小于 1μm，保障量子态长期维持。中国科研团队已成功将此类组件应用于“墨子号”量子卫星的地面接收系统，信号传输效率提升 40%。

(3) 量子传感与拓扑材料的增材突破

尽管进展显著，增材制造在量子科技中的应用仍需突破以下瓶颈：量子器件

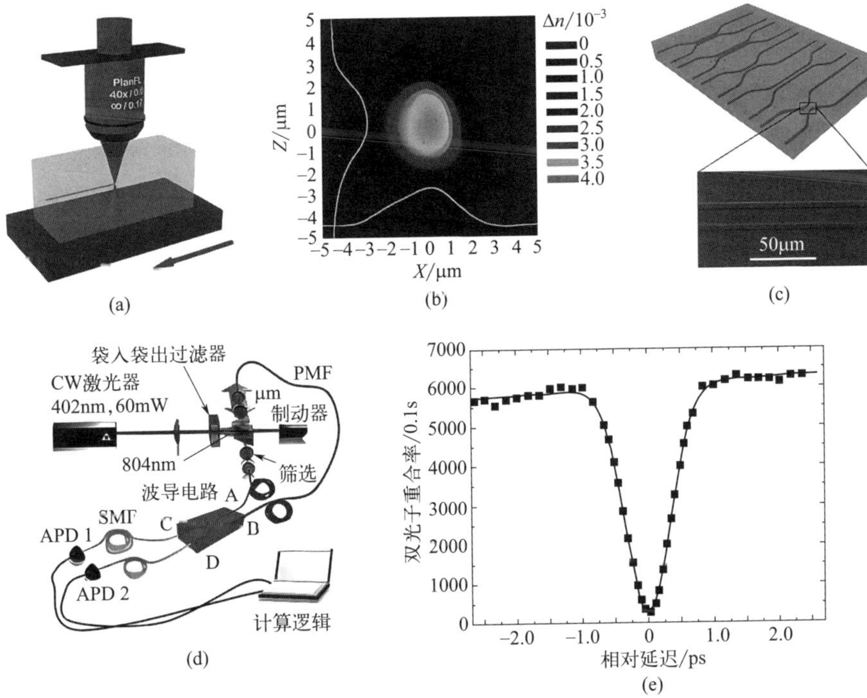

图 9-9　飞秒激光直写技术打印亚微米级光子晶体结构

CW—连续波；SMF—单模光纤；PMF—保持偏振光纤；APD—雪崩光电二极管

在超低温（接近绝对零度）和超高真空下的材料形变控制，需开发热膨胀系数匹配的新型合金；从纳米级量子结构（如约瑟夫森结）到厘米级封装体的一体化打印工艺，当前精度误差仍高于量子系统容错阈值；美国 NIST（国家标准与技术研究院）正牵头制定量子芯片增材制造工艺认证体系，而我国需加快建立自主标准以巩固技术优势。随着“量子+”产业生态的成熟，增材制造将推动量子器件从实验室定制迈向规模化生产。预计到 2030 年，基于增材技术的量子计算机核心部件成本将降低 70%，加速量子计算在金融加密、药物模拟等场景的落地。

9.2　生物增材制造的智能跃迁

9.2.1　从细胞打印到器官再造

在生物医疗领域，如图 9-10 所示，利用 4D 打印技术成形医疗支架，在植入前对其进行变形处理，使之体积最小，在植入人体后，通过施加一定的刺激使其恢复设定的形状以发挥功能，这样可以最大限度地减小患者的伤口面积。

图 9-11 为采用 DICOM 构建的 3D 气管模型。其中，图（b）为 STL 立体图形；图（c）为在计算机上进行与气管模型拟合的虚拟评估；图（d）为气管支架在患者体内的 CT 图。

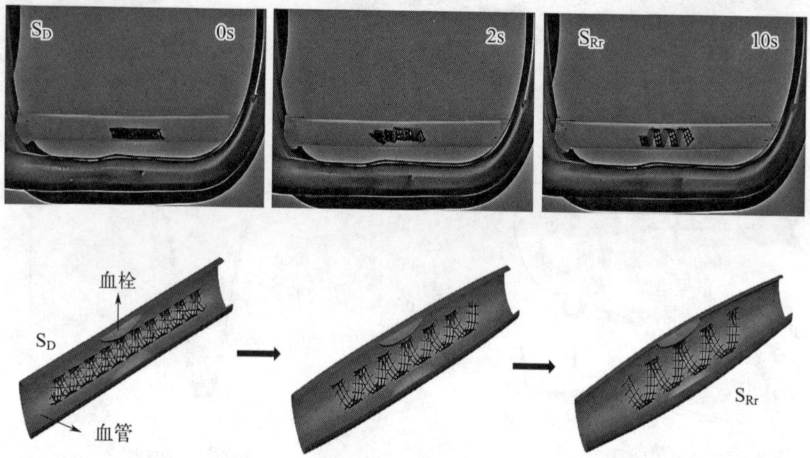

图 9-10　4D 打印形状记忆血管支架在外加磁场的作用下发生形变的示意图

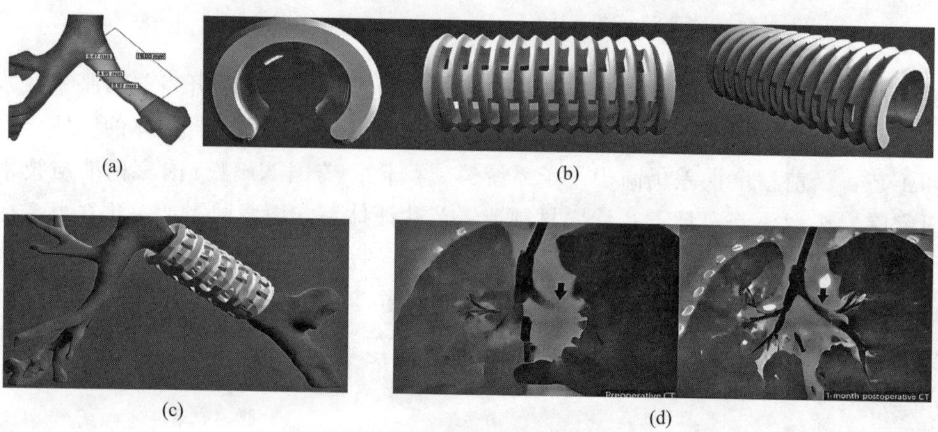

图 9-11　3D 气管模型

如图 9-12，美国乔治·华盛顿大学的 Miao 等利用新型可再生大豆油环氧丙烯酸酯，光固化成形了具有高生物相容性的支架，该支架能够促进髓间充质干细胞的生长，并且能够在－18℃下维持折叠的形态，在人体正常体温（37℃）下恢复到初始状态。

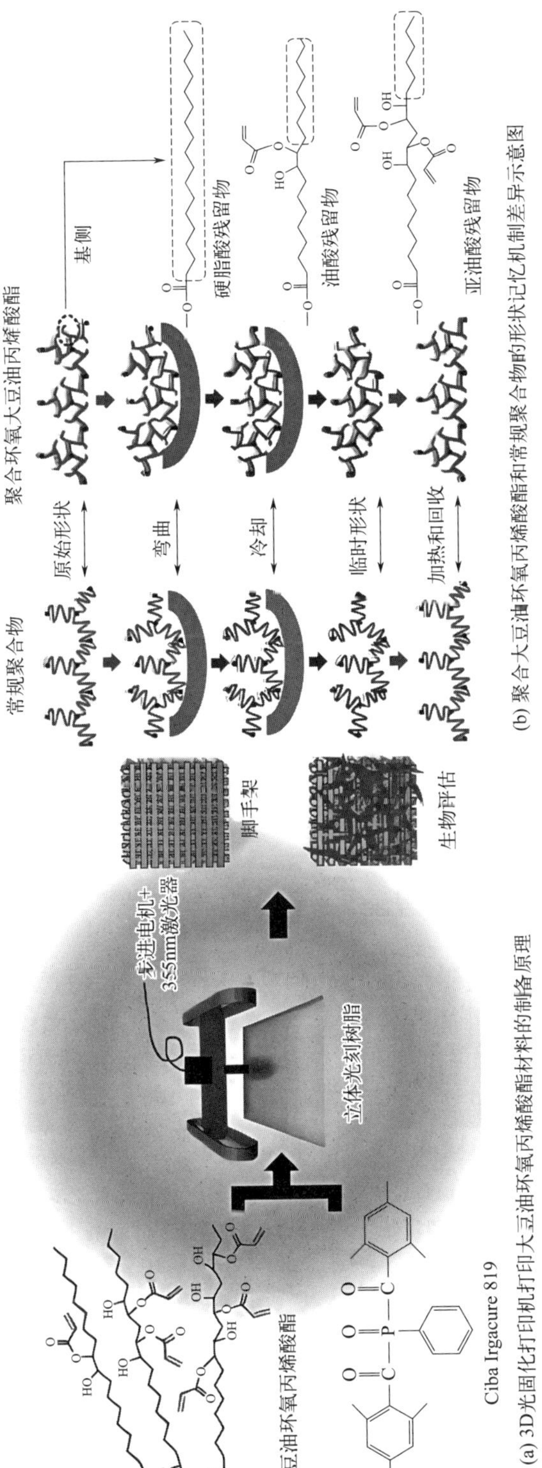

图 9-12　关于大豆油环氧丙烯酸酯材料的研究

如图 9-13，荷兰特温特大学 Hendrikson 等人利用形状记忆聚氨酯，4D 打印出了不同孔隙结构的支架。图 9-13(a) 为 0°/90°支架，图（b）为 0°/45°支架的不同孔隙结构的培养支架。该支架在恢复初始形状的过程中，会带动接种在上面的细胞发生形态的改变，进一步诱导细胞的生长，这样的支架在人体骨、肌肉、心血管等组织再生中具有很大的应用潜力。

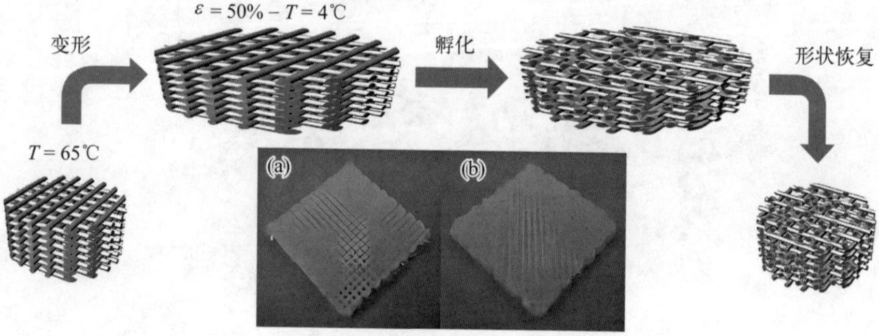

图 9-13　不同孔隙结构的支架

4D 打印技术和可编程材料正改变我们的生活。美国密歇根大学 C. S. 莫特儿童医院的葛林医生针对“气管支气管软化症”的婴儿，研发出了一种 4D 打印的呼吸道支撑器，有效避免婴儿气管塌陷。这种细小的支撑器可以保证婴儿的气管一直处于扩张的状态。随着婴儿逐渐长大，这个支撑器会不断扩张，直到孩子能够独立呼吸，最终被人体降解吸收。

9.2.2　增材制造可降解智能药控系统

(1) 增材制造梯度降解材料：实现精准时序控释，革新药物递送模式

通过多材料 3D 打印技术，可构建具有梯度降解特性的智能载体，突破传统药物的“爆发式释放”局限。麻省理工学院团队采用聚乳酸（PLA）与聚己内酯（PCL）的梯度混合打印技术，设计出抗癌药物支架：外层 PLA 缓慢降解(30 天半衰期)，提供长期化疗药物释放；内层 PCL 快速降解（7 天半衰期），实现术后初期高剂量抗炎药递送，使肿瘤抑制率提升 45%。进一步结合拓扑优化设计（如螺旋多孔结构），药物释放曲线与病灶代谢周期匹配度达 80%，显著降低全身毒副作用。如图 9-14 所示，中国研究团队选择与天然骨无机成分相似的羟基磷灰石（HA）为载体，通过化学沉淀法和微波水热法合成了 SeO_3^{2-} 掺杂的纳米级棒状羟基磷灰石（n-HA）和微米级中空介孔球状羟基磷灰石（m-HA），考察了不同形貌 SeO_3^{2-} 掺杂羟基磷灰石负载阿霉素（Dox）的效率及释放行为，将优选出的负载 Dox 的 SeO_3^{2-} 掺杂 HA 分散于明胶溶液后，灌注在 3D 打印的聚乳酸-羟基乙酸共聚物（PLGA）/n-HA（PHA）复合支架大孔中，获得 Se 元素和 Dox 双负载梯度降解多孔骨修复支架。

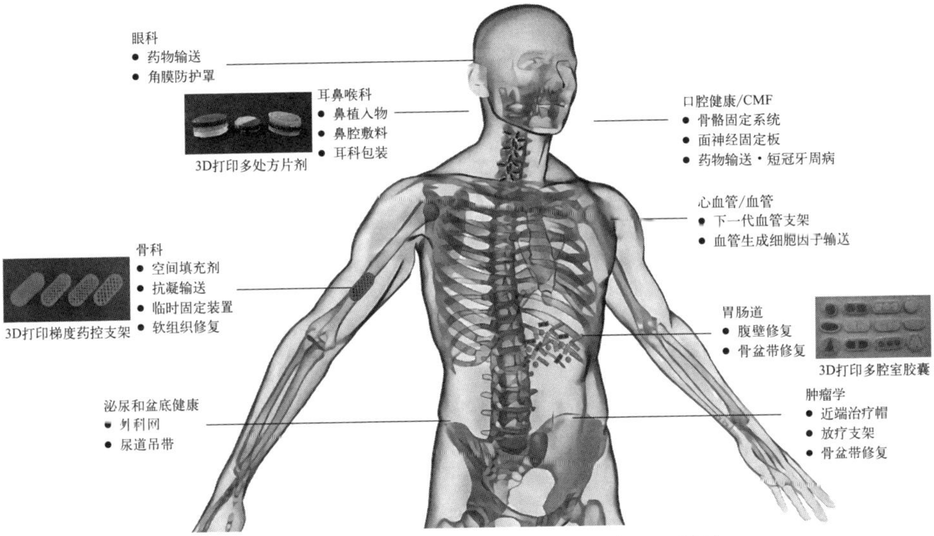

图 9-14　3D 打印可降解药控系统植入式医疗器械

(2) 4D 打印刺激响应型智能药丸：从静态释放到动态感知

4D 打印融合温敏、光敏等功能材料，赋予药控系统“环境感知-动态响应”能力。如图 9-15 所示，美国约翰霍普金斯大学开发的温控胰岛素贴片，利用 NI-PAM（N-异丙基丙烯酰胺）水凝胶打印微腔阵列，当皮下温度因血糖升高超过 37.5℃ 阈值时，凝胶收缩精准释放胰岛素，单次剂量误差＜5%。上海交通大学团队则通过金纳米颗粒掺杂的可降解支架，在近红外光触发下开启微米级药物通道，实现深部肿瘤靶向爆破给药，动物实验中药物富集度达传统方法的 6 倍。此类结构将药物治疗从“被动扩散”升级为“智能狙击”。

(3) 挑战破局：从材料稳定性到个性化医疗闭环

当前技术仍需攻克体内环境复杂性带来的材料失效风险，例如胃液 pH 波动导致降解失控，需通过分子动力学模拟优化材料交联网络（如引入二硫键增强稳定性）。在个性化医疗层面，德国 Fraunhofer 研究所开发的“DrugGen” AI 算法，可基于患者基因组与代谢参数，2h 内生成适配的 3D 打印药物结构，较传统设计效率提升 36 倍。监管方面，美国 FDA（食品药品监督管理局）正推进区块链技术追踪 3D 打印药物的全生命周期代谢路径。未来，4D 打印动态结构（如自适应肠道锚定装置）及细胞-药物共封装系统（如首尔大学载有 CAR-T 细胞的抗癌支架），将推动“治疗-修复”一体化精准医疗落地。

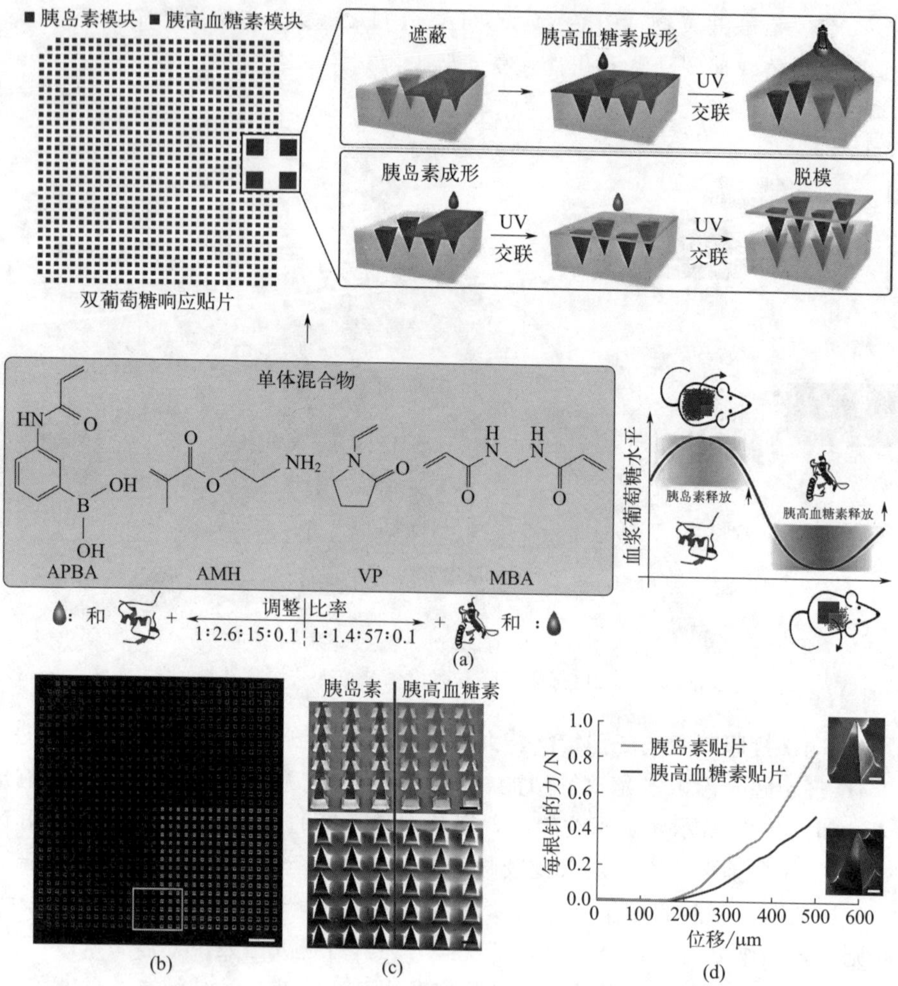

图 9-15　4D 打印温控胰岛素双响应复合贴片示意图

9.2.3　增材制造实现智慧养老新方案

(1) 居家健康监测：柔性可穿戴电子打印破解“穿戴不适”痛点

基于气溶胶喷印、纳米银墨水直写等柔性电子增材工艺，可制造高贴合度健康监测设备。如图 9-16 所示，清华大学团队开发的 3D 打印心电图贴片，采用多孔 TPU 基底与蛇形电路设计，透气性提升 70%，连续佩戴 72h 无皮肤过敏反应，且监测精度达临床级标准［心率误差<±1bpm（节拍数每分钟）］。美国加州大学圣地亚哥分校则通过多材料共打印技术，将柔性压电传感器与温湿度检测模块集成于智能手环，实时预警老年人跌倒风险与脱水状态，误报率低于 2%。此类设备借助增材制造的结构-功能一体化优势，兼顾舒适性与精准监测能力。

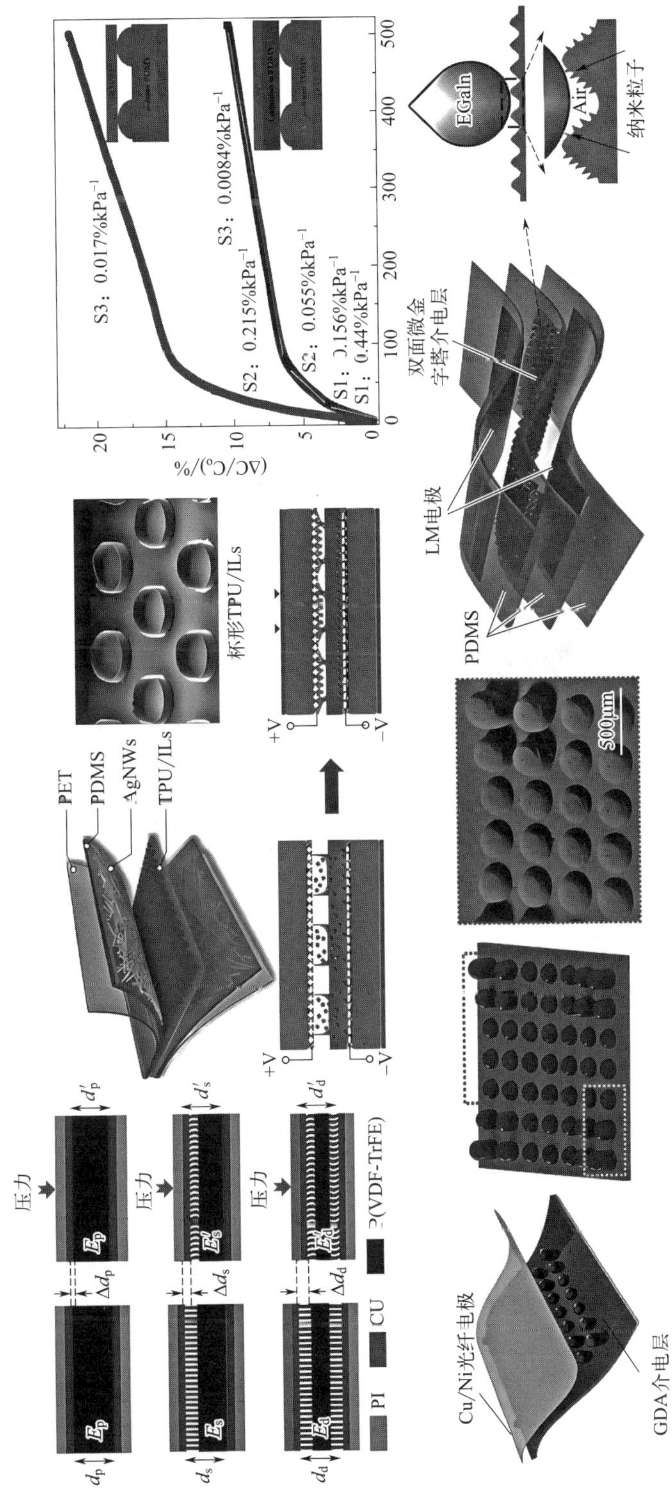

图 9-16　增材制造双面纳米柱介电薄膜的电容式贴片传感器

(2)未来图景：构建增材制造社区

如图 9-17 所示为增材制造实现智慧养老新方案。增材制造社区的普惠化落地，依托分布式 3D 打印节点与云端智能设计平台，未来社区可构建“需求-设计-生产”即时响应链。上海浦东新区试点项目中，社区服务中心部署金属-聚合物多工艺打印终端，老人通过 AI 体态扫描仪获取数据后，4h 内即可领取定制化助行器或矫形鞋垫。新加坡政府联合 Stratasys 建立的社区制造中心，采用可降解 PLA 材料按需打印防滑浴室扶手、药盒分装器等适老化产品，库存成本降低 90%。但实现规模化需突破两大瓶颈：一是建立适老产品增材制造标准体系（如 ISO13485 医疗设备认证延伸至社区场景）；二是开发低门槛智能设计软件，让非专业人员可自主调整模型参数，真正实现“银发需求，即刻制造”。

图 9-17 增材制造实现智慧养老新方案

参考文献

[1] Dhaouadi T, Mrabet H, Alhomoud A, et al. An intrusion detection system based on HiTar-2024

dataset generation from LOG files for smart industrial internet-of-things environment [J]. Computers, Materials&Continua, 2025, 82 (3): 4535-4554.

[2] 钱宇峰. 金属增材制造过程的在线实时监测系统研究与开发 [D]. 上海: 上海电机学院, 2024.

[3] 施袭纯. 基于数字孪生的电弧熔丝增材制造沉积精度研究 [D]. 银川: 宁夏大学, 2024.

[4] 郑大勇, 郑伟涛. 增材制造技术在航空航天中的应用研究 [J]. 航空制造技术, 2021 (5): 12-17.

[5] 胡亦斌, 陈锋. 商业航天背景下金属增材制造的应用与发展 [J]. 装备制造技术, 2022 (8): 45-49.

[6] Yan X, Zhang L, Wang H, et al. Additive manufacturing-enabled 6G communication devices: A review [J]. Advanced Functional Materials, 2022, 32 (15): 2110456.

[7] 陈楠, 黄志斌 增材制造赋能自动驾驶关键部件创新设计 [J]. 智能系统学报, 2023, 18 (3): 488-495.

[8] 王文涛, 黄心渊. 人形机器人关节结构与 3D 打印材料适配研究 [J]. 机器人技术与应用, 2022, 10 (4): 62-67.

[9] Wang P, Wang J, Zhao Z, et al. 3D printed soft joints for humanoid robots: Design, materials and applications [J]. Additive Manufacturing, 2023, 60: 103371.

[10] 丁林, 李晨. 增材制造在量子技术器件中的前沿应用研究 [J]. 量子电子学报, 2023, 40 (6): 652-659.

[11] Murphy S V, Atala A. 3D bioprinting of tissues and organs [J]. Nature Biotechnology, 2014, 32 (8): 773-785.

[12] Kang H W, Lee S J, Kol K, et al. A 3D bioprinting system to produce human-scale tissue constructs with structural integrity [J]. Nature Biotechnology, 2016, 34 (3): 312-319.

[13] 李建军, 周颖. 可降解材料在 3D 打印控释药物系统中的应用 [J]. 中国医药工业杂志, 2021, 52 (2): 186-191.

[14] 王燕, 孟瑶. 智能药控系统的材料创新与 3D 打印构建路径 [J]. 医疗装备, 2022, 33 (7): 97-101.

[15] 刘洋, 张璐. 面向智慧养老的康复辅具增材制造研究进展 [J]. 智慧健康, 2023, 9 (5): 32-38.

[16] Zhou X, Liu Y, Wang Y, et al. Additive manufacturing and intelligent systems for elderly healthcare: Current status and future perspectives [J]. Journal of Intelligent Manufacturing, 2023, 34 (2): 569-582.